T0280724

CAMBRIDGE LIBRARY COLLECTION

Books of enduring scholarly value

Mathematical Sciences

From its pre-historic roots in simple counting to the algorithms powering modern desktop computers, from the genius of Archimedes to the genius of Einstein, advances in mathematical understanding and numerical techniques have been directly responsible for creating the modern world as we know it. This series will provide a library of the most influential publications and writers on mathematics in its broadest sense. As such, it will show not only the deep roots from which modern science and technology have grown, but also the astonishing breadth of application of mathematical techniques in the humanities and social sciences, and in everyday life.

Oeuvres complètes

Augustin-Louis, Baron Cauchy (1789-1857) was the pre-eminent French mathematician of the nineteenth century. He began his career as a military engineer during the Napoleonic Wars, but even then was publishing significant mathematical papers, and was persuaded by Lagrange and Laplace to devote himself entirely to mathematics. His greatest contributions are considered to be the Cours d'analyse de l'École Royale Polytechnique (1821), Résumé des leçons sur le calcul infinitésimal (1823) and Leçons sur les applications du calcul infinitésimal à la géométrie (1826-8), and his pioneering work encompassed a huge range of topics, most significantly real analysis, the theory of functions of a complex variable, and theoretical mechanics. Twenty-six volumes of his collected papers were published between 1882 and 1958. The first series (volumes 1–12) consists of papers published by the Académie des Sciences de l'Institut de France; the second series (volumes 13–26) of papers published elsewhere.

Cambridge University Press has long been a pioneer in the reissuing of out-of-print titles from its own backlist, producing digital reprints of books that are still sought after by scholars and students but could not be reprinted economically using traditional technology. The Cambridge Library Collection extends this activity to a wider range of books which are still of importance to researchers and professionals, either for the source material they contain, or as landmarks in the history of their academic discipline.

Drawing from the world-renowned collections in the Cambridge University Library, and guided by the advice of experts in each subject area, Cambridge University Press is using state-of-the-art scanning machines in its own Printing House to capture the content of each book selected for inclusion. The files are processed to give a consistently clear, crisp image, and the books finished to the high quality standard for which the Press is recognised around the world. The latest print-on-demand technology ensures that the books will remain available indefinitely, and that orders for single or multiple copies can quickly be supplied.

The Cambridge Library Collection will bring back to life books of enduring scholarly value across a wide range of disciplines in the humanities and social sciences and in science and technology.

Oeuvres complètes

Series 1

Volume 6

Augustin Louis Cauchy

CAMBRIDGE UNIVERSITY PRESS

Cambridge New York Melbourne Madrid Cape Town Singapore São Paolo Delhi

Published in the United States of America by Cambridge University Press, New York

www.cambridge.org
Information on this title: www.cambridge.org/9781108002721

This edition first published 1888
This digitally printed version 2009

ISBN 978-1-108-00272-1

ŒUVRES

COMPLÈTES

D'AUGUSTIN CAUCHY

PARIS. — IMPRIMERIE GAUTHIER-VILLARS ET FILS,
Quai des Augustins, 55.

ŒUVRES

COMPLÈTES

D'AUGUSTIN CAUCHY

PUBLIÉES SOUS LA DIRECTION SCIENTIFIQUE

DE L'ACADÉMIE DES SCIENCES

ET SOUS LES AUSPICES

DE M. LE MINISTRE DE L'INSTRUCTION PUBLIQUE.

I^RE SÉRIE. — TOME VI.

PARIS,

GAUTHIER-VILLARS ET FILS, IMPRIMEURS-LIBRAIRES

DU BUREAU DES LONGITUDES, DE L'ÉCOLE POLYTECHNIQUE,

Quai des Augustins, 55.

MDCCCLXXXVIII

PREMIÈRE SÉRIE.

MÉMOIRES, NOTES ET ARTICLES

EXTRAITS DES

RECUEILS DE L'ACADÉMIE DES SCIENCES

DE L'INSTITUT DE FRANCE.

III.

NOTES ET ARTICLES

EXTRAITS DES

COMPTES RENDUS HEBDOMADAIRES DES SÉANCES

DE L'ACADÉMIE DES SCIENCES.

(SUITE.)

NOTES ET ARTICLES

EXTRAITS DES

COMPTES RENDUS HEBDOMADAIRES DES SÉANCES

DE L'ACADÉMIE DES SCIENCES.

112.

CALCUL INTÉGRAL. — *Sur les intégrales multiples.*

C. R., t. XI, p. 1008 (21 décembre 1840).

Parmi les méthodes qui peuvent être employées à la détermination des intégrales simples ou multiples, l'une des plus fécondes est celle que j'ai appliquée à la détermination et à la transformation des intégrales simples dans la première Partie d'un Mémoire présenté à l'Institut le 2 janvier 1815. Cette méthode consiste à remplacer, dans une intégrale donnée, relative à certaines variables $x, y, z, \ldots$, un facteur de la fonction sous le signe $\int$ par une intégrale définie, choisie de manière qu'après ce remplacement les intégrations relatives aux variables $x, y, z, \ldots$ puissent être facilement effectuées. On doit surtout remarquer le cas où l'un des facteurs de la fonction sous le signe $\int$ est une puissance négative d'une autre fonction. Souvent alors, pour rendre exécutables les intégrations relatives à $x, y, z, \ldots$, il suffit de remplacer les puissances négatives dont il s'agit par une intégrale eulérienne de première espèce. Entrons à ce sujet dans quelques détails.

Considérons une intégrale multiple $\mathcal{S}$ de la forme

$$\mathcal{S} = \int\int\int \dots \frac{P}{Q^s} dx\, dy\, dz \dots, \tag{1}$$

P, Q étant des fonctions réelles ou imaginaires des variables x, y, z, ... et s une constante positive, ou même une constante imaginaire dont la partie réelle soit positive. Désignons d'ailleurs par $\Gamma(s)$, avec M. Legendre, l'intégrale eulérienne de première espèce

$$\int_0^\infty t^{s-1} e^{-t}\, dt.$$

Si la fonction Q, ou du moins sa partie réelle, reste toujours positive entre les limites des intégrations relatives aux variables x, y, z, ..., on aura

$$\frac{1}{Q^s} = \frac{1}{\Gamma(s)} \int_0^\infty t^{s-1} e^{-Qt}\, dt,$$

et, par suite,

$$\mathcal{S} = \frac{1}{\Gamma(s)} \int\int\int \dots \int_0^\infty t^{s-1} P e^{-Qt} \dots dx\, dy\, dz \dots dt. \tag{2}$$

Concevons maintenant que, $P_{\prime}$ et $Q_{\prime}$ étant des fonctions de la seule variable x, $P_{\prime\prime}$ et $Q_{\prime\prime}$ des fonctions de la seule variable y, $P_{\prime\prime\prime}$ et $Q_{\prime\prime\prime}$ des fonctions de la seule variable z, ..., on ait

$$P = P_{\prime} P_{\prime\prime} P_{\prime\prime\prime} \dots \quad \text{et} \quad Q = Q_{\prime} + Q_{\prime\prime} + Q_{\prime\prime\prime} + \dots. \tag{3}$$

Alors, en posant, pour abréger,

$$U = \int P_{\prime} e^{-Q_{\prime} t}\, dx, \qquad V = \int P_{\prime\prime} e^{-Q_{\prime\prime} t}\, dy, \qquad W = \int P_{\prime\prime\prime} e^{-Q_{\prime\prime\prime} t}\, dz, \qquad \dots,$$

on tirera de la formule (2)

$$\mathcal{S} = \frac{1}{\Gamma(s)} \int_0^\infty t^{s-1} UVW \dots dt. \tag{4}$$

Donc alors, si l'on peut obtenir en termes finis les valeurs de U, V, W, ... considérés comme fonctions de t, la détermination de l'intégrale multiple s se trouvera réduite à la détermination de l'intégrale simple

$$\int_0^\infty t^{s-1}\,\mathrm{UVW}\ldots dt.$$

Si l'on supposait la fonction Q liée aux fonctions

$$Q_{\prime},\quad Q_{\prime\prime},\quad Q_{\prime\prime\prime},\quad \ldots,$$

non plus par la seconde des équations (3), mais par la suivante

$$(5)\qquad Q = 1 + Q_{\prime} + Q_{\prime\prime} + Q_{\prime\prime\prime} + \ldots,$$

alors, au lieu de la formule (4), on obtiendrait celle-ci

$$(6)\qquad s = \frac{1}{\Gamma(s)}\int_0^\infty t^{s-1}\,\mathrm{UVW}\ldots e^{-t}\,dt.$$

Première application. — Supposons

$$\mathrm{P} = x^l y^m z^n \ldots e^{ax} e^{by} e^{cz} \ldots \quad \text{et} \quad \mathrm{Q} = 1 + \alpha x + 6y + \gamma z \ldots,$$

$l, m, n, \ldots$ désignant des nombres entiers, et $a, b, c, \ldots, \alpha, 6, \gamma, \ldots$ des constantes réelles ou imaginaires; en sorte qu'on ait

$$(7)\qquad s = \int\int\int\ldots \frac{x^l y^m z^n \ldots e^{ax} e^{by} e^{cz} \ldots}{(1 + \alpha x + 6y + \gamma z + \ldots)^s}\,dx\,dy\,dz\ldots.$$

Supposons d'ailleurs, pour fixer les idées, les intégrations relatives aux variables $x, y, z, \ldots$ effectuées par rapport à x, à partir d'une certaine origine $x = \xi$; par rapport à y, à partir de l'origine $y = \eta$; par rapport à z, à partir de l'origine $z = \zeta, \ldots$. Enfin, concevons que, dans le second membre de la formule (7), la fonction

$$1 + \alpha x + 6y + \gamma z + \ldots$$

offre toujours une partie réelle positive; ce qui arrivera, par exemple, si, les deux limites de chaque intégration étant des quantités positives, chacune des constantes $\alpha, 6, \gamma, \ldots$ acquiert, ou une valeur positive, ou une valeur imaginaire dont la partie réelle soit positive. On trouvera

$$U = D_a^l \int_\xi^x e^{(a-\alpha t)x}\,dx = D_a^l \frac{e^{(a-\alpha t)x} - e^{(a-\alpha t)\xi}}{a - \alpha t}, \quad \ldots$$

et, par suite,

$$(8)\quad s = \frac{1}{\Gamma(s)} D_a^l D_b^m D_c^n \ldots \int_0^\infty \frac{e^{(a-\alpha t)x} - e^{(a-\alpha t)\xi}}{a - \alpha t} \frac{e^{(b-6t)y} - e^{(b-6t)\eta}}{b - 6t} \ldots t^{s-1} e^{-t}\,dt.$$

On se trouve ainsi amené à cette conclusion remarquable, que la fonction s de $x, y, z, \ldots$, représentée, en vertu de la formule (7), par une intégrale multiple, peut être réduite à une intégrale définie simple relative à une nouvelle variable t, quelles que soient d'ailleurs les valeurs attribuées aux premières variables $x, y, z, \ldots$ ou à leurs origines $\xi, \eta, \zeta, \ldots$, pourvu que la somme

$$1 + \alpha x + 6 y + \gamma z + \ldots,$$

ou du moins sa partie réelle, reste positive entre les limites des intégrations.

Si, en attribuant aux constantes $a, b, c, \ldots$ des valeurs négatives ou du moins des valeurs dont la partie réelle fût négative, on supposait chaque intégration effectuée, dans la formule (7), entre les limites 0, ∞, on trouverait

$$U = D_a^l \int_0^\infty e^{(a-\alpha t)x}\,dx = D_a^l \frac{1}{\alpha t - a} = \frac{\Gamma(l+1)}{(\alpha t - a)^{l+1}}, \quad \ldots,$$

et, par suite,

$$(9)\quad s = \frac{\Gamma(l+1)\Gamma(m+1)\Gamma(n+1)\ldots}{\Gamma(s)} \int_0^\infty \frac{t^{s-1} e^{-t}\,dt}{(\alpha t - a)^{l+1}(6t - b)^{m+1}(\gamma t - c)^{n+1}\ldots}.$$

Enfin, si dans les formules (7) et (9) on remplace $l, m, n, \ldots$ par $l-1, m-1, n-1, \ldots$, et $a, b, c, \ldots$ par $-a, -b, -c, \ldots$, elles donneront

$$(10)\quad \left\{ \begin{aligned} &\int_0^\infty \int_0^\infty \int_0^\infty \ldots \frac{x^{l-1} y^{m-1} z^{n-1} \ldots e^{-ax} e^{-by} e^{-cz} \ldots}{(1 + \alpha x + 6 y + \gamma z + \ldots)^s}\,dx\,dy\,dz \ldots \\ &\quad = \frac{\Gamma(l)\Gamma(m)\Gamma(n)\ldots}{\Gamma(s)} \int_0^\infty \frac{t^{s-1} e^{-t}\,dt}{(a + \alpha t)^l (b + 6t)^m (c + \gamma t)^n \ldots} \ldots \end{aligned} \right.$$

Cette dernière formule subsistera toujours, d'après ce qu'on vient de dire, quand, l, m, n, ... étant des nombres entiers, a, b, c, ..., α, 6, γ, ... désigneront des constantes positives ou même des constantes imaginaires dont les parties réelles seront positives. Ce n'est pas tout : on verra dans un instant que la formule (10) peut être étendue à des cas où les exposants l, m, n, ... ne représentent plus des nombres entiers.

Deuxième application. — Supposons, dans l'équation (1),

$$P = x^{l-1}y^{m-1}z^{n-1}\ldots e^{-ax}e^{-by}e^{-cz}\ldots \quad \text{et} \quad Q = 1 + \alpha x + 6y + \gamma z + \ldots,$$

l, m, n, ... désignant des constantes positives ou même des constantes imaginaires dont les parties réelles soient positives; et prenons d'ailleurs pour limites des intégrations relatives à chacune des variables x, y, z, ... les deux quantités

$$0, \quad \infty,$$

en sorte que l'on ait

$$(11) \qquad S = \int_0^\infty \int_0^\infty \int_0^\infty \ldots \frac{x^{l-1}y^{m-1}z^{n-1}\ldots e^{-ax}e^{-by}e^{-cz}\ldots}{(1 + \alpha x + 6y + \gamma z + \ldots)^s} dx\, dy\, dz \ldots .$$

On trouvera

$$U = \int_0^\infty x^{l-1} e^{-(a+\alpha t)x}\, dx = \frac{\Gamma(l)}{(a+\alpha t)^l}, \qquad \ldots;$$

et, par suite, on tirera de la formule (6)

$$(12) \qquad S = \frac{\Gamma(l)\,\Gamma(m)\,\Gamma(n)\ldots}{\Gamma(s)} \int_0^t \frac{t^{s-1}e^{-t}\, dt}{(a+\alpha t)^l (b + 6t)^m (c+\gamma t)^n \ldots}.$$

Donc la formule (10) subsistera certainement, pour des valeurs réelles ou imaginaires des constantes

$$l, \quad m, \quad n, \quad \ldots, \qquad a, \quad b, \quad c, \quad \ldots, \qquad \alpha, \quad 6, \quad \gamma, \quad \ldots,$$

toutes les fois que ces constantes ou leurs parties réelles seront positives.

Corollaire I. — Si, dans la formule (10), on réduit les variables x, y,

$z, \ldots$ à une seule, et si l'on pose, de plus, $a = 1$, on trouvera

$$\int_0^\infty \frac{x^{l-1}e^{-x}}{(1+\alpha x)^s}dx = \frac{\Gamma(l)}{\Gamma(s)}\int_0^\infty \frac{t^{s-1}e^{-t}}{(1+\alpha t)^l}dt.$$

Donc, en écrivant r au lieu de l, et x au lieu de t, on aura

$$\frac{1}{\Gamma(r)}\int_0^\infty \frac{x^{r-1}e^{-x}}{(1+\alpha x)^s}dx = \frac{1}{\Gamma(s)}\int_0^\infty \frac{x^{s-1}e^{-x}}{(1+\alpha x)^r}dx. \tag{13}$$

Cette dernière formule, qui devient identique, dans le cas où l'on prend $s = r$, est précisément l'une de celles auxquelles j'étais parvenu par la méthode ci-dessus exposée dans le Mémoire du 2 janvier 1815. On pourrait de cette formule en déduire plusieurs autres dignes de remarque, en différentiant les deux membres une ou plusieurs fois de suite par rapport à r. Les nouvelles intégrales, comprises dans les formules ainsi obtenues, seraient les dérivées relatives à r des intégrales comprises dans la formule (13); et, pour passer des unes aux autres, il suffirait de multiplier une ou plusieurs fois de suite la fonction sous le signe $\int$ par $l(x)$ ou par $-l(1+\alpha x)$, la lettre caractéristique l indiquant un logarithme népérien.

La formule (13), et celles que l'on en déduira par des différentiations relatives à r, subsisteront certainement toutes les fois que les constantes r, s offriront des valeurs positives, ou des valeurs imaginaires dont les parties réelles seront positives.

Corollaire II. — Si, dans la formule (10), on réduit à zéro les constantes $a, b, c, \ldots$, elle donnera

$$\left\{\begin{aligned} &\int_0^\infty\int_0^\infty\int_0^\infty \cdots \frac{x^{l-1}y^{m-1}z^{n-1}\ldots}{(1+\alpha x+6y+\gamma z+\ldots)^s}dx\,dy\,dz\ldots \\ &= \frac{\Gamma(l)\Gamma(m)\Gamma(n)\ldots\Gamma(s-l-m-n-\ldots)}{\Gamma(s)}\,\frac{1}{\alpha^l 6^m \gamma^n\ldots}. \end{aligned}\right. \tag{14}$$

Cette dernière équation subsistera certainement lorsque

$$s,\quad l,\quad m,\quad n,\quad \ldots,\quad \alpha,\quad 6,\quad \gamma,\quad \ldots$$

seront, ou des constantes positives, ou des constantes imaginaires dont la partie réelle sera positive, et que la partie positive de la constante s surpassera la partie positive de chacune des constantes l, m, n, ... Si, pour fixer les idées, on prend

$$\alpha = 6 = \gamma = \ldots = 1,$$

on trouvera

$$(15)\quad \left\{\begin{aligned} &\int_0^\infty \int_0^\infty \int_0^\infty \ldots \frac{x^{l-1} y^{m-1} z^{n-1} \ldots}{(1+x+y+z+\ldots)^s} dx\,dy\,dz \ldots \\ &\quad = \frac{\Gamma(l)\,\Gamma(m)\,\Gamma(n)\ldots\Gamma(s-l-m-n-\ldots)}{\Gamma(s)}. \end{aligned}\right.$$

L'équation (15) est l'une de celles auxquelles est arrivé M. Binet dans son Mémoire sur les intégrales eulériennes. Cette même équation, de laquelle on déduit aisément la valeur de l'intégrale

$$\int_0^\infty \int_0^\infty \int_0^\infty \ldots \frac{dx\,dy\,dz \ldots}{(1+x+y^\mu+z^\nu+\ldots)},$$

ne diffère pas au fond d'une formule que j'avais obtenue dans le temps de mes premières recherches sur les intégrales définies. Je la retrouve sous diverses formes, non seulement dans un cahier de cette époque, mais aussi dans l'un de ceux sur lesquels j'écrivais les Leçons que j'ai données au Collège de France. J'étais parvenu à transformer l'intégrale multiple qu'elle renferme en un produit d'intégrales eulériennes de seconde espèce, c'est-à-dire de la forme

$$\int_0^\infty \frac{x^{a-1}\,dx}{(1+x)^s},$$

en remarquant, par exemple, qu'il suffit de poser successivement

$$z = (1+x+y)w \qquad \text{et} \qquad y = (1+x)v,$$

pour établir l'équation

$$(16)\quad \left\{\begin{aligned} &\int_0^\infty \int_0^\infty \int_0^\infty \frac{x^{l-1} y^{m-1} z^{n-1}\,dx\,dy\,dz}{(1+x+y+z)^s} \\ &\quad = \int_0^\infty \frac{w^{n-1}\,dw}{(1+w)^s} \int_0^\infty \frac{v^{m-1}\,dv}{(1+v)^{s-n}} \int_0^\infty \frac{x^{l-1}\,dx}{(1+x)^{s-m-n}}; \end{aligned}\right.$$

et cette remarque m'avait fait d'abord espérer qu'on pourrait tirer de la formule (15) des relations nouvelles entre les deux espèces d'intégrales eulériennes. Mais cette espérance ne s'est pas réalisée. J'ai pu seulement, en partant de la formule (15), arriver à des relations que l'on sait exister entre les intégrales eulériennes de première et de seconde espèce. Ainsi, en particulier, si l'on réduit les variables $x, y, z, \ldots$ à une seule, et si l'on remplace la lettre l par la lettre r, on reviendra de la formule (15) à l'équation déjà connue

$$\int_0^\infty \frac{x^{a-1}\,dx}{(1+x)^s} = \frac{\Gamma(r)\Gamma(s-r)}{\Gamma(r)} \tag{17}$$

(*voir* le résumé des Leçons données à l'École Polytechnique sur le Calcul infinitésimal, p. 131). Dans le cas où l'on prend $s=1$, l'équation (16) se transforme, comme on le sait, en la formule

$$\Gamma(r)\Gamma(1-r) = \frac{\pi}{\sin\pi r},$$

que l'on peut encore écrire comme il suit :

$$\Gamma(1+r)\Gamma(1-r) = \frac{\pi r}{\sin\pi r}. \tag{18}$$

D'ailleurs ce que nous avons dit précédemment suffit pour prouver que l'on peut, dans les équations (17) et (18), attribuer à r, non seulement des valeurs positives, mais encore des valeurs imaginaires dont les parties réelles soient positives.

Si, dans l'équation (18), on pose en particulier

$$r = a\sqrt{-1},$$

a désignant une quantité réelle, cette équation donnera

$$\left[\int_0^\infty e^{-x}\cos(a\,\mathrm{l}x)\,dx\right]^2 + \left[\int_0^\infty e^{-x}\sin(a\,\mathrm{l}x)\,dx\right]^2 = \frac{2\pi a}{e^{\pi a}-e^{-\pi a}}. \tag{19}$$

Il est bon d'observer que, pour revenir de l'équation (15) à l'équation (14), il suffirait de remplacer x par αx, y par $6y$, z par γz, ...

J'ajouterai que des transformations semblables à celles qui nous ont conduit à l'équation (16) fournissent, comme l'on sait, une formule de M. Dirichlet, analogue à l'équation (15), et d'autres formules du même genre, que divers géomètres ont obtenues en prenant pour point de départ celle de M. Dirichlet.

Troisième application. — Supposons que, dans la formule (1), on prenne

$$P = \varphi(x)\chi(y)\psi(z)\ldots \qquad \text{et} \qquad Q = [1 - (\alpha x + 6y + \gamma z + \ldots)\sqrt{-1}],$$

α, 6, γ, ... étant des constantes positives, et $\varphi(x)$, $\chi(y)$, $\psi(z)$, ... des fonctions rationnelles, réelles ou imaginaires, mais tellement choisies que les produits

$$x\,\varphi(x), \quad y\,\chi(y), \quad z\,\psi(z), \quad \ldots$$

s'évanouissent pour des valeurs infinies de $x, y, z, \ldots$. Si, d'ailleurs, on suppose les intégrations effectuées par rapport à chacune des variables x, y, z, ... entre les limites

$$-\infty, \quad +\infty,$$

la valeur de l'intégrale multiple s, déterminée par la formule (1), deviendra

$$(20) \qquad s = \int_{-\infty}^{\infty}\int_{-\infty}^{\infty}\int_{-\infty}^{\infty}\ldots \frac{\varphi(x)\,\chi(y)\,\psi(z)\ldots}{[1 - (\alpha x + 6y + \gamma z + \ldots)\sqrt{-1}]^s}\,dx\,dy\,dz\ \ldots$$

Mais alors, en adoptant les notations du calcul des résidus, on trouvera

$$U = \int_{-\infty}^{\infty} \varphi(x)\,e^{\alpha t x\sqrt{-1}}\,dx = 2\pi\sqrt{-1}\ \mathop{\mathcal{E}}_{-\infty}^{\infty}{}_{0}^{\infty}((\varphi(x)\,e^{\alpha t x\sqrt{-1}})), \qquad \ldots.$$

Donc, si l'on nomme k le nombre des variables x, y, z, ..., la formule (6) donnera

$$(21) \quad s = \frac{(2\pi\sqrt{-1})^k}{\Gamma(s)}\int_0^{\infty} t^{s-1}\ \mathop{\mathcal{E}}_{-\infty}^{\infty}{}_{0}^{\infty}((\varphi(x)\,e^{\alpha t x\sqrt{-1}}))\ \mathop{\mathcal{E}}_{-\infty}^{\infty}{}_{0}^{\infty}((\chi(y)\,e^{\alpha t y\sqrt{-1}}))\ldots e^{-t}\,dt;$$

et, si dans l'équation (21) on effectue l'intégration relative à t, on tirera de cette équation, jointe à la formule (20),

$$(22)\quad \left\{\begin{aligned}&\int_{-\infty}^{\infty}\int_{-\infty}^{\infty}\int_{-\infty}^{\infty}\cdots\frac{\varphi(x)\,\chi(y)\,\psi(z)\ldots}{[1-(\alpha x+6y+\gamma z\ldots)\sqrt{-1}]^{s}}\,dx\,dy\,dz\ldots\\&=(2\pi\sqrt{-1})^{k}\;\overset{\infty}{\underset{-\infty}{}}\overset{\infty}{\underset{0}{\mathcal{E}}}\;\overset{\infty}{\underset{\infty}{}}\overset{\infty}{\underset{0}{\mathcal{E}}}\cdots\frac{((\varphi(x)\,\chi(y)\,\psi(z)\ldots))}{[1-(\alpha x+6y+\gamma z+\ldots)\sqrt{-1}]^{s}}.\end{aligned}\right.$$

L'équation (22), comme toutes les équations imaginaires, se décomposera généralement en deux autres, qui fourniront les valeurs réelles de deux intégrales multiples. Lorsque les fonctions

$$\varphi(x),\quad \chi(y),\quad \psi(z),\quad \ldots$$

deviendront réelles, ainsi que l'exposant s, ces deux intégrales multiples seront les deux suivantes :

$$\int_{-\infty}^{\infty}\int_{-\infty}^{\infty}\int_{-\infty}^{\infty}\cdots\frac{\varphi(x)\,\chi(y)\,\psi(z)\ldots\cos[s\operatorname{arc\,tang}(\alpha x+6y+\gamma z+\ldots)]}{[1+(\alpha x+6y+\gamma z+\ldots)^{2}]^{\frac{s}{2}}}\,dx\,dy\,dz\ldots$$

et

$$\int_{-\infty}^{\infty}\int_{-\infty}^{\infty}\int_{-\infty}^{\infty}\cdots\frac{\varphi(x)\,\chi(y)\,\psi(z)\ldots\sin[s\operatorname{arc\,tang}(\alpha x+6y+\gamma z+\ldots)]}{[1+(\alpha x+6y+\gamma z+\ldots)^{2}]^{\frac{s}{2}}}\,dx\,dy\,dz\ldots$$

Si l'on réduit les variables x, y, z, ... à une seule, la formule (22) donnera simplement

$$(23)\qquad \int_{-\infty}^{\infty}\frac{\varphi(x)}{(1-\alpha x\sqrt{-1})^{s}}\,dx=2\pi\sqrt{-1}\,\mathcal{E}\,\frac{((\varphi(x)))}{(1-\alpha x\sqrt{-1})^{s}}.$$

Lorsque la fonction $\varphi(x)$ et la quantité s seront réelles, l'équation (23) fournira en même temps les valeurs des deux intégrales

$$\int_{-\infty}^{\infty}\frac{\varphi(x)\cos(s\operatorname{arc\,tang}\alpha x)}{(1+\alpha^{2}x^{2})^{\frac{s}{2}}}\,dx,\qquad \int_{-\infty}^{\infty}\frac{\varphi(x)\sin(s\operatorname{arc\,tang}\alpha x)}{(1+\alpha^{2}x^{2})^{\frac{s}{2}}}\,dx.$$

Si, pour fixer les idées, on prend

$$\varphi(x)=\frac{1}{1+x^{2}},$$

la formule (23) donnera

$$(24)\qquad \int_{-\infty}^{\infty}\frac{dx}{(1+x^2)(1-\alpha x\sqrt{-1})^s}=\frac{\pi}{(1+\alpha)^s};$$

puis on en conclura, si l'exposant s est réel,

$$(25)\qquad \int_{-\infty}^{\infty}\frac{\cos(s\,\text{arc tang}\,\alpha x)}{(1+x^2)(1+\alpha^2x^2)^{\frac{s}{2}}}\,dx=\frac{\pi}{(1+\alpha)^s}.$$

Au reste, on prouverait aisément que la formule (24) n'est pas altérée quand on y remplace le binôme $1-\alpha x\sqrt{-1}$ par le binôme $1+\alpha x\sqrt{-1}$: et cette remarque entraîne dans tous les cas l'équation (25). Cela posé, rien n'empêche d'attribuer à s dans la formule (25), aussi bien que dans la formule (24), une valeur imaginaire dont la partie réelle soit positive, ou même nulle.

Si, dans la formule (25), on pose

$$s=r\sqrt{-1},$$

r étant une quantité réelle, on obtiendra deux nouvelles formules, savoir,

$$\int_{-\infty}^{\infty}\tfrac{1}{2}\left(e^{r\,\text{arc tang}\,\alpha x}+e^{-r\,\text{arc tang}\,\alpha x}\right)\cos\left[\frac{r}{2}\,\mathrm{l}(1+\alpha^2x^2)\right]\frac{dx}{1+x^2}=\pi\cos[r\,\mathrm{l}(1+\alpha)]$$

et

$$\int_{-\infty}^{\infty}\tfrac{1}{2}\left(e^{r\,\text{arc tang}\,\alpha x}+e^{-r\,\text{arc tang}\,\alpha x}\right)\sin\left[\frac{r}{2}\,\mathrm{l}(1+\alpha^2x^2)\right]\frac{dx}{1+x^2}=\pi\sin[r\,\mathrm{l}(1+\alpha)].$$

Si l'on différentiait une ou plusieurs fois de suite les équations (24), (25), par rapport aux quantités α, s, on obtiendrait de nouvelles formules, par exemple la suivante :

$$\int_{-\infty}^{\infty}\frac{\cos(s\,\text{arc tang}\,\alpha x)}{(1+x^2)(1+\alpha^2x^2)^{\frac{s}{2}}}\,\mathrm{l}(1+\alpha^2x^2)\,dx=\frac{2\pi\,\mathrm{l}(1+\alpha)}{(1+\alpha)^s}.$$

On pourrait encore déduire du principe général rappelé au commencement de cet article, les valeurs d'un grand nombre d'autres intégrales définies simples ou multiples. Parmi ces intégrales, on doit distinguer celles qui se trouvent déterminées dans le Mémoire déjà mentionné.

En terminant cet article, nous ferons une observation qui n'est pas sans importance. Les formules auxquelles nous sommes parvenus subsisteront généralement, sous la condition que les valeurs des intégrales qu'elles renferment demeurent finies et déterminées. Elles pourront se modifier, si cette condition n'est pas remplie. Mais, pour savoir ce qu'elles deviendront dans ce dernier cas, il suffira ordinairement de recourir aux principes que j'ai établis dans mes divers Mémoires sur la théorie des intégrales définies, par exemple, de réduire les intégrales définies qui deviendront indéterminées à leurs *valeurs principales*, et de remplacer les intégrales qui deviendront infinies par d'autres intégrales du genre de celles que, dans le Mémoire du 2 janvier 1815, et dans les *Exercices de Mathématiques*, j'ai désignées sous le nom d'*intégrales définies extraordinaires*. (*Voir* le Volume I des *Exercices de Mathématiques*, p. 57.)

113

Mécanique céleste. — *Méthodes propres à simplifier le calcul des inégalités périodiques et séculaires des mouvements des planètes.*

C. R., t. XII, p. 84 (11 janvier 1841).

Le calcul des perturbations des mouvements planétaires dépend, comme l'on sait, du développement d'une certaine fonction R, appelée la fonction perturbatrice. Déjà, dans les Mémoires publiés à Turin, en 1831 et 1832, ainsi que dans les *Comptes rendus des séances de l'Académie des Sciences* (*voir* les nos 11 et 12 du second semestre de 1840) (1), j'ai donné des formules qui permettent d'obtenir directement le coefficient

(1) *Œuvres de Cauchy*, S. I, t. V. — Extraits nos 95, 96, p. 288-311.

cient d'un terme quelconque correspondant à une inégalité donnée, dans le développement de la fonction R, en une série de sinus et de cosinus d'arcs qui varient proportionnellement au temps. Mais la convergence de cette série est assez lente; et comme, par suite, le nombre des termes que l'on devra conserver dans le développement de la fonction perturbatrice R est très considérable, il importait de réduire la détermination numérique des coefficients de ces mêmes termes à la recherche des développements de R ou d'autres fonctions en séries dont la convergence fût plus rapide. Or, pour atteindre ce but, il suffit de développer d'abord la partie de R qui correspond à deux planètes en une série simple, ordonnée suivant les puissances négatives de la distance qui séparerait ces deux planètes, si les plans de leurs orbites coïncidaient et si le mouvement elliptique de chacune d'elles se réduisait au mouvement circulaire; puis, de développer les coefficients des puissances négatives dont il s'agit en séries de sinus et de cosinus d'arcs proportionnels au temps. Après ces deux opérations, la fonction R se trouvera représentée par une série multiple dont les divers termes seront précisément de la forme qu'a indiquée M. Liouville dans son beau Mémoire du 11 juillet 1836, en sorte qu'on pourra immédiatement faire servir les fonctions elliptiques au calcul des perturbations planétaires. Ajoutons que de cette série multiple on passera facilement à celle qui représente le développement de R uniquement ordonné suivant des sinus et cosinus d'arcs proportionnels au temps, attendu que le coefficient de chaque terme dans la seconde série se trouvera exprimé par une fonction linéaire des coefficients de divers termes de la première. On voit donc combien il était à désirer que l'on pût disposer les calculs qui doivent conduire à la première série, de manière à les rendre facilement exécutables. Cette condition se trouvera effectivement remplie si l'on suit la marche que j'exposerai ci-après.

Analyse.

§ I. — *Considérations générales.*

Soient

m, m' les masses des deux planètes;
r, r' leurs distances au centre du Soleil;
ι leur distance mutuelle;
δ l'angle sous lequel cette distance est vue du centre du Soleil.

Dans la *fonction perturbatrice* R, relative à la planète m, la partie correspondante à la planète m' sera

$$\frac{m'r}{r'^2}\cos\delta - \frac{m'}{\iota},$$

en sorte que l'on aura

$$(1) \qquad R = \frac{m'r}{r'^2}\cos\delta + \ldots - \frac{m'}{\iota} - \ldots,$$

la valeur de ι étant

$$(2) \qquad \iota = (r^2 - 2rr'\cos\delta + r'^2)^{\frac{1}{2}}.$$

Soient d'ailleurs, dans les ellipses osculatrices des courbes décrites par les planètes m, m',

p, p' les longitudes de ces planètes;
ψ, ψ' leurs anomalies excentriques;
T, T' leurs anomalies moyennes;
a, a' les demi grands axes;
ε, ε' les excentricités;
ϖ, ϖ' les longitudes des périhélies;
τ, τ' les instants des passages des planètes m, m' par ces périhélies.

Enfin, M étant la masse du Soleil, posons

$$c = \left(\frac{M+m}{a^3}\right)^{\frac{1}{2}}, \qquad c' = \left(\frac{M+m'}{a'^3}\right)^{\frac{1}{2}}.$$

Les anomalies moyennes T, T' seront liées au temps t par les équations linéaires

$$T = c(t - \tau), \qquad T' = c'(t - \tau');$$

et, si l'on pose encore

$$\varkappa = (1 - \varepsilon^2)^{\frac{1}{2}}, \qquad \varkappa' = (1 - \varepsilon'^2)^{\frac{1}{2}},$$

les équations du mouvement elliptique de chaque planète seront de la forme

$$(3) \qquad r = a(1 - \varepsilon \cos\psi),$$

$$(4) \qquad \cos(p - \varpi) = \frac{\cos\psi - \varepsilon}{1 - \varepsilon\cos\psi}, \qquad \sin(p - \varpi) = \frac{\varkappa \sin\psi}{1 - \varepsilon\cos\psi},$$

ψ étant une fonction implicite de T, déterminée par la formule

$$(5) \qquad \psi - \varepsilon \sin\psi = T.$$

Ajoutons que, si, en nommant I l'inclinaison mutuelle des plans des deux orbites, on prend

$$\mu = \cos^2\frac{I}{2}, \qquad \nu = \sin^2\frac{I}{2},$$

on aura

$$(6) \qquad \cos\delta = \mu\cos(p' - p + \Pi) + \nu\cos(p' + p + \Phi),$$

Π, Φ désignant deux constantes qui dépendent des positions de ces mêmes plans.

Cela posé, pour déterminer les diverses inégalités périodiques ou séculaires, produites dans le mouvement de la planète m par l'action de la planète m', on devra développer, suivant les puissances entières des exponentielles trigonométriques

$$e^{T\sqrt{-1}}, \quad e^{T'\sqrt{-1}},$$

les deux termes qui sont proportionnels à m' dans le second membre de la formule (1), c'est-à-dire les deux expressions

$$\frac{m'r}{r'^2}\cos\delta, \quad -\frac{m'}{\iota},$$

ou, ce qui revient au même, les deux fonctions

$$(7)\qquad \frac{r\cos\delta}{r'^2} \quad \text{et} \quad \frac{1}{\iota}.$$

D'ailleurs on tirera des équations (3) et (4)

$$\frac{r}{a}\cos(p-\varpi) = \cos\psi - \varepsilon, \qquad \frac{r}{a}\sin(p-\varpi) = \varkappa\sin\psi,$$

et, par suite,

$$(8)\qquad \begin{cases} \dfrac{r}{a}e^{(p-\varpi)\sqrt{-1}} = \cos\psi - \varepsilon + \varkappa\sin\psi\sqrt{-1}, \\ \dfrac{r}{a}e^{-(p-\varpi)\sqrt{-1}} = \cos\psi - \varepsilon - \varkappa\sin\psi\sqrt{-1}; \end{cases}$$

puis on conclura des formules (6) et (8)

$$(9)\qquad \begin{cases} \dfrac{rr'}{aa'}\cos\delta = \dfrac{1}{2}\mu\left[\begin{array}{l} e^{(\Pi-\varpi+\varpi')\sqrt{-1}}\,(\cos\psi'-\varepsilon'+\varkappa'\sin\psi'\sqrt{-1})(\cos\psi-\varepsilon-\varkappa\sin\psi\sqrt{-1}) \\ +\,e^{-(\Pi-\varpi+\varpi')\sqrt{-1}}(\cos\psi'-\varepsilon'-\varkappa'\sin\psi'\sqrt{-1})(\cos\psi-\varepsilon+\varkappa\sin\psi\sqrt{-1}) \end{array}\right] \\ \qquad = \dfrac{1}{2}\nu\left[\begin{array}{l} e^{(\Phi+\varpi+\varpi')\sqrt{-1}}\,(\cos\psi'-\varepsilon'+\varkappa'\sin\psi'\sqrt{-1})(\cos\psi-\varepsilon+\varkappa\sin\psi\sqrt{-1}) \\ +\,e^{-(\Phi+\varpi+\varpi')\sqrt{-1}}(\cos\psi'-\varepsilon'-\varkappa'\sin\psi'\sqrt{-1})(\cos\psi-\varepsilon-\varkappa\sin\psi\sqrt{-1}) \end{array}\right]. \end{cases}$$

Enfin, si, en apportant une légère modification aux notations ci-dessus admises, afin de simplifier l'équation (9), on représente par

$$\Pi+\varpi-\varpi', \quad \Phi-\varpi-\varpi'$$

les deux constantes jusqu'ici représentées par Π et Φ, les équations (6) et (9) deviendront

$$(10)\qquad \cos\delta = \mu\cos(p'-\varpi'-p+\varpi+\Pi)+\nu\cos(p'-\varpi'+p-\varpi+\Phi)$$

et

$$(11)\qquad \begin{cases} \dfrac{rr'}{aa'}\cos\delta = \dfrac{1}{2}\mu\left[\begin{array}{l} e^{\Pi\sqrt{-1}}\,(\cos\psi'-\varepsilon'+\varkappa'\sin\psi'\sqrt{-1})(\cos\psi-\varepsilon-\varkappa\sin\psi\sqrt{-1}) \\ +\,e^{-\Pi\sqrt{-1}}(\cos\psi'-\varepsilon'-\varkappa'\sin\psi'\sqrt{-1})(\cos\psi-\varepsilon+\varkappa\sin\psi\sqrt{-1}) \end{array}\right] \\ \qquad = \dfrac{1}{2}\nu\left[\begin{array}{l} e^{\Phi\sqrt{-1}}\,(\cos\psi'-\varepsilon'+\varkappa'\sin\psi'\sqrt{-1})(\cos\psi-\varepsilon+\varkappa\sin\psi\sqrt{-1}) \\ +\,e^{-\Phi\sqrt{-1}}(\cos\psi'-\varepsilon'-\varkappa'\sin\psi'\sqrt{-1})(\cos\psi-\varepsilon-\varkappa\sin\psi\sqrt{-1}) \end{array}\right]. \end{cases}$$

Or, eu égard aux formules (2), (3) et (11), les quantités (7), dont la première est égale au rapport

$$\frac{rr' \cos \delta}{r'^3},$$

pourront être immédiatement exprimées en fonction des anomalies excentriques

$$\psi \quad \text{et} \quad \psi'$$

et développées en séries qui soient ordonnées suivant les puissances entières, positives ou négatives, des exponentielles trigonométriques

$$e^{\psi\sqrt{-1}}, \quad e^{\psi'\sqrt{-1}},$$

ou bien encore en séries qui soient ordonnées suivant les puissances entières, positives ou négatives, des exponentielles trigonométriques

$$e^{T\sqrt{-1}}, \quad e^{T'\sqrt{-1}}.$$

D'ailleurs, la recherche des développements de la seconde espèce pourra être réduite au calcul de termes contenus dans d'autres développements de la première espèce, en vertu des théorèmes que nous allons énoncer :

Théorème I. — *Soit* 8 *une fonction de la variable* ψ *liée à la variable* T *par l'équation* (5) *et* n *une quantité entière positive ou négative; le coefficient* 8_n *de*

$$e^{nT\sqrt{-1}},$$

dans le développement de 8 *en série ordonnée suivant les puissances entières de* $e^{T\sqrt{-1}}$, *sera en même temps le coefficient de*

$$e^{n\psi\sqrt{-1}},$$

dans le développement de l'un quelconque des deux produits

$$(1 - \varepsilon \cos\psi) 8 \, e^{n\varepsilon \sin\psi\sqrt{-1}}, \qquad \frac{1}{n\sqrt{-1}} e^{n\varepsilon \sin\psi\sqrt{-1}} \, D_\psi 8,$$

en série ordonnée suivant les puissances entières de $e^{\psi\sqrt{-1}}$.

Démonstration. — En effet, si l'on pose

$$8 = \Sigma 8_n e^{nT\sqrt{-1}},$$

le signe Σ s'étendant à toutes les valeurs entières positives, nulles ou négatives de n, on en conclura

$$(12)\qquad 8_n = \frac{1}{2\pi}\int_0^{2\pi} 8 e^{-nT\sqrt{-1}}\,dT,$$

puis, en intégrant par parties,

$$(13)\qquad 8_n = \frac{1}{2\pi}\int_0^{2\pi} \frac{1}{n\sqrt{-1}} e^{-nT\sqrt{-1}}\,D_T 8\,dT.$$

Si maintenant on a égard à la formule (5), les équations (12), (13) deviendront

$$(14)\qquad \begin{cases} 8_n = \dfrac{1}{2\pi}\displaystyle\int_0^{2\pi} (1-\varepsilon\cos\psi)\,8\, e^{n\varepsilon\sin\psi\sqrt{-1}} e^{-n\psi\sqrt{-1}}\,d\psi, \\ 8_n = \dfrac{1}{2\pi}\displaystyle\int_0^{2\pi} \dfrac{1}{n\sqrt{-1}} e^{n\varepsilon\sin\psi\sqrt{-1}}\,D_\psi 8\, e^{-n\psi\sqrt{-1}}\,d\psi, \end{cases}$$

et de ces dernières, comparées à la formule (12), on déduira immédiatement le théorème I.

Au reste, le théorème I qui se déduit aisément, comme on vient de le voir, des propriétés d'intégrales définies déjà employées par les géomètres dans les problèmes d'Astronomie, pourrait se déduire encore du théorème de Lagrange sur le développement en série des fonctions implicites.

Corollaire I. — Si l'on pose en particulier $n = 0$, les équations (12) et (14) donneront

$$(15)\qquad 8_0 = \frac{1}{2\pi}\int_0^{2\pi} 8\,dT = \frac{1}{2\pi}\int_0^{2\pi} (1-\varepsilon\cos\psi)\,8\,d\psi.$$

Cette dernière formule entraîne évidemment la proposition suivante :

THÉORÈME II. — *Le terme constant, c'est-à-dire indépendant de l'exponentielle $e^{T\sqrt{-1}}$, dans le développement de la fonction 8 en série ordonnée* *suivant les puissances entières de cette exponentielle, sera aussi le terme constant du développement de la fonction*

$$\varkappa(1-\cos\psi)$$

en série ordonnée suivant les puissances entières de $e^{\psi\sqrt{-1}}$.

Des théorèmes I et II on déduit encore immédiatement ceux que nous allons énoncer :

Théorème III. — *Soient* $\varkappa$ *une fonction des variables* ψ, ψ' *liées aux variables* T, T' *par les deux équations*

$$\psi-\varepsilon\sin\psi=T,\qquad \psi'-\varepsilon'\sin\psi'=T',$$

et n, n' *deux quantités entières positives ou négatives. Le coefficient* $\varkappa_{n,n'}$ *de l'exponentielle trigonométrique*

$$e^{(nT+n'T')\sqrt{-1}},$$

dans le développement de la fonction $\varkappa$ *en série ordonnée suivant les puissances entières de*

$$e^{T\sqrt{-1}},\quad e^{T'\sqrt{-1}},$$

sera en même temps le coefficient de

$$e^{(n\psi+n'\psi')\sqrt{-1}}$$

dans le développement de l'une quelconque des quatre fonctions

$$(1-\varepsilon\cos\psi)(1-\varepsilon'\cos\psi')\varkappa e^{n\varepsilon\sin\psi\sqrt{-1}}e^{n'\varepsilon'\sin\psi'\sqrt{-1}},$$

$$\frac{1}{n'\sqrt{-1}}(1-\varepsilon\cos\psi)e^{n\varepsilon\sin\psi\sqrt{-1}}e^{n'\varepsilon'\sin\psi'\sqrt{-1}}\,\mathrm{D}_{\psi'}\varkappa,$$

$$\frac{1}{n\sqrt{-1}}(1-\varepsilon'\cos\psi')e^{n\varepsilon\sin\psi\sqrt{-1}}e^{n'\varepsilon'\sin\psi'\sqrt{-1}}\,\mathrm{D}_{\psi}\varkappa,$$

$$-\frac{1}{nn'}e^{n\varepsilon\sin\psi\sqrt{-1}}e^{n'\varepsilon'\sin\psi'\sqrt{-1}}\,\mathrm{D}_{\psi}\mathrm{D}_{\psi'}\varkappa$$

en série ordonnée suivant les puissances entières de $e^{\psi\sqrt{-1}}$, $e^{\psi'\sqrt{-1}}$.

Théorème IV. — *Les mêmes choses étant posées que dans le théorème précédent, le terme constant* $8_{0,0}$ *du développement de la fonction* 8, *en série ordonnée suivant les puissances entières des exponentielles*

$$e^{T\sqrt{-1}},\quad e^{T'\sqrt{-1}},$$

sera aussi le terme constant du développement de la fonction

$$8(1-\varepsilon\cos\psi)(1-\varepsilon'\cos\psi')$$

en série ordonnée suivant les puissances entières des exponentielles

$$e^{\psi\sqrt{-1}},\quad e^{\psi'\sqrt{-1}}.$$

§ II. — *Développement de la fonction* $\dfrac{r\cos\delta}{r'^2}$.

La fonction

$$\frac{r\cos\delta}{r'^2}$$

pouvant être présentée sous la forme

$$\frac{rr'\cos\delta}{r'^3},$$

il résulte des formules (3) et (9) du § I, que l'on pourra immédiatement développer cette fonction suivant les puissances entières de $e^{T\sqrt{-1}}$, $e^{T'\sqrt{-1}}$, si l'on sait développer de la même manière un quelconque des quatre produits compris dans la formule

$$(\cos\psi-\varepsilon\pm\varkappa\sin\psi\sqrt{-1})\,\frac{\cos\psi'-\varepsilon'\pm\varkappa\sin\psi'}{(1-\varepsilon'\cos\psi')^3},$$

ou, ce qui revient au même, si l'on sait développer, suivant les puissances entières de $e^{T\sqrt{-1}}$, chacune des deux expressions

$$\cos\psi-\varepsilon+\varkappa\sin\psi\sqrt{-1},\quad \frac{\cos\psi-\varepsilon+\varkappa\sin\psi\sqrt{-1}}{(1-\varepsilon\cos\psi)^3},$$

desquelles on déduit immédiatement les deux suivantes

$$\cos\psi-\varepsilon-\varkappa\sin\psi\sqrt{-1},\quad \frac{\cos\psi-\varepsilon-\varkappa\sin\psi\sqrt{-1}}{(1-\varepsilon\cos\psi)^3},$$

en changeant seulement le signe de $\sqrt{-1}$. Or, si l'on pose d'abord

$$(1)\qquad \mathfrak{z} = \cos\psi - \varepsilon + \varkappa \sin\psi \sqrt{-1},$$

on trouvera

$$\frac{1}{\sqrt{-1}} D_\psi \mathfrak{z} = \varkappa \cos\psi + \sin\psi \sqrt{-1};$$

et, en vertu du théorème I du § I, le coefficient $\mathfrak{z}_n$ de $e^{nT\sqrt{-1}}$, dans le développement de la fonction $\mathfrak{z}$, se réduira au coefficient de $e^{n\psi\sqrt{-1}}$ dans le développement du produit

$$\frac{1}{n}(\varkappa \cos\psi + \sin\psi \sqrt{-1})\, e^{n\varepsilon \sin\psi \sqrt{-1}},$$

ou, ce qui revient au même, au terme indépendant de $e^{\psi\sqrt{-1}}$ dans le développement de la fonction

$$\frac{1}{n}(\varkappa \cos\psi + \sin\psi \sqrt{-1})\, e^{-n\psi\sqrt{-1}} e^{n\varepsilon \sin\psi \sqrt{-1}}.$$

Or, comme on a généralement

$$e^{n\varepsilon \sin\psi \sqrt{-1}} = \sum \frac{(n\varepsilon \sin\psi \sqrt{-1})^k}{1.2\ldots k},$$

le signe Σ s'étendant à toutes les valeurs entières nulles ou positives de k, si l'on désigne par

$$\mathfrak{N}_{i,j,k}$$

le terme indépendant de $e^{\psi\sqrt{-1}}$ dans le développement du produit

$$e^{i\psi\sqrt{-1}}(2\cos\psi)^j(2\sin\psi\sqrt{-1})^k,$$

ou, ce qui revient au même, le terme indépendant de x dans le développement du produit

$$x^i(x + x^{-1})^j(x - x^{-1})^k,$$

on aura

$$(2)\qquad \mathfrak{z}_n = \sum \tfrac{1}{2}(\mathfrak{N}_{-n,1,k}\varkappa + \mathfrak{N}_{-n,0,k+1}) \frac{n^{k-1}}{1.2\ldots k}\left(\frac{\varepsilon}{2}\right)^n.$$

Il y a plus : les quantités entières de la forme $N_{i,j,k}$ sont évidemment liées les unes aux autres par les équations

$$(3)\quad \begin{cases} \mathfrak{N}_{i,j,k} = \mathfrak{N}_{i+1,j-1,k} + \mathfrak{N}_{i-1,j-1,k}, \\ \mathfrak{N}_{i,j,k} = \mathfrak{N}_{i+1,j,k-1} - \mathfrak{N}_{i-1,j,k-1}; \end{cases}$$

et, si l'on désigne à l'aide de la notation

$$(1)_k$$

le coefficient de x dans le développement du binôme

$$(1+x)^1,$$

c'est-à-dire, si l'on pose

$$(4)\qquad (1)_k = \frac{1(1-1)\ldots(1-k+1)}{1.2.3\ldots k},$$

on aura

$$(5)\quad \begin{cases} \mathfrak{N}_{-n,0,k+1} = (-1)^{\frac{k-n+1}{2}}(k+1)_{\frac{k-n+1}{2}}, \\ \mathfrak{N}_{-n,1,k} \;= \mathfrak{N}_{-n+1,0,k} + \mathfrak{N}_{-n-1,0,k} = (-1)^{\frac{k-n+1}{2}}\left[(k)_{\frac{k-n+1}{2}} - (k)_{\frac{k-n-1}{2}}\right]. \end{cases}$$

Ajoutons que, si l'on prend $n=0$, la valeur de 8_n réduite à 8_0 sera, en vertu du théorème II du § I, égale au terme qui reste indépendant de $e^{\psi\sqrt{-1}}$ dans le développement du produit

$$\begin{aligned}(1-\varepsilon\cos\psi)\,8 &= (1-\varepsilon\cos\psi)\left(\cos\psi - \varepsilon + \varkappa\sin\psi\sqrt{-1}\right)\\ &= \left[1-\tfrac{1}{2}\varepsilon\left(e^{\psi\sqrt{-1}}+e^{-\psi\sqrt{-1}}\right)\right]\left[(1+\varkappa)e^{\psi\sqrt{-1}} - \varepsilon + (1-\varkappa)e^{-\psi\sqrt{-1}}\right],\end{aligned}$$

de sorte qu'on aura

$$(6)\qquad 8_0 = -2\varepsilon.$$

Posons maintenant

$$(7)\qquad 8 = \frac{\cos\psi - \varepsilon + \varkappa\sin\psi\sqrt{-1}}{(1-\varepsilon\cos\psi)^3}.$$

Alors, en vertu du théorème I du paragraphe précédent, le coefficient 8_n de $e^{nT\sqrt{-1}}$, dans le développement de la fonction 8, se réduira au coefficient de $e^{n\psi\sqrt{-1}}$ dans le développement du rapport

$$\frac{\cos\psi - \varepsilon + \varkappa\sin\psi\sqrt{-1}}{(1-\varepsilon\cos\psi)^2}\, e^{n\varepsilon\sin\psi\sqrt{-1}}. \tag{8}$$

D'ailleurs, si l'on pose, pour abréger,

$$\tau_{\prime} = \frac{1-\varkappa}{\varepsilon} = \frac{\varepsilon}{1+\varkappa},$$

c'est-à-dire, en d'autres termes, si l'on désigne par $\tau_{\prime}$ la tangente de la moitié de l'angle qui a pour sinus ε, on trouvera

$$\cos\psi - \varepsilon + k\sin\psi\sqrt{-1} = \frac{\varepsilon}{2\tau_{\prime}} e^{\psi\sqrt{-1}}\left(1 - \tau_{\prime} e^{-\psi\sqrt{-1}}\right)^2,$$

$$1 - \varepsilon\cos\psi = \frac{\varepsilon}{2\tau_{\prime}}\left(1 - \tau_{\prime} e^{-\psi\sqrt{-1}}\right)\left(1 - \tau_{\prime} e^{\psi\sqrt{-1}}\right),$$

et, par suite,

$$\frac{\cos\psi - \varepsilon + k\sin\psi\sqrt{-1}}{(1-\cos\psi)^2} = \frac{2\tau_{\prime}}{\varepsilon} e^{\psi\sqrt{-1}}\left(1 - \tau_{\prime} e^{\psi\sqrt{-1}}\right)^{-2}.$$

Donc l'expression (8) deviendra

$$\frac{2\tau_{\prime}}{\varepsilon} e^{\psi\sqrt{-1}}\left(1 - \tau_{\prime} e^{\psi\sqrt{-1}}\right)^{-2} e^{n\varepsilon\sin\psi\sqrt{-1}},$$

et le coefficient 8_n de $e^{nT\sqrt{-1}}$, dans la fonction 8, se réduira au terme qui restera indépendant de $e^{\psi\sqrt{-1}}$ dans le développement du produit

$$\frac{2\tau_{\prime}}{\varepsilon} e^{-(n-1)\psi\sqrt{-1}}\left(1 - \tau_{\prime} e^{\psi\sqrt{-1}}\right)^{-2} e^{n\varepsilon\sin\psi\sqrt{-1}}, \tag{9}$$

de sorte que, en ayant égard à la formule

$$\left(1 - \tau_{\prime} e^{\psi\sqrt{-1}}\right)^{-2} = \Sigma\,(h+1)\tau_{\prime}^{h} e^{h\psi\sqrt{-1}},$$

on trouvera

$$\varkappa_n = \sum (h+1)\,\mathfrak{N}_{h-n+1,0,k}\,\frac{n^k}{1.2\ldots k}\,\tau_{\prime}^{h+1}\left(\frac{\varepsilon}{2}\right)^{k-1}, \tag{10}$$

le signe Σ s'étendant à toutes les valeurs entières nulles ou positives de h et de k.

Si, dans la formule (10), on réduit le nombre n à zéro, elle donnera simplement

(11) $$\aleph_0 = 0,$$

attendu que, pour $n = 0$, le produit (9), réduit à la forme

$$\frac{2\eta}{\varepsilon} e^{\psi\sqrt{-1}}(1 - \eta_{\prime} e^{\psi\sqrt{-1}})^{-2} = \frac{2\eta}{\varepsilon}(e^{\psi\sqrt{-1}} + 2\eta_{\prime} e^{2\psi\sqrt{-1}} + 3\eta_{\prime}^2 e^{3\psi\sqrt{-1}} + \ldots),$$

ne renferme pas de terme indépendant de l'exponentielle $e^{\psi\sqrt{-1}}$.

§ III. — *Sur le développement de la fonction* $\frac{1}{\imath}$.

En vertu de l'équation (2) du § I, on a

(1) $$\imath^2 = r^2 - 2rr' \cos\delta + r'^2.$$

D'autre part, si l'on réduit à zéro les excentricités ε, ε', ainsi que l'inclinaison mutuelle I des orbites décrites par les planètes m, m', on tirera des formules (3), (4), (5) du § I,

$$r = a, \qquad p - \varpi = \psi = T,$$

et

$$r' = a', \qquad p' - \varpi' = \psi' = T';$$

et, comme on aura

$$\mu = 1, \qquad \nu = 0,$$

la formule (10) du même paragraphe donnera

$$\cos\delta = \cos(T' - T + \Pi),$$

en sorte que l'équation (1) se trouvera réduite à

(2) $$\imath^2 = a^2 - 2aa' \cos(T' - T + \Pi) + a'^2.$$

Posons maintenant, pour abréger,

(3) $$\frac{1}{2}\left(\frac{a'}{a} + \frac{a}{a'}\right) = \lambda;$$

la formule (2) deviendra

$$\imath^2 = 2aa'[\lambda - \cos(T' - T + \Pi)];$$

et si, dans le cas où chacune des quantités

$$\varepsilon, \quad \varepsilon', \quad I$$

diffère de zéro, on pose

$$(4) \qquad \imath^2 = 2aa'[\lambda - \cos(T' - T + \Pi) + \mathfrak{z}],$$

la quantité $\mathfrak{z}$ restera généralement très petite en même temps que ε, ε', I. Alors aussi $2aa'\mathfrak{z}$ représentera la différence entre les deux valeurs de $\imath^2$ que fournissent les équations (1) et (2), en sorte que l'on aura

$$2aa'\mathfrak{z} = r^2 - a^2 + r'^2 - a'^2 - 2rr'\cos\delta + 2aa'\cos(T' - T + \Pi),$$

et, par suite,

$$(5) \qquad \mathfrak{z} = \frac{1}{2}\frac{a}{a'}\left(\frac{r^2}{a^2} - 1\right) + \frac{1}{2}\frac{a'}{a}\left(\frac{r'^2}{a'^2} - 1\right) - \frac{r}{a}\frac{r'}{a'}\cos\delta + \cos(T' - T + \Pi).$$

D'autre part, en posant, pour abréger,

$$(6) \qquad \Lambda = [\lambda - \cos(T' - T + \Pi)]^{-\frac{1}{2}},$$

on tirera de la formule (4)

$$(7) \qquad \frac{1}{\imath} = (2aa')^{-\frac{1}{2}} \sum \frac{\mathfrak{z}^l}{1.2\ldots l} D_\lambda^l \Lambda,$$

le signe Σ s'étendant à toutes les valeurs entières nulles ou positives de l. Or il suit de l'équation (7) qu'il deviendra facile de développer $\frac{1}{\imath}$ en série ordonnée suivant les puissances entières des exponentielles

$$e^{T\sqrt{-1}}, \quad e^{T'\sqrt{-1}}$$

dès que l'on aura développé séparément en séries de cette espèce les deux fonctions

$$\mathfrak{z}^l \quad \text{et} \quad \Lambda.$$

En effet, supposons d'un côté

$$(8) \qquad \Lambda = \Sigma \Lambda_n e^{n(T' - T + \Pi)\sqrt{-1}},$$

et d'un autre côté

$$\varkappa^{1} = \Sigma\, \varkappa^{(1)}_{n,n'}\, e^{(nT+n'T')\sqrt{-1}}, \tag{9}$$

le signe Σ s'étendant à toutes les valeurs entières de n, ou de n et n'; on aura généralement

$$\mathrm{A}_{-n} = \mathrm{A}_n, \tag{10}$$

et il est clair que, dans le développement du produit

$$\varkappa^{1}\,\mathrm{D}^{1}_{\lambda}\,\mathrm{A},$$

le coefficient de

$$e^{(nT+n'T')\sqrt{-1}}$$

sera

$$(11)\quad \left\{\begin{aligned} &\varkappa^{(1)}_{n,n'}\,\mathrm{D}^{1}_{\lambda}\mathrm{A}_0 + \varkappa^{(1)}_{n+1,n'-1}\,\mathrm{D}^{1}_{\lambda}\mathrm{A}_1\, e^{\Pi\sqrt{-1}} + \varkappa^{(1)}_{n+2,n'-2}\,\mathrm{D}^{1}_{\lambda}\mathrm{A}_2\, e^{2\Pi\sqrt{-1}} + \ldots \\ &\qquad + \varkappa^{(1)}_{n-1,n'+1}\,\mathrm{D}^{1}_{\lambda}\mathrm{A}_1\, e^{-\Pi\sqrt{-1}} + \varkappa^{(1)}_{n-2,n'+2}\,\mathrm{D}^{1}_{\lambda}\mathrm{A}_2\, e^{-2\Pi\sqrt{-1}} + \ldots. \end{aligned}\right.$$

Donc ce coefficient pourra être considéré comme une fonction linéaire des quantités de la forme

$$\varkappa^{(1)}_{n+k,n'-k},$$

multipliées chacune par un facteur de la forme

$$\mathrm{D}^{1}_{\lambda}\,\mathrm{A}_k\, e^{k\Pi\sqrt{-1}}.$$

Il est même important d'observer que les diverses valeurs de

$$\varkappa^{(1)}_{n+k,n'-k}$$

représenteront les coefficients des diverses puissances de $e^{(T'-T)\sqrt{-1}}$ dans une seule partie du développement de $\varkappa^{1}$ en série ordonnée suivant les puissances entières des deux exponentielles

$$e^{T\sqrt{-1}}, \quad e^{(T'-T)\sqrt{-1}},$$

savoir, dans la partie de ce développement qui sera proportionnelle à l'exponentielle

$$e^{(n+n')T\sqrt{-1}}.$$

Cette remarque très simple permet d'obtenir la somme (11) à l'aide du théorème que nous allons énoncer.

THÉORÈME. — *Posons*

$$\text{(12)} \qquad z = \Sigma z_n e^{nT\sqrt{-1}},$$

et plus généralement

$$\text{(13)} \qquad z^l = \Sigma z_n^{(l)} e^{nT\sqrt{-1}},$$

z_n *et* $z_n^{(l)}$ *désignant des fonctions de la seule exponentielle*

$$e^{(T-T')\sqrt{-1}}.$$

Quand on voudra obtenir le coefficient de

$$e^{(nT+n'T')\sqrt{-1}}$$

dans le développement du produit $z^l \mathrm{D}_\lambda^l \Lambda$, *il suffira de chercher le coefficient de l'exponentielle*

$$e^{n'(T'-T)\sqrt{-1}},$$

dans le développement du produit

$$z_{n+n'}^{(l)} \mathrm{D}_\lambda^l \Lambda.$$

Observons encore que du développement de la fonction z on déduira aisément, par des multiplications successives, les développements de z^2, z^3, ..., z^l. Donc, des diverses valeurs de z_n, supposées connues, on pourra aisément déduire les diverses valeurs de $z_n^{(l)}$.

En vertu de ce qu'on vient de dire, pour réduire la recherche du développement de $\frac{1}{\iota}$ à celle du développement de z, il suffit de connaître les valeurs numériques des facteurs de la forme

$$\mathrm{D}_\lambda^l \Lambda.$$

M. Le Verrier a donc exécuté un travail fort utile pour l'Astronomie en construisant des Tables qui fournissent avec exactitude ces valeurs numériques. Il est d'ailleurs généralement très avantageux de substituer au développement de la fonction $\frac{1}{\iota}$ celui de la fonction ε, attendu que des deux séries multiples, produites par ces développements, la première converge très lentement, tandis que la convergence de la seconde est pour l'ordinaire très rapide. En raison de cette dernière circonstance, on pourrait employer avec succès, pour développer ε et ε^1 en séries, ou les formules d'interpolation connues, qui reposent sur les propriétés des racines de l'unité, et que j'ai précédemment appliquées à des problèmes de Mécanique céleste dans mon Mémoire de 1832, ou la nouvelle formule d'interpolation que j'ai donnée en 1835, ou bien encore celle que M. Le Verrier a présentée récemment à l'Académie. Au reste, on pourra aussi développer facilement en série la fonction ε, en partant de la formule (5), et ayant recours aux théorèmes établis dans le premier paragraphe. Déjà nous avons ainsi obtenu le développement de la fonction

$$\cos\psi - \varepsilon + \varkappa \sin\psi\sqrt{-1},$$

duquel on déduira immédiatement ceux des fonctions

$$\cos\psi - \varepsilon \pm \varkappa \sin\psi\sqrt{-1}, \quad \cos\psi' - \varepsilon' \pm \varkappa' \sin\psi'\sqrt{-1},$$

par conséquent celui de la fonction

$$\frac{r}{a}\frac{r'}{a'}\cos\delta,$$

déterminée par la formule (11) du § II. Or, en effaçant dans le dernier développement la portion équivalente à $\cos(T' - T + \Pi)$, et changeant le signe du reste, on obtiendra la partie du développement de ε qui représente le binôme

$$-\frac{rr'}{aa'}\cos\delta + \cos(T' - T + \Pi).$$

Pour être en état de calculer l'autre partie, ou le développement de la somme

$$\frac{1}{2}\frac{a}{a'}\left(\frac{r^2}{a^2} - 1\right) + \frac{1}{2}\frac{a'}{a}\left(\frac{r'^2}{a'^2} - 1\right).$$

il suffira de savoir développer l'expression

$$\frac{r^2}{a^2} - 1$$

en une série ordonnée suivant les puissances ascendantes de $e^{T\sqrt{-1}}$. Or il résulte immédiatement du théorème I du § I que le coefficient de

$$e^{nT\sqrt{-1}},$$

dans cette série, sera le terme indépendant de $e^{\psi\sqrt{-1}}$, dans le développement du produit

$$\frac{1}{n\sqrt{-1}} e^{-n\psi\sqrt{-1}} e^{n\varepsilon\sin\psi\sqrt{-1}} D_\psi\left(\frac{r^2}{a^2}\right).$$

Donc, puisque l'on a

$$D_\psi\left(\frac{r^2}{a^2}\right) = D_\psi(1 - \varepsilon\cos\psi)^2 = 2\varepsilon(1 - \varepsilon\cos\psi)\sin\psi,$$

le coefficient dont il s'agit sera, pour $n > 0$,

$$(14) \qquad \Sigma(\mathfrak{N}_{-n,1,k+1}\,\varepsilon - 2\,\mathfrak{N}_{-n,0,k+1})\frac{n^{k-1}}{1.2.3\ldots k}\left(\frac{\varepsilon}{2}\right)^{k+1}.$$

Ajoutons que le terme correspondant à $n = 0$, c'est-à-dire le terme indépendant de $e^{T\sqrt{-1}}$, dans le développement de la différence

$$\frac{r^2}{a^2} - 1,$$

sera, en vertu du théorème II (§ I), équivalent au terme indépendant de $e^{\psi\sqrt{-1}}$ dans le développement du produit

$$(1 - \varepsilon\cos\psi)^3 - (1 - \varepsilon\cos\psi)$$
$$= \left[1 - \frac{\varepsilon}{2}\left(e^{\psi\sqrt{-1}} + e^{-\psi\sqrt{-1}}\right)\right]^3 - \left[1 - \frac{\varepsilon}{2}\left(e^{\psi\sqrt{-1}} + e^{-\psi\sqrt{-1}}\right)\right],$$

par conséquent à la quantité

$$\tfrac{3}{2}\varepsilon^2.$$

Lorsqu'on se propose en particulier de trouver le terme indépendant de $e^{T\sqrt{-1}}$ dans le développement de la fonction $\frac{1}{\iota}$, ou, ce qui revient au même, le terme indépendant de $e^{\psi\sqrt{-1}}$ dans le développement du rapport

$$\frac{1-\varepsilon\cos\psi}{\iota},$$

il est avantageux de remplacer les équations (4) et (5) par les deux suivantes

$$\iota^2 = 2aa'[\lambda - \cos(\psi' - \psi + \Pi) + 8],$$

$$8 = \frac{1}{2}\frac{a}{a'}\left(\frac{r^2}{a^2} - 1\right) + \frac{1}{2}\frac{a'}{a}\left(\frac{r'^2}{a'^2} - 1\right) - \frac{rr'}{aa'}\cos\delta + \cos(\psi' - \psi + \Pi),$$

dont la seconde fournit une valeur de 8 qui renferme seulement les premières et les secondes puissances des exponentielles

$$e^{\pm\psi\sqrt{-1}}, \quad e^{\pm\psi'\sqrt{-1}}.$$

Alors aussi l'on peut appliquer à la recherche des coefficients renfermés dans le développement de $\frac{1}{\iota}$ une nouvelle méthode d'interpolation fondée sur les propriétés des racines de certaines équations réciproques. C'est au reste ce que je montrerai plus en détail dans un autre article.

114.

Mécanique céleste. — *Sur les variations séculaires des éléments elliptiques, dans le mouvement des planètes.*

C. R., t. XII, p. 189 (25 janvier 1841).

Soient

m, m' les masses de deux planètes;
r, r' les distances de ces planètes au centre du Soleil;
ι leur distance mutuelle;
δ l'angle sous lequel la distance est vue du centre du Soleil.

Soient encore, dans les ellipses osculatrices des courbes décrites par les planètes m, m',

p, p' les longitudes de ces planètes;
ψ, ψ' leurs anomalies excentriques;
T, T' leurs anomalies moyennes;
a, a' les demi-grands axes;
ε, ε' les excentricités;
ϖ, ϖ' les longitudes des périhélies.

Si l'on nomme R la fonction perturbatrice relative à la planète m', on aura

$$(1)\qquad \mathrm{R} = \frac{m'r\cos\delta}{r'^2} + \ldots - \frac{m'}{\iota} - \ldots,$$

la valeur de ι^2 étant

$$(2)\qquad \iota^2 = r^2 - 2rr'\cos\delta + r'^2.$$

Cela posé, concevons que l'on se propose de calculer les variations séculaires des éléments elliptiques de la planète m, dues à l'action de la planète m'. Pour y parvenir, il faudra, dans les équations différentielles qui déterminent ces variations, substituer à la fonction R le premier terme du développement de

$$-\frac{m'}{\iota}$$

en une série ordonnée suivant les puissances entières des exponentielles

$$e^{T\sqrt{-1}},\quad e^{T'\sqrt{-1}},$$

c'est-à-dire le terme de la série qui sera indépendant de ces exponentielles. On n'aura point à s'occuper du développement de

$$\frac{m'r\cos\delta}{r'^2},$$

puisque le premier terme de cet autre développement serait nul (p. 27-28); et comme on a d'ailleurs

$$-\frac{m'}{\iota} = -m' \times \frac{1}{\iota},$$

la question se réduira simplement à la recherche du premier terme de la série qui représente le développement du rapport

$$\frac{1}{\iota}$$

suivant les puissances entières des exponentielles

$$e^{T\sqrt{-1}}, \quad e^{T'\sqrt{-1}}.$$

Donc, en vertu d'un théorème précédemment établi (p. 22-24), la question pourra encore se réduire à la recherche du premier terme de la série qui représentera le développement du produit

$$\frac{1}{\iota}(1 - \varepsilon\cos\psi)(1 - \varepsilon'\cos\psi')$$

suivant les puissances entières des exponentielles

$$e^{\psi\sqrt{-1}}, \quad e^{\psi'\sqrt{-1}}.$$

En nommant I l'inclinaison mutuelle des orbites des planètes m, m', et prenant

$$\mu = \cos^2\frac{I}{2}, \qquad \nu = \sin^2\frac{I}{2},$$

on a, comme nous l'avons remarqué (p. 20),

$$(3) \quad \cos\delta = \mu\cos(p' - \varpi' - p + \varpi + \Pi) + \nu\cos(p' - \varpi' + p - \varpi + \Phi),$$

Π, Φ désignant deux constantes qui dépendent des positions de ces mêmes plans. D'autre part, si, en raison de la petitesse des excentricités et des inclinaisons, on pose, dans une première approximation,

$$\mu = 1, \qquad \nu = 0, \qquad r = a, \qquad r' = a', \qquad p - \varpi = \psi, \qquad p' - \varpi' = \psi';$$

on verra, par suite, la formule (3) se réduire à

$$\cos\delta = \cos(\psi' - \psi + \Pi),$$

et l'équation (2) à la suivante

$$\iota^2 = 2aa'[\lambda - \cos(\psi' - \psi + \Pi)],$$

la valeur de λ étant

$$\lambda = \frac{1}{2}\left(\frac{a'}{a} + \frac{a}{a'}\right).$$

Donc, en posant, pour abréger,

$$\Lambda = [\lambda - \cos(\psi' - \psi + \Pi)]^{-\frac{1}{2}},$$

on aura, dans une première approximation,

$$(4) \qquad \frac{1}{\imath} = (2aa')^{-\frac{1}{2}}\Lambda.$$

Si, au contraire, on veut calculer avec exactitude la valeur du rapport $\frac{1}{\imath}$, on pourra supposer

$$\imath^2 = 2aa'[\lambda - \cos(\psi' - \psi + \Pi) + 8],$$

et l'on trouvera, par suite,

$$\frac{1}{\imath} = (2aa')^{-\frac{1}{2}}[\lambda - \cos(\psi' - \psi + \Pi) + 8]^{-\frac{1}{2}},$$

ou, ce qui revient au même,

$$(5) \qquad \frac{1}{\imath} = (2aa')^{-\frac{1}{2}} \sum \frac{8^l}{1.2\ldots l} D_\lambda^l \Lambda,$$

le signe Σ s'étendant à toutes les valeurs entières nulles ou positives de l. Alors 8 sera généralement une quantité très petite, déterminée par la formule

$$(6) \qquad 8 = \frac{1}{2}\frac{a}{a'}\left(\frac{r^2}{a^2} - 1\right) + \frac{1}{2}\frac{a'}{a}\left(\frac{r'^2}{a'^2} - 1\right) - \frac{rr'}{aa'}\cos\delta + \cos(\psi' - \psi + \Pi);$$

et, comme on aura

$$(7) \qquad \frac{1}{\imath}(1 - \varepsilon\cos\psi)(1 - \varepsilon'\cos\psi') = \sum \frac{8^l}{1.2\ldots l}(1 - \varepsilon\cos\psi)(1 - \varepsilon'\cos\psi') D_\lambda^l \Lambda.$$

la recherche du premier terme du développement du produit

$$\frac{1}{\imath}(1 - \varepsilon\cos\psi)(1 - \varepsilon'\cos\psi'),$$

en une série ordonnée suivant les puissances entières des exponentielles

$$e^{\psi\sqrt{-1}}, \quad e^{\psi'\sqrt{-1}},$$

se trouvera évidemment ramenée à la recherche du premier terme du développement du produit

$$(8) \qquad \frac{8^l}{1.2\ldots l}(1-\varepsilon\cos\psi)(1-\varepsilon'\cos\psi')\,\mathrm{D}_\lambda^l\,\Lambda,$$

en une semblable série. Cette dernière question est celle dont nous allons maintenant nous occuper.

La quantité

$$\Lambda = [\lambda - \cos(\psi' - \psi + \Pi)]^{-\frac{1}{2}},$$

qui dépend de la différence $\psi' - \psi$, peut être présentée sous la forme

$$(9) \qquad \Lambda = \Sigma \Lambda_n e^{n(\psi'-\psi+\Pi)\sqrt{-1}},$$

le signe Σ s'étendant à toutes les valeurs entières, nulles ou positives de n, et le coefficient Λ_n désignant une fonction déterminée de n, λ, qui satisfait à la condition

$$(10) \qquad \Lambda_{-n} = \Lambda_n.$$

Supposons maintenant que, le produit

$$\frac{8^l}{1.2\ldots l}(1-\varepsilon\cos\psi)(1-\varepsilon'\cos\psi')$$

étant développé suivant les puissances entières des exponentielles

$$e^{\psi\sqrt{-1}}, \quad e^{\psi'\sqrt{-1}},$$

on nomme

$$\upsilon = \mathrm{f}(\psi - \psi')$$

la partie du développement qui dépendra uniquement de l'angle $\psi' - \psi$ ou $\psi - \psi'$. Le terme constant de la série double, qui représentera le développement du produit (8) suivant les puissances entières des mêmes exponentielles, sera encore évidemment le terme constant de la série simple qui représentera le développement du produit

$$\upsilon D_\lambda^1 \Lambda$$

suivant les puissances entières de la seule exponentielle

$$e^{(\psi'-\psi)\sqrt{-1}}.$$

D'ailleurs, si, après avoir développé la fonction

$$\beta \quad \text{ou} \quad \beta^1$$

en série ordonnée suivant les puissances entières des exponentielles

$$e^{\psi\sqrt{-1}}, \quad e^{\psi'\sqrt{-1}},$$

on désigne, dans le développement, par

$$\beta_n e^{n\psi\sqrt{-1}} \quad \text{ou par} \quad \beta_n^{(1)} e^{n\psi\sqrt{-1}}$$

la somme des termes où ces puissances offriront des degrés dont l'addition reproduira le nombre n, alors, des formules

$$\beta = \Sigma \beta_n e^{n\psi\sqrt{-1}} \tag{11}$$

et

$$\beta^1 = \Sigma \beta_n^{(1)} e^{n\psi\sqrt{-1}}, \tag{12}$$

jointes à l'équation identique

$$\left\{\begin{aligned} &(1-\varepsilon\cos\psi)(1-\varepsilon'\cos\psi') \\ &\quad = 1 + \frac{\varepsilon\varepsilon'}{2}\cos(\psi'-\psi) - \left(\frac{\varepsilon}{2}e^{-\psi\sqrt{-1}} + \frac{\varepsilon'}{2}e^{-\psi'\sqrt{-1}}\right) + \frac{\varepsilon\varepsilon'}{4}e^{-(\psi+\psi')\sqrt{-1}} \\ &\qquad\qquad - \left(\frac{\varepsilon}{2}e^{\psi\sqrt{-1}} + \frac{\varepsilon'}{2}e^{\psi'\sqrt{-1}}\right) + \frac{\varepsilon\varepsilon'}{4}e^{(\psi+\psi')\sqrt{-1}}, \end{aligned}\right. \tag{13}$$

on tirera

$$\begin{aligned} \upsilon = \beta_0 &\left[1 + \frac{\varepsilon\varepsilon'}{2}\cos(\psi'-\psi)\right] \\ &- \beta_1 e^{\psi\sqrt{-1}}\left(\frac{\varepsilon}{2}e^{-\psi\sqrt{-1}} + \frac{\varepsilon'}{2}e^{-\psi'\sqrt{-1}}\right) + \frac{\varepsilon\varepsilon'}{4}\beta_2 e^{2\psi\sqrt{-1}} e^{-(\psi+\psi')\sqrt{-1}} \\ &- \beta_{-1} e^{-\psi\sqrt{-1}}\left(\frac{\varepsilon}{2}e^{\psi\sqrt{-1}} + \frac{\varepsilon'}{2}e^{\psi'\sqrt{-1}}\right) + \frac{\varepsilon\varepsilon'}{4}\beta_{-2} e^{-2\psi\sqrt{-1}} e^{(\psi+\psi')\sqrt{-1}} \end{aligned}$$

et plus généralement

$$(14)\quad v = \frac{1}{1.2\ldots l}\left\{\begin{array}{l} 8_0^{(l)}\left[1+\frac{\varepsilon\varepsilon'}{2}\cos(\psi'-\psi)\right] \\ -8_1^{(l)}e^{\psi\sqrt{-1}}\left(\frac{\varepsilon}{2}\,e^{-\psi\sqrt{-1}}+\frac{\varepsilon'}{2}\,e^{-\psi'\sqrt{-1}}\right)+8_2^{(l)}e^{2\psi\sqrt{-1}}\frac{\varepsilon\varepsilon'}{4}\,e^{-(\psi+\psi')\sqrt{-1}} \\ -8_{-1}^{(l)}e^{-\psi\sqrt{-1}}\left(\frac{\varepsilon}{2}\,e^{\psi\sqrt{-1}}+\frac{\varepsilon'}{2}\,e^{\psi'\sqrt{-1}}\right)+8_{-2}^{(l)}e^{-2\psi\sqrt{-1}}\frac{\varepsilon\varepsilon'}{4}\,e^{(\psi+\psi')\sqrt{-1}} \end{array}\right\}.$$

D'autre part, comme, en posant

$$\varkappa = (1-\varepsilon^2)^{\frac{1}{2}}, \qquad \varkappa' = (1-\varepsilon'^2)^{\frac{1}{2}},$$

on aura dans la formule (6) (*voir* les pages 19 et 20)

$$(15)\qquad \frac{r}{a} = 1-\varepsilon\cos\psi, \qquad \frac{r'}{a'} = 1-\varepsilon\cos\psi',$$

$$(16)\quad \left\{\begin{array}{l} \frac{rr'}{aa'}\cos\delta = \frac{1}{2}\mu\left[\begin{array}{l} e^{\Pi\sqrt{-1}}\left(\cos\psi'-\varepsilon'+\varkappa'\sin\psi'\sqrt{-1}\right)\left(\cos\psi-\varepsilon-\varkappa\sin\psi\sqrt{-1}\right) \\ +e^{-\Pi\sqrt{-1}}\left(\cos\psi'-\varepsilon'-\varkappa'\sin\psi'\sqrt{-1}\right)\left(\cos\psi-\varepsilon+\varkappa\sin\psi\sqrt{-1}\right) \end{array}\right] \\ \qquad\qquad + \frac{1}{2}\nu\left[\begin{array}{l} e^{\Phi\sqrt{-1}}\left(\cos\psi'-\varepsilon'+\varkappa'\sin\psi'\sqrt{-1}\right)\left(\cos\psi-\varepsilon+\varkappa\sin\psi\sqrt{-1}\right) \\ +e^{-\Phi\sqrt{-1}}\left(\cos\psi'-\varepsilon'-\varkappa'\sin\psi'\sqrt{-1}\right)\left(\cos\psi-\varepsilon-\varkappa\sin\psi\sqrt{-1}\right) \end{array}\right], \end{array}\right.$$

la formule (11) pourra être réduite à

$$(17)\qquad 8 = 8_{-2}\,e^{-2\psi\sqrt{-1}}+8_{-1}\,e^{-\psi\sqrt{-1}}+8_0+8_1\,e^{\psi\sqrt{-1}}+8_2\,e^{2\psi\sqrt{-1}},$$

les valeurs de

$$8_{-2},\quad 8_{-1},\quad 8_0,\quad 8_1,\quad 8_2$$

étant déterminées par des équations de la forme

$$(18)\quad \left\{\begin{array}{l} 8_{-1} = 8_{-1,0}+8_{0,-1}\,e^{(\psi-\psi')\sqrt{-1}}, \\ 8_1 \;\,= 8_{1,0} \;\,+8_{0,1}\;\,e^{(\psi'-\psi)\sqrt{-1}}, \end{array}\right.$$

$$(19)\quad \left\{\begin{array}{l} 8_{-2} = 8_{-2,0}+8_{-1,-1}\,e^{(\psi-\psi')\sqrt{-1}}+8_{0,-2}\,e^{2(\psi-\psi')\sqrt{-1}}, \\ 8_0 \;\,= 8_{0,0} \;\,+8_{1,-1}\;\,e^{(\psi-\psi')\sqrt{-1}}+8_{-1,1}\,e^{(\psi'-\psi)\sqrt{-1}}, \\ 8_2 \;\,= 8_{2,0} \;\,+8_{1,1}\;\,e^{(\psi'-\psi)\sqrt{-1}}+8_{0,2}\;\,e^{2(\psi'-\psi)\sqrt{-1}}, \end{array}\right.$$

et $8_{n,n'}$ représentant généralement, dans le développement fini de la fonction $\mathcal{S}$, le coefficient de l'exponentielle

$$e^{(n\psi+n'\psi')\sqrt{-1}}.$$

Or de cette définition de $\mathcal{S}_{n,n'}$, jointe aux formules (6), (15) et (16), il résulte immédiatement que, si l'on pose, pour abréger,

$$(20)\quad \left\{\begin{aligned} \mathcal{A} &= \mu\cos\Pi + \nu\cos\Phi, & \mathcal{D} &= \mu\cos\Pi - \nu\cos\Phi,\\ \mathcal{B} &= -\mu\sin\Pi - \nu\sin\Phi, & \mathcal{C} &= \mu\sin\Pi - \nu\sin\Phi,\end{aligned}\right.$$

on aura

$$(21)\quad \left\{\begin{aligned} \mathcal{S}_{-1,0} &= \frac{1}{2}\left(\mathcal{A}\varepsilon' - \frac{a}{a'}\varepsilon + \mathcal{C}\varkappa\varepsilon'\sqrt{-1}\right), & \mathcal{S}_{1,0} &= \frac{1}{2}\left(\mathcal{A}\varepsilon' - \frac{a}{a'}\varepsilon - \mathcal{C}\varkappa\varepsilon'\sqrt{-1}\right),\\ \mathcal{S}_{0,-1} &= \frac{1}{2}\left(\mathcal{A}\varepsilon - \frac{a'}{a}\varepsilon' + \mathcal{B}\varkappa'\varepsilon\sqrt{-1}\right), & \mathcal{S}_{0,1} &= \frac{1}{2}\left(\mathcal{A}\varepsilon - \frac{a'}{a}\varepsilon' + \mathcal{B}\varkappa'\varepsilon\sqrt{-1}\right);\end{aligned}\right.$$

$$(22)\quad \left\{\begin{aligned} &\mathcal{S}_{0,0} = \frac{1}{4}\left(\frac{a}{a'}\varepsilon^2 + \frac{a'}{a}\varepsilon'^2\right) - \mathcal{A}\varepsilon\varepsilon',\\ &\mathcal{S}_{-2,0} = \mathcal{S}_{2,0} = \frac{1}{8}\frac{a}{a'}\varepsilon^2, \qquad \mathcal{S}_{0,-2} = \mathcal{S}_{0,2} = \frac{1}{8}\frac{a'}{a}\varepsilon'^2;\end{aligned}\right.$$

$$(23)\quad \left\{\begin{aligned} \mathcal{S}_{-1,-1} &= -\frac{1}{4}\left[\mathcal{A} - \mathcal{D}\varkappa\varkappa' + (\mathcal{B}\varkappa' + \mathcal{C}\varkappa)\sqrt{-1}\right],\\ \mathcal{S}_{1,1} &= -\frac{1}{4}\left[\mathcal{A} - \mathcal{D}\varkappa\varkappa' - (\mathcal{B}\varkappa' + \mathcal{C}\varkappa)\sqrt{-1}\right];\end{aligned}\right.$$

$$(24)\quad \left\{\begin{aligned} \mathcal{S}_{-1,1} &= -\frac{1}{4}\left[\mathcal{A} + \mathcal{D}\varkappa\varkappa' - (\mathcal{B}\varkappa' - \mathcal{C}\varkappa)\sqrt{-1} - 2e^{\Pi\sqrt{-1}}\right],\\ \mathcal{S}_{1,-1} &= -\frac{1}{4}\left[\mathcal{A} + \mathcal{D}\varkappa\varkappa' + (\mathcal{B}\varkappa' - \mathcal{C}\varkappa)\sqrt{-1} - 2e^{-\Pi\sqrt{-1}}\right].\end{aligned}\right.$$

Les valeurs des coefficients

$$\mathcal{S}_{-2},\quad \mathcal{S}_{-1},\quad \mathcal{S}_0,\quad \mathcal{S}_1,\quad \mathcal{S}_2,$$

ou les diverses valeurs de $\mathcal{S}_n$, étant déterminées par les formules qui précèdent, on tirera aisément les diverses valeurs de

$$\mathcal{S}_n^{(2)},\quad \mathcal{S}_n^{(3)},\quad \mathcal{S}_n^{(4)},\quad \ldots$$

de l'équation (17), en élevant successivement les deux membres à la seconde, à la troisième, à la quatrième puissance.... On trouvera, par exemple,

$$\frac{1}{2} 8_0^{(2)} = \frac{1}{2} 8_0^2 + 8_1 8_{-1} + 8_2 8_{-2},$$

$$\frac{1}{2} 8_{-1}^{(2)} = 8_0 8_{-1} + 8_1 8_{-2},$$

$$\frac{1}{2} 8_{-2}^{(2)} = \frac{1}{2} 8_{-1}^2 + 8_0 8_{-2},$$

$$\frac{1}{2} 8_1^{(2)} = 8_0 8_1 + 8_{-1} 8_2,$$

$$\frac{1}{2} 8_2^{(2)} = \frac{1}{2} 8_1^2 + 8_0 8_2,$$

$$\frac{1}{2.3} 8_0^{(3)} = \frac{1}{6} 8_0^3 + \frac{1}{2} 8_{-1}^2 8_2 + \frac{1}{2} 8_1^2 8_{-2} + 8_0 8_1 8_{-1} + 8_0 8_2 8_{-2}.$$

....

Enfin, les diverses valeurs de $8_n^{(l)}$ étant ainsi obtenues, puis substituées dans le second membre de l'équation (14), il deviendra facile de trouver la partie du produit

$$\upsilon \mathrm{D}_\lambda^l \Lambda$$

qui représentera le premier terme du développement de ce produit suivant les puissances entières de l'exponentielle

$$e^{(\psi'-\psi)\sqrt{-1}};$$

et l'on pourra employer utilement dans cette recherche les formules connues d'interpolation, ou, ce qui revient au même, celles que nous indiquerons tout à l'heure.

Concevons, pour fixer les idées, que, les excentricités ε, ε' et l'inclinaison I étant considérées comme des quantités très petites du premier ordre, on veuille négliger dans le développement de R les termes d'un ordre supérieur au quatrième. Comme on trouverait, en négligeant les termes de second ordre,

$$\nu = 0, \qquad \mu = 1, \qquad \varkappa = 1, \qquad \varkappa' = 1, \qquad \mathcal{A} = \mathcal{D} = \cos \mathrm{II}, \qquad \mathcal{C} = -\mathcal{B} = \sin \mathrm{II}$$

et, par suite,

$$8_{-1,-1} = 8_{1,1} = 8_{-1,1} = 8_{1,-1} = 0,$$

il est clair que les quatre coefficients

$$\vartheta_{-1,-1},\quad \vartheta_{1,1},\quad \vartheta_{-1,1},\quad \vartheta_{1,-1}$$

seront du second ordre, aussi bien que les coefficients

$$\vartheta_{-2,0}=\vartheta_{2,0},\quad \vartheta_{0,0},\quad \vartheta_{0,-2}=\vartheta_{0,2}.$$

Donc, par suite, en vertu des formules (19),

$$\vartheta_{-2},\quad \vartheta_{0},\quad \vartheta_{2}$$

seront du second ordre, tandis que

$$\vartheta_{-1},\quad \vartheta_{1}$$

seront du premier ordre avec les coefficients $\vartheta_{-1,0}$, $\vartheta_{1,0}$, $\vartheta_{0,-1}$, $\vartheta_{0,1}$. Cela posé, faisons, pour plus de commodité,

$$\vartheta=\rho+\varsigma, \tag{25}$$

les valeurs de ρ et de ς étant

$$\begin{cases} \rho=\vartheta_{-1}e^{-\psi\sqrt{-1}}+\vartheta_{1}e^{\psi\sqrt{-1}}, \\ \varsigma=\vartheta_{-2}e^{-2\psi\sqrt{-1}}+\vartheta_{0}+\vartheta_{2}e^{2\psi\sqrt{-1}}. \end{cases} \tag{26}$$

Les deux fonctions ρ, ς seront, la première une quantité du premier ordre, la seconde une quantité du second ordre; et les valeurs de ces deux fonctions se réduiront à

$$\begin{cases} \rho=\left(\mathcal{A}\varepsilon'-\dfrac{a}{a'}\varepsilon\right)\cos\psi+\mathcal{C}\varkappa\varepsilon'\sin\psi \\ \qquad +\left(\mathcal{A}\varepsilon-\dfrac{a'}{a}\varepsilon'\right)\cos\psi'+\mathcal{B}\varkappa'\varepsilon\sin\psi', \\ \varsigma=\dfrac{1}{2}\left(\dfrac{a}{a'}\varepsilon^2\cos^2\psi+\dfrac{a'}{a}\varepsilon'^2\cos^2\psi'\right)-\mathcal{A}\varepsilon\varepsilon'+\cos(\psi'-\psi+\Pi) \\ \qquad -(\mathcal{A}\cos\psi\cos\psi'+\mathcal{B}\varkappa'\sin\psi'\cos\psi+\mathcal{C}\varkappa\sin\psi\cos\psi'+\mathcal{D}\varkappa\varkappa'\sin\psi\sin\psi'). \end{cases} \tag{27}$$

D'ailleurs, en négligeant les quantités d'un ordre supérieur au quatrième, on tirera successivement de l'équation (25)

$$\begin{aligned} \vartheta^2&=\rho^2+2\rho\varsigma+\varsigma^2, \\ \vartheta^3&=\rho^3+3\rho^2\varsigma, \\ \vartheta^4&=\rho^4; \end{aligned}$$

et, par suite, eu égard aux formules (13) et (26), on trouvera, pour $l = 1$,

$$(28)\qquad \left\{\begin{aligned} \upsilon = 8_0\left[1 + \frac{\varepsilon\varepsilon'}{2}\cos(\psi'-\psi)\right] \\ -\frac{1}{2}\left[8_1\left(\varepsilon + \varepsilon' e^{(\psi-\psi')\sqrt{-1}}\right) + 8_{-1}\left(\varepsilon + \varepsilon' e^{(\psi'-\psi)\sqrt{-1}}\right)\right] \\ + \frac{\varepsilon\varepsilon'}{4}\left(8_2 e^{(\psi-\psi')\sqrt{-1}} + 8_{-2} e^{(\psi'-\psi)\sqrt{-1}}\right); \end{aligned}\right.$$

pour $l = 2$,

$$(29)\qquad \left\{\begin{aligned} \upsilon = \frac{1}{2}8_0^2 + 8_1 8_{-1}\left[1 + \frac{\varepsilon\varepsilon'}{2}\cos(\psi'-\psi)\right] + 8_2 8_{-2} \\ -\frac{1}{2}\left[(8_0 8_1 + 8_{-1} 8_2)\left(\varepsilon + \varepsilon' e^{(\psi-\psi')\sqrt{-1}}\right) + (8_0 8_{-1} + 8_1 8_{-2})\left(\varepsilon + \varepsilon' e^{(\psi'-\psi)\sqrt{-1}}\right)\right] \\ + \frac{\varepsilon\varepsilon'}{4}\left[8_1^2 e^{(\psi-\psi')\sqrt{-1}} + 8_{-1}^2 e^{(\psi'-\psi)\sqrt{-1}}\right]; \end{aligned}\right.$$

pour $l = 3$,

$$(30)\qquad \left\{\begin{aligned} \upsilon = \frac{1}{2}8_{-1}^2 8_2 + 8_0 8_1 8_{-1} + \frac{1}{2}8_1^2 8_{-2} \\ -\frac{1}{4}8_1 8_{-1}\left[8_1\left(\varepsilon + \varepsilon' e^{(\psi-\psi')\sqrt{-1}}\right) + 8_{-1}\left(\varepsilon + \varepsilon' e^{(\psi'-\psi)\sqrt{-1}}\right)\right]; \end{aligned}\right.$$

pour $l = 4$,

$$(31)\qquad \upsilon = \frac{1}{4}8_1^2 8_{-1}^2.$$

Des équations (28), (29), (30), (31), jointes aux formules (18) et (19), il résulte que, dans le cas où l'on néglige les quantités d'un ordre supérieur au quatrième, υ se réduit à une fonction entière de l'exponentielle

$$e^{(\psi'-\psi)\sqrt{-1}},$$

et même à une fonction entière qui renferme seulement les puissances de cette exponentielle, dont les degrés sont représentés par les cinq quantités

$$-2,\quad -1,\quad 0,\quad 1,\quad 2.$$

On aura donc alors

$$(32)\qquad \upsilon = \upsilon_{-2}e^{2(\psi-\psi')\sqrt{-1}} + \upsilon_{-1}e^{(\psi-\psi')\sqrt{-1}} + \upsilon_0 + \upsilon_1 e^{(\psi'-\psi)\sqrt{-1}} + \upsilon_2 e^{2(\psi'-\psi)\sqrt{-1}}.$$

$\upsilon_{-2}, \upsilon_{-1}, \upsilon_0, \upsilon_1, \upsilon_2$ désignant des coefficients constants; et, en vertu de l'équation (32) jointe à la formule (9), le terme constant de la série qui représente le développement du produit

$$\upsilon\,\mathrm{D}_{\lambda}^{l}\Lambda,$$

suivant les puissances entières de $e^{(\psi'-\psi)\sqrt{-1}}$, sera

$$(33)\qquad \begin{cases} \upsilon_0\,\mathrm{D}_{\lambda}^{l}\Lambda_0 + \left(\upsilon_1 e^{-\Pi\sqrt{-1}} + \upsilon_{-1} e^{\Pi\sqrt{-1}}\right)\mathrm{D}_{\lambda}^{l}\Lambda_1 \\ \qquad + \left(\upsilon_2 e^{-2\Pi\sqrt{-1}} + \upsilon_{-2} e^{2\Pi\sqrt{-1}}\right)\mathrm{D}_{\lambda}^{l}\Lambda_2. \end{cases}$$

D'autre part, si l'on pose, pour plus de commodité,

$$\upsilon = \mathrm{f}(\psi - \psi'),$$

on tirera successivement de la formule (32)

$$\mathrm{f}(\psi) = \upsilon_{-2} e^{2\psi\sqrt{-1}} + \upsilon_{-1} e^{\psi\sqrt{-1}} + \upsilon_0 + \upsilon_1 e^{-\psi\sqrt{-1}} + \upsilon_2 e^{-2\psi\sqrt{-1}},$$

$$\mathrm{f}(\psi + \pi) = \upsilon_{-2} e^{2\psi\sqrt{-1}} - \upsilon_{-1} e^{\psi\sqrt{-1}} + \upsilon_0 - \upsilon_1 e^{-\psi\sqrt{-1}} + \upsilon_2 e^{-2\psi\sqrt{-1}},$$

par conséquent

$$(34)\qquad \begin{cases} \upsilon_{-1} e^{\psi\sqrt{-1}} + \upsilon_1 e^{-\psi\sqrt{-1}} = \dfrac{\mathrm{f}(\psi) - \mathrm{f}(\psi + \pi)}{2}, \\ \upsilon_{-2} e^{2\psi\sqrt{-1}} + \upsilon_0 + \upsilon_2 e^{-2\psi\sqrt{-1}} = \dfrac{\mathrm{f}(\psi) + \mathrm{f}(\psi + \pi)}{2}; \end{cases}$$

puis, en remplaçant, dans la dernière des formules (34), ψ par $\psi + \frac{\pi}{2}$, on trouvera

$$-\upsilon_{-2} e^{2\psi\sqrt{-1}} + \upsilon_0 - \upsilon_2 e^{-2\psi\sqrt{-1}} = \frac{\mathrm{f}\left(\psi + \frac{\pi}{2}\right) + \mathrm{f}\left(\psi + \frac{3\pi}{2}\right)}{2}$$

et, par suite,

$$(35)\qquad \begin{cases} \upsilon_0 = \dfrac{\mathrm{f}(\psi) + \mathrm{f}(\psi + \pi) + \mathrm{f}\left(\psi + \frac{\pi}{2}\right) + \mathrm{f}\left(\psi + \frac{3\pi}{2}\right)}{4}, \\ \upsilon_{-2} e^{2\psi\sqrt{-1}} + \upsilon_2 e^{-2\psi\sqrt{-1}} = \dfrac{\mathrm{f}(\psi) + \mathrm{f}(\psi + \pi) - \mathrm{f}\left(\psi + \frac{\pi}{2}\right) - \mathrm{f}\left(\psi + \frac{3\pi}{2}\right)}{4}. \end{cases}$$

Donc, en remplaçant ψ par Π et tenant compte de l'équation identique

$$f\left(\psi+\frac{3\pi}{2}\right)=f\left(\psi-\frac{\pi}{2}\right),$$

on trouvera définitivement

$$\upsilon_0=\frac{f(\Pi)+f(\Pi+\pi)+f\left(\Pi+\frac{\pi}{2}\right)+f\left(\Pi-\frac{\pi}{2}\right)}{4},$$

$$\upsilon_{-1}e^{\Pi\sqrt{-1}}+\upsilon_1 e^{-\Pi\sqrt{-1}}=\frac{f(\Pi)-f(\Pi+\pi)}{2},$$

$$\upsilon_{-2}e^{2\Pi\sqrt{-1}}+\upsilon_2 e^{-2\Pi\sqrt{-1}}=\frac{f(\Pi)+f(\Pi+\pi)-f\left(\Pi+\frac{\pi}{2}\right)-f\left(\Pi-\frac{\pi}{2}\right)}{4};$$

et l'expression (33), ou le terme constant de la série qui représente le développement du produit

$$\upsilon\,D_\lambda^1\,\Lambda$$

suivant les puissances entières de $e^{(\psi'-\psi)\sqrt{-1}}$, sera égal à

$$(36)\quad \left\{\begin{array}{l}\frac{1}{4}f(\Pi)\,D_\lambda^1(\Lambda_0+2\Lambda_1+\Lambda_2)+\frac{1}{4}f(\Pi+\pi)\,D_\lambda^1(\Lambda_0-2\Lambda_1+\Lambda_2)\\ \quad+\frac{1}{4}\left[f\left(\Pi+\frac{\pi}{2}\right)+f\left(\Pi-\frac{\pi}{2}\right)\right]D_\lambda^1(\Lambda_0-\Lambda_2).\end{array}\right.$$

En terminant cet article nous ferons observer que, dans les formules (28), (29), (30), (31), on pourrait exprimer les coefficients

$$\aleph_{-2},\quad \aleph_{-1},\quad \aleph_0,\quad \aleph_1,\quad \aleph_2$$

à l'aide des valeurs diverses des fonctions ρ et ς. En effet, si l'on désigne par

$$\rho_x,\quad \varsigma_x$$

ce que deviennent les fonctions

$$\rho,\quad \varsigma,$$

quand on y remplace simultanément

$$\psi \quad \text{et} \quad \psi'$$

par

$$\psi + x \quad \text{et} \quad \psi' + x,$$

on aura identiquement

$$\rho = \rho_0, \qquad \varsigma = \varsigma_0;$$

et, par des raisonnements semblables à ceux qui ont fourni les équations (34), (35), on tirera de la première des formules (26)

$$8_1 e^{\psi\sqrt{-1}} = \frac{\rho_0 - \rho_{\frac{\pi}{2}}\sqrt{-1}}{2}, \qquad 8_{-1} e^{-\psi\sqrt{-1}} = \frac{\rho_0 + \rho_{\frac{\pi}{2}}\sqrt{-1}}{2},$$

et de la seconde

$$8_0 = \frac{\varsigma_0 + \varsigma_{\frac{\pi}{2}}}{2},$$

$$8_2 e^{2\psi\sqrt{-1}} = \frac{\varsigma_0 - \varsigma_{\frac{\pi}{2}} - \left(\varsigma_{\frac{\pi}{4}} - \varsigma_{\frac{3\pi}{4}}\right)\sqrt{-1}}{4}.$$

$$8_{-2} e^{-2\psi\sqrt{-1}} = \frac{\varsigma_0 - \varsigma_{\frac{\pi}{2}} + \left(\varsigma_{\frac{\pi}{4}} - \varsigma_{\frac{3\pi}{4}}\right)\sqrt{-1}}{4}.$$

De ces dernières formules, jointes aux équations (28), (29), (30), (31), on conclura, pour $l = 1$,

$$\begin{aligned} f(\psi - \psi') = {} & \frac{1}{2}\left(\varsigma_0 + \varsigma_{\frac{\pi}{2}}\right)\left[1 + \frac{\varepsilon\varepsilon'}{2}\cos(\psi' - \psi)\right] \\ & - \frac{1}{2}\left[\rho_0(\varepsilon\cos\psi + \varepsilon'\cos\psi') - \rho_{\frac{\pi}{2}}(\varepsilon\sin\psi + \varepsilon'\sin\psi')\right] \\ & + \frac{1}{2}\frac{\varepsilon\varepsilon'}{4}\left[\left(\varsigma_0 - \varsigma_{\frac{\pi}{2}}\right)\cos(\psi + \psi') - \left(\varsigma_{\frac{\pi}{4}} - \varsigma_{\frac{3\pi}{4}}\right)\sin(\psi + \psi')\right] \\ & \ldots\ldots\ldots\ldots\ldots\ldots\ldots\ldots\ldots\ldots\ldots\ldots\ldots\ldots ; \end{aligned}$$

puis, en posant

$$\psi' = -\psi,$$

ce qui réduira

$$\rho_0, \quad \rho_{\frac{\pi}{2}}, \quad \varsigma_0, \quad \varsigma_{\frac{\pi}{2}}, \quad \varsigma_{\frac{\pi}{4}}, \quad \varsigma_{\frac{3\pi}{4}}$$

à des fonctions de ψ, on trouvera simplement, pour $l = 1$,

$$(37)\quad \left\{\begin{aligned} f(2\psi) = {} & \frac{1}{2}\left(\varsigma_0 + \varsigma_{\frac{\pi}{2}}\right)\left(1 + \frac{\varepsilon\varepsilon'}{2}\cos 2\psi\right) \\ & - \frac{1}{2}\left[(\varepsilon + \varepsilon')\,\rho_0 \cos\psi - (\varepsilon - \varepsilon')\,\rho_{\frac{\pi}{2}} \sin\psi\right] \\ & + \frac{1}{2}\left(\varsigma_0 - \varsigma_{\frac{\pi}{2}}\right)\frac{\varepsilon\varepsilon'}{4}; \end{aligned}\right.$$

pour $l = 2$,

$$(38)\quad \left\{\begin{aligned} f(2\psi) = {} & \frac{1}{4}\left[\left(\rho_0^2 + \rho_{\frac{\pi}{2}}^2\right)\left(1 + \frac{\varepsilon\varepsilon'}{2}\cos 2\psi\right) + \left(\rho_0^2 - \rho_{\frac{\pi}{2}}^2\right)\frac{\varepsilon\varepsilon'}{2}\right] \\ & + \frac{1}{8}\left(\varsigma_0 + \varsigma_{\frac{\pi}{2}}\right)^2 + \frac{1}{16}\left[\left(\varsigma_0 - \varsigma_{\frac{\pi}{2}}\right)^2 + \left(\varsigma_{\frac{\pi}{2}} - \varsigma_{\frac{3\pi}{4}}\right)^2\right] \\ & - \frac{1}{4}\left[\rho_0(\varepsilon + \varepsilon')\cos\psi - \rho_{\frac{\pi}{2}}(\varepsilon - \varepsilon')\sin\psi\right]\left(\varsigma_0 + \varsigma_{\frac{\pi}{2}}\right) \\ & - \frac{1}{8}\left[\rho_0(\varepsilon + \varepsilon')\cos\psi + \rho_{\frac{\pi}{2}}(\varepsilon + \varepsilon')\sin\psi\right]\left(\varsigma_0 - \varsigma_{\frac{\pi}{2}}\right) \\ & + \frac{1}{8}\left[\rho_0(\varepsilon - \varepsilon')\sin\psi - \rho_{\frac{\pi}{2}}(\varepsilon + \varepsilon')\cos\psi\right]\left(\varsigma_{\frac{\pi}{4}} - \varsigma_{\frac{3\pi}{4}}\right); \end{aligned}\right.$$

pour $l = 3$,

$$(39)\quad \left\{\begin{aligned} f(2\psi) = {} & \frac{1}{8}\left(\rho_0^2 + \rho_{\frac{\pi}{2}}^2\right)\left(\varsigma_0 + \varsigma_{\frac{\pi}{2}}\right) \\ & + \frac{1}{16}\left[\left(\rho_0^2 - \rho_{\frac{\pi}{2}}^2\right)\left(\varsigma_0 - \varsigma_{\frac{\pi}{2}}\right) + 2\rho_0\rho_{\frac{\pi}{2}}\left(\varsigma_{\frac{\pi}{4}} - \varsigma_{\frac{3\pi}{4}}\right)\right] \\ & - \frac{1}{16}\left(\rho_0^2 + \rho_{\frac{\pi}{2}}^2\right)\left[\rho_0(\varepsilon + \varepsilon')\cos\psi - \rho_{\frac{\pi}{2}}(\varepsilon - \varepsilon')\sin\psi\right]; \end{aligned}\right.$$

pour $l = 4$,

$$(40)\quad f(2\psi) = \frac{1}{64}\left(\rho_0^2 + \rho_{\frac{\pi}{2}}^2\right)^2.$$

115.

Rapport sur une Note de M. Paulet (de Genève), *relative à un théorème dont le théorème de Fermat ne serait qu'un cas particulier.*

C. R., t. XII, p. 211 (25 janvier 1841).

L'Académie nous a chargés, MM. Sturm, Liouville et moi, de lui rendre compte d'une Note présentée par M. Paulet (de Genève), et relative à un théorème qu'il n'a pas démontré. Nous nous serions bornés probablement à inviter l'auteur à retirer sa Note, si le théorème dont il s'agit ne se trouvait inséré textuellement dans le *Compte rendu* de la séance du 11 janvier, où il est énoncé dans les termes suivants :

Hors du second degré, il n'existe aucune puissance qui puisse se partager dans la somme d'un nombre quelconque de puissances du même degré, mais différentes entre elles.

Pour montrer aux personnes qui auraient lu cet énoncé qu'elles ne doivent pas s'arrêter à chercher la démonstration du nouveau théorème, il nous suffira de leur dire qu'il est inexact, et de le prouver par un exemple. Effectivement, la somme des cubes de 3, 4 et 5 est égale au cube de 6, puisqu'on a

$$216 = 27 + 64 + 125.$$

116.

Arithmétique. — *Rapport sur une méthode abrégée de multiplication, présentée à l'Académie par* M. Thoyer.

C. R., t. XII, p. 242 (1er février 1841).

L'Académie nous a chargés, MM. Coriolis, Sturm et moi, de lui rendre compte d'un Mémoire, dans lequel M. Thoyer, employé à la Banque de France, expose une méthode abrégée de multiplication, propre à fournir la somme des produits que l'on peut former avec les termes correspondants de deux suites composées, l'une de nombres quelconques, l'autre de nombres entiers inférieurs à 100.

Avant d'examiner cette méthode, il ne sera pas inutile de dire en peu de mots comment M. Thoyer a été conduit à l'imaginer. On sait que la Banque de France escompte les effets jusqu'à trois mois de date, au taux de 4 pour 100 par an, ou plus exactement de $\frac{1}{9000}$ par jour. De plus, chaque effet présenté à la Banque se trouve accompagné d'un bordereau qui contient, entre autres indications, celle de l'escompte que la Banque doit retenir. Ainsi, pour me servir de l'expression reçue, c'est le *présentateur* qui calcule lui-même la perte qu'il aura à subir. Mais on sent combien il est nécessaire que la Banque puisse vérifier à la fin de chaque journée si la somme des escomptes calculés par les présentateurs est bien celle qui lui est due pour l'*escomptage* des effets admis. C'est pour obtenir une telle vérification que le contrôleur de la Banque a prescrit la formation journalière d'un Tableau composé de trois colonnes, dont la première renferme, dans chaque ligne horizontale, la somme des effets escomptés à une même échéance, tandis que la seconde colonne offre le nombre des jours produisant intérêt, et la troisième les produits des nombres correspondants que contiennent les deux premières colonnes. La somme de ces produits, divisée par 9000, donne évidemment pour quotient la somme des escomptes acquis à la Banque dans le jour que l'on considère. Or, comme l'échéance ne peut être reculée au delà de trois mois, le nombre des jours produisant intérêt ne s'élève jamais, même eu égard aux jours fériés, au delà de 93 ou 94. La question se réduit donc à trouver une somme des produits formés avec des multiplicandes quelconques, mais avec des multiplicateurs entiers, dont le plus grand est inférieur ou tout au plus égal à 94.

Pour résoudre facilement cette question, M. Thoyer écrit les multiplicandes dans une Table à double entrée, analogue à la Table de Pythagore. Seulement les chiffres

$$0, \quad 1, \quad 2, \quad 3, \quad 4, \quad 5, \quad 6, \quad 7, \quad 8, \quad 9,$$

placés au-dessus ou en avant de la première colonne verticale ou horizontale, au lieu de représenter les deux facteurs d'un produit, représentent d'une part les unités et d'autre part les dizaines des multiplicateurs. Or, comme le produit d'un nombre quelconque par un multiplicateur donné est la somme des produits du même nombre par les diverses parties de ce multiplicateur, on peut affirmer que la somme totale cherchée devra résulter de l'addition des nombres que l'on obtiendra quand on multipliera, par l'un des multiplicateurs

$$0, \ 1, \ 2, \ 3, \ 4, \ 5, \ 6, \ 7, \ 8, \ 9,$$

la somme des multiplicandes renfermés dans la première, la seconde, la troisième, la quatrième... colonne verticale, ou, par l'un des multiplicateurs

$$0, \ 10, \ 20, \ 30, \ 40, \ 50, \ 60, \ 70, \ 80, \ 90,$$

la somme des multiplicandes renfermés dans la première, la seconde, la troisième, la quatrième... colonne horizontale. Donc aux multiplicandes donnés, dont le nombre peut s'élever à 93 ou 94, la Table imaginée par M. Thoyer substitue 20 autres multiplicandes dont les 10 derniers, décuplés, pourront être immédiatement ajoutés aux 10 premiers. Alors on n'aura plus à considérer, avec M. Thoyer, que 10 multiplicandes artificiels, qui devront seulement être multipliés par l'un des multiplicateurs

$$0, \ 1, \ 2, \ 3, \ 4, \ 5, \ 6, \ 7, \ 8, \ 9.$$

On pourrait à la rigueur se dispenser de calculer les multiplicandes correspondants au multiplicateur zéro. Mais le calcul de ceux-ci, bien loin d'être inutile, fournit au contraire une preuve très sûre de l'exactitude des différentes sommes écrites au bas ou à la suite de chaque colonne verticale ou horizontale, puisque, évidemment, les sommes de l'une ou de l'autre espèce, ajoutées séparément les unes aux autres, doivent reproduire un seul et même nombre. C'est ce qu'a fort bien remarqué M. Thoyer, et les seuls perfectionnements dont son Tableau nous paraisse encore susceptible consisteraient : 1° à écrire les divers chiffres de chacun des multiplicandes donnés sur des lignes horizontales distinctes, afin que l'addition des multiplicandes compris dans une même colonne horizontale puisse s'effectuer aussi aisément que l'addition des multiplicandes compris dans une même colonne verticale; 2° à écrire pareillement sur diverses lignes horizontales les divers chiffres de chaque somme et de chacun des dix multiplicandes artificiels, afin de pouvoir reconnaître plus facilement si la somme de ces derniers est égale, comme elle doit l'être, à la somme faite du nombre dont nous parlions tout à l'heure et de ce même nombre décuplé.

Quant à la somme des produits formés avec neuf des multiplicandes artificiels et les multiplicateurs

$$1,\quad 2,\quad 3,\quad 4,\quad 5,\quad 6,\quad 7,\quad 8,\quad 9,$$

M. Thoyer l'a calculée en se servant de la méthode ordinaire de multiplication; mais on peut substituer avec avantage à l'emploi de cette méthode la construction d'un second Tableau, dans lequel la même somme se déduirait simplement de l'addition. En effet, pour obtenir la somme dont il s'agit, il suffira d'ajouter le dernier des multiplicandes artificiels à l'avant-dernier, la somme partielle des deux derniers au précédent, etc., de continuer ainsi jusqu'au moment où l'on aura trouvé la somme partielle des neuf multiplicandes correspondants aux multiplicateurs

$$1,\quad 2,\quad 3,\quad 4,\quad 5,\quad 6,\quad 7,\quad 8,\quad 9;$$

puis de réunir toutes les sommes partielles obtenues. En effectuant la même opération sur les multiplicandes artificiels, pris dans un ordre inverse, on obtiendra facilement la preuve de l'opération que nous venons d'indiquer, et l'on pourra encore, par une seule addition, s'assurer qu'il n'y a pas d'erreurs dans le calcul de la $\frac{1}{9000}$ partie de la somme totale à laquelle on sera parvenu.

Dans un supplément à son Mémoire, M. Thoyer observe avec raison que sa méthode abrégée peut être étendue, avec de légères modifications, au cas où l'on emploie des multiplicateurs entiers supérieurs à 99, mais inférieurs à 1000, de manière à devenir applicable aux calculs qu'exigent les opérations des diverses banques, des maisons de banque, des caisses d'épargne et des autres établissements financiers. En des cas semblables, il pourrait être avantageux de former, dans trois Tableaux séparés, les sommes des multiplicandes correspondants à des chiffres donnés qui représenteraient des unités, ou des dizaines, ou des centaines des nombres entiers pris pour multiplicateurs.

Quant à ce qui concerne la Banque de France en particulier, on ne peut douter que la méthode imaginée et mise en pratique par M. Thoyer n'offre de grands avantages, et ne rende plus sûre et plus prompte la vérification des escomptes des effets admis chaque jour, en réduisant à une demi-heure environ le travail d'une demi-journée. La sûreté et la promptitude dont il s'agit pourront encore être augmentées à l'aide des perfectionnements que nous avons indiqués, surtout si la Banque fait lithographier des modèles de Tableaux semblables à ceux que nous avons construits et qui seront joints à ce Rapport.

En résumé, nous pensons que la méthode imaginée par M. Thoyer, pour simplifier le calcul des escomptes acquis journellement à la Banque de France, et rendre plus certain le résultat de ce calcul, atteindra parfaitement le but que l'auteur s'est proposé, et que cette méthode mérite l'approbation de l'Académie.

117.

Arithmétique. — *Addition au Rapport sur une méthode de calcul présentée à l'Académie par* M. Thoyer, employé à la Banque de France.

C. R., t. XII, p. 941 (24 mai 1841).

En rendant compte d'un Mémoire présenté à l'Académie par M. Thoyer, nous avons dit que, pour réduire à l'addition le calcul des intérêts produits par divers capitaux, en des temps divers, par exemple le calcul des escomptes journellement acquis à la Banque de France sur des sommes prêtées par elle et dont le remboursement doit avoir lieu à diverses échéances, il suffisait de construire deux Tableaux dont les modèles seraient joints à notre Rapport. (Ces Tableaux n'ont pu paraître dans le *Compte rendu* de la séance où avait été lu le Rapport [1] : nous allons les donner ici, p. 60.) Pour les bien comprendre, on devra se rappeler que chaque jour la Banque de France prête à diverses personnes et au taux de 4 pour 100 par an, ou plus exactement de $\frac{1}{9000}$ par jour, différentes sommes dont chacune doit être remboursée au plus tard au bout de trois mois. Donc, pour calculer les escomptes journellement acquis à la Banque de France, il suffirait de multiplier le montant des capitaux qui doivent être remboursés à une même échéance par le nombre de jours qui doivent s'écouler jusqu'à l'époque du remboursement; puis, d'ajouter les produits ainsi obtenus, et correspondants aux diverses échéances; et enfin de diviser par 9000 la somme totale de ces produits. Mais, quelque simples que soient les opérations que nous venons d'énoncer, elles peuvent être remplacées par d'autres plus simples encore, que les deux Tableaux permettent d'effectuer très facilement. En effet, chaque capital étant prêté par la Banque pour trois mois au plus, le nombre des jours qui produiront intérêt se trouvera constamment exprimé par un ou deux chiffres. La question sera donc de calculer la somme des produits formés avec des multiplicandes quelconques qui représenteront les divers capitaux remboursables à des échéances diverses, et avec des multiplicateurs dont chacun sera un nombre composé généralement de deux chiffres, savoir, de dizaines et d'unités, le chiffre des dizaines pouvant quelquefois se réduire à zéro. Or, dans le premier Tableau, qui ressemble à une Table de multiplication, et qui a été imaginé par M. Thoyer, chacun des multiplicandes donnés occupe une case comprise à la fois dans deux colonnes, l'une horizontale, l'autre verticale, en avant ou au-dessus de laquelle on lit le chiffre des dizaines ou le chiffre des unités du multiplicateur. Ainsi, en particulier, le multiplicande 79351, compris dans

[1] *Œuvres de Cauchy*, S. I, t. VI. — Extrait n° 116, p. 49 et suiv.

la colonne horizontale qui précède le chiffre 5, et dans la colonne verticale que surmonte le chiffre 2, représente un capital de 79351^{fr} prêté par la Banque pour 52 jours, c'est-à-dire : 1° pour 2 jours; 2° pour 5 dizaines de jours. Pareillement, chacun des multiplicandes renfermés dans la colonne verticale que surmonte le chiffre 2 représentera un capital prêté : 1° pour 2 jours; 2° pour une ou plusieurs dizaines de jours. Au contraire, chacun des multiplicandes renfermés dans la colonne horizontale que précède le chiffre 5 représentera un capital prêté : 1° pour un certain nombre de jours inférieur à 10, et par conséquent exprimé par un seul chiffre; 2° pour 5 dizaines de jours. Cela posé, concevons que l'on ajoute entre eux les multiplicandes renfermés dans une même colonne verticale ou horizontale. La somme partielle ainsi obtenue, par exemple, la somme 2794834 placée au bas de la colonne verticale que surmonte le chiffre 2, ou la somme 913559 placée à la suite de la colonne horizontale que précède le chiffre 5, représentera, dans le premier cas, un capital prêté pour 2 jours, dans le second cas un capital prêté pour 5 dizaines de jours. Donc les vingt sommes partielles, placées au bas ou à la suite des dix colonnes verticales ou horizontales, représenteront, les dix premières, des capitaux prêtés pour un nombre de jours inférieur à 10, par conséquent pour un nombre de jours exprimé par l'un des chiffres

$$0, \quad 1, \quad 2, \quad 3, \quad 4, \quad 5, \quad 6, \quad 7, \quad 8, \quad 9,$$

et les dix dernières des capitaux prêtés pour un nombre de dizaines de jours qui sera encore exprimé par l'un de ces mêmes chiffres. Mais l'intérêt que produit un capital prêté pour une seule dizaine de jours est aussi l'intérêt que produirait un capital dix fois plus grand, prêté pour un seul jour. Donc, dans les opérations qu'exige le calcul des intérêts, on pourra remplacer le capital prêté pour 5 dizaines de jours par un capital dix fois plus considérable prêté pour 5 jours seulement. On pourra donc faire abstraction de la somme partielle 913559, et généralement de toutes les sommes partielles placées à la suite des colonnes horizontales, pourvu que l'on ajoute chacune de ces sommes, après l'avoir décuplée, à la somme partielle placée au bas de la colonne verticale de même rang. Cette nouvelle addition produira dix multiplicandes artificiels qui, dans le premier Tableau, se trouvent écrits au bas des colonnes verticales correspondantes aux chiffres

o, 1, 2, 3, 4, 5, 6, 7, 8, 9,

et qui peuvent être censés représenter des capitaux dont chacun serait prêté pour un nombre de jours exprimé par l'un de ces mêmes chiffres. Il y a plus : la construction du premier Tableau a précisément pour objet de remplacer un grand nombre de multiplicandes, dont chacun correspond à un multiplicateur de deux chiffres, par dix multiplicandes artificiels, dont chacun correspond à un multiplicateur d'un seul chiffre.

Avant de passer à l'explication du second Tableau, nous avons à faire une remarque qui n'est pas sans importance. On pourrait se dispenser, à la rigueur, de calculer le multiplicande artificiel correspondant au multiplicateur zéro; puisqu'il est bien évident qu'aucun intérêt n'est exigible, quand le nombre de jours, pour lesquels le capital est prêté, se réduit à zéro. Toutefois il est utile de conserver, dans le premier Tableau, le multiplicande dont il s'agit, ainsi que les sommes partielles des capitaux renfermés dans les colonnes verticale et horizontale que le chiffre zéro surmonte ou précède. En effet, il est clair que la somme totale des multiplicandes donnés peut également résulter, soit de l'addition des sommes partielles placées au bas des colonnes verticales, soit de l'addition des sommes partielles placées à la suite des colonnes horizontales. Or cette seule observation fournit un moyen très simple de vérifier, d'un seul coup, l'exactitude des sommes partielles de l'une et de l'autre espèce, dans le cas où on les a toutes calculées. Ce n'est pas tout : après avoir trouvé la somme totale des multiplicandes donnés, il suffira évidemment d'ajouter à elle-même cette somme décuplée, pour obtenir la somme totale des multiplicandes artificiels. Cette dernière somme, qui termine le premier Tableau, sert donc à constater l'exactitude des multiplicandes artificiels, dans le cas où on les a tous calculés, y compris celui qui répond au multiplicateur zéro.

Après avoir construit le Tableau que nous venons d'expliquer et calculé de cette manière, à l'aide de quelques additions, les dix multiplicandes artificiels, M. Thoyer, laissant de côté le premier d'entre eux, multipliait chacun des neuf autres par le multiplicateur correspondant, puis cherchait la somme des neuf produits ainsi obtenus. Nous lui avons indiqué un moyen de réduire encore ces dernières opérations à de simples additions. Ce moyen, dont il fait maintenant usage, consiste à construire le second Tableau, qui offre dans son milieu une ligne horizontale où se trouvent écrits les neuf multiplicandes artificiels correspondants aux multiplicateurs

$$1, \quad 2, \quad 3, \quad 4, \quad 5, \quad 6, \quad 7, \quad 8, \quad 9.$$

Une ligne horizontale, immédiatement inférieure et terminée par une case vide, renferme aussi, dans son avant-dernière case, le dernier multiplicande artificiel. On ajoute celui-ci à l'avant-dernier multiplicande, placé immédiatement au-dessus; on reporte dans la case précédente la somme obtenue que l'on ajoute elle-même au multiplicande situé alors au-dessus d'elle, et l'on continue de la même manière, jusqu'à ce que l'on obtienne une dernière somme dans laquelle entrent évidemment les neuf multiplicandes artificiels. Les huit sommes, formées comme on vient de le dire, et successivement déduites des autres, occupent, vers le bas du second Tableau, les huit premières cases d'une colonne horizontale. Nous les avons nommées *sommes successives* des multiplicandes artificiels, attendu qu'elles peuvent être considérées comme résultant de l'addition des deux derniers multiplicandes artificiels, puis des trois derniers, puis des quatre derniers, ..., puis enfin, comme on l'a déjà dit, des neuf multiplicandes correspondants aux multiplicateurs

$$1, \quad 2, \quad 3, \quad 4, \quad 5, \quad 6, \quad 7, \quad 8, \quad 9.$$

La neuvième case de la colonne horizontale dont nous venons de parler doit être naturellement occupée par le dernier multiplicande artificiel, qui se trouve seul écrit au-dessus de cette case dans les deux lignes horizontales immédiatement supérieures à cette colonne; et, en ajoutant ce multiplicande aux huit sommes qui le précèdent dans la même colonne, on obtient une somme totale qui renferme une seule fois le premier des neuf multiplicandes artificiels, deux fois le second, trois fois le troisième, ..., enfin neuf fois le neuvième. Cette somme totale, que l'on trouve écrite à la suite de la colonne, est donc précisément celle qu'il s'agissait de calculer, savoir la somme des neuf produits formés avec les neuf multiplicandes artificiels et les multiplicateurs correspondants.

Après avoir exécuté, dans la partie inférieure du second Tableau, les opérations que nous venons d'indiquer, on a, dans la partie supérieure, exécuté en sens inverse des opérations du même genre, de manière à obtenir la somme totale qui renferme une seule fois le dernier des neuf multiplicandes artificiels, deux fois l'avant-dernier, ..., enfin neuf fois le premier. Celle-ci, ajoutée à la somme totale que l'on avait d'abord obtenue, reproduit, dans la partie supérieure du second Tableau, la somme des neuf multiplicandes artificiels décuplée; enfin, en ajoutant à cette dernière somme le produit par 10 du multiplicande artificiel que l'on avait omis à dessein, et qui correspond au multiplicateur zéro, on doit retrouver la somme totale des multiplicandes artificiels décuplée. Ainsi le nombre qui termine supérieurement le second Tableau doit être dix fois plus considérable que le nombre qui termine inférieurement le premier Tableau, et un zéro placé à la suite de ce dernier nombre doit le transformer en l'autre. Cette dernière condition, supposée remplie, est une preuve de l'exactitude de toutes les opérations exécutées et du nombre qu'elles ont fourni comme propre à représenter la somme des produits formés avec les neuf multiplicandes artificiels.

Les trois derniers nombres, par lesquels se termine inférieurement le second Tableau, sont : 1° la somme des produits formés avec les multiplicandes artificiels, calculée et vérifiée comme on vient de le dire; 2° la neuvième partie de cette somme calculée d'abord séparément, puis ajoutée à la somme elle-même. Or, comme l'addition d'un nombre à sa neuvième partie offre pour résultat les dix neuvièmes du nombre donné, les deux derniers des trois nombres qui terminent le second Tableau doivent se déduire l'un de l'autre par la seule transposition de la virgule décimale. Cette condition, supposée remplie, est une preuve que l'on a obtenu la valeur exacte de la neuvième partie de la somme des produits formés avec les multiplicandes artificiels. D'ailleurs cette neuvième partie devient la neuf-millième partie de la même somme, quand la virgule décimale est transposée de manière à laisser après elle la place de trois chiffres, ainsi qu'on le voit dans le nombre

$$99422,67\tfrac{1}{9},$$

donné par le second Tableau comme propre à représenter le montant des escomptes acquis à la Banque de France le 29 octobre 1839.

Parmi les additions qu'exige la formation des deux Tableaux, celles qui demandent le plus d'attention sont les additions des nombres renfermés dans les colonnes horizontales. Elles deviennent plus faciles quand on écrit chacun de ces nombres sur la diagonale de la case qui le renferme.

Calcul des escomptes, à 4 pour 100 l'an, acquis à la Banque de France le 29 octobre 1839.

Premier Tableau. — *Recherche des multiplicandes artificiels.*

MULTIPLICATEURS.	UNITÉS DES MULTIPLICATEURS. 0	1	2	3	4	5	6	7	8	9	SOMMES.
	MULTIPLICANDES DONNÉS.										MULTIPLICANDES DONNÉS.
0				135343	14560	14181	110119	9709	31101	82429	397442
1	61480	198714	112869	105502	22696	44660	226372	22310	38107	48674	881384
2	17076	183455	37249	72911	49235	137269	95541	48768	36916	31641	710061
3	28702	572783	58504	12773	24613	15560	111558	9006	120511	22973	976983
4	16497	165875	35225	36868	19387	63321	399336	55020	54387	55489	901408

DIZA[INES]											SOMMES PA[RTIELLES]
6	3691	12881	47102	40240	63289	81530	52306	83563	61634	49691	05927
7	106315	23726	597980	35864	67058	12884	16800	935900	111258	88766	1996551
8	75308	14830	690577	96115	307897	107702	55215	884344	35508	130952	2398448
9	146877	55525	135977	2467348							2805727
SOMMES PARTIELLES DES MULTIPLICANDES DONNÉS.	481277	1559207	2794834	3136008	645357	514460	1231106	2405619	673414	546208	SOMME TOTALE des multiplicandes donnés. 13987490
AUTRES SOMMES partielles décuplées.	3974420	8813840	7100610	9769830	9014080	9135590	20059270	19965510	23984480	28057270	139874900
MULTIPLICANDES ARTIFICIELS.	4455697	10373047	9895444	12905838	9659437	9650050	21290376	22371129	24657894	28603478	SOMME TOTALE des multiplicandes artificiels. 153862390

Calcul des escomptes acquis à la Banque de France le 29 octobre 1839.

DEUXIÈME TABLEAU, *où l'on forme par addition la somme totale des produits.*

									Somme totale des multiplicandes artificiels..................	1538623900 décuplée.
									Multiplicande artificiel correspondant au multiplicateur zéro...	44556970 et décuplé.
									Somme de 9 multiplicandes artificiels........................	1494066930 décuplée.
Sommes successives des multiplicandes artificiels.	1 0 3 7 3 0 4 7	2 0 2 6 8 4 9 1	3 3 1 7 4 3 2 9	4 2 8 3 3 7 6 6	5 2 4 8 3 8 1 6	7 3 7 7 4 1 9 2	9 6 1 4 5 3 2 1	1 2 0 8 0 3 2 1 5	1 4 9 4 0 6 6 9 3	5 9 9 2 6 2 8 7 0
		10373047	20268491	33174329	42833766	52483816	73774192	96145321	120803215	
Multiplicandes artificiels.	10373047	9895444	12905838	9659437	9650050	21290376	22371129	24657894	28603478	
	139033646	129138202	116232364	106572927	96922877	75632501	53261372	28603478		
Sommes successives des multiplicandes artificiels.	3 9 6 6 0 4 9 4 1	6 4 6 3 3 0 9 3 1	2 0 2 8 3 1 9 2 1	4 6 3 2 3 2 6 1 1	7 2 9 2 7 5 6 0 1	7 7 8 2 2 9 6 9	1 0 5 2 3 6 5 7	2 7 3 1 6 2 3 5	8 7 4 3 0 6 8 2	0 6 0 4 0 8 4 9 8

SOMME DES PRODUITS..... 894804060

$\frac{1}{9}$, ci.................. $99422673\frac{1}{3}$

PREUVE............ $99422673\frac{1}{3}$

118.

ANALYSE MATHÉMATIQUE. — *Mémoire sur diverses formules d'Analyse.*

C. R., t. XII, p. 283 (8 février 1841).

Je me propose de réunir dans ce Mémoire diverses formules d'Analyse, spécialement applicables au problème de l'interpolation, et dont la plupart se déduisent, soit de la formule d'interpolation de Lagrange, soit des propriétés connues des racines de l'unité. Le premier paragraphe sera principalement relatif aux formules à l'aide desquelles on peut déterminer la valeur générale d'une fonction entière d'une variable x. Dans le second paragraphe, je déduirai de ces formules celles qui fournissent le moyen de développer les fonctions entières des sinus et cosinus d'un arc en séries ordonnées suivant les sinus et cosinus des multiples de cet arc.

§ I. — *Formules d'interpolation qui déterminent la valeur générale d'une fonction entière d'une variable x.*

Soit

$$\mathrm{f}(x) = a_0 + a_1 x + a_2 x^2 + \ldots + a_{n-1} x^{n-1} \tag{1}$$

une fonction entière de x du degré $n - 1$. Si l'on donne n valeurs particulières de $\mathrm{f}(x)$ représentées par

$$\mathrm{f}(x_1),\quad \mathrm{f}(x_2),\quad \ldots,\quad \mathrm{f}(x_n),$$

et correspondantes aux valeurs

$$x_1,\quad x_2,\quad \ldots,\quad x_n$$

de la variable x, on pourra toujours obtenir les valeurs générales de $\mathrm{f}(x)$ à l'aide de la formule d'interpolation de Lagrange, c'est-à-dire à l'aide de l'équation

$$\mathrm{f}(x) = \frac{(x - x_2)\ldots(x - x_n)}{(x_1 - x_2)\ldots(x_1 - x_n)}\mathrm{f}(x_1) + \ldots + \frac{(x - x_1)\ldots(x - x_{n-1})}{(x_n - x_1)\ldots(x_n - x_{n-1})}\mathrm{f}(x_n). \tag{2}$$

Si d'ailleurs on pose, pour abréger,

$$\varphi(x) = (x - x_1)(x - x_2)\ldots(x - x_n),$$

la formule (2) se trouvera réduite à

$$(3)\qquad \mathrm{f}(x) = \frac{\mathrm{f}(x_1)}{\varphi'(x_1)}\,\frac{\varphi(x)}{x - x_1} + \frac{\mathrm{f}(x_2)}{\varphi'(x_2)}\,\frac{\varphi(x)}{x - x_2} + \ldots + \frac{\mathrm{f}(x_n)}{\varphi'(x_n)}\,\frac{\varphi(x)}{x - x_n}.$$

La formule (2) ou (3) subsiste, quelles que soient les valeurs particulières de x représentées par

$$x_1,\quad x_2,\quad \ldots,\quad x_n.$$

Concevons maintenant que les valeurs particulières de x se réduisent aux divers termes de la progression géométrique

$$r,\quad \theta r,\quad \theta^2 r,\quad \ldots,\quad \theta^{n-1} r.$$

On aura

$$\varphi(x) = (x - r)(x - \theta r)\ldots(x - \theta^{n-1} r);$$

et, si l'on prend pour θ une racine primitive de l'équation binôme

$$x^n = 1,$$

on trouvera simplement

$$\varphi(x) = x^n - r^n,\qquad \varphi'(x) = n x^{n-1}.$$

Donc alors la formule (3) donnera

$$(4)\quad \mathrm{f}(x) = \frac{1}{n}\left[\frac{\left(\frac{x}{r}\right)^n - 1}{\frac{x}{r} - 1}\,\mathrm{f}(r) + \frac{\left(\frac{x}{r}\right)^n - 1}{\frac{x}{r} - \theta}\,\theta\,\mathrm{f}(\theta r) + \ldots + \frac{\left(\frac{x}{r}\right)^n - 1}{\frac{x}{r} - \theta^{n-1}}\,\theta^{n-1}\,\mathrm{f}(\theta^{n-1} r)\right].$$

Comme on aura d'ailleurs généralement

$$\frac{\left(\frac{x}{r}\right)^n - 1}{\frac{x}{r} - \theta^l} = \left(\frac{x}{r}\right)^{n-1} + \theta^l\left(\frac{x}{r}\right)^{n-2} + \theta^{2l}\left(\frac{x}{r}\right)^{n-3} + \ldots + \theta^{(n-1)l},$$

le coefficient a_m de x^m, dans le second membre de l'équation (1) ou (4), sera évidemment déterminé par la formule

$$(5)\qquad a_m = \frac{f(r) + \theta^{-m} f(\theta r) + \theta^{-2m} f(\theta^2 r) + \ldots + \theta^{-(n-1)m} f(\theta^{n-1} r)}{n} \frac{1}{r^m}.$$

On arrivera directement aux mêmes conclusions en partant de l'équation (1) de laquelle on tire

$$(6)\qquad \begin{cases} f(r) = a_0 + a_1 r + a_2 r^2 + \ldots + a_{n-1} r^{n-1}, \\ f(\theta r) = a_0 + a_1 r \theta + a_2 r^2 \theta^2 + \ldots + a_{n-1} r^{n-1} \theta^{n-1}, \\ \ldots\ldots\ldots\ldots\ldots\ldots\ldots\ldots\ldots\ldots\ldots\ldots \\ f(\theta^{n-1} r) = a_0 + a_1 r \theta^{n-1} + a_2 r^2 \theta^{2(n-1)} + \ldots + a_{n-1} r^{n-1} \theta^{(n-1)^2}. \end{cases}$$

En effet, puisque la somme

$$1 + \theta^m + \theta^{2m} + \ldots + \theta^{(n-1)m} = \frac{\theta^{mn} - 1}{\theta^m - 1}$$

s'évanouit pour toute valeur de m non divisible par n, les formules (6), respectivement multipliées par les facteurs

$$1, \quad \theta^{-m}, \quad \theta^{-2m}, \quad \ldots, \quad \theta^{-(n-1)m},$$

puis combinées entre elles par voie d'addition, reproduiront évidemment l'équation (5).

L'équation (5) peut encore s'écrire comme il suit

$$(7)\qquad a_m = \frac{r^{-m}}{n} \mathop{\mathrm{S}}_{l=0}^{l=n-1} [\theta^{-ml} f(\theta^l r)],$$

la somme indiquée par le signe S s'étendant à toutes les valeurs entières

$$0, \quad 1, \quad 2, \quad 3, \quad \ldots, \quad n-1$$

de l'exposant l, qui fournissent des valeurs distinctes de θ^l. En substituant la valeur précédente de a_m dans l'équation (1), on trouvera

$$(8)\qquad f(x) = \frac{1}{n} \mathop{\mathrm{S}}_{m=0}^{m=n-1} \mathop{\mathrm{S}}_{l=0}^{l=n-1} \left[\left(\frac{x}{r}\right)^m \theta^{-ml} f(\theta^l r) \right]$$

ou, ce qui revient au même,

$$(9)\qquad f(x)=\frac{1}{n}\mathop{\mathrm{S}}_{l=0}^{l=n-1}\left[\frac{\left(\frac{x}{r}\right)^n-1}{\frac{x}{r}-\theta^l}\theta^l f(\theta^l r)\right].$$

Cette dernière équation coïncide avec la formule (4).

Soit maintenant

$$(10)\qquad F(x)=A_0+A_1x+A_2x^2+\ldots+A_{n-1}x^{n-1}$$

une nouvelle fonction entière de la variable x. Le terme indépendant de x, dans le développement du produit

$$f(x)F\left(\frac{1}{x}\right),$$

sera la somme s, déterminée par la formule

$$(11)\qquad s=A_0a_0+A_1a_1+A_2a_2+\ldots+A_{n-1}a_{n-1}.$$

Or, en vertu de l'équation (7), la formule (11) donnera

$$(12)\qquad s=\frac{1}{n}\mathop{\mathrm{S}}_{m=0}^{m=n-1}\mathop{\mathrm{S}}_{l=0}^{l=n-1}[A_m r^{-m}\theta^{-ml}f(\theta^l r)]$$

ou, ce qui revient au même,

$$(13)\qquad s=\frac{1}{n}\mathop{\mathrm{S}}_{l=0}^{l=n-1}[F(\theta^{-l}r^{-1})f(\theta^l r)].$$

A la formule (13) on pourrait substituer encore celle que nous allons indiquer.

Soient

$$\alpha,\quad \beta,\quad \gamma,\quad \ldots$$

$n-1$ expressions réelles ou imaginaires, choisies de manière à vérifier la condition

$$\frac{A_0}{n-1}=\frac{A_1}{\alpha+\beta+\gamma+\ldots}=\frac{A_2}{\alpha^2+\beta^2+\gamma^2+\ldots}=\ldots=\frac{A_{n-1}}{\alpha^{n-1}+\beta^{n-1}+\gamma^{n-1}+\ldots}$$

ou, ce qui revient au même, de manière à vérifier les formules

$$(14)\quad \begin{cases} \alpha + \beta + \gamma + \ldots = (n-1)\dfrac{A_1}{A_0}, \\ \alpha^2 + \beta^2 + \gamma^2 + \ldots = (n-1)\dfrac{A_2}{A_0}, \\ \ldots\ldots\ldots\ldots\ldots\ldots\ldots\ldots, \\ \alpha^{n-1} + \beta^{n-1} + \gamma^{n-1} + \ldots = (n-1)\dfrac{A_{n-1}}{A_0}. \end{cases}$$

Il sera facile d'obtenir l'équation qui aura pour racines

$$\alpha,\ \beta,\ \gamma,\ \ldots.$$

Or, après avoir tiré de cette équation les valeurs de α, β, γ, ..., on aura évidemment, en vertu des formules (11), (14) et (1),

$$(15)\qquad s = A_0 \frac{f(\alpha) + f(\beta) + f(\gamma) + \ldots}{n-1}.$$

Nous joindrons ici une observation importante. Supposons que, les fonctions $f(x)$, $F(x)$ étant, non plus du degré $n-1$, mais du degré n, les équations (1) et (10) se trouvent remplacées par les suivantes

$$(16)\qquad f(x) = a_0 + a_1 x + a_2 x^2 + \ldots + a_{n-1}x^{n-1} + a_n x^n,$$

$$(17)\qquad F(x) = A_0 + A_1 x + A_2 x^2 + \ldots + A_{n-1}x^{n-1} + A_n x^n;$$

le terme indépendant de x, dans le développement du produit

$$f(x)\,F\left(\frac{1}{x}\right),$$

sera la valeur de s déterminée par la formule

$$(18)\qquad s = A_0 a_0 + A_1 a_1 + A_2 a_2 + \ldots + A_{n-1}a_{n-1} + A_n a_n.$$

Or, pour que cette dernière valeur de s puisse encore se calculer à l'aide de la formule (12), θ désignant toujours une racine primitive de l'équation binôme

$$x^n = 1,$$

il suffira que l'on choisisse convenablement la valeur de r. En effet, si l'on substitue la formule (16) à la formule (1), l'équation (7) continuera évidemment de subsister pour les valeurs

$$1, \quad 2, \quad 3, \quad \ldots, \quad n-1$$

du nombre m; mais, pour une valeur nulle de m, cette même équation se trouvera remplacée par la suivante :

$$a_0 + a_n r^n = \frac{1}{n} \mathop{\mathrm{S}}_{l=0}^{l=n-1} [f(r)]. \tag{19}$$

On aura donc alors

$$A_0 a_0 + A_n a_n = \frac{1}{n} \mathop{\mathrm{S}}_{l=0}^{l=n-1} [A_0 f(r)], \tag{20}$$

pourvu que l'on choisisse r de manière à vérifier la formule

$$r^n = \frac{A_n}{A_0}, \tag{21}$$

et sous cette condition on obtiendra de nouveau la formule (12).

Dans les diverses formules ci-dessus établies, la racine primitive θ de l'équation binôme

$$x^n = 1$$

peut être réduite à

$$e^{\frac{2\pi}{n}\sqrt{-1}}.$$

Si d'ailleurs on fait croître indéfiniment le nombre n, on verra ces formules se convertir en d'autres équations déjà connues. Par exemple, en prenant pour r une quantité positive supérieure au module de x et posant

$$\theta^l = e^{p\sqrt{-1}}, \qquad re^{p\sqrt{-1}} = \zeta, \qquad x = a,$$

on tirera de la formule (9)

$$f(x) = \frac{1}{2\pi} \int_0^{2\pi} \frac{\zeta f(\zeta)}{\zeta - x}\, dp.$$

Observons encore que les diverses formules établies dans ce paragraphe peuvent être facilement étendues au cas où les fonctions

$$f(x),\quad F(x)$$

se trouveraient remplacées par des fonctions entières de deux ou de plusieurs variables

$$x,\quad y,\quad z,\quad \ldots.$$

Ainsi, en particulier, si l'on désigne par

$$f(x, y)$$

une fonction entière des variables x, y, qui soit du degré $n-1$ par rapport à x, et du degré $n'-1$ par rapport à y; alors, en nommant r une valeur particulière de x, s une valeur particulière de y, et

$$\theta,\quad \theta'$$

des racines primitives des équations

$$x^n = 1,\qquad x^{n'} = 1,$$

on tirera de la formule (8)

$$(22)\qquad f(x, y) = \frac{1}{nn'} \mathop{\mathrm{S}}_{m'=0}^{m'=n'-1} \mathop{\mathrm{S}}_{l'=0}^{l'=n'-1} \mathop{\mathrm{S}}_{m=0}^{m=n-1} \mathop{\mathrm{S}}_{l=0}^{l=n-1} \left[\left(\frac{x}{r}\right)^m \left(\frac{y}{s}\right)^{m'} \theta^{-ml}\theta'^{-m'l'} f(\theta^l r, \theta'^{l'} s)\right],$$

et de la formule (9)

$$(23)\qquad f(x, y) = \frac{1}{nn'} \mathop{\mathrm{S}}_{l'=0}^{l'=n'-1} \mathop{\mathrm{S}}_{l=0}^{l=n-1} \left[\frac{\left(\frac{x}{r}\right)^n - 1}{\frac{x}{r} - \theta^l}\, \frac{\left(\frac{y}{s}\right)^{n'} - 1}{\frac{y}{s} - \theta'^{l'}}\, \theta^l \theta'^{l'} f(\theta^l r, \theta'^{l'} s)\right].$$

§ II. — *Formules d'interpolation qui déterminent la valeur générale d'une fonction entière des sinus et cosinus d'un même arc.*

Diverses formules d'interpolation, par exemple celles que Lagrange a obtenues dans le Tome III des anciens *Mémoires de l'Académie de Turin*, et celles que j'ai données à mon tour dans un Mémoire sur la Mécanique céleste, présenté à la même Académie le 11 octobre 1831, fournissent le moyen de développer une fonction entière des sinus et cosinus d'un arc suivant les sinus et les cosinus des multiples de cet arc. Or ces diverses formules d'interpolation se déduisent immédiatement de celles qui, dans le premier paragraphe, servent à déterminer la valeur générale d'une fonction entière de la variable x. C'est ce que je vais expliquer en peu de mots.

Soient

$$\mathrm{f}(t)$$

une fonction entière de $\sin t$ et de $\cos t$, et k le degré de cette fonction. Le produit

$$e^{kt\sqrt{-1}}\,\mathrm{f}(t),$$

considéré comme fonction de l'exponentielle trigonométrique

$$e^{t\sqrt{-1}},$$

sera évidemment une fonction entière du degré $2k+1$. Donc, si l'on désigne par n un nombre entier égal ou supérieur à $2k+1$, et par

$$t_1,\quad t_2,\quad t_3,\quad \ldots,\quad t_n$$

n valeurs particulières de la variable t, on aura, en vertu de la formule d'interpolation de Lagrange,

$$(1)\quad \left\{\begin{aligned} e^{kt\sqrt{-1}}\mathrm{f}(t) = {} & \frac{(e^{t\sqrt{-1}}-e^{t_2\sqrt{-1}})\ldots(e^{t\sqrt{-1}}-e^{t_n\sqrt{-1}})}{(e^{t_1\sqrt{-1}}-e^{t_2\sqrt{-1}})\ldots(e^{t_1\sqrt{-1}}-e^{t_n\sqrt{-1}})}\,e^{kt_1\sqrt{-1}}\,\mathrm{f}(t_1) \\ & +\ldots\ldots\ldots\ldots\ldots\ldots\ldots\ldots\ldots\ldots \\ & +\frac{(e^{t\sqrt{-1}}-e^{t_1\sqrt{-1}})\ldots(e^{t\sqrt{-1}}-e^{t_{n-1}\sqrt{-1}})}{(e^{t_n\sqrt{-1}}-e^{t_1\sqrt{-1}})\ldots(e^{t_n\sqrt{-1}}-e^{t_{n-1}\sqrt{-1}})}\,e^{kt_n\sqrt{-1}}\,\mathrm{f}(t_n). \end{aligned}\right.$$

Cette dernière formule subsistera, par exemple, si l'on prend

$$n=2k+1 \qquad \text{ou} \qquad n=2k+2.$$

D'ailleurs, comme on aura généralement

$$\frac{e^{t\sqrt{-1}}-e^{t_m\sqrt{-1}}}{e^{t_l\sqrt{-1}}-e^{t_m\sqrt{-1}}}=e^{\frac{1}{2}(t-t_l)\sqrt{-1}}\,\frac{\sin\frac{t-t_m}{2}}{\sin\frac{t_l-t_m}{2}},$$

on pourra facilement transformer en produits de sinus les deux termes de chacune des fractions comprises dans le second membre de l'équation (1); et, si l'on suppose en particulier

$$n = 2k + 1,$$

l'équation (1) donnera

$$(2)\quad \left\{\begin{aligned} \mathrm{f}(t) = {} & \frac{\sin\frac{t-t_2}{2}\sin\frac{t-t_3}{2}\cdots\sin\frac{t-t_n}{2}}{\sin\frac{t_1-t_2}{2}\sin\frac{t_1-t_3}{2}\cdots\sin\frac{t_1-t_n}{2}}\,\mathrm{f}(t_1) \\ & + \cdots\cdots\cdots\cdots\cdots\cdots\cdots\cdots \\ & + \frac{\sin\frac{t-t_1}{2}\sin\frac{t-t_2}{2}\cdots\sin\frac{t-t_{n-1}}{2}}{\sin\frac{t_n-t_1}{2}\sin\frac{t_n-t_2}{2}\cdots\sin\frac{t_n-t_{n-1}}{2}}\,\mathrm{f}(t_n). \end{aligned}\right.$$

Si l'on pose, pour abréger,

$$(3)\qquad \varphi(x) = (x - e^{t_1\sqrt{-1}})(x - e^{t_2\sqrt{-1}})\ldots(x - e^{t_n\sqrt{-1}}),$$

on verra l'équation (1), divisée par l'exponentielle

$$e^{kt\sqrt{-1}},$$

se réduire simplement à la formule

$$(4)\quad \left\{\begin{aligned} \mathrm{f}(t) = {} & \frac{\varphi(e^{t\sqrt{-1}})}{e^{t\sqrt{-1}} - e^{t_1\sqrt{-1}}}\, e^{k(t_1-t)\sqrt{-1}}\, \frac{\mathrm{f}(t_1)}{\varphi'(e^{t_1\sqrt{-1}})} + \ldots \\ & + \frac{\varphi(e^{t\sqrt{-1}})}{e^{t\sqrt{-1}} - e^{t_n\sqrt{-1}}}\, e^{k(t_n-t)\sqrt{-1}}\, \frac{\mathrm{f}(t_n)}{\varphi'(e^{t_n\sqrt{-1}})}, \end{aligned}\right.$$

ou, ce qui revient au même, à

$$(5)\qquad \mathrm{f}(t) = \mathop{\mathrm{S}}_{l=1}^{l=n} \left[\frac{\varphi(e^{t\sqrt{-1}})}{e^{t\sqrt{-1}} - e^{t_l\sqrt{-1}}}\, e^{k(t_l-t)\sqrt{-1}}\, \frac{\mathrm{f}(t_l)}{\varphi'(e^{t_l\sqrt{-1}})} \right].$$

A l'aide de la formule (5), le coefficient d'une puissance donnée de l'exponentielle

$$e^{t\sqrt{-1}},$$

dans le développement de la fonction $\mathrm{f}(t)$, se déduira sans peine du coefficient qui affecte la même puissance dans le développement du produit

$$\frac{\varphi(e^{t\sqrt{-1}})}{e^{t\sqrt{-1}} - e^{t_l\sqrt{-1}}} e^{k(t_l-t)\sqrt{-1}},$$

et, par suite, des coefficients qui affectent les diverses puissances de x dans le développement de la fonction

$$\varphi(x).$$

En effet, supposons

$$(6) \qquad \varphi(x) = x^n + \alpha_1 x^{n-1} + \alpha_2 x^{n-2} + \ldots + \alpha_{n-1} x + \alpha_n.$$

On en conclura

$$(7) \quad \varphi(e^{t\sqrt{-1}}) = e^{nt\sqrt{-1}} + \alpha_1 e^{(n-1)t\sqrt{-1}} + \alpha_2 e^{(n-2)t\sqrt{-1}} + \ldots + \alpha_{n-1} e^{t\sqrt{-1}} + \alpha_n;$$

et, comme on a d'ailleurs

$$\frac{1}{e^{t\sqrt{-1}} - e^{t_l\sqrt{-1}}} = e^{-t\sqrt{-1}}\left[1 + e^{(t_l-t)\sqrt{-1}} + e^{2(t_l-t)\sqrt{-1}} + \ldots\right],$$

on trouvera définitivement

$$(8) \left\{\begin{aligned} &\frac{\varphi(e^{t\sqrt{-1}})}{e^{t\sqrt{-1}} - e^{t_l\sqrt{-1}}} e^{k(t_l-t)\sqrt{-1}} \\ &\quad = e^{kt_l\sqrt{-1}} e^{(n-k-1)t\sqrt{-1}} + (\alpha_1 + e^{t_l\sqrt{-1}}) e^{kt_l\sqrt{-1}} e^{(n-k-2)t\sqrt{-1}} \\ &\qquad + (\alpha_2 + \alpha_1 e^{t_l\sqrt{-1}} + e^{2t_l\sqrt{-1}}) e^{kt_l\sqrt{-1}} e^{(n-k-3)t\sqrt{-1}} \\ &\qquad + \ldots\ldots\ldots\ldots\ldots\ldots\ldots\ldots \end{aligned}\right.$$

D'ailleurs, si l'on considère

$$\alpha_1, \quad \alpha_2, \quad \ldots, \quad \alpha_n$$

comme des inconnues déterminées par le système des équations que l'on déduit de la formule (7), quand on attribue successivement à la variable t les diverses valeurs

$$t_1, \quad t_2, \quad \ldots, \quad t_n,$$

on pourra, en vertu des principes établis dans l'*Analyse algébrique*, obtenir facilement les valeurs de ces inconnues, lorsque les coefficients de chacune d'elles, dans les équations dont il s'agit, formeront une progression géométrique, ou, ce qui revient au même, lorsque les quantités

$$t_1, \quad t_2, \quad \ldots, \quad t_n$$

formeront une progression arithmétique. Donc alors aussi l'on pourra aisément tirer de la formule (5) le coefficient qui affecte une puissance donnée de l'exponentielle

$$e^{t\sqrt{-1}}$$

dans le développement de $f(t)$.

Concevons, pour fixer les idées, que les quantités

$$t_1, \quad t_2, \quad \ldots, \quad t_n$$

se confondent avec les divers termes

$$\tau, \quad \tau+\frac{2\pi}{n}, \quad \ldots, \quad \tau+(n-1)\frac{2\pi}{n}$$

d'une progression arithmétique dont la raison serait $\frac{2\pi}{n}$. On trouvera, dans ce cas,

$$\varphi(x)=x^n-e^{n\tau\sqrt{-1}}, \qquad \varphi'(x)=nx^{n-1},$$

et, en posant

$$\theta=e^{\frac{2\pi}{n}\sqrt{-1}},$$

on tirera de la formule (5)

$$(9) \qquad f(t)=\frac{1}{n}\mathop{\mathrm{S}}_{l=0}^{l=n-1}\left[\frac{1-e^{n(t-\tau)\sqrt{-1}}}{1-\theta^{-l}e^{(t-\tau)\sqrt{-1}}}\theta^k e^{k(\tau-t)\sqrt{-1}}\,f\left(\tau+\frac{2\pi l}{n}\right)\right];$$

puis, en développant le rapport

$$\frac{1-e^{n(t-\tau)\sqrt{-1}}}{1-\theta^{-l}e^{(t-\tau)\sqrt{-1}}},$$

on conclura de l'équation (9)

$$(10) \qquad f(t)=\frac{1}{n}\mathop{\mathrm{S}}_{m=0}^{m=n-1}\mathop{\mathrm{S}}_{l=0}^{l=n-1}\left[e^{(m-k)\left(t-\tau-\frac{2\pi l}{n}\right)\sqrt{-1}}\,f\left(\tau+\frac{2\pi l}{n}\right)\right].$$

Si, dans cette dernière équation, on pose

$$n = 2k + 1,$$

on pourra, sans inconvénient, y supposer la sommation relative à la lettre l effectuée, non plus entre les limites

$$l = 0, \qquad l = n - 1 = 2k,$$

mais entre les limites

$$l = -k, \qquad l = k,$$

et, par suite, on trouvera

$$(11) \qquad \mathrm{f}(t) = \frac{1}{2k+1} \mathop{\mathrm{S}}_{m=-k}^{m=k} \mathop{\mathrm{S}}_{l=-k}^{l=k} \left[e^{m\left(t-\tau-\frac{2\pi l}{2k+1}\right)\sqrt{-1}} \mathrm{f}\left(\tau + \frac{2\pi l}{2k+1}\right)\right].$$

Si l'on prenait, au contraire,

$$n = 2k + 2,$$

on trouverait

$$(12) \qquad \mathrm{f}(t) = \frac{1}{2(k+1)} \mathop{\mathrm{S}}_{m=-k}^{m=k+1} \mathop{\mathrm{S}}_{l=-k}^{l=k+1} \left[e^{m\left(t-\tau-\frac{\pi l}{k+1}\right)\sqrt{-1}} \mathrm{f}\left(\tau + \frac{\pi l}{k+1}\right)\right].$$

Il est bon d'observer que, dans la formule (9), on a

$$\frac{1 - e^{n(t-\tau)\sqrt{-1}}}{1 - \theta^{-l} e^{(t-\tau)\sqrt{-1}}} = \frac{\sin \frac{n}{2}\left(t - \tau - \frac{2\pi l}{n}\right)}{\sin \frac{1}{2}\left(t - \tau - \frac{2\pi l}{n}\right)} e^{\frac{n-1}{2}\left(t-\tau-\frac{2\pi l}{n}\right)\sqrt{-1}}.$$

Donc la formule (9) peut être réduite à

$$(13) \quad \mathrm{f}(t) = \frac{1}{n} \mathop{\mathrm{S}}_{l=0}^{l=n-1} \frac{\sin \frac{n}{2}\left(t - \tau - \frac{2\pi l}{n}\right)}{\sin \frac{1}{2}\left(t - \tau - \frac{2\pi l}{n}\right)} e^{\left(\frac{n-1}{2}-k\right)\left(t-\tau-\frac{2\pi l}{n}\right)\sqrt{-1}} \mathrm{f}\left(\tau + \frac{2\pi l}{n}\right).$$

Lorsque $\mathrm{f}(t)$ représente une fonction réelle de t, la formule (9) ou

(13) se réduit à

$$(14)\quad \mathrm{f}(t)=\frac{1}{n}\mathop{\mathrm{S}}_{l=0}^{l=n-1}\frac{\sin\frac{n}{2}\left(t-\tau-\frac{2\pi l}{n}\right)}{\sin\frac{1}{2}\left(t-\tau-\frac{2\pi l}{n}\right)}\cos\left[\frac{n-2k-1}{2}\left(t-\tau-\frac{2\pi l}{n}\right)\right]\mathrm{f}\left(\tau+\frac{2\pi l}{n}\right),$$

et la formule (10) à

$$(15)\quad \mathrm{f}(t)=\frac{1}{n}\mathop{\mathrm{S}}_{m=0}^{m=n-1}\mathop{\mathrm{S}}_{l=0}^{l=n-1}\cos\left[(m-k)\left(t-\tau-\frac{2\pi l}{n}\right)\right]\mathrm{f}\left(\tau+\frac{2\pi l}{n}\right).$$

Si l'on suppose en particulier $n=2k+1$, la formule (14) donnera

$$(16)\quad \mathrm{f}(t)=\frac{1}{2k+1}\mathop{\mathrm{S}}_{l=0}^{l=2k}\frac{\sin\frac{2k+1}{2}\left(t-\tau-\frac{2\pi l}{2k+1}\right)}{\sin\frac{1}{2}\left(t-\tau-\frac{2\pi l}{2k+1}\right)}\mathrm{f}\left(\tau+\frac{2\pi l}{2k+1}\right).$$

Si l'on suppose au contraire $n=2k+2$, on trouvera

$$(17)\quad \mathrm{f}(t)=\frac{1}{n}\mathop{\mathrm{S}}_{l=0}^{l=2k+1}\frac{\sin\left[(k+1)\left(t-\tau-\frac{\pi l}{k+1}\right)\right]}{\sin\frac{1}{2}\left(t-\tau-\frac{\pi l}{k+1}\right)}\cos\frac{1}{2}\left(t-\tau-\frac{\pi l}{k+1}\right)\mathrm{f}\left(\tau+\frac{\pi l}{k+1}\right).$$

Dans cette dernière supposition, la formule (15) donnera

$$\mathrm{f}(t)=\frac{1}{2(k+1)}\mathop{\mathrm{S}}_{m=0}^{m=2k+1}\mathop{\mathrm{S}}_{l=0}^{l=2k+1}\cos\left[(m-k)\left(t-\tau-\frac{\pi l}{k+1}\right)\right]\mathrm{f}\left(\tau+\frac{\pi l}{k+1}\right),$$

ou, ce qui revient au même,

$$(18)\quad \mathrm{f}(t)=\frac{1}{2(k+1)}\mathop{\mathrm{S}}_{m=0}^{m=2k}\mathop{\mathrm{S}}_{l=0}^{l=2k+1}\cos\left[(m-k)\left(t-\tau-\frac{\pi l}{k+1}\right)\right]\mathrm{f}\left(\tau+\frac{\pi l}{k+1}\right),$$

attendu que la somme des termes correspondants à

$$m=2k+1 \qquad \text{ou} \qquad m-k=k+1,$$

c'est-à-dire, la somme des termes qui renferment des arcs de la forme

$$(k+1)\left(t-\tau-\frac{\pi l}{k+1}\right),$$

disparaîtra de la fonction $f(t)$.

Enfin, dans la formule (18), que l'on peut encore écrire comme il suit

$$(19)\quad f(t)=\frac{1}{2(k+1)}\mathop{S}_{m=-k}^{m=k}\mathop{S}_{l=-k}^{l=k+1}\cos m\left(t-\tau-\frac{\pi l}{k+1}\right)f\left(\tau+\frac{\pi l}{k+1}\right),$$

le facteur

$$\cos m\left(t-\tau-\frac{\pi l}{k+1}\right)$$

pourra être réduit au produit

$$\cos mt\cos m\left(\tau+\frac{\pi l}{k+1}\right)$$

si $f(t)$ est une fonction paire de t, c'est-à-dire, si l'on a

$$(20)\quad f(t)=a_0+a_1\cos t+a_2\cos 2t+\ldots+a_k\cos kt,$$

et au produit

$$\sin mt\sin m\left(\tau+\frac{\pi l}{k+1}\right)$$

si $f(t)$ est une fonction impaire de t, c'est-à-dire, si l'on a

$$(21)\quad f(t)=b_0+b_1\sin t+b_2\sin 2t+\ldots+b_k\sin kt.$$

Dans le second cas, en posant $\tau=0$, on pourra réduire la formule (19) à la suivante

$$(22)\quad f(t)=\frac{2}{k+1}\mathop{S}_{m=1}^{m=k}\mathop{S}_{l=1}^{l=k}\sin mt\sin\frac{\pi ml}{k+1}f\left(\frac{\pi l}{k+1}\right),$$

en sorte qu'on aura

$$b_m=\frac{2}{k+1}\mathop{S}_{l=1}^{l=k}\sin\frac{\pi ml}{k+1}f\left(\frac{\pi l}{k+1}\right),$$

comme Lagrange l'a trouvé dans le Tome III des anciens Mémoires de l'Académie de Turin.

Concevons maintenant que les valeurs particulières de t, représentées par

$$t_1, \quad t_2, \quad \ldots, \quad t_n,$$

forment une progression arithmétique dont la raison ρ diffère de $\frac{2\pi}{n}$, et coïncident, par exemple, avec les divers termes de la suite

$$\tau - k\rho, \quad \tau - (k-1)\rho, \quad \ldots, \quad \tau - \rho, \quad \tau, \quad \tau + \rho, \quad \ldots, \quad \tau + (k-1)\rho, \quad \tau + k\rho.$$

On pourra déterminer encore la valeur générale de $f(t)$, non seulement à l'aide de l'équation (2), mais aussi à l'aide de la formule (5), pourvu que, dans cette dernière formule, on suppose $n = 2k + 1$, et

$$\varphi(x) = e^{n\tau\sqrt{-1}}\psi(xe^{-\tau\sqrt{-1}}),$$

la valeur de $\psi(x)$ étant

$$(23)\quad \left\{ \begin{aligned} \psi(x) = x^{2k+1} &- \frac{\sin(k+\frac{1}{2})\rho}{\sin\frac{1}{2}\rho}x^{2k} + \frac{\sin(k+\frac{1}{2})\rho\sin k\rho}{\sin\frac{1}{2}\rho\sin\rho}x^{2k-1} - \ldots \\ &- \frac{\sin(k+\frac{1}{2})\rho\sin k\rho}{\sin\frac{1}{2}\rho\sin\rho}x^2 + \frac{\sin(k+\frac{1}{2})\rho}{\sin\rho}x - 1. \end{aligned} \right.$$

Les diverses formules qui précèdent peuvent être facilement étendues au cas où il s'agit de déterminer la valeur générale d'une fonction entière des sinus et cosinus de plusieurs arcs

$$t, \quad t', \quad \ldots,$$

d'après un certain nombre de valeurs particulières supposées connues. Cette extension est semblable à celle des formules que nous avions d'abord obtenues dans le § I.

La formule (2), ainsi que plusieurs de celles qui en ont été déduites, et la formule (23) elle-même, sont extraites du Mémoire que j'ai présenté à l'Académie de Turin le 11 octobre 1831, et qui a été paraphé à cette époque par le secrétaire de cette Académie, puis lithographié en grande partie, et avec quelques additions, en 1832. La formule (10) en particulier se trouve établie pour les valeurs

$$2k+1 \qquad \text{et} \qquad 2k+2$$

du nombre n, puis étendue au cas où l'on considère une fonction entière des sinus et cosinus de deux arcs t, t', et enfin appliquée à des problèmes de Mécanique céleste, dans le § III du Mémoire lithographié.

119.

ANALYSE ALGÉBRIQUE. — *Sur le développement d'une fonction entière du sinus et du cosinus d'un arc en série ordonnée suivant les sinus et cosinus des multiples de cet arc.*

C. R., t. XII, p. 323 (15 février 1841).

Soient

$$\mathrm{f}(t)$$

une fonction entière de $\sin t$ et de $\cos t$, et k le degré de cette fonction. Soient d'ailleurs τ une valeur particulière de t, et n un nombre entier égal ou supérieur à $2k+1$. On aura, comme on l'a vu dans un précédent Mémoire,

$$(1) \qquad \mathrm{f}(t) = \frac{1}{n} \mathop{\mathrm{S}}_{m=0}^{m=n-1} \mathop{\mathrm{S}}_{l=0}^{l=n-1} e^{(m-k)\left(t-\tau-\frac{2\pi l}{n}\right)\sqrt{-1}}\, \mathrm{f}\left(\tau + \frac{2\pi l}{n}\right)$$

ou, ce qui revient au même,

$$(2) \qquad \mathrm{f}(t) = \frac{1}{n} \mathop{\mathrm{S}}_{m=-k}^{m=n-k-1} \mathop{\mathrm{S}}_{l=0}^{l=n-1} e^{m\left(t-\tau-\frac{2\pi l}{n}\right)\sqrt{-1}}\, \mathrm{f}\left(\tau + \frac{2\pi l}{n}\right).$$

Concevons maintenant que, la fonction $\mathrm{f}(t)$ étant développée en une série ordonnée suivant les sinus et cosinus des multiples de t, ou, ce qui revient au même, suivant les puissances entières, positives, nulles ou négatives, de l'exponentielle trigonométrique

$$e^{t\sqrt{-1}},$$

on désigne par a_m le coefficient de

$$e^{mt\sqrt{-1}}$$

dans ce développement, en sorte que l'on ait

$$(3)\qquad \left\{\begin{aligned} f(t) = a_0 + a_1 e^{t\sqrt{-1}} + a_2 e^{2t\sqrt{-1}} + \ldots + a_k e^{kt\sqrt{-1}} \\ + a_{-1} e^{-t\sqrt{-1}} + a_{-2} e^{-2t\sqrt{-1}} + \ldots + a_{-k} e^{-kt\sqrt{-1}}. \end{aligned}\right.$$

Les équations (2) et (3) entraîneront la suivante

$$(4)\qquad a_m = \frac{1}{n} \mathop{\mathrm{S}}_{l=0}^{l=n-1} e^{-m\left(\tau + \frac{2\pi l}{n}\right)\sqrt{-1}} f\left(\tau + \frac{2\pi l}{n}\right),$$

à laquelle on peut aussi arriver directement en partant de l'équation (3) et des propriétés connues des racines de l'unité.

En vertu de la formule (4), *le coefficient a_m d'une puissance quelconque de l'exponentielle trigonométrique $e^{t\sqrt{-1}}$, dans le développement de la fonction* f(t) *en une série ordonnée suivant les puissances entières de la même exponentielle, sera une moyenne arithmétique entre diverses valeurs de cette fonction respectivement multipliées par diverses exponentielles trigonométriques*. Donc, par suite, si la fonction f(t) est réelle, *le module de chaque coefficient a_m ne pourra surpasser la plus grande valeur numérique que cette fonction puisse acquérir*. Cette dernière proposition subsistant, quel que soit le nombre k, par conséquent quel que soit le nombre des termes compris dans la fonction f(t), peut être étendue au cas même où le nombre de ces termes devient infini.

Si l'on cherche en particulier le premier terme a_0 du développement de la fonction f(t), suivant les puissances entières positives ou négatives de l'exponentielle trigonométrique

$$e^{t\sqrt{-1}},$$

on trouvera

$$(5)\qquad a_0 = \frac{1}{n} \mathop{\mathrm{S}}_{l=0}^{l=n-1} \mathrm{f}\left(\tau + \frac{2\pi l}{n}\right).$$

Soient maintenant

$$\mathrm{F}(t)$$

une nouvelle fonction entière de $\sin t$ et de $\cos t$, ou, ce qui revient au même, de l'exponentielle trigonométrique

$$e^{t\sqrt{-1}},$$

et h le degré de cette fonction, en sorte que l'on ait

$$(6)\qquad \left\{\begin{aligned} \mathrm{F}(t) = \mathrm{A}_0 &+ \mathrm{A}_1 e^{t\sqrt{-1}} + \mathrm{A}_2 e^{2t\sqrt{-1}} + \ldots + \mathrm{A}_h e^{ht\sqrt{-1}} \\ &+ \mathrm{A}_{-1} e^{-t\sqrt{-1}} + \mathrm{A}_{-2} e^{-2t\sqrt{-1}} + \ldots + \mathrm{A}_{-h} e^{-ht\sqrt{-1}}. \end{aligned}\right.$$

Si l'on nomme s le premier terme du développement du produit

$$\mathrm{f}(t)\,\mathrm{F}(t)$$

en série ordonnée suivant les puissances entières, positives ou négatives de cette exponentielle, on trouvera :

1° En supposant $h =$ ou $< k$,

$$(7)\qquad \left\{\begin{aligned} \mathrm{s} = \mathrm{A}_0 a_0 &+ \mathrm{A}_{-1} a_1 + \mathrm{A}_{-2} a_2 + \ldots + \mathrm{A}_{-h} a_h \\ &+ \mathrm{A}_1 a_{-1} + \mathrm{A}_2 a_{-2} + \ldots + \mathrm{A}_h a_{-h}; \end{aligned}\right.$$

et, par suite, en vertu de la formule (4),

$$(8)\qquad \mathrm{s} = \frac{1}{n} \mathop{\mathrm{S}}_{m=-h}^{m=h} \mathop{\mathrm{S}}_{l=0}^{l=n-1} \mathrm{A}_m e^{m\left(\tau + \frac{2\pi l}{n}\right)\sqrt{-1}} \mathrm{f}\left(\tau + \frac{2\pi l}{n}\right);$$

2° En supposant $h =$ ou $> k$,

$$(9)\qquad \left\{\begin{aligned} \mathrm{s} = \mathrm{A}_0 a_0 &+ \mathrm{A}_{-1} a_1 + \mathrm{A}_{-2} a_2 + \ldots + \mathrm{A}_{-k} a_k \\ &+ \mathrm{A}_1 a_{-1} + \mathrm{A}_2 a_{-2} + \ldots + \mathrm{A}_k a_{-k}; \end{aligned}\right.$$

et, par suite, en vertu de la formule (4),

$$(10)\qquad \mathrm{s} = \frac{1}{n} \mathop{\mathrm{S}}_{m=-k}^{m=k} \mathop{\mathrm{S}}_{l=0}^{l=n-1} \mathrm{A}_m e^{m\left(\tau + \frac{2\pi l}{n}\right)\sqrt{-1}} \mathrm{f}\left(\tau + \frac{2\pi l}{n}\right).$$

Dans la première hypothèse, c'est-à-dire en supposant $h \overline{\gtrless} k$, on pourra réduire l'équation (8) à la forme

$$(11) \qquad 8 = \frac{1}{n} \mathop{\mathrm{S}}_{l=0}^{l=n-1} \mathrm{f}\left(\tau + \frac{2\pi l}{n}\right) \mathrm{F}\left(\tau + \frac{2\pi l}{n}\right).$$

Si, pour fixer les idées, on prend $n = 2k + 1$, la formule (11) donnera

$$(12) \qquad 8 = \frac{1}{2k+1} \mathop{\mathrm{S}}_{l=0}^{l=2k} \mathrm{f}\left(\tau + \frac{2\pi l}{2k+1}\right) \mathrm{F}\left(\tau + \frac{2\pi l}{2k+1}\right).$$

Si, au contraire, on prend $n = 2k + 2$, on trouvera

$$(13) \qquad 8 = \frac{1}{2(k+1)} \mathop{\mathrm{S}}_{l=0}^{l=2k+1} \mathrm{f}\left(\tau + \frac{\pi l}{k+1}\right) \mathrm{F}\left(\tau + \frac{\pi l}{k+1}\right).$$

Avant d'aller plus loin, nous ferons une remarque importante. Si, dans l'équation (3), on substitue successivement à la variable t les divers termes de la progression arithmétique

$$\tau, \quad \tau + \frac{2\pi}{n}, \quad \tau + \frac{4\pi}{n}, \quad \ldots, \quad \tau + \frac{2(n-1)\pi}{n},$$

et si l'on ajoute entre elles les formules ainsi obtenues, après les avoir respectivement multipliées par les facteurs

$$1, \quad e^{-\frac{2m\pi}{n}\sqrt{-1}}, \quad e^{-\frac{4m\pi}{n}\sqrt{-1}}, \quad \ldots, \quad e^{-\frac{2m(n-1)\pi}{n}\sqrt{-1}},$$

alors, en supposant

$$n \overline{\gtrless} 2k + 1,$$

on retrouvera précisément l'équation (4); mais, si dans le même cas on suppose seulement

$$n \overline{\gtrless} k + 1,$$

l'équation (4) subsistera pour des valeurs de m comprises entre les limites

$$m = -(n - k), \qquad m = n - k,$$

et sera remplacée par la formule

$$(14) \qquad a_m + a_{n+m} e^{n\tau\sqrt{-1}} = \frac{1}{n} \mathop{\mathrm{S}}_{l=0}^{l=n-1} e^{-m\left(\tau+\frac{2\pi l}{n}\right)\sqrt{-1}} \mathrm{f}\left(\tau + \frac{2\pi l}{n}\right),$$

pour des valeurs de m représentées par ces limites mêmes ou situées hors de ces limites. Cela posé, l'équation (4) continuera évidemment de subsister, pour toutes les valeurs de m comprises dans la suite

$$-h, \quad \ldots, \quad -2, \quad -1, \quad 0, \quad 1, \quad 2, \quad \ldots, \quad h,$$

si l'on a

$$n \overline{\overline{>}} k + h + 1,$$

et sous cette condition la formule (8) ou (10) fournira encore une valeur exacte de s. Il y a plus; l'équation (10), légèrement modifiée par la suppression des termes correspondants à $m = -k$, et réduite à

$$(15) \qquad s = \frac{1}{n} \mathop{\mathrm{S}}_{m=1-k}^{m=k} \mathop{\mathrm{S}}_{l=0}^{l=n-1} \mathrm{A}_m e^{m\left(\tau+\frac{2\pi l}{n}\right)\sqrt{-1}} \mathrm{f}\left(\tau + \frac{2\pi l}{n}\right),$$

pourra être appliquée au cas où l'on aurait

$$h = k, \qquad n = h + k = 2k,$$

si l'on choisit convenablement l'arc τ. En effet, dans ce cas, la formule (4) subsistera pour toutes les valeurs de m comprises entre les limites $-k$, $+k$; mais, pour $m = -k$, la formule (14) donnera

$$a_{-k} + a_k e^{2k\tau\sqrt{-1}} = \frac{1}{n} \mathop{\mathrm{S}}_{l=0}^{l=n-1} e^{k\left(\tau+\frac{2\pi l}{n}\right)\sqrt{-1}} \mathrm{f}\left(\tau + \frac{2\pi l}{n}\right),$$

et, par suite,

$$(16) \qquad \mathrm{A}_{-k} a_{-k} + \mathrm{A}_k a_k = \frac{1}{n} \mathop{\mathrm{S}}_{l=0}^{l=n-1} \mathrm{A}_k e^{-k\left(\tau+\frac{2\pi l}{n}\right)\sqrt{-1}} \mathrm{f}\left(\tau + \frac{2\pi l}{n}\right),$$

pourvu que l'on assujettisse τ à vérifier la condition

$$(17) \qquad \frac{\mathrm{A}_k}{\mathrm{A}_{-k}} = e^{2k\tau\sqrt{-1}}.$$

Sous cette dernière condition, l'équation (7), jointe à la formule (4) ou (16), entraînera évidemment l'équation (15), que l'on pourra écrire comme il suit :

$$(18)\qquad \mathcal{S} = \frac{1}{2k} \mathop{\mathrm{S}}_{m=1-k}^{m=k} \mathop{\mathrm{S}}_{l=1-k}^{l=k} \mathrm{A}_m e^{m\left(\tau + \frac{\pi l}{k}\right)\sqrt{-1}} \mathrm{f}\left(\tau + \frac{\pi l}{k}\right).$$

D'après ce qu'on vient de dire, l'équation (18) coïncide, pour $h = k$, avec la formule (7), par conséquent avec la formule (9). Comme d'ailleurs les seconds membres des équations (9) et (18) ne renferment pas la lettre h, il est clair que ces deux équations s'accorderont l'une avec l'autre, non seulement pour $h = k$, mais aussi quel que soit h. Donc la formule (18), jointe à la condition (17), fournira la valeur exacte de $\mathcal{S}$, dans le cas même où l'on aurait

$$h > k,$$

et dans celui où le développement de $\mathrm{F}(t)$ offrirait un nombre infini de termes.

Pour montrer une application des formules qui précèdent, concevons que l'on ait $k = 2$, par conséquent

$$\mathrm{f}(t) = a_0 + a_1 e^{t\sqrt{-1}} + a_2 e^{2t\sqrt{-1}} + a_{-1} e^{-t\sqrt{-1}} + a_{-2} e^{-2t\sqrt{-1}},$$

et, de plus,

$$\mathrm{F}(t) = [\lambda - \cos(t - \Pi)]^{\frac{1}{2}},$$

Π désignant un arc réel, et λ un nombre supérieur à l'unité. Le développement de $\mathrm{F}(t)$ sera de la forme

$$\begin{aligned}\mathrm{F}(t) = \Lambda_0 + \Lambda_1 e^{(t-\Pi)\sqrt{-1}} + \Lambda_2 e^{2(t-\Pi)\sqrt{-1}} + \ldots\\ + \Lambda_{-1} e^{(\Pi-t)\sqrt{-1}} + \Lambda_{-2} e^{2(\Pi-t)\sqrt{-1}} + \ldots,\end{aligned}$$

et de cette dernière formule, comparée à l'équation (6), on tirera, pour $h = \infty$,

$$\begin{aligned}&\mathrm{A}_0 = \Lambda_0, \quad \mathrm{A}_1 = \Lambda_1 e^{-\Pi\sqrt{-1}}, \quad \mathrm{A}_2 = \Lambda_2 e^{-2\Pi\sqrt{-1}}, \quad \ldots,\\ &\mathrm{A}_{-1} = \Lambda_1 e^{\Pi\sqrt{-1}}, \quad \mathrm{A}_{-2} = \Lambda_2 e^{2\Pi\sqrt{-1}}, \quad \ldots.\end{aligned}$$

Donc, pour vérifier la condition (17), réduite à

$$e^{4\Pi\sqrt{-1}} = e^{4\tau\sqrt{-1}},$$

il suffira de prendre

$$\tau = \Pi,$$

et la formule (18) donnera

$$s = \frac{1}{4} \mathop{\mathrm{S}}_{m=-1}^{m=2} \mathop{\mathrm{S}}_{l=-1}^{l=2} A_m e^{\frac{\pi ml}{2}\sqrt{-1}} f\left(\Pi + \frac{\pi l}{2}\right).$$

Donc, si $f(t)$ est une fonction réelle de t, la valeur de s, qui dans ce cas sera réelle, pourra être réduite à

$$s = \mathop{\mathrm{S}}_{m=-1}^{m=2} \mathop{\mathrm{S}}_{l=-1}^{l=2} A_m \cos\frac{\pi ml}{2} f\left(\Pi + \frac{\pi l}{2}\right)$$

ou, ce qui revient au même, à

$$s = \mathop{\mathrm{S}}_{l=-1}^{l=2} \frac{A_0 + 2A_1 \cos\frac{\pi l}{2} + A_2 \cos\pi l}{4} f\left(\Pi + \frac{\pi l}{2}\right).$$

Cette dernière équation, que l'on peut encore écrire comme il suit,

$$s = \frac{A_0 + 2A_1 + A_2}{4} f(\Pi) + \frac{A_0 - 2A_1 + A_2}{4} f(\Pi + \pi) + \frac{A_0 - A_2}{4}\left[f\left(\Pi + \frac{\pi}{2}\right) + f\left(\Pi - \frac{\pi}{2}\right)\right],$$

s'accorde avec la formule (36) de la page 46 (*voir* l'Extrait n° 114).

Concevons maintenant que l'on ait, non plus $h = \infty$, mais simplement $h = 2$, le nombre k étant d'ailleurs un des termes de la suite

$$2, \quad 4, \quad 6, \quad 8, \quad \ldots.$$

L'équation (6) sera réduite à

$$(19) \qquad F(t) = A_{-2} e^{-2t\sqrt{-1}} + A_{-1} e^{-t\sqrt{-1}} + A_0 + A_1 e^{t\sqrt{-1}} + A_2 e^{2t\sqrt{-1}};$$

et, si l'on suppose d'abord $k=2$, la formule (18) donnera

$$(20)\qquad \mathcal{S}=\frac{1}{4}\mathop{\mathrm{S}}_{m=-1}^{m=2}\mathop{\mathrm{S}}_{l=-1}^{l=2} \mathrm{A}_m e^{m\left(\tau+\frac{\pi l}{2}\right)\sqrt{-1}} f\left(\tau+\frac{\pi l}{2}\right),$$

ou, ce qui revient au même,

$$(21)\qquad \mathcal{S}=\mathop{\mathrm{S}}_{l=-1}^{l=2}\frac{\mathrm{A}_{-1}e^{-\left(\tau+\frac{\pi l}{2}\right)\sqrt{-1}}+\mathrm{A}_0+\mathrm{A}_1 e^{\left(\tau+\frac{\pi l}{2}\right)\sqrt{-1}}+\mathrm{A}_2 e^{2\left(\tau+\frac{\pi l}{2}\right)\sqrt{-1}}}{4} f\left(\tau+\frac{\pi l}{2}\right),$$

l'arc τ étant choisi de manière à vérifier la condition

$$(22)\qquad \frac{\mathrm{A}_2}{\mathrm{A}_{-2}}=e^{4\tau\sqrt{-1}}.$$

Si, au contraire, on suppose $k>2$, on pourra tirer la valeur de $\mathcal{S}$ de la formule (8), en y laissant l'arc τ arbitraire, pourvu que l'on prenne

$$n \geqq k+h+1,$$

par conséquent

$$n \geqq k+3.$$

Ainsi, en particulier, si l'on prend $k=4$, on devra, dans la formule (8), supposer $n\geqq 7$, par exemple

$$n=8.$$

Or, pour $h=2$, $k=4$, $n=8$, l'équation (8) donnera

$$(23)\qquad \mathcal{S}=\frac{1}{8}\mathop{\mathrm{S}}_{m=-2}^{m=2}\mathop{\mathrm{S}}_{l=0}^{l=7} \mathrm{A}_m e^{m\left(\tau+\frac{\pi l}{4}\right)\sqrt{-1}} f\left(\tau+\frac{\pi l}{4}\right).$$

Si, dans cette dernière formule, on réduit l'arc τ à zéro, on en tirera simplement

$$(24)\qquad \mathcal{S}=\frac{1}{8}\mathop{\mathrm{S}}_{m=-2}^{m=2}\mathop{\mathrm{S}}_{l=0}^{l=7} \mathrm{A}_m e^{\frac{\pi m l}{4}\sqrt{-1}} f\left(\tau+\frac{\pi l}{4}\right)$$

ou, ce qui revient au même,

$$(25)\quad s = \mathop{\mathrm{S}}_{l=0}^{l=7} \frac{A_{-2} e^{-\frac{\pi l}{2}\sqrt{-1}} + A_{-1} e^{-\frac{\pi l}{4}\sqrt{-1}} + A_0 + A_1 e^{\frac{\pi l}{4}\sqrt{-1}} + A_2 e^{\frac{\pi l}{2}\sqrt{-1}}}{8} \, \mathrm{f}\left(\tau + \frac{\pi l}{4}\right).$$

On peut se servir utilement des équations (20) et (23) pour déterminer la valeur générale de la fonction désignée par υ dans le Mémoire sur les variations séculaires des éléments elliptiques des planètes. Les formules ainsi obtenues pourront remplacer, même avec avantage, les formules (37), (38), (39), (40) de la page 48. L'équation (20) en particulier fournira immédiatement la valeur de υ qui correspond à la valeur 2 de l'exposant que nous avons représenté par la lettre l (pages 37 et suivantes). Quant à l'équation (23), elle fournira rigoureusement la valeur de υ correspondante à $\mathrm{l} = 4$, et il suffira que l'on puisse négliger les quantités du quatrième ordre par rapport aux excentricités et aux inclinaisons des orbites, pour qu'elle fournisse encore, sans erreur sensible, les valeurs de υ correspondantes à $\mathrm{l} = 6$ et à $\mathrm{l} = 8$.

120.

Sur l'élimination d'une variable entre deux équations algébriques (1).

C. R., t. XII, p. 391 (1er mars 1841).

(1) Mémoire publié dans les *Exercices d'Analyse et de Physique mathématique* (*Nouveaux Exercices*), *voir* t. I, p. 385.

121.

ANALYSE MATHÉMATIQUE. — *Note sur la formation des fonctions alternées qui servent à résoudre le problème de l'élimination.*

C. R., t. XII, p. 414 (8 mars 1841).

L'équation finale, produite par l'élimination de plusieurs variables entre des équations linéaires et présentée sous la forme la plus simple, a pour premier membre une fonction alternée. On peut même en dire autant de l'équation finale qui résulte de l'élimination d'une seule variable entre deux équations algébriques de degrés quelconques, puisque les méthodes de Bézout et d'Euler réduisent ce dernier problème au premier. Il importe donc de parvenir à former aisément les fonctions alternées. Telle est la question dont nous allons nous occuper.

Considérons, pour fixer les idées, la fonction alternée qui, égalée à zéro, produit l'équation finale, résultante de l'élimination de x entre n équations linéaires de la forme

$$\begin{array}{l}
A_{0,0}\,x + A_{0,1}\,y + \ldots + A_{0,n-2}\,u + A_{0,n-1}\,v = 0,\\
A_{1,0}\,x + A_{1,1}\,y + \ldots + A_{1,n-2}\,u + A_{1,n-1}\,v = 0,\\
\ldots\ldots\ldots\ldots\ldots\ldots\ldots\ldots\ldots\ldots\ldots\ldots\\
A_{n-2,0}\,x + A_{n-2,1}\,y + \ldots + A_{n-2,n-2}\,u + A_{n-2,n-1}\,v = 0,\\
A_{n-1,0}\,x + A_{n-1,1}\,y + \ldots + A_{n-1,n-2}\,u + A_{n-1,n-1}\,v = 0.
\end{array}$$

Pour obtenir cette fonction alternée que nous appellerons s, on disposera d'abord en carré sur n lignes horizontales, et sur autant de lignes verticales, les coefficients que contiennent les équations linéaires données, comme on le voit ici

$$(1)\qquad \left\{\begin{array}{lllll}
A_{0,0}, & A_{0,1}, & \ldots, & A_{0,n-2}, & A_{0,n-1},\\
A_{1,0}, & A_{1,1}, & \ldots, & A_{1,n-2}, & A_{1,n-1},\\
\ldots, & \ldots, & \ldots, & \ldots\ldots, & \ldots\ldots,\\
A_{n-2,0}, & A_{n-2,1}, & \ldots, & A_{n-2,n-2}, & A_{n-2,n-1},\\
A_{n-1,0}, & A_{n-1,1}, & \ldots, & A_{n-1,n-2}, & A_{n-1,n-1};
\end{array}\right.$$

puis on cherchera tous les produits que l'on peut former, en combinant ces coefficients n à n, de manière que les n facteurs de chaque produit appartiennent tous à des lignes horizontales différentes et à des lignes verticales différentes. Les produits formés, comme on vient de le dire, se réduiront à celui dont les facteurs sont les coefficients situés sur l'une des diagonales du carré, savoir au produit

$$A_{0,0}A_{1,1}\ldots A_{n-2,n-2}A_{n-1,n-1}, \tag{2}$$

et à ceux que l'on peut en déduire à l'aide d'une ou de plusieurs opérations dont chacune consiste à échanger entre eux deux indices qui, dans deux facteurs différents, occupent la même place. La fonction alternée $\mathcal{S}$ sera la somme de tous ces produits, pris les uns avec le signe $+$, les autres avec le signe $-$; deux produits différents devant être affectés du même signe ou de signes contraires, suivant qu'on pourra les déduire l'un de l'autre à l'aide d'un nombre pair ou d'un nombre impair d'échanges opérés chacun entre deux indices de même espèce. Le nombre n des facteurs de chaque produit servira de mesure à ce que nous nommerons l'*ordre* de la fonction alternée.

Concevons maintenant que l'on représente par P l'un quelconque des produits qui entrent dans la fonction alternée $\mathcal{S}$. Supposons d'ailleurs que, dans cette fonction, le produit (2) en particulier soit affecté du signe $+$, et que, relativement au produit P, les divers indices

$$0,\quad 1,\quad 2,\quad 3,\quad \ldots,\quad n-1$$

soient partagés en divers groupes, deux indices i et j étant placés à la suite l'un de l'autre dans le même groupe, lorsque le produit P renferme le facteur

$$A_{i,j}.$$

Il suffira de connaître le système des groupes correspondants à un produit P, pour que ce produit se trouve complètement déterminé. Ainsi, par exemple, si l'indice i forme à lui seul un groupe, on en conclura qu'il est contenu dans un seul facteur du produit P, savoir, dans le facteur $A_{i,i}$; si l'indice i forme un groupe binaire

$$(i, i')$$

avec un autre indice i', on en conclura que les indices i, i' sont contenus seulement dans deux facteurs du produit P, savoir dans les facteurs

$$A_{i,i'}, \quad A_{i',i};$$

si les trois indices i, i', i'' forment un groupe ternaire

$$(i, i', i''),$$

on en conclura que le produit P renferme les trois facteurs

$$A_{i,i'}, \quad A_{i',i''}, \quad A_{i'',i};$$

et ainsi de suite. D'ailleurs, pour déduire le produit partiel

$$A_{i,i'} A_{i',i} \quad \text{ou} \quad A_{i,i'} A_{i',i''} A_{i'',i}, \quad \ldots$$

du produit partiel

$$A_{i,i} A_{i',i'} \quad \text{ou} \quad A_{i,i} A_{i',i'} A_{i'',i''}, \quad \ldots$$

qui renferme les mêmes indices dans le produit (2), il suffit évidemment d'opérer un seul échange entre les seconds indices i, i' des deux facteurs du produit partiel

$$A_{i,i} A_{i',i'},$$

ou deux échanges successifs entre les seconds indices des trois facteurs du produit partiel

$$A_{i,i} A_{i',i'} A_{i'',i''},$$

qui, en vertu de ces deux échanges, deviendra successivement

$$A_{i,i'} A_{i',i} A_{i'',i''},$$
$$A_{i,i'} A_{i',i''} A_{i'',i},$$
$$\ldots\ldots\ldots\ldots\ldots$$

Donc, si le système des groupes correspondants au produit P présente f groupes formés chacun d'un seul indice, ou, ce qui revient au même, f indices isolés, g groupes binaires, h groupes ternaires, k groupes quaternaires, etc.; enfin l groupes composés chacun de n indices (l devant se réduire à zéro ou à l'unité), il suffira, pour passer du produit (2) au produit P, d'opérer entre les seconds indices des facteurs

$$A_{0,0}, \quad A_{1,1}, \quad \ldots, \quad A_{n-1,n-1}$$

autant d'échanges qu'il y aura d'unités dans la somme

$$g + 2h + 3k + \ldots + (n-1)l.$$

D'ailleurs, si l'on nomme m le nombre total des groupes, on aura, non seulement

$$(3) \qquad f + 2g + 3h + 4k + \ldots + nl = n,$$

mais encore

$$(4) \qquad f + g + h + k + \ldots + l = m,$$

et, par suite,

$$(5) \qquad g + 2h + 3k + \ldots + (n-1)l = n - m.$$

Donc, pour passer du produit (2) au produit P, il suffira d'opérer entre les seconds indices des divers facteurs autant d'échanges qu'il y aura d'unités dans la différence $n - m$; et le produit P, dans la somme alternée S, devra être affecté du signe + ou du signe −, suivant que la différence $n - m$ sera positive ou négative. On peut donc énoncer la proposition suivante, qui s'accorde avec le théorème énoncé dans l'*Analyse algébrique* (Note IV, p. 523).

Théorème. — *Soit* S *une fonction alternée formée avec les quantités que renferme le tableau* (1), *et dans laquelle le produit*

$$A_{0,0} A_{1,1} \ldots A_{n-2,n-2} A_{n-1,n-1}$$

soit affecté du signe +. *Les divers termes de cette somme seront les divers produits que l'on peut former avec* n *facteurs de la forme*

$$A_{i,j},$$

dans lesquels les n *valeurs de* i *soient respectivement égales, à l'ordre près, aussi bien que les diverses valeurs de* j, *aux divers termes de la progression arithmétique*

$$0, \quad 1, \quad 2, \quad 3, \quad \ldots, \quad n-1.$$

Soit d'ailleurs P *l'un quelconque de ces produits, et supposons que, relativement au produit* P, *les divers indices*

$$0, \quad 1, \quad 2, \quad 3, \quad \ldots, \quad n-1$$

soient partagés en divers groupes, deux indices

$$i \quad \text{et} \quad j$$

étant placés à la suite l'un de l'autre dans le même groupe, lorsque le produit P *renferme le facteur*

$$A_{i,j}.$$

Si l'on nomme m *le nombre total des groupes ainsi formés, le produit* P *sera, dans la somme alternée* S, *affecté du signe* $+$ *ou du signe* $-$, *suivant que la différence*

$$n-m$$

sera un nombre pair ou un nombre impair.

Si, dans la fonction alternée S, on nomme termes semblables ou de même espèce deux termes qui se déduisent l'un de l'autre, quand aux indices

$$0, \quad 1, \quad 2, \quad 3, \quad \ldots, \quad n-1,$$

rangés dans un certain ordre, on substitue respectivement ces mêmes indices rangés dans un ordre différent, les divers termes, semblables entre eux, seront évidemment ceux pour lesquels le nombre total des groupes d'indices, et même le nombre spécial des groupes de chaque nature restera le même, c'est-à-dire ceux pour lesquels on retrouvera les mêmes valeurs de f, g, h, k, ..., l. Cela posé, il suit évidemment du théorème énoncé que les termes semblables seront toujours affectés du même signe. Donc, dans le développement de la fonction alternée S, on pourra se borner à écrire un terme de chaque espèce, en ayant soin de placer devant ce terme la lettre caractéristique Σ pour indiquer la somme des termes semblables, qui pourront se déduire immédiatement du même terme avec la plus grande facilité. Pour obtenir, d'ailleurs, un terme correspondant à des valeurs données de

$$f, \quad g, \quad h, \quad k, \quad \ldots, \quad l,$$

il suffira d'écrire à la suite les uns des autres, dans leur ordre de grandeur, les indices

$$0, \quad 1, \quad 2, \quad 3, \quad \ldots, \quad n-1,$$

et de partager ces indices en groupes, en considérant les premiers indices

$$0, \quad 1, \quad 2, \quad \ldots, \quad f-1$$

comme isolés, puis les indices suivants, en nombre égal à $2g$, comme formant les groupes binaires

$$(f, f+1), \quad (f+2, f+3), \quad \ldots; \quad (f+2g-2, f+2g-1),$$

puis les indices suivants, en nombre égal à $3h$, comme formant les groupes ternaires

$$(f+2g, f+2g+1, f+2g+2),$$
$$\ldots\ldots\ldots\ldots\ldots\ldots\ldots\ldots\ldots,$$
$$(f+2g+3h-3, f+2g+3h-2, f+2g+3h-1),$$
$$\ldots\ldots\ldots\ldots\ldots\ldots\ldots\ldots\ldots\ldots\ldots\ldots$$

Ainsi, par exemple, si l'on prend $n=7$, l'un des produits correspondants à

$$f=2, \qquad g=1, \qquad h=1$$

sera celui qui répond aux groupes

$$(0), \quad (1), \quad (2,3), \quad (4,5,6),$$

c'est-à-dire le produit

$$A_{0,0} A_{1,1} A_{2,3} A_{3,2} A_{4,5} A_{5,6} A_{6,4}.$$

Quant au nombre des diverses espèces de termes compris dans la somme alternée s, il sera évidemment égal au nombre des solutions différentes de l'équation

$$f + 2g + 3h + 4k + \ldots + nl = n,$$

qui correspondront à des valeurs entières, positives ou nulles des quantités

$$f, \quad g, \quad h, \quad k, \quad \ldots, \quad l.$$

Si, pour fixer les idées, on suppose $n = 5$, alors, la valeur de n pouvant être présentée sous l'une quelconque des formes

$$\begin{array}{l} 1 + 1 + 1 + 1 + 1, \\ 1 + 1 + 1 + 2, \\ 1 + 2 + 2, \\ 1 + 1 + 3, \\ 2 + 3, \\ 1 + 4, \\ 5, \end{array}$$

les systèmes de valeurs de

$$f, \quad g, \quad h, \quad k, \quad l$$

se réduiront à l'un des sept systèmes

$$\begin{array}{lllll} f = 5, & g = 0, & h = 0, & k = 0, & l = 0, \\ f = 3, & g = 1, & h = 0, & k = 0, & l = 0, \\ f = 1, & g = 2, & h = 0, & k = 0, & l = 0, \\ f = 2, & g = 0, & h = 1, & k = 0, & l = 0, \\ f = 0, & g = 1, & h = 1, & k = 0, & l = 0, \\ f = 1, & g = 0, & h = 0, & k = 1, & l = 0, \\ f = 0, & g = 0, & h = 0, & k = 0, & l = 1; \end{array}$$

et, par suite, une fonction alternée du cinquième ordre renfermera sept espèces de termes.

Il est facile de calculer, pour une fonction alternée de l'ordre n, non seulement le nombre total des termes, ou des diverses valeurs de P, mais encore le nombre des termes de chaque espèce; et d'abord, comme dans chaque valeur de P on peut supposer les divers facteurs rangés d'après l'ordre de grandeur des premiers indices, le nombre des valeurs diverses de P sera évidemment égal au nombre qui indique de combien de manières différentes on peut ranger à la suite les uns des autres les seconds indices, représentés par n quantités distinctes. Donc le nombre des divers termes de la fonction alternée S sera égal au produit

$$1.2.3\ldots n.$$

Cherchons maintenant le nombre des termes d'une espèce donnée, c'est-à-dire le nombre des valeurs de P qui correspondent à des valeurs données de

$$f,\quad g,\quad h,\quad k,\quad \ldots,\quad l,$$

et représentons ce nombre par

$$N_{f,g,h,k,\ldots,l}.$$

Relativement à chacun des termes dont il s'agit, les indices

$$0,\quad 1,\quad 2,\quad 3,\quad \ldots,\quad n-1$$

pourront être partagés en m groupes, la valeur de m étant celle que détermine l'équation (4), puis écrits à la suite les uns des autres dans un ordre tel que des indices placés dans un même groupe se suivent toujours immédiatement, et qu'aux indices isolés succèdent les indices compris dans les groupes binaires, puis dans les groupes ternaires, puis dans les groupes quaternaires, etc. D'ailleurs dans la série, ou succession d'indices, obtenue comme on vient de le dire, on pourra opérer divers changements sans qu'elle cesse de correspondre au même terme, et sans que les conditions énoncées cessent d'être remplies. On pourra, par exemple, échanger entre eux, d'une manière quelconque, ou les f indices isolés, ou les g groupes binaires, ou les h groupes ternaires, etc.; on pourra encore, dans chaque groupe, écrire le premier un quelconque des indices dont il se compose; et, eu égard à la possibilité de ces divers changements, il est clair que les séries ou successions d'indices correspondantes à un même terme seront en nombre égal au produit

$$(1.2\ldots f)(1.2\ldots g)(1.2\ldots h)\ldots(1.2\ldots l).1^f 2^g 3^h\ldots n^l,$$

chacun des produits partiels

$$1.2\ldots f,\quad 1.2\ldots g,\quad 1.2\ldots h,\quad \ldots,\quad 1.2\ldots l$$

devant être réduit à l'unité, quand la quantité

$$f,\quad \text{ou}\quad g,\quad \text{ou}\quad h,\quad \ldots,\quad \text{ou}\quad l$$

se réduira simplement à zéro. D'ailleurs le nombre total des séries que l'on pourra ainsi former avec les indices

$$0,\quad 1,\quad 2,\quad 3,\quad \ldots,\quad n-1$$

sera précisément le produit

$$1.2.3\ldots n,$$

et à chacune d'elles correspondra un terme de l'espèce donnée. Donc le nombre

$$N_{f,g,h,\ldots,l}$$

des termes de cette espèce sera le quotient qu'on obtient quand on divise le produit

$$1.2.3\ldots n$$

par le produit

$$(1.2.3\ldots f)(1.2\ldots g)(1.2\ldots h)\ldots(1.2\ldots l)1^f 2^g 3^h\ldots n^l.$$

Donc, en posant, pour abréger,

$$(6)\qquad \frac{1.2\ldots m}{(1.2\ldots f)(1.2\ldots g)(1.2\ldots h)\ldots(1.2\ldots l)} = (m)_{f,g,h,\ldots,l},$$

on aura

$$(7)\qquad N_{f,g,h,\ldots,l} = \frac{1.2\ldots n}{1.2\ldots m}(m)_{f,g,h,\ldots,l}\left(\frac{1}{1}\right)^f\left(\frac{1}{2}\right)^g\left(\frac{1}{3}\right)^h\cdots\left(\frac{1}{n}\right)^l,$$

la valeur de m étant toujours

$$m = f+g+h+\ldots+l.$$

D'autre part, comme le nombre total des termes de différentes espèces, c'est-à-dire, le nombre total des termes de la fonction alternée s, doit être égal au produit

$$1.2.3\ldots n,$$

on aura encore

$$(8)\qquad 1.2.3\ldots n = \Sigma \mathrm{N}_{f,g,h,\ldots,l},$$

le signe Σ se rapportant aux divers systèmes de valeurs de

$$f,\quad g,\quad h,\quad \ldots,\quad l$$

qui vérifient l'équation (3), et par conséquent

$$(9)\qquad 1.2.3\ldots n = \sum \frac{1.2\ldots n}{1.2\ldots m}(m)_{f,g,h,\ldots,l}\left(\frac{1}{1}\right)^f\left(\frac{1}{2}\right)^g\left(\frac{1}{3}\right)^h\cdots\left(\frac{1}{n}\right)^l.$$

Cette dernière formule paraît digne d'être remarquée.

Si, pour fixer les idées, on prend $n = 5$, l'équation (8) ou (9) donnera

$$\begin{aligned}1.2.3.4.5 = \mathrm{N}_{5,0,0,0,0} + \mathrm{N}_{3,1,0,0,0} + \mathrm{N}_{1,2,0,0,0} + \mathrm{N}_{2,0,1,0,0}\\ + \mathrm{N}_{0,1,1,0,0} + \mathrm{N}_{1,0,0,1,0} + \mathrm{N}_{0,0,0,0,1},\end{aligned}$$

et, par suite,

$$1.2.3.4.5 = 1 + 10 + 15 + 20 + 20 + 30 + 24 = 120,$$

ce qui est exact.

On peut observer que, dans le cas où n est un nombre premier, la valeur entière de

$$\mathrm{N}_{f,g,h,\ldots,l},$$

fournie par l'équation (7), reste toujours divisible par n, excepté lorsqu'on prend

$$m = n,\quad \text{par conséquent}\quad f = n,\quad g = 0,\quad h = 0,\quad \ldots,\quad l = 0,$$

ou

$$m = 1,\quad \text{par conséquent}\quad f = 0,\quad g = 0,\quad h = 0,\quad \ldots,\quad l = 1.$$

Donc, dans le second membre de la formule (9), et pour le cas dont il s'agit, les seuls termes non divisibles par n sont

$$N_{n,0,0,\ldots,0} = 1 \quad \text{et} \quad N_{0,0,0,\ldots,1} = 1.2.3\ldots(n-1).$$

Donc *la somme de ces deux termes doit être,* aussi bien que le produit $1.2.3\ldots n$, *divisible par le nombre n, toutes les fois que celui-ci est premier.* On se trouve ainsi ramené au théorème de Wilson.

Observons encore que, dans la fonction s, le nombre des termes affectés du signe $+$, et correspondants à des valeurs paires de $n-m$, est précisément égal au nombre des termes affectés du signe $-$, et correspondants à des valeurs impaires de $n-m$. Donc la différence entre ces deux nombres, évidemment représentée par

$$\Sigma(-1)^{n-m} N_{f,g,h,\ldots,l} = (-1)^n \Sigma(-1)^m N_{f,g,h,\ldots,l},$$

sera nulle, et l'on peut, à l'équation (8) ou (9), joindre la suivante

$$\Sigma(-1)^m N_{f,g,h,\ldots,l} = 0, \tag{10}$$

que l'on peut encore présenter sous la forme

$$\sum \frac{1.2\ldots n}{1.2\ldots m}(-1)^m (m)_{f,g,h,\ldots,l} \left(\frac{1}{1}\right)^f \left(\frac{1}{2}\right)^g \left(\frac{1}{3}\right)^h \cdots \left(\frac{1}{n}\right)^l = 0. \tag{11}$$

On trouvera, par exemple, en prenant $n = 5$,

$$N_{5,0,0,0,0} - N_{3,1,0,0,0} + N_{1,2,0,0,0} + N_{2,0,1,0,0} - N_{0,1,1,0,0} - N_{1,0,0,1,0} + N_{0,0,0,0,1} = 0,$$

ou, ce qui revient au même,

$$1 - 10 + 15 + 20 - 20 - 30 + 24 = 0,$$

ce qui est exact.

Lorsque, dans le tableau n° 1, on a généralement

$$A_{i,j} = A_{j,i},$$

les coefficients

$$A_{0,0}, \quad A_{1,1}, \quad \ldots, \quad A_{n-2,n-2}, \quad A_{n-1,n-1},$$

situés sur l'une des diagonales du carré figuré par ce tableau, sont les seuls qui ne se trouvent pas répétés. Les autres coefficients sont égaux deux à deux, les coefficients égaux étant toujours placés symétriquement des deux côtés de la diagonale dont il s'agit. Donc alors les seuls termes, qui ne se trouveront pas répétés plusieurs fois dans la fonction alternée s, seront ceux qui correspondront seulement à des indices isolés et à des groupes binaires. Quant aux termes qui correspondront à des groupes ternaires, quaternaires, etc., c'est-à-dire, à des valeurs de

$$h, \quad k, \quad \ldots, \quad l$$

différentes de zéro, il est facile de voir que chacun d'eux se trouvera répété autant de fois qu'il y aura d'unités dans la puissance

$$2^{h+k+\ldots+l}$$

du nombre 2. En effet, dans l'hypothèse admise, étant donné un terme P correspondant à des valeurs de $h, k, \ldots, l$ différentes de zéro, on obtiendra toujours un second terme égal au premier, si l'on renverse l'ordre dans lequel se trouvent écrits à la suite les uns des autres les indices renfermés dans un seul groupe ternaire, quaternaire, etc. Ainsi, par exemple, deux termes seront égaux entre eux si, pour passer de l'un à l'autre, il suffit de remplacer le groupe quaternaire

$$(0, 1, 2, 3)$$

par le groupe quaternaire

$$(3, 2, 1, 0),$$

attendu qu'en vertu de la formule (12) le produit partiel

$$A_{0,1} A_{1,2} A_{2,3} A_{3,0}$$

sera équivalent au produit partiel

$$A_{3,2} A_{2,1} A_{1,0} A_{0,3}.$$

La remarque précédente, jointe à ce qui a été dit plus haut, permet de former aisément les fonctions alternées, composées avec des coefficients pour lesquels la condition (12) est remplie. Si, pour fixer les idées, on suppose $n = 6$, alors, en admettant que la condition (12) se vérifie,

on trouvera

$$\begin{aligned}S = {} & A_{0,0} A_{1,1} A_{2,2} A_{3,3} A_{4,4} A_{5,5} - \Sigma A_{0,0} A_{1,1} A_{2,2} A_{3,3} A_{4,5}^2 \\ & + \Sigma A_{0,0} A_{1,1} A_{2,3}^2 A_{4,5}^2 - \Sigma A_{0,1}^2 A_{2,3}^2 A_{4,5}^2 \\ & + 2 \Sigma A_{0,0} A_{1,1} A_{2,2} A_{3,4} A_{4,5} A_{5,3} - 2 \Sigma A_{0,0} A_{1,2}^2 A_{3,4} A_{4,5} A_{5,3} \\ & + 4 \Sigma A_{0,1} A_{1,2} A_{2,0} A_{3,4} A_{4,5} A_{5,3} \\ & - 2 \Sigma A_{0,0} A_{1,1} A_{2,3} A_{3,4} A_{4,5} A_{5,2} + 2 \Sigma A_{0,1}^2 A_{2,3} A_{3,4} A_{4,5} A_{5,2} \\ & + 2 \Sigma A_{0,0} A_{1,2} A_{2,3} A_{3,4} A_{4,5} A_{5,1} - 2 \Sigma A_{0,1} A_{1,2} A_{2,3} A_{3,4} A_{4,5} A_{5,0},\end{aligned}$$

pourvu que l'on indique toujours à l'aide du signe Σ placé devant un terme la somme faite de ce terme et de tous les termes semblables.

Les principes établis dans cette Note conduisent de la manière la plus simple et la plus directe à la détermination d'une fonction alternée dont on se propose d'obtenir la valeur en calculant séparément chaque terme. Mais il importe d'observer que, pour de grandes valeurs de n, la réduction en nombres des divers termes calculés chacun à part devient impraticable, en raison de la grandeur excessive du produit

$$1.2.3\ldots n.$$

Comment doit-on s'y prendre alors pour obtenir, sans trop de difficulté, la valeur numérique de la fonction alternée? C'est une question qui mérite d'être examinée, et qui sera l'objet d'un nouvel article.

122.

Analyse mathématique. — *Mémoire sur diverses formules relatives à l'Algèbre et à la théorie des nombres.*

C. R., t. XII, p. 698 (26 avril 1841).

Ce Mémoire sera divisé en deux paragraphes.

Dans le premier paragraphe, je déduirai, des relations qui existent entre les coefficients d'une équation algébrique et les sommes des puissances semblables de ses racines, une formule qui jouit d'une propriété singulière. Pour toutes les valeurs entières et positives, attribuées à deux variables que cette formule renferme, le premier membre se réduit à la plus petite variable ou à zéro, suivant que la plus petite variable divise ou ne divise pas la plus grande.

Dans le second paragraphe, je m'occuperai de nouveau d'une question souvent traitée par les géomètres, savoir, de la résolution des équations indéterminées du premier degré en nombres entiers. On connaît la solution algébrique que M. Binet et M. Libri ont donnée de ce problème, pour le cas de deux inconnues. Mais, quelque simple que soit, sous le rapport analytique, la solution dont il s'agit, nous verrons qu'elle peut être encore simplifiée, de manière à ne plus exiger la formation de Tables qui offrent la décomposition d'un nombre entier quelconque en facteurs premiers.

Quand on sait résoudre les équations indéterminées à deux inconnues, on sait aussi résoudre les équations qui renferment trois ou un plus grand nombre d'inconnues, puisqu'on peut commencer par choisir arbitrairement quelques-unes de ces dernières. Mais il peut arriver que, dans un problème indéterminé, on ait seulement besoin de connaître les valeurs entières, nulles ou positives, des inconnues, et ces valeurs seront certainement en nombre fini, si, dans le premier membre d'une équation linéaire donnée, les coefficients de toutes les inconnues sont des quantités de même signe. Alors la question se réduit à décomposer un nombre entier donné en parties égales ou inégales, dont chacune soit un terme d'une suite finie donnée. Cette question se reproduit dans diverses circonstances, par exemple quand on se propose de développer les puissances d'un polynôme qui renferme un nombre fini ou infini de termes, de déterminer les sommes des puissances semblables des racines d'une équation algébrique ou transcendante, ou de calculer les nombres de Bernoulli. Dans ces cas, et dans plusieurs autres, le coefficient de l'une des inconnues se réduit à l'unité, ce qui permet de résoudre assez facilement la question, en commençant par fixer la valeur de l'inconnue dont le coefficient est le plus grand. Au reste, j'indiquerai un moyen facile de résoudre, dans tous les cas, les questions de ce genre, et même de les réduire à de simples soustractions.

§ I. — *Relations qui existent entre les coefficients d'une équation algébrique et les sommes des puissances semblables de ses racines. Formules singulières déduites de ces mêmes relations.*

Soit m un nombre entier quelconque. On aura, comme l'on sait,

$$(x + y + z \ldots)^m = \Sigma\,(\mathrm{a}, \mathrm{b}, \mathrm{c}, \ldots)\, x^{\mathrm{a}} y^{\mathrm{b}} z^{\mathrm{c}}, \qquad \ldots, \tag{1}$$

la sommation que le signe Σ indique s'étendant à toutes les valeurs entières, nulles ou positives de a, b, c, ... qui vérifient la condition

$$\mathrm{a} + \mathrm{b} + \mathrm{c} + \ldots = m,$$

et le nombre entier que représente l'expression (a, b, c, ...) étant déterminé par la formule

$$(\mathrm{a}, \mathrm{b}, \mathrm{c}, \ldots) = \frac{1.2\ldots m}{(1.2\ldots \mathrm{a})(1.2\ldots \mathrm{b})(1.2\ldots \mathrm{c})\ldots},$$

où l'on doit omettre, dans le second membre, celles des quantités a, b, c, ... qui se réduiraient à zéro; en sorte qu'on trouvera, par exemple, en supposant

$$\mathrm{a} = m, \qquad \mathrm{b} = \mathrm{c} = \ldots = 0,$$

$$(\mathrm{a}, \mathrm{b}, \mathrm{c}, \ldots) = (m, 0, 0, \ldots) = \frac{1.2\ldots m}{1.2\ldots m} = 1.$$

Si, dans la formule (1), on remplace la somme

$$x + y + z + \ldots$$

par un polynôme de la forme

$$\mathrm{X} = lx + \ldots + px^{n-1} + qx^n,$$

on en conclura

$$\mathrm{X}^m = \mathrm{A}_m x^m + \mathrm{A}_{m+1} x^{m+1} + \ldots + \mathrm{A}_{mn} x^{mn}, \tag{2}$$

la valeur de A_i étant donnée par la formule

$$(3)\qquad A_i = \Sigma(\mathrm{a}, \mathrm{b}, \ldots, \mathrm{h}, \mathrm{k})\, l^{\mathrm{a}} \ldots p^{\mathrm{h}} q^{\mathrm{k}},$$

dans laquelle la sommation indiquée par le signe Σ devra s'étendre à toutes les valeurs entières, nulles ou positives, de

$$\mathrm{a}, \quad \mathrm{b}, \quad \ldots, \quad \mathrm{h}, \quad \mathrm{k}$$

qui vérifieront les deux conditions

$$\mathrm{a} + \mathrm{b} + \ldots + \mathrm{h} + \mathrm{k} = m,$$
$$\mathrm{a} + 2\mathrm{b} + \ldots + (n-1)\mathrm{h} + n\mathrm{k} = i.$$

Des équations (1), (2), (3), jointes aux deux suivantes

$$(4)\qquad e^x = 1 + x + \frac{x^2}{1 \cdot 2} + \ldots,$$

$$(5)\qquad \mathrm{l}(1+x) = x - \frac{x^2}{2} + \frac{x^3}{3} - \ldots,$$

on déduit aisément les formules qui expriment les relations existantes entre les coefficients d'une équation algébrique et les sommes des puissances semblables de ses racines. Rappelons d'abord ces dernières formules en peu de mots.

Soient α, 6, γ, ... les racines de l'équation algébrique

$$(6)\qquad x^n + a_1 x^{n-1} + a_2 x^{n-2} + \ldots + a_{n-1} x + a_n = 0,$$

et

$$s_i = \alpha^i + 6^i + \gamma^i + \ldots$$

la somme des $i^{\text{èmes}}$ puissances de ces racines. En posant

$$x = \frac{1}{z}$$

dans l'équation identique

$$x^n + a_1 x^{n-1} + \ldots + a_{n-1} x + a_n = (x-\alpha)(x-6)(x-\gamma)\ldots,$$

on en conclura

$$(7)\qquad 1 + a_1 z + \ldots + a_{n-1} z^{n-1} + a_n z^n = (1-\alpha z)(1-6z)(1-\gamma z)\ldots;$$

puis, en prenant les logarithmes népériens des deux membres de l'équation (7), et ayant égard à la formule (5), on trouvera

$$(8)\qquad s_1 z + \tfrac{1}{2} s_2 z^2 + \tfrac{1}{3} s_3 z^3 + \ldots = -\,\mathrm{l}(1 + a_1 z + \ldots + a_{n-1} z^{n-1} + a_n z^n),$$

et, par suite,

$$(9)\qquad 1 + a_1 z + \ldots + a_{n-1} z^{n-1} + a_n z^n = e^{-\left(s_1 z + \frac{1}{2} s_2 z^2 + \frac{1}{3} s_3 z^3 + \ldots\right)}.$$

Si maintenant on développe les seconds membres des équations (8), (9) à l'aide des formules (4), (5), jointes à la formule (3), et si dans les équations nouvelles ainsi obtenues on égale entre eux les coefficients des puissances semblables de z, on en conclura

$$(10)\qquad s_i = i\Sigma(-1)^{\mathrm{a+b+\ldots+h+k}} \frac{(\mathrm{a, b, \ldots, h, k})}{\mathrm{a+b+\ldots+h+k}} a_1^{\mathrm{a}} a_2^{\mathrm{b}} \ldots a_{n-1}^{\mathrm{h}} a_n^{\mathrm{k}},$$

$$(11)\qquad a_i = \Sigma(-1)^{\mathrm{a+b+\ldots+h+k}} \frac{(\mathrm{a, b, \ldots, h, k})}{1.2\ldots(\mathrm{a+b+\ldots+h+k})} s_1^{\mathrm{a}} \left(\frac{1}{2} s_2^{\mathrm{b}}\right) \ldots \left(\frac{1}{n-1} s_{n-1}^{\mathrm{h}}\right) \left(\frac{1}{n} s_n\right)^{\mathrm{k}}.$$

i devant être, dans la formule (11), inférieur ou tout au plus égal à n, et la sommation que le signe Σ indique devant s'étendre, dans chacune des formules (10), (11), à toutes les valeurs entières, nulles ou positives, de

$$\mathrm{a},\quad \mathrm{b},\quad \ldots,\quad \mathrm{h},\quad \mathrm{k}$$

pour lesquelles se vérifiera la condition

$$(12)\qquad \mathrm{a} + 2\mathrm{b} + \ldots + (n-1)\mathrm{h} + n\mathrm{k} = i.$$

Il sera d'ailleurs facile de calculer ces valeurs, en commençant par déterminer celle de k, puis celle de h, ... Ainsi, par exemple, si l'on a

$$n = 3, \qquad i = 7,$$

alors l'équation (12), étant réduite à

$$\mathrm{a} + 2\mathrm{b} + 3\mathrm{c} = 7,$$

sera évidemment vérifiée par les valeurs entières, nulles ou positives, de

$$\mathrm{a},\quad \mathrm{b},\quad \mathrm{c}$$

qui satisferont à l'un des trois systèmes de formules

$$c = 0, \qquad a + 2b = 7,$$
$$c = 1, \qquad a + 2b = 4,$$
$$c = 2, \qquad a + 2b = 1.$$

On reconnaîtra pareillement que l'on vérifie l'équation

$$a + 2b = 7$$

en prenant

$$b = 0, \qquad a = 7,$$

ou

$$b = 1, \qquad a = 5,$$

ou

$$b = 2, \qquad a = 3,$$

ou

$$b = 3, \qquad a = 1;$$

l'équation

$$a + 2b = 4$$

en prenant

$$b = 0, \qquad a = 4,$$

ou

$$b = 1, \qquad a = 2,$$

ou

$$b = 2, \qquad a = 0;$$

et l'équation

$$a + 2b = 1$$

en prenant

$$b = 0, \qquad a = 1.$$

Donc enfin les valeurs nulles ou positives de

$$a, \quad b, \quad c,$$

propres à vérifier la formule

$$a + 2b + 3c = 7,$$

se réduiront à l'un des systèmes de nombres

$$
\begin{array}{ccc}
7, & 0, & 0, \\
5, & 1, & 0, \\
3, & 2, & 0, \\
1, & 3, & 0, \\
4, & 0, & 1, \\
2, & 1, & 1, \\
0, & 2, & 1, \\
1, & 0, & 2.
\end{array}
$$

Cela posé, la formule (10) donnera, pour $n = 3$, $i = 7$,

$$
s_7 = -7 \left\{ \begin{array}{l} \frac{1}{7} a_1^7 + \frac{1}{6}(5, 1) a_1^5 a_2 + \frac{1}{5}(3, 2) a_1^3 a_2^2 + \frac{1}{4}(1, 3) a_1 a_2^3 - \frac{1}{5}(4, 1) a_1^4 a_3 \\ \qquad - \frac{1}{4}(2, 1, 1) a_1^2 a_2 a_3 - \frac{1}{3}(2, 1) a_2^2 a_3 + \frac{1}{3}(1, 2) a_1 a_3^2 \end{array} \right.
$$

ou, ce qui revient au même,

$$
s_7 = -a_1^7 - 7(a_1^5 a_2 + 2 a_1^3 a_2^2 + a_1 a_2^3 - a_1^4 a_3 - 3 a_1^2 a_2 a_3 - a_2^2 a_3 + a_1 a_3^2).
$$

Telle est effectivement la somme des $7^{\text{ièmes}}$ puissances des racines de l'équation

$$
x^3 + a_1 x^2 + a_2 x + a_3 = 0.
$$

Si, dans les formules (10), (11), on prend successivement pour i les divers nombres entiers

$$
1, \quad 2, \quad 3, \quad 4, \quad 5, \quad \ldots,
$$

en laissant la valeur de n arbitraire, on retrouvera des formules données très anciennement par Euler, savoir,

$$
\begin{aligned}
s_1 &= -a_1, \\
s_2 &= a_1^2 - 2 a_2, \\
s_3 &= -a_1^3 + 3 a_1 a_2 - 3 a_3, \\
s_4 &= a_1^4 + 2 a_2^2 - 4 a_1^2 a_2 + 4 a_1 a_3 - 4 a_4, \\
s_5 &= -a_1^5 + 5 a_1^3 a_2 - 5 a_1^2 a_3 + 5 a_1 a_2^2 + 5 a_1 a_4 + 5 a_2 a_3 - 5 a_5, \\
&\ldots\ldots\ldots\ldots\ldots\ldots\ldots\ldots\ldots\ldots\ldots\ldots\ldots\ldots
\end{aligned}
$$

et

$$a_1 = -s_1,$$

$$a_2 = \frac{1}{1.2}(s_1^2 - s_2),$$

$$a_3 = -\frac{1}{1.2.3}(s_1^3 - 3s_1s_2 + 2s_3),$$

$$a_4 = \frac{1}{1.2.3.4}(s_1^4 - 6s_1^2s_2 + 3s_2^2 + 8s_1s_3 - 6s_4),$$

$$a_5 = -\frac{1}{1.2.3.4.5}(s_1^5 - 10s_1^3s_2 + 15s_1s_2^2 + 20s_1^2s_3 - 20s_2s_3 - 30s_1s_4 + 24s_5).$$

. . . .

Il existe des relations dignes de remarque entre les valeurs de

$$s_1, \quad s_2, \quad s_3, \quad \ldots,$$

fournies par l'équation (10), et les coefficients des diverses puissances de z dans le développement de l'expression

$$(1 + a_1 z + \ldots + a_n z^n)^{-1}.$$

En effet, désignons par

$$t_1, \quad t_2, \quad t_3, \quad \ldots$$

ces coefficients, en sorte qu'on ait

$$\begin{aligned} 1 + t_1 z + t_2 z^2 + \ldots &= (1 + a_1 z + \ldots + a_n z^n)^{-1} \\ &= 1 - (a_1 z + \ldots + a_n z^n) + (a_1 z + \ldots + a_n z^n)^2 - \ldots, \end{aligned}$$

et, par suite, en vertu de la formule (3),

$$t = \Sigma(-1)^{\mathrm{a}+\mathrm{b}+\ldots+\mathrm{h}+\mathrm{k}}(\mathrm{a}, \mathrm{b}, \ldots, \mathrm{h}, \mathrm{k})\, a_1^{\mathrm{a}} a_2^{\mathrm{b}} \ldots a_{n-1}^{\mathrm{h}} a_n^{\mathrm{k}}, \tag{13}$$

la sommation que le signe Σ indique s'étendant à toutes les valeurs de

$$\mathrm{a}, \quad \mathrm{b}, \quad \ldots, \quad \mathrm{h}, \quad \mathrm{k}$$

qui vérifient la condition (12). Comme l'équation (8), différentiée par rapport à z, donnera

$$s_1 z + s_2 z^2 + s_3 z^3 + \ldots = -(a_1 + 2a_2 z + \ldots + n a_n z^{n-1})(1 + a_1 z + a_2 z^2 + \ldots)^{-1} \tag{14}$$

et, par suite,

$$s_1 z + s_2 z^2 + s_3 z^3 + \ldots = -(a_1 + 2a_2 z + \ldots + na_n z^{n-1})(1 + t_1 z + t_2 z^2 + \ldots),$$

on en conclura

$$(15) \qquad s_i = -(a_1 t_i + 2a_2 t_{i-1} + 3a_3 t_{i-2} + \ldots + na_n t_{i-n+1}).$$

Il suit évidemment des formules (13) et (15) que, dans la valeur générale de s_i donnée par l'équation (10), tout comme dans les valeurs précédemment trouvées de

$$s_1, \quad s_2, \quad s_3, \quad s_4, \quad s_5, \quad \ldots,$$

le coefficient numérique d'un terme quelconque sera toujours un nombre entier. Donc, par suite, le produit

$$i \frac{(\mathfrak{a}, \mathfrak{b}, \ldots, \mathfrak{h}, \mathfrak{k})}{\mathfrak{a} + \mathfrak{b} + \ldots + \mathfrak{h} + \mathfrak{k}},$$

dans lequel

$$i = \mathfrak{a} + 2\mathfrak{b} + \ldots + (n-1)\mathfrak{h} + n\mathfrak{k},$$

sera toujours un tel nombre. Cette proposition s'accorde avec un théorème que nous démontrerons tout à l'heure.

Il nous reste à exposer plusieurs conséquences remarquables des formules générales que nous venons d'établir.

Observons d'abord que si l'on différentie l'équation (1) par rapport à l'une des variables x, y, z, ..., par rapport à x par exemple, on trouvera

$$m(x + y + z + \ldots)^{m-1} = \Sigma \mathfrak{a}(\mathfrak{a}, \mathfrak{b}, \mathfrak{c}, \ldots) x^{\mathfrak{a}-1} y^{\mathfrak{b}} z^{\mathfrak{c}} \ldots.$$

Donc, par suite, l'expression

$$\mathfrak{a}(\mathfrak{a}, \mathfrak{b}, \mathfrak{c}, \ldots)$$

représentera le coefficient du produit $x^{\mathfrak{a}-1} y^{\mathfrak{b}} z^{\mathfrak{c}} \ldots$ dans le développement de

$$m(x + y + z + \ldots)^{m-1},$$

en sorte qu'on aura

$$\mathfrak{a}(\mathfrak{a}, \mathfrak{b}, \mathfrak{c}, \ldots) = m(\mathfrak{a} - 1, \mathfrak{b}, \mathfrak{c}, \ldots)$$

et

$$\frac{a(a, b, c, \ldots)}{m} = (a-1, b, c, \ldots), \tag{16}$$

la valeur de m étant

$$m = a + b + c + \ldots.$$

L'équation (16), qu'on peut établir directement, puisqu'elle devient identique quand on y substitue les valeurs des expressions

$$(a, b, c, \ldots), \quad (a-1, b, c, \ldots),$$

subsiste d'ailleurs lorsqu'on échange entre elles les lettres a, b, c, ... Il en résulte que chacun des produits

$$a(a, b, c, \ldots), \quad b(a, b, c, \ldots), \quad c(a, b, \ldots), \quad \ldots$$

est divisible par le nombre

$$m = a + b + c + \ldots.$$

Donc ce nombre divisera le produit

$$\omega(a, b, c, \ldots),$$

si le facteur ω est de la forme

$$au + bv + cw + \ldots,$$

u, v, w, ... désignant des quantités entières positives ou négatives. Cela posé, pour vérifier l'exactitude de la proposition ci-dessus énoncée, il suffira d'observer que le facteur

$$i = a + 2b + \ldots + (n-1)h + nk$$

est précisément de la forme indiquée. Ajoutons que le plus grand commun diviseur des nombres

$$a, \; b, \; c, \; \ldots$$

est de la même forme. On peut donc énoncer encore la proposition suivante.

Théorème I. — *Soient m la somme des nombres*

$$\mathfrak{a},\quad \mathfrak{b},\quad \mathfrak{c},\quad \ldots$$

et ω *leur plus grand commun diviseur. Le produit*

$$\omega(\mathfrak{a}, \mathfrak{b}, \mathfrak{c}, \ldots)$$

sera toujours divisible par m.

Corollaire I. — Dans le développement de

$$(x+y+z+\ldots)^m,$$

le coefficient numérique M d'un terme quelconque sera divisible par m, si aucun entier ne divise les exposants de toutes les variables dans ce terme. Dans le cas contraire, le plus grand commun diviseur ω de ces exposants rendra le produit ωM divisible par m. Ainsi, par exemple, dans le développement de

$$(x+y+z)^9,$$

le plus grand commun diviseur 3 des exposants 3 et 6, dans le terme

$$(3, 6)x^3y^6,$$

rendra le produit

$$3 \times (3, 6) = 3.84$$

divisible par 9.

Corollaire II. — Le plus grand commun diviseur ω des nombres

$$\mathfrak{a},\quad \mathfrak{b},\quad \mathfrak{c},\quad \ldots$$

devant diviser leur somme m, il en résulte que, dans le développement de

$$(x+y+z+\ldots)^m,$$

m divisera l'exposant numérique de tout terme où l'exposant d'une seule des lettres x, y, z, ... sera premier à m. Par exemple, dans le développement de

$$(x+y+z)^9,$$

tous les coefficients numériques seront divisibles par 9, à l'exception des suivants :

$$1,\qquad 84 = (6, 3) = (3, 6),\qquad 1680 = (3, 3, 3).$$

Corollaire III. — Si m est un nombre premier, le coefficient 1 de x^m, de y^m, de z^m, ... sera le seul qui ne soit pas multiple de m, ce que l'on savait déjà.

Considérons maintenant la formule (10), et appliquons-la au cas où l'équation (6) se réduirait à

$$x^n - 1 = 0.$$

Alors, $\mathfrak{a}_1, \mathfrak{a}_2, \ldots, \mathfrak{a}_{n-1}$ étant nuls, on verra, dans le second membre de la formule (10), disparaître tous les termes qui ne correspondront pas à des valeurs nulles de

$$\mathfrak{a}, \quad \mathfrak{b}, \quad \ldots, \quad \mathfrak{h};$$

et, par suite, on trouvera

$$s_i = n \qquad \text{ou} \qquad s_i = 0,$$

suivant que i vérifiera ou ne vérifiera pas la condition

$$nk = i,$$

c'est-à-dire, suivant que i sera ou non divisible par n. Or, en comparant la valeur de i ou de s_i avec celle que l'on obtiendrait si l'on appliquait directement la formule (10) aux deux équations

$$x - 1 = 0, \qquad x^{n-1} + x^{n-2} + \ldots + x + 1 = 0,$$

dans lesquelles peut se décomposer l'équation donnée

$$x^n - 1 = 0,$$

on se verra immédiatement conduit à la proposition suivante :

Théorème II. — *Si l'on pose généralement*

$$(17) \qquad s_i = 1 + \sum \frac{(-1)^{\mathfrak{a}+\mathfrak{b}+\ldots+\mathfrak{h}+\mathfrak{k}}}{\mathfrak{a}+\mathfrak{b}+\ldots+\mathfrak{h}+\mathfrak{k}}(\mathfrak{a}, \mathfrak{b}, \ldots, \mathfrak{h}),$$

le nombre des quantités

$$\mathfrak{a}, \quad \mathfrak{b}, \quad \ldots, \quad \mathfrak{h}$$

étant $n - 1$, *et la sommation que le signe* Σ *indique s'étendant à toutes les valeurs entières, nulles ou positives de* a, b, ..., h *qui vérifient la condition*

$$(18)\qquad \mathrm{a}+2\mathrm{b}+\ldots+(n-1)\mathrm{h}=i,$$

on trouvera

$$s_i=n \quad \text{ou} \quad s_i=0,$$

suivant que n sera ou ne sera pas diviseur de i.

Corollaire. — Si l'on pose $n=2$, le théorème précédent donnera

$$(19)\qquad 1+(-1)^i i\left[\frac{1}{i}-1+\frac{i-3}{2}-\frac{(i-4)(i-5)}{2.3}+\ldots\right]=3 \quad \text{ou} \quad 0:$$

par conséquent

$$(20)\qquad 1+(-1)^i\left[1-i+\frac{i(i-3)}{2}-\frac{i(i-4)(i-5)}{2.3}+\ldots\right]=3 \quad \text{ou} \quad 0.$$

suivant que i sera ou ne sera pas divisible par n. L'équation (19) s'accorde avec le théorème donné par M. Stern pour la sommation de la série finie

$$1-\frac{i-3}{2}+\frac{(i-4)(i-5)}{2.3}-\ldots.$$

Le théorème de M. Stern peut donc être considéré comme renfermé dans le théorème II.

Nous avons déjà remarqué que, dans la formule (11), i était supposé inférieur ou tout au plus égal à n. Si le nombre entier i devenait supérieur au nombre entier n, alors, a_i devant être considéré comme égal à zéro, on déduirait évidemment de l'équation (9), non plus la formule (11), mais la proposition suivante :

Théorème III. — *Lorsque le nombre i surpasse le degré n d'une équation algébrique, les sommes*

$$s_1,\quad s_2,\quad s_3,\quad \ldots$$

des puissances semblables des racines de cette équation vérifient la formule

$$(21)\qquad \sum(-1)^{\mathrm{a}+\mathrm{b}+\mathrm{c}+\ldots}\frac{(\mathrm{a},\mathrm{b},\mathrm{c}\ldots)}{1.2\ldots(\mathrm{a}+\mathrm{b}+\mathrm{c}\ldots)}s_1^{\mathrm{a}}\left(\tfrac{1}{2}s_2\right)^{\mathrm{b}}\left(\tfrac{1}{3}s_3\right)^{\mathrm{c}}\ldots=0,$$

le signe Σ s'étendant à toutes les valeurs entières, nulles ou positives, de

$$\mathrm{a},\quad \mathrm{b},\quad \mathrm{c},\quad \ldots$$

pour lesquelles on a

$$\mathrm{a} + 2\mathrm{b} + 3\mathrm{c} + \ldots = i. \tag{22}$$

Corollaire I. — Si, pour fixer les idées, on prend $n = 2$, $i = 3$, l'équation (20) donnera

$$s_1^3 - 3s_1 s_2 + 2s_3 = 0.$$

Corollaire II. — Si l'équation donnée se réduit à

$$x^n - 1 = 0,$$

alors dans la suite

$$s_1,\quad s_2,\quad s_3,\quad \ldots$$

tous les termes s'évanouiraient, à l'exception des suivants

$$s_{1n},\quad s_{2n},\quad s_{3n},\quad \ldots$$

qui seront égaux à n. Par suite, dans le premier membre de l'équation (21), tous les termes s'évanouiront d'eux-mêmes, si i n'est pas divisible par n. Si au contraire i est divisible par n, l'équation (21) pourra s'écrire comme il suit

$$\sum (-1)^{\mathrm{a}+\mathrm{b}+\mathrm{c}+\ldots} \frac{(\mathrm{a}, \mathrm{b}, \mathrm{c}, \ldots)}{1.2\ldots(\mathrm{a}+\mathrm{b}+\mathrm{c}+\ldots)} (1)^{\mathrm{a}} \left(\tfrac{1}{2}\right)^{\mathrm{b}} \left(\tfrac{1}{3}\right)^{\mathrm{c}} \ldots = 0, \tag{23}$$

le signe Σ s'étendant à toutes les valeurs entières, nulles ou positives, de a, b, c, ... pour lesquelles on aura

$$\mathrm{a} + 2\mathrm{b} + 3\mathrm{c} + \ldots = \frac{i}{n}.$$

Mais $\frac{i}{n}$ peut être l'un quelconque des nombres entiers supérieurs à l'unité. Donc la formule (22) se vérifiera toujours, si dans cette formule la sommation indiquée par le signe Σ s'étend à toutes les valeurs entières, nulles ou positives, de a, b, c, ... qui offrent pour somme un nombre donné, supérieur à l'unité. Au reste, cette conclusion pourrait être immédiatement déduite de l'équation identique

$$1 - x = e^{-\left(x + \frac{1}{2}x^2 + \frac{1}{3}x^3 + \ldots\right)}.$$

123.

Analyse mathématique. — *Mémoire sur diverses formules relatives à l'Algèbre et à la théorie des nombres.*

C. R., t. XII, p. 813 (10 mai 1841). [Suite.]

§ II. — *Sur la résolution des équations indéterminées du premier degré en nombres entiers.*

Supposons qu'il s'agisse de résoudre, en nombres entiers, une équation indéterminée du premier degré à plusieurs inconnues. Si ces inconnues se réduisent à deux

$$x, \quad y,$$

l'équation indéterminée sera de la forme

$$(1) \qquad ax + by = k,$$

a, b, k désignant trois quantités entières, et ne pourra être résolue que dans le cas où le plus grand commun diviseur de a et de b divisera k. Mais alors on pourra diviser les deux membres de l'équation (1) par ce plus grand commun diviseur, et, comme on pourra, en outre, si a est négatif, changer les signes de tous les termes, il est clair que l'équation (1) pourra être réduite à la forme

$$(2) \qquad mx \pm ny = \pm l,$$

l, m, n désignant trois nombres entiers, et m, n étant premiers entre eux.

Observons maintenant que l'équation (2) coïncide avec l'équivalence

$$mx \equiv \pm l \pmod{n}$$

ou

$$(3) \qquad x \equiv \pm \frac{l}{m} \pmod{n},$$

et qu'en vertu de la formule

$$\frac{l}{m} \equiv l \times \frac{1}{m} \pmod{n},$$

la résolution de l'équivalence (3) peut être réduite à celle de la suivante :

$$(4) \qquad x \equiv \frac{1}{m} \pmod{n}.$$

D'autre part, si n est un nombre premier, on aura, d'après un théorème connu de Fermat,

$$(5) \qquad m^{n-1} \equiv 1 \pmod{n},$$

par conséquent

$$\frac{1}{m} \equiv m^{n-2} \pmod{n}.$$

Donc alors m^{n-2} sera une des valeurs de x propres à vérifier l'équivalence (4), de sorte qu'on résoudra cette équivalence en posant

$$(6) \qquad n \equiv m^{n-2} \pmod{n}.$$

Telle est la conclusion très simple à laquelle M. Libri et M. Binet sont parvenus pour le cas où le module n est un nombre premier. Pour étendre cette même solution à tous les cas possibles, il suffirait de substituer au théorème de Fermat le théorème d'Euler suivant lequel, n étant un module quelconque et m un entier premier à n, on aura généralement

$$(7) \qquad m^{N} \equiv 1 \pmod{n}$$

si l'exposant N renferme autant d'unités qu'il y a de nombres entiers inférieurs à n et premiers à n [1]. En effet, l'équation (7) étant admise, on en conclura

$$\frac{1}{m} \equiv m^{N-1} \pmod{n}$$

et, par conséquent,

$$m^{N-1}$$

sera l'une des valeurs de x propres à vérifier l'équivalence (4), de sorte qu'on résoudra cette équivalence en prenant

$$(8) \qquad x \equiv m^{N-1} \pmod{n}.$$

L'équivalence (4), étant résolue comme on vient de le dire, entraînera la résolution de l'équivalence (3) qui coïncide avec l'équation (2), et, par suite, la résolution de l'équation (1), dans le cas où le plus grand commun diviseur de a et de b divisera k. On résoudra, en particulier, l'équivalence (3) en prenant

$$(9) \qquad x \equiv \pm m^{N-1} l \pmod{n}.$$

[1] M. Poinsot nous a dit avoir remis autrefois à M. Legendre une Note manuscrite dans laquelle il avait ainsi étendu à des modules quelconques la solution présentée par M. Binet, et relative au cas où N est un nombre premier. Dans cette même Note, M. Poinsot donnait du théorème d'Euler la démonstration suivante, analogue à celle qui, dans le Mémoire de M. Binet, se trouve appliquée au théorème de Fermat.

Soient

$$1, \quad a, \quad b, \quad c, \quad \ldots$$

la suite des entiers inférieurs à n, mais premiers à n; N le nombre de ces entiers, et m l'un quelconque d'entre eux. La suite

$$m, \quad am, \quad bm, \quad cm, \quad \ldots$$

se composera encore de termes, premiers à n, mais qui, divisés par n, donneront des restes différents. Donc chaque terme de la seconde suite sera équivalent, suivant le module n, à un seul terme de la première, et l'on aura

$$1.a.b.c\ldots \equiv m.am.bm.cm\ldots \equiv 1.a.b.c\ldots m^{N} \pmod{n}$$

ou, ce qui revient au même,

$$1.a.b.c\ldots(m^{N}-1) \equiv 0 \pmod{n},$$

puis on en conclura

$$m^{N}-1 \equiv 0 \quad \text{ou} \quad m^{N} \equiv 1 \pmod{n}.$$

En résumé, l'on pourra énoncer la proposition suivante :

Théorème I. — *a, b, k désignant trois quantités entières, on pourra résoudre en nombres entiers l'équation indéterminée*

$$ax + by = k, \tag{1}$$

si le plus grand commun diviseur de a et de b divise k. Supposons d'ailleurs qu'en divisant a, b, c par ce plus grand commun diviseur, et changeant s'il est nécessaire les signes de tous les termes de l'équation ainsi obtenue, on la réduise à la suivante

$$mx \pm ny = \pm l, \tag{2}$$

ou, ce qui revient au même, à l'équivalence

$$x \equiv \pm \frac{l}{m} \pmod{n}, \tag{3}$$

l, m, n désignant trois nombres entiers, et m, n étant premiers entre eux. Pour vérifier l'équivalence (3), *il suffira de poser*

$$x \equiv \pm m^{N-1} l \pmod{n},$$

N *désignant le nombre des entiers inférieurs à n, mais premiers à n.*

Corollaire I. — L'équation indéterminée

$$ax + by = k$$

est toujours résoluble en nombres entiers, non seulement lorsque les coefficients a, b des deux inconnues sont premiers entre eux, mais aussi lorsque la valeur numérique du terme tout connu k est égale au plus grand commun diviseur de a, b, ou divisible par ce plus grand commun diviseur. Par suite, le plus grand commun diviseur de deux quantités entières a, b peut toujours être présenté sous la forme

$$ax + by,$$

x, y désignant encore des quantités entières.

Corollaire II. — l, m, n désignant trois nombres entiers, et m, n étant premiers entre eux, on peut toujours satisfaire par des valeurs entières de x, y à l'équation

$$mx - ny = \pm l.$$

D'ailleurs les diverses valeurs de x propres à vérifier cette équation ou, ce qui revient au même, l'équivalence

$$x \equiv \pm \frac{l}{m} \pmod{n}$$

sont toujours équivalentes entre elles suivant ce module n; en sorte que, l'une d'elles étant désignée par ξ, on aura généralement

$$x = \xi + nz,$$

z désignant une quantité entière positive ou négative.

On déduit aisément du théorème I celui que nous allons énoncer :

Théorème II. — *Soient*

$$n = n_{\prime} n_{\prime\prime}$$

un module décomposable en deux facteurs $n_{\prime}$, $n_{\prime\prime}$ *premiers entre eux; r l'un quelconque des entiers inférieurs à n, mais premiers à n, et*

$$r_{\prime}, \quad r_{\prime\prime}$$

les restes qu'on obtient quand on divise r par le premier ou le second des deux facteurs

$$n_{\prime}, \quad n_{\prime\prime}.$$

Non seulement à chaque valeur de r correspondra un seul système de valeurs de $r_{\prime}$, $r_{\prime\prime}$, *mais réciproquement, à chaque système de valeurs de* $r_{\prime}$, $r_{\prime\prime}$, *correspondra une seule valeur de r.*

Démonstration. — D'abord $r_{\prime}$, étant le reste de la division de r par n, sera complètement déterminé quand on connaîtra r, et l'on pourra en dire autant de $r_{\prime\prime}$. De plus, à deux valeurs données de

$$r_{\prime}, \quad r_{\prime\prime},$$

correspondra une valeur de r qui devra être de chacune des formes

$$r_{\prime} + n_{\prime} x, \quad r_{\prime\prime} + n_{\prime\prime} y,$$

x, y désignant deux quantités entières. Or les deux équations

$$r = r_{\prime} + n_{\prime} x, \qquad r = r_{\prime\prime} + n_{\prime\prime} y$$

entraîneront la formule

$$r_{\prime} + n_{\prime} x = r_{\prime\prime} + n_{\prime\prime} y$$

ou

$$n_{\prime} x - n_{\prime\prime} y = r_{\prime\prime} - r_{\prime},$$

et les valeurs de x, propres à vérifier cette formule, seront de la forme

$$\xi + n_{\prime\prime} z,$$

ξ désignant l'une quelconque de ces mêmes valeurs, et z une quantité entière, positive ou négative. Cela posé, si l'on fait, pour abréger,

$$r_{\prime} + n_{\prime} \xi = \mathfrak{R},$$

l'équation

$$r = r_{\prime} + n_{\prime} x$$

donnera

$$r = \mathfrak{R} + n_{\prime} n_{\prime\prime} z$$

ou, ce qui revient au même,

$$r = \mathfrak{R} + n z.$$

Or, puisque les diverses valeurs de r que déterminerait cette dernière équation, si la quantité entière z restait arbitraire, sont équivalentes entre elles suivant le module n, il est clair qu'une seule sera positive et inférieure à n. Donc, à des valeurs données de $r_{\prime}$, $r_{\prime\prime}$ correspondra une seule valeur de r, positive et inférieure à n. Si l'on étend le théorème II au cas où le module n est décomposable en plus de deux facteurs, on obtiendra la proposition suivante :

Théorème III. — *Soient*

$$n = n_{\prime} n_{\prime\prime} n_{\prime\prime\prime} \ldots$$

un module décomposable en plusieurs facteurs

$$n_{\prime}, \quad n_{\prime\prime}, \quad n_{\prime\prime\prime}, \quad \ldots$$

qui soient tous premiers entre eux; r l'un quelconque des entiers inférieurs à n, et

$$r_{,}, \quad r_{,,}, \quad r_{,,,}, \quad \ldots$$

les restes qu'on obtient quand on divise r par l'un des facteurs

$$n_{,}, \quad n_{,,}, \quad n_{,,,}, \quad \ldots.$$

Non seulement à chaque valeur de r correspondra un seul système de valeurs de $r_{,}, r_{,,}, r_{,,,}, \ldots$, mais réciproquement, à chaque système de valeurs de $r_{,}, r_{,,}, r_{,,,}, \ldots$ correspondra une seule valeur de r.

Démonstration. — En raisonnant comme dans le cas où les facteurs $n_{,}, n_{,,}, \ldots$ se réduisent à deux, on prouvera d'abord qu'à chaque valeur de r répond un seul système de valeurs de $r_{,}, r_{,,}, r_{,,,}, \ldots$. Soit d'ailleurs

$$n'$$

le produit des facteurs de n différents de $n_{,}$, en sorte qu'on ait

$$n' = \frac{n}{n_{,}} = n_{,,} n_{,,,} \ldots,$$

et nommons r' le reste de la division de r par n'. En vertu du théorème I, si les facteurs $n_{,}, n_{,,}, n_{,,,}$ se réduisent à trois, on verra correspondre une seule valeur de r' à chaque système de valeurs de $r_{,,}, r_{,,,}$, et une seule valeur de r à chaque système de valeurs de $r_{,}, r'$, par conséquent à chaque système de valeurs de $r_{,}, r_{,,}, r_{,,,}$. Ainsi l'on passe facilement du cas où le nombre des facteurs de n est 2 au cas où ce nombre devient égal à 3. On passera de la même manière du cas où il existe trois facteurs de n premiers entre eux au cas où il en existe quatre, et ainsi de suite. Donc le théorème III est généralement exact, quel que soit le nombre des facteurs premiers de n.

Corollaire. — Le module

$$n = n_{,} n_{,,} n_{,,,} \ldots$$

étant décomposable en facteurs

$$n_{,}, \quad n_{,,}, \quad n_{,,,}, \quad \ldots$$

qui soient premiers entre eux, nommons toujours

r l'un quelconque des entiers inférieurs à n, mais premiers à n;
$r_{\prime}$ l'un quelconque des entiers inférieurs à $n_{\prime}$, mais premiers à $n_{\prime}$;
$r_{\prime\prime}$ l'un quelconque des entiers inférieurs à $n_{\prime\prime}$, mais premiers à $n_{\prime\prime}$;
....,

et soient, en outre,

N le nombre des valeurs de r;
$N_{\prime}$ le nombre des valeurs de $r_{\prime}$;
$N_{\prime\prime}$ le nombre des valeurs de $r_{\prime\prime}$;
....

Les systèmes de valeurs que l'on pourra former, en combinant une valeur de $r_{\prime}$ avec une valeur de $r_{\prime\prime}$, avec une valeur de $r_{\prime\prime\prime}$, ..., seront évidemment en nombre égal au produit

$$N_{\prime}N_{\prime\prime}N_{\prime\prime\prime}\ldots.$$

Donc, puisqu'à chacun de ces systèmes correspond une seule valeur de r, et réciproquement, on aura

$$N = N_{\prime}N_{\prime\prime}N_{\prime\prime\prime}\ldots.$$

Il sera facile maintenant de résoudre la question que nous allons énoncer.

Problème I. — *Déterminer le nombre* N *des entiers inférieurs à un module donné n et premiers à ce module.*

Solution. — Pour résoudre aisément ce problème, il sera bon de considérer successivement les divers cas qui peuvent se présenter, suivant que le module n est un nombre premier, ou une puissance d'un nombre premier, ou un nombre composé quelconque.

Or : 1° si le module n est un nombre premier, alors les entiers

$$1,\quad 2,\quad 3,\quad \ldots,\quad n-1,\quad n,$$

non supérieurs au module n, étant tous, à l'exception de n, premiers à ce module, on aura évidemment

$$N = n - 1. \tag{10}$$

Alors aussi, la solution que fournira le théorème I, pour une équation indéterminée, ne différera pas de la solution donnée par M. Libri et par M. Binet.

2° Si le module

$$n = \nu^a$$

se réduit à une certaine puissance d'un nombre premier ν, alors, parmi les entiers

$$1, \quad 2, \quad 3, \quad \ldots, \quad n-1, \quad n,$$

dont le nombre est n, les uns, divisibles par ν, seront le produit de ν par les entiers

$$1, \quad 2, \quad 3, \quad \ldots, \quad \frac{n}{\nu},$$

dont le nombre est $\frac{n}{\nu}$; les autres, premiers à ν, ou, ce qui revient au même, à n, seront évidemment en nombre égal à la différence

$$n - \frac{n}{\nu} = n\left(1 - \frac{1}{\nu}\right).$$

On aura donc

$$N = n\left(1 - \frac{1}{\nu}\right) = \nu^{a-1}(\nu - 1). \tag{11}$$

3° Si le module n est un nombre entier quelconque, on pourra toujours le décomposer en facteurs dont chacun se réduise à un nombre premier ou à une puissance d'un nombre premier. Nommons

$$n_{,}, \quad n_{,,}, \quad n_{,,,}, \quad \ldots$$

ces mêmes facteurs, en sorte qu'on ait

$$n = n_{,} n_{,,} n_{,,,}$$

et

$$n_{,} = \nu_{,}^a, \qquad n_{,,} = \nu_{,,}^b, \qquad n_{,,,} = \nu_{,,,}^c, \qquad \ldots,$$

$\nu_{,}$, $\nu_{,,}$, $\nu_{,,,}$, ... désignant des nombres premiers distincts les uns des autres. Représentons d'ailleurs par

$N_{,}$ le nombre des entiers inférieurs et premiers à $n_{,}$,
$N_{,,}$ le nombre des entiers inférieurs et premiers à $n_{,,}$,
$N_{,,,}$ le nombre des entiers inférieurs et premiers à $n_{,,,}$.
....

Le corollaire du théorème III donnera

$$N = N_{\prime} N_{\prime\prime} N_{\prime\prime\prime} \ldots, \tag{12}$$

puis on en conclura, eu égard à la formule (11),

$$N = n\left(1 - \frac{1}{\nu_{\prime}}\right)\left(1 - \frac{1}{\nu_{\prime\prime}}\right)\left(1 - \frac{1}{\nu_{\prime\prime\prime}}\right)\ldots \tag{13}$$

ou, ce qui revient au même,

$$N = \nu_{\prime}^{a-1} \nu_{\prime\prime}^{b-1} \nu_{\prime\prime\prime}^{c-1} \ldots (\nu_{\prime} - 1)(\nu_{\prime\prime} - 1)(\nu_{\prime\prime\prime} - 1)\ldots. \tag{14}$$

Corollaire. — Lorsque le module n se réduit au nombre 2, ou plus généralement à une puissance 2^a de ce même nombre, la valeur de N, en vertu de la formule (10) ou (11), se réduit à l'unité ou plus généralement à 2^{a-1}, en sorte qu'on a

$$N = 2^{a-1} = \tfrac{1}{2} n.$$

Revenons maintenant au théorème I. On peut évidemment, dans ce théorème et dans les formules (8), (9), remplacer le nombre N des entiers inférieurs au module n, mais premiers à n, par l'une quelconque des valeurs de i pour lesquelles se vérifie l'équivalence

$$m^i \equiv 1 \pmod{n}. \tag{15}$$

Or parmi ces valeurs il en existe une, inférieure à toutes les autres, et qui, pour ce motif, doit être employée de préférence. D'ailleurs cette valeur particulière de i jouit de propriétés remarquables qui peuvent servir à la faire reconnaître et calculer. Entrons à ce sujet dans quelques détails.

Les nombres entiers m, n étant supposés premiers entre eux, l'unité sera certainement, dans la progression géométrique

$$1, \quad m, \quad m^2, \quad m^3, \quad \ldots,$$

le premier terme qui se trouve équivalent, selon le module n, à l'un des termes suivants. En effet, une équivalence de la forme

$$m^l \equiv m^{l+i} \pmod{n},$$

dans laquelle l et i seraient entiers et positifs, entraînera nécessairement une autre équivalence de la forme

$$1 \equiv m^i \pmod{n},$$

dans laquelle le terme m^l de la progression se trouverait remplacé par l'unité. Ajoutons que, si m^i représente la moins élevée des puissances entières et positives de m, équivalentes à l'unité suivant le module n, le reste que l'on obtiendra en divisant par n les termes de la progression

$$1, \quad m, \quad m^2, \quad m^3, \quad \ldots$$

formera une suite périodique, dans laquelle les i premiers termes seront différents les uns des autres. Représentons par

$$1, \quad m', \quad m'', \quad \ldots, \quad m^{(i-1)}$$

ces premiers termes. Comme, dans la progression dont il s'agit, deux termes seront équivalents entre eux suivant le module n quand ils répondront à des exposants de la *base* m équivalents entre eux suivant le module i, on aura évidemment

$$(16) \qquad \left\{\begin{array}{l} m^0 \equiv m^i \equiv m^{2i} \equiv \ldots \equiv 1, \\ m^1 \equiv m^{i+1} \equiv m^{2i+1} \equiv \ldots \equiv m', \\ m^2 \equiv m^{i+2} \equiv m^{2i+2} \equiv \ldots \equiv m'', \\ \ldots\ldots\ldots\ldots\ldots\ldots\ldots\ldots\ldots, \\ m^{i-1} \equiv m^{2i-1} \equiv m^{3i-1} \equiv \ldots \equiv m^{(i-1)} \end{array}\right\} \pmod{n}.$$

L'exposant de la puissance à laquelle il faut élever la base m, pour obtenir un nombre équivalent suivant le module n à un reste donné, est ce qu'on nomme l'*indice* de ce nombre ou de ce reste. Cela posé, il est clair que, dans les formules (16), les indices correspondants au reste 1 seront représentés par les exposants

$$0, \quad i, \quad 2i, \quad \ldots,$$

les indices correspondants au reste m' par les exposants

$$1, \quad i+1, \quad 2i+1, \quad \ldots,$$

les indices correspondants au reste m'' par les exposants

$$2,\quad i+2,\quad 2i+2,\quad \ldots,$$

enfin les indices correspondants au reste $m^{(i-1)}$ par les exposants

$$i-1,\quad 2i-1,\quad 3i-1,\quad \ldots.$$

Donc, puisque les restes

$$1,\quad m',\quad m'',\quad \ldots,\quad m^{(i-1)}$$

seront tous inégaux entre eux, les seuls indices positifs de l'unité seront les divers multiples de i, et le plus petit de ces indices ou le nombre i montrera combien la suite périodique des restes, indéfiniment prolongée, renferme de restes différents. L'étendue de la période formée avec ces restes

$$1,\quad m',\quad m'',\quad \ldots,\quad m^{(i-1)}$$

se trouvera donc indiquée par le plus petit des indices de l'unité, auquel nous donnerons, pour cette raison, le nom d'*indicateur*. Cela posé, on pourra évidemment énoncer la proposition suivante :

Théorème IV. — *m, n désignant deux nombres entiers, et m étant premier à n, les seules puissances entières et positives de m qui seront équivalentes à l'unité, suivant le module n, seront celles qui offriront pour exposants l'indicateur i correspondant à la base m et ses divers multiples.*

On déduit immédiatement du théorème IV celui que nous allons énoncer :

Théorème V. — *Si le module n est décomposable en divers facteurs $n_{\prime}$, $n_{\prime\prime}$, ..., en sorte qu'on ait*

$$n = n_{\prime} n_{\prime\prime} \ldots$$

et si, la base m étant un nombre premier à n, on nomme

$$i_{\prime},\quad i_{\prime\prime},\quad \ldots$$

les indicateurs correspondants aux modules

$$n_{\prime},\quad n_{\prime\prime},\quad \ldots,$$

l'indicateur i, correspondant au module n, sera le plus petit nombre entier qui soit divisible par chacun des indicateurs $i_{,}$, $i_{,,}$, ...

Démonstration. — En effet, l'indicateur i correspondant au module n sera la plus petite des valeurs de i pour lesquelles se vérifiera la formule

$$m^i \equiv 1 \pmod{n}.$$

D'ailleurs, n étant égal au produit des facteurs $n_{,}$, $n_{,,}$, ..., cette formule entrainera les suivantes :

$$m^i \equiv 1 \pmod{n_{,}}, \qquad m^i \equiv 1 \pmod{n_{,,}}, \qquad \ldots.$$

Donc, en vertu du théorème précédent, i devra être à la fois un des multiples de $n_{,}$, un des multiples de $n_{,,}$, ... Donc la valeur cherchée de i sera la plus petite de celles qui seront à la fois divisibles par $n_{,}$, par $n_{,,}$, ...

L'indicateur i, correspondant à un module donné n, varie généralement avec la base m; mais cette variation s'effectue suivant certaines lois, et l'on peut énoncer à ce sujet les propositions suivantes:

THÉORÈME VI. — *Si la base m est décomposable en deux facteurs*

$$m_{,}, \quad m_{,,},$$

auxquels correspondent des indicateurs

$$i_{,}, \quad i_{,,},$$

premiers entre eux, dans le cas où le nombre n est pris pour module, on aura, non seulement

$$m = m_{,} m_{,,},$$

mais encore, en désignant par i l'indicateur correspondant à la base m et au module n,

$$i = i_{,} i_{,,}.$$

Démonstration. — L'indicateur i relatif à la base m vérifiera la formule

$$m^i \equiv 1 \pmod{n},$$

de laquelle on tirera

$$m^{2i} \equiv 1, \qquad m^{3i} \equiv 1, \qquad \ldots$$

et, généralement, si l'on désigne par j un multiple quelconque de i,

$$m^j \equiv 1 \pmod{n} \tag{17}$$

ou, ce qui revient au même,

$$m_{\prime}^j m_{\prime\prime}^j \equiv 1 \pmod{n}. \tag{18}$$

D'autre part, les indicateurs $i_{\prime}$, $i_{\prime\prime}$, relatifs aux bases $m_{\prime}$, $m_{\prime\prime}$, vérifieront les équivalences

$$m_{\prime}^{i_{\prime}} \equiv 1, \qquad m_{\prime\prime}^{i_{\prime\prime}} \equiv 1 \pmod{n}; \tag{19}$$

et il suffira que $i_{\prime}$ divise j pour que la première des formules (19) entraîne l'équivalence

$$m_{\prime}^j \equiv 1 \pmod{n},$$

par conséquent, eu égard à la formule (18), l'équivalence

$$m_{\prime\prime}^j \equiv 1 \pmod{n},$$

qui suppose (*voir* le théorème IV) j divisible par $i_{\prime\prime}$. Ainsi, de ce que le nombre i vérifie l'équivalence

$$m^i \equiv 1 \pmod{n},$$

il résulte que tout multiple de i, divisible par $i_{\prime}$, sera en même temps divisible par $i_{\prime\prime}$; en sorte que $i_{\prime\prime}$ divisera nécessairement le produit $ii_{\prime}$, et par suite le nombre i, si $i_{\prime}$, $i_{\prime\prime}$ sont premiers entre eux. Mais alors i, divisible par $i_{\prime}$, devra l'être pareillement et, pour la même raison, par $i_{\prime\prime}$. Donc, si $i_{\prime}$, $i_{\prime\prime}$ sont premiers entre eux, tout nombre i, propre à vérifier l'équivalence

$$m^i \equiv 1 \pmod{n},$$

sera divisible par le produit $i_{\prime}i_{\prime\prime}$, et l'indicateur correspondant à la base m, ou la plus petite des valeurs de i pour lesquelles on aura

$$m^i \equiv 1 \pmod{n},$$

devra se réduire à ce produit.

THÉORÈME VII. — *Soient*

$$i_{\prime},\quad i_{\prime\prime}$$

les indicateurs correspondants à deux bases diverses

$$m_{\prime},\quad m_{\prime\prime},$$

mais à un même module n. Le plus grand commun diviseur ω *des indicateurs* $i_{\prime}$, $i_{\prime\prime}$ *pourra être décomposé, souvent même de plusieurs manières, en deux facteurs* u, v *tellement choisis, que les rapports*

$$\frac{i_{\prime}}{u},\quad \frac{i_{\prime\prime}}{v}$$

soient des nombres premiers entre eux, et, si l'on pose alors

$$m = m_{\prime}^{u} m_{\prime\prime}^{v},$$

l'indicateur i, relatif à la base m, sera le plus petit nombre entier que puissent diviser simultanément les indicateurs $i_{\prime}$, $i_{\prime\prime}$.

Démonstration. — Concevons que le plus grand commun diviseur ω de $i_{\prime}$, $i_{\prime\prime}$ soit décomposé en facteurs

$$\alpha,\quad \beta,\quad \gamma,\quad \ldots,$$

dont chacun représente un nombre premier, ou une puissance d'un nombre premier. Deux produits

$$u,\quad v,$$

formés avec ces mêmes facteurs, de manière que l'on ait

$$uv = \omega,$$

fourniront, pour les rapports

$$\frac{i_{\prime}}{u},\quad \frac{i_{\prime\prime}}{v},$$

des nombres premiers entre eux, si l'on fait concourir chaque facteur, par exemple le facteur α, à la formation du produit u, quand α est premier à $\frac{i_{\prime}}{\alpha}$; du produit v, quand α est premier à $\frac{i_{\prime\prime}}{\alpha}$; enfin du produit u ou du produit v indifféremment, quand α est premier à chacun des deux nombres

$$\frac{i_{\prime}}{\alpha}, \quad \frac{i_{\prime\prime}}{\alpha}.$$

Les deux produits u, v étant formés, comme on vient de le dire, pour déduire le théorème VII du théorème VI, il suffit d'observer que,

$$i_{\prime}, \quad i_{\prime\prime}$$

étant les indicateurs relatifs aux bases

$$m_{\prime}, \quad m_{\prime\prime},$$

les nombres entiers

$$\frac{i_{\prime}}{u}, \quad \frac{i_{\prime\prime}}{v}$$

seront les indicateurs relatifs aux bases

$$m_{\prime}^{u}, \quad m_{\prime\prime}^{v},$$

et que, ces indicateurs étant premiers entre eux, la base m déterminée par la formule

$$m = m_{\prime}^{u} m_{\prime\prime}^{v}$$

devra correspondre à l'indicateur

$$i = \frac{i_{\prime}}{u} \frac{i_{\prime\prime}}{v} = \frac{i_{\prime} i_{\prime\prime}}{\omega}.$$

Or cette dernière valeur i sera précisément le plus petit nombre entier que puissent diviser simultanément les indicateurs $i_{\prime}$, $i_{\prime\prime}$.

Corollaire I. — Pour montrer une application du théorème VII, considérons en particulier le cas où l'on aurait

$$n = 78,$$

$$m_{\prime} = 5, \qquad m_{\prime\prime} = 29.$$

Comme

$$5^4 \quad \text{et} \quad 29^6$$

seront les puissances les moins élevées des nombres 5 et 29, qui, divisées par le module 78, donneront pour reste l'unité, on aura nécessairement

$$i_{,}=4, \qquad i_{,,}=6, \qquad \omega=2,$$

et, par suite,

$$u=1, \qquad v=2,$$

attendu que, des deux rapports

$$\frac{i_{,}}{2}=2, \qquad \frac{i_{,,}}{2}=3,$$

le second seul sera premier au facteur 2 de ω. Cela posé, pour obtenir une base m, correspondante à l'indicateur

$$i=\frac{i_{,}i_{,,}}{\omega}=12,$$

il suffira de prendre

$$m=m_{,}^{u}m_{,,}^{v}=5.29^2;$$

et, puisque

$$5.29^2\equiv 71\equiv -7 \pmod{78},$$

il suffira de prendre

$$m=71.$$

Effectivement, 71^{12} est la première puissance de 71 qui, divisée par 78, donne pour reste l'unité.

Corollaire II. — Étant données deux bases

$$m_{,}, \quad m_{,,},$$

qui correspondent à deux indicateurs différents

$$i_{,}, \quad i_{,,},$$

on peut toujours trouver une troisième base

$$m$$

qui corresponde à l'indicateur i représenté par le plus petit des nombres qui divisent à la fois les deux indicateurs donnés.

Corollaire III. — Soient

$$m_{,}, \quad m_{,,}, \quad m_{,,,}$$

trois bases différentes, et

$$i_{,}, \quad i_{,,}, \quad i_{,,,}$$

les indicateurs qui correspondent à ces trois bases, mais à un seul et même module n. Si l'on nomme i' le plus petit nombre que diviseront simultanément $i_{\prime\prime}$ et $i_{\prime\prime\prime}$, le plus petit nombre i que pourront diviser simultanément $i_{\prime}$ et i' sera en même temps le plus petit des nombres divisibles par chacun des trois facteurs

$$i_{\prime},\quad i_{\prime\prime},\quad i_{\prime\prime\prime}.$$

D'ailleurs, à l'aide du théorème VII, on pourra trouver, non seulement une base m' correspondante à l'indicateur i', mais encore une base m correspondante à l'indicateur i. Donc, étant données trois bases différentes avec un seul module, on peut toujours trouver une nouvelle base qui corresponde à l'indicateur représenté par le plus petit des nombres que divisent les trois indicateurs correspondants aux trois bases données. En appliquant un raisonnement semblable au cas où l'on donnerait quatre ou cinq bases au lieu de trois, on obtiendra généralement la proposition suivante :

Théorème VIII. — *Étant données plusieurs bases différentes*

$$m_{\prime},\quad m_{\prime\prime},\quad m_{\prime\prime\prime},\quad \ldots,$$

avec un seul module n, on peut toujours trouver une nouvelle base qui corresponde à l'indicateur représenté par le plus petit des nombres que divisent à la fois les indicateurs correspondants aux bases données.

Corollaire. — Si le système des bases données

$$m_{\prime},\quad m_{\prime\prime},\quad m_{\prime\prime\prime},\quad \ldots$$

comprend tous les entiers inférieurs au module donné n et premiers à ce module, les indicateurs

$$i_{\prime},\quad i_{\prime\prime},\quad i_{\prime\prime\prime},\quad \ldots,$$

relatifs à ces mêmes bases, seront tous ceux qui peuvent correspondre au module n. Cela posé, on doit conclure du théorème VIII que tous les indicateurs correspondants à un module donné divisent un même nombre qui coïncide avec l'un de ces indicateurs. Il est d'ailleurs évident que ce dernier doit être le plus grand de tous les indicateurs, ou celui qu'on peut appeler l'*indicateur maximum*. Nommons I cet indicateur maximum. En vertu de la remarque précédente et du théorème IV, l'équivalence

$$m^{\mathrm{I}} \equiv 1 \pmod{n} \tag{20}$$

se trouvera vérifiée toutes les fois que le nombre m sera premier au module n; et, dans cette supposition, on résoudra en nombres entiers l'équation

$$mx \pm ny = \pm l,$$

en prenant

$$x \equiv \pm m^{\mathrm{I}-1} l. \tag{21}$$

Il nous reste à déterminer, pour chaque module n, l'indicateur maximum I. Cette détermination de l'indicateur maximum se trouve intimement liée à la recherche des valeurs correspondantes de la base m, valeurs que nous appellerons *racines primitives* du module n, en généralisant une définition admise par les géomètres pour le cas où ce module est la première puissance ou même une puissance quelconque d'un nombre premier impair. D'ailleurs la détermination dont il s'agit se déduit aisément des propositions déjà établies, jointes à quelques autres théorèmes que nous allons énoncer.

Théorème IX. — *Soient n un nombre premier, et X une fonction entière de x, dans laquelle les coefficients numériques des diverses puissances de x se réduisent à des nombres entiers. Si l'on nomme r une racine de l'équivalence*

$$\mathrm{X} \equiv 0 \pmod{n}, \tag{22}$$

et $\mathrm{X}_{\prime}$ un second polynôme semblable au polynôme X, mais du degré immédiatement inférieur, on pourra choisir ce second polynôme de manière que l'on ait, pour toute valeur entière de x,

$$\mathrm{X} \equiv (x - r)\mathrm{X}_{\prime} \pmod{n}. \tag{23}$$

Démonstration. — En effet, soit R ce que devient X pour $x = r$. La différence X — R sera divisible algébriquement par $x - r$, et le quotient sera un polynôme $X_{\prime}$ semblable au polynôme X, mais du degré immédiatement inférieur. Comme on aura d'ailleurs identiquement

$$X - R = (x - r) X_{\prime},$$

et de plus

$$R \equiv 0 \pmod{n},$$

on en conclura, en attribuant à x une valeur entière quelconque,

$$X \equiv (x - r) X_{\prime} \pmod{n}.$$

Corollaire I. — En vertu de la formule (23), l'équivalence (22), réduite à

$$(x - r) X_{\prime} \equiv 0 \pmod{n},$$

se décomposera en deux autres, savoir :

$$(24) \qquad x - r \equiv 0, \qquad X_{\prime} \equiv 0 \pmod{n}.$$

Il est d'ailleurs aisé de voir que le coefficient de la plus haute puissance de x restera le même dans les deux polynômes X, $X_{\prime}$. Cela posé, concevons que, ce coefficient étant premier au module n, la racine r se réduise à l'un des entiers inférieurs à ce module, et nommons

$$r, \quad r', \quad r'', \quad \ldots$$

les diverses racines de l'équivalence (22), représentées par divers entiers inférieurs à n. Une racine r', distincte de r, ne pouvant vérifier la première des formules (24), vérifiera nécessairement la seconde. Si d'ailleurs le polynôme X est du premier degré ou de la forme $ax + b$, a étant premier à n, on aura

$$X_{\prime} = a;$$

et, la seconde des formules (24) ne pouvant être vérifiée, l'équation (21) n'admettra point de racine distincte de r et inférieure à n. Si le polynôme X est du second degré, alors, le polynôme $X_{\prime}$ étant du premier degré, la seconde des formules (24) admettra une seule racine inférieure à n, et par suite l'équation (22) admettra au plus deux racines distinctes inférieures à n. En continuant ainsi à faire croître le degré du polynôme X, on déduira évidemment des formules (24) la proposition suivante :

Théorème X. — *Soient n un nombre premier, et X une fonction entière de x, dans laquelle les coefficients numériques des diverses puissances de x se réduisent à des nombres entiers, le coefficient de la puissance la plus élevée étant premier au module n. Le degré du polynôme X ne pourra être surpassé par le nombre des racines distinctes et inférieures à n qui vérifieront l'équivalence*

$$X \equiv 0 \pmod{n}.$$

Corollaire I. — Le module n étant un nombre premier, et I étant l'indicateur maximum relatif à ce module, chacun des nombres

$$1,\quad 2,\quad 3,\quad \ldots,\quad n-1,$$

inférieurs et premiers au module n, représentera une valeur de m propre à vérifier la formule (20) et sera par conséquent une racine de l'équivalence

$$x^{I} - 1 \equiv 0 \pmod{n}.$$

Donc, en vertu du théorème X, l'indicateur maximum I ne pourra être inférieur au nombre des entiers

$$1,\quad 2,\quad 3,\quad \ldots,\quad n-1,$$

c'est-à-dire au nombre

$$N = n - 1;$$

et puisque, en vertu du théorème IV, joint au théorème de Fermat, I devra diviser ce même nombre, on aura nécessairement

$$I = N = n - 1. \tag{25}$$

Corollaire II. — La formule (25) s'étend au cas même où l'on aurait

$$n = 2,$$

et par suite

$$I = N = 1.$$

Supposons maintenant que le module n cesse d'être un nombre premier; alors on établira facilement les propositions suivantes.

Théorème XI. — *ν étant un module quelconque, i un nombre entier, x une quantité entière qui vérifie l'équivalence*

$$x \equiv 1 \pmod{\nu}, \tag{26}$$

et z le quotient de $x - 1$ par ν, l'équation

$$x = 1 + \nu z$$

entraînera l'équivalence

$$x^i \equiv 1 + \nu i z \pmod{\nu^2}. \tag{27}$$

Démonstration. — En effet, dans le développement de

$$x^i = (1 + \nu z)^i,$$

tous les termes, à l'exception des deux premiers, seront divisibles par ν^2.

Corollaire I. — Si z ou i sont divisibles par ν, la formule (27) se réduira simplement à la suivante :

$$x^i \equiv 1 \pmod{\nu^2}. \tag{28}$$

Mais cette réduction ne pourra plus s'effectuer si z et i sont premiers à ν.

Corollaire II. — Si i est premier à ν, la valeur de x fournie par l'équation

$$x = 1 + \nu z$$

ne pourra vérifier la formule (28), à moins que z ne devienne divisible par ν, c'est-à-dire à moins que l'on n'ait

$$x \equiv 1 \pmod{\nu^2}. \tag{29}$$

Corollaire III. — Supposons que ν devienne un nombre premier, et que la quantité entière x soit équivalente à l'unité suivant le module ν, mais non suivant le module ν^2, en sorte que x vérifie la condition (26), sans vérifier la condition (29) : on ne pourra satisfaire à l'équivalence (28) qu'en attribuant à l'exposant i une valeur divisible par ν. Donc, parmi les puissances de x qui deviendront équivalentes à l'unité suivant le module ν^2, la moins élevée sera x^ν. En d'autres termes, ν sera l'indicateur correspondant au module

$$n = \nu^2$$

et à la base

$$x = 1 + \nu z,$$

tant que z restera premier à ν.

Corollaire IV. — Si, le module ν étant un nombre premier, la quantité

$$x = 1 + \nu z$$

devient positive et inférieure à ν^2, elle ne pourra être qu'un terme de la progression arithmétique

$$(30) \qquad 1, \quad 1+\nu, \quad 1+2\nu, \quad \ldots, \quad 1+(\nu-1)\nu.$$

Or, comme le premier terme de cette progression vérifie seul la formule (29), il résulte du corollaire précédent que l'indicateur correspondant à l'un quelconque des autres termes et au module ν^2 sera le nombre premier ν.

Corollaire V. — Si, dans les formules (26), (28), (29), on remplace x par $\frac{x}{y}$, x et y désignant deux nombres entiers premiers à ν, ces formules deviendront

$$(31) \qquad \left\{ \begin{aligned} x &\equiv y \quad (\operatorname{mod} \nu\ ), \\ x^i &\equiv y^i \quad (\operatorname{mod} \nu^2), \\ x &\equiv y \quad (\operatorname{mod} \nu^2). \end{aligned} \right.$$

Donc, lorsque i sera premier à ν, non seulement les formules (26) et (28) entraîneront la formule (29), mais de plus les deux premières des formules (31) entraîneront la troisième, d'où il résulte qu'elles ne pourront subsister en même temps, si x, y sont tous deux positifs et inférieurs à ν^2.

Corollaire VI. — ν étant un nombre premier, r une racine primitive de ν, et x l'une des quantités entières qui vérifient la formule

$$(32) \qquad x \equiv r \quad (\operatorname{mod} \nu),$$

nommons i l'indicateur correspondant à la base r et au module

$$n = \nu^2.$$

On aura

$$x^i \equiv 1 \pmod{\nu^2},$$

par conséquent.

$$x^i \equiv 1 \pmod{\nu};$$

et, comme la formule (32) donnera

$$x^i \equiv r^i \pmod{\nu},$$

on aura encore

$$r^i \equiv 1 \pmod{\nu}.$$

Donc, en vertu du théorème IV, i sera, ou le nombre $\nu - 1$ qui représente l'indicateur correspondant au module ν et à la racine primitive r, ou un multiple de ce nombre. Mais, d'autre part, l'indicateur i devra diviser le nombre N des entiers inférieurs et premiers à ν^2, savoir le produit

$$N = \nu(\nu - 1).$$

Or, ν étant premier, les seuls multiples de $\nu - 1$ qui diviseront ce produit seront

$$\nu - 1 \quad \text{et} \quad N.$$

Donc, dans l'hypothèse admise, on aura

$$i = \nu - 1 \qquad \text{ou} \qquad i = N = \nu(\nu - 1).$$

Observons maintenant que, parmi les valeurs de x propres à vérifier la formule (32), celles qui seront positives et inférieures à ν^2 se réduiront aux termes de la progression arithmétique

$$r, \quad r + \nu, \quad r + 2\nu, \quad \ldots, \quad r + (\nu - 1)\nu, \tag{33}$$

et qu'en vertu du corollaire précédent, si l'on désigne par x, y deux de ces termes, l'équation

$$x^i \equiv y^i \pmod{\nu^2}$$

ne pourra subsister, quand i sera premier à ν. Donc la valeur $\nu - 1$ de l'indicateur i ne pourra correspondre qu'à un seul des termes de la progression (33), et, pour chacun des autres termes, on aura nécessairement $i = \mathrm{N}$.

Corollaire VII. — Le module

$$x = \nu^2$$

étant le carré d'un nombre premier ν, un seul terme de la progression (33) peut représenter une racine de l'équation

$$x^{\nu-1} \equiv 1 \pmod{\nu^2}. \tag{34}$$

Pour chacun des autres, l'indicateur i acquiert la plus grande valeur N qu'il puisse atteindre, puisqu'il doit diviser N. Donc tous les termes de la progression (33), qui ne vérifient pas la condition (34), sont des racines primitives de ν^2, et l'indicateur maximum I relatif au module ν^2 est

$$\mathrm{I} = \mathrm{N} = \nu(\nu - 1). \tag{35}$$

Corollaire VIII. — La formule (35) s'étend au cas même où l'on aurait

$$\nu = 2, \qquad n = \nu^2 = 4$$

et, par suite,

$$\mathrm{N} = 2.$$

On a donc, en prenant 4 pour module,

$$\mathrm{I} = \mathrm{N} = 2.$$

Alors aussi l'on obtient une seule racine primitive r inférieure à 4, savoir

$$r = 3.$$

Théorème XII. — $\nu > 1$ *étant un nombre premier et* x *une quantité entière qui vérifie l'équivalence*

$$x \equiv 1 \pmod{\nu},$$

si l'on représente par n *la puissance la plus élevée de* ν *qui divise la différence*

$$x - 1,$$

le produit $n\nu$ *représentera la puissance la plus élevée de* ν *qui divisera la différence*

$$n^\nu - 1,$$

à moins que l'on n'ait

$$x = \nu = 2.$$

Démonstration. — Nommons z le quotient de $x - 1$ par n. On aura

$$x = 1 + nz,$$

z étant, par hypothèse, premier à ν. Or, dans le développement de

$$x^\nu = (1 + nz)^\nu,$$

les termes extrêmes seront

$$1, \quad n^\nu z^\nu,$$

et tous les autres seront évidemment divisibles par le produit $n\nu$. D'ailleurs, ν étant facteur de n, le terme

$$n^\nu z^\nu = n . n^{\nu-1} z^\nu$$

sera lui-même divisible par le produit $n\nu$. Donc ce produit divisera la différence

$$x^\nu - 1.$$

Il y a plus, ν étant un facteur de n, ν^2 sera un facteur de $n^{\nu-1}$, à moins que l'on n'ait

$$n = \nu = 2; \tag{36}$$

et par suite, si la condition (36) n'est pas remplie, tous les termes qui suivront les deux premiers dans le développement de

$$(1 + nz)^\nu$$

seront divisibles ou par $n^2\nu$ ou au moins par $n\nu^2$. On aura donc alors

$$x^\nu \equiv 1 + n\nu z \pmod{n\nu^2}.$$

Donc, z étant premier à ν, le produit $n\nu$ sera la puissance la plus élevée de ν qui divise la différence

$$x^\nu - 1.$$

Corollaire I. — Si, dans le théorème XII, on remplace successivement x par x^ν, puis par x^{ν^2}, ..., on en conclura que, dans l'hypothèse admise, les puissances les plus élevées de ν, propres à diviser les différences

$$x^\nu - 1,\quad x^{\nu^2} - 1,\quad x^{\nu^3} - 1,\quad \ldots,$$

seront respectivement

$$n\nu,\quad n\nu^2,\quad n\nu^3,\quad \ldots.$$

On doit toujours excepter le cas où l'on aurait $n = \nu = 2$.

Corollaire II. — En remplaçant dans le corollaire précédent x par x^i, on obtiendra une proposition dont voici l'énoncé : Si, $\nu > 1$ étant un nombre premier, on représente par n la plus élevée des puissances de ν qui divisent

$$x^i - 1,$$

alors les puissances les plus élevées de ν, qui diviseront les différences

$$x^{i\nu} - 1,\quad x^{i\nu^2} - 1,\quad x^{i\nu^3} - 1,\quad \ldots,$$

seront respectivement

$$n\nu,\quad n\nu^2,\quad n\nu^3,\quad \ldots,$$

à moins que l'on n'ait $n = \nu = 2$.

Corollaire III. — ν étant un nombre premier impair, et r une racine primitive de ν^2, la différence

$$r^{\nu-1} - 1$$

sera divisible une seule fois par ν. Donc, en vertu du corollaire II, les puissances les plus élevées de ν qui diviseront les différences

$$r^{\nu(\nu-1)} - 1,\quad r^{\nu^2(\nu-1)} - 1,\quad r^{\nu^3(\nu-1)} - 1,\quad \ldots$$

seront respectivement

$$\nu^2,\quad \nu^3,\quad \nu^4,\quad \ldots$$

Donc

$$r^{\nu^a(\nu-1)}$$

sera le premier des termes de la suite

$$(37)\qquad r^{\nu-1},\quad r^{\nu(\nu-1)},\quad r^{\nu^2(\nu-1)},\quad r^{\nu^3(\nu-1)},\quad \ldots$$

qui seront équivalents à l'unité, suivant le module ν^a. D'autre part, si l'on nomme i l'indicateur correspondant à la base r et au module ν^a, on aura

$$r^i \equiv 1 \pmod{\nu^a}$$

et, à plus forte raison,

$$r^i \equiv 1 \pmod{\nu};$$

d'où il résulte que i devra être un multiple de l'indicateur $\nu - 1$ correspondant à la base r et au module ν. Donc i, qui devra en outre diviser le produit

$$N = \nu^{a-1}(\nu - 1),$$

représentera l'exposant de r dans le premier des termes de la suite (37) qui seront équivalents à l'unité suivant le module ν^a. On aura donc nécessairement

$$i = N = \nu^{a-1}(\nu - 1).$$

Cette dernière valeur de i étant la plus grande que puisse acquérir un indicateur relatif au module ν^a, nous devons conclure, des observations précédentes, qu'une racine primitive r de ν^2 sera en même temps une racine primitive de ν^a, et que, dans le cas où le module

$$n = \nu^a$$

se réduit à une puissance d'un nombre premier impair, l'indicateur maximum I est déterminé par la formule

$$(38) \qquad I = N = \nu^{a-1}(\nu - 1).$$

Corollaire IV. — Considérons en particulier le cas où l'on aurait

$$n = \nu = 2,$$

et supposons en conséquence la différence

$$x - 1$$

divisible une seule fois par le module 2. La différence

$$x^2 - 1 = (x - 1)(x + 1)$$

sera composée de deux facteurs $x - 1$, $x + 1$, divisibles l'un par 2, l'autre par 4. Elle sera donc divisible au moins par le nombre 8, c'est-à-dire par le cube de 2. Cela posé, nommons n la plus haute puissance de 2 qui divisera $x^2 - 1$. En vertu du corollaire II, les puissances les plus élevées de 2 qui diviseront les différences

$$x^{2^2} - 1, \quad x^{2^3} - 1, \quad \ldots$$

seront respectivement

$$2n, \quad 2^2 n, \quad \ldots.$$

Donc, si a surpasse 2, le premier terme de la suite

$$x^2, \quad x^{2^2}, \quad x^{2^3}, \quad \ldots$$

qui deviendra équivalent à l'unité suivant le module 2^a sera

$$x^i,$$

la valeur de i étant

$$(39) \qquad i = \frac{2^{a+1}}{n}.$$

D'autre part, l'indicateur correspondant à la base x, et au module 2^a, devra être un diviseur de

$$N = 2^{a-1}.$$

Il se trouvera donc compris dans la suite

$$2, \quad 2^2, \quad 2^3, \quad \ldots,$$

et ne pourra être que la valeur précédente de i. Cette même valeur deviendra le plus grande possible lorsque le nombre n se réduira simplement à 8, ce qui arrivera si l'on prend

$$x = 3 \qquad \text{ou} \qquad x = 5,$$

puisque l'on a

$$3^2 - 1 = 8 \qquad \text{et} \qquad 5^2 - 1 = 3.8.$$

Par conséquent,

$$(40) \qquad I = \tfrac{1}{2} N = 2^{a-2}$$

sera l'indicateur maximum relatif au module

$$n = 2^a > 4.$$

La formule (40) s'étend au cas même où l'on aurait $a = 3$, et donne alors, comme on devait s'y attendre,

$$I = \tfrac{1}{2}N = 2.$$

A l'aide des diverses propositions que nous venons de rappeler et qui pour la plupart étaient déjà connues (*voir* les *Recherches arithmétiques* de M. Gauss et le *Canon arithmeticus* de M. Jacobi), il nous sera maintenant facile de résoudre la question suivante :

Problème II. — *Trouver l'indicateur maximum* I *correspondant à un module donné* n.

Solution. — Pour résoudre ce problème, il faut considérer successivement les divers cas qui peuvent se présenter, suivant que le module n est un nombre premier ou une puissance d'un tel nombre, ou un nombre composé.

Si le module n est un nombre premier ν, ou une puissance d'un nombre premier impair, ou l'une des deux premières puissances de 2, alors, en nommant N le nombre des entiers inférieurs à n, et premiers à n, on aura généralement, d'après ce qui a été dit ci-dessus,

$$I = N = n\left(1 - \frac{1}{\nu}\right);$$

et en particulier, si n se réduit à 2 ou à 4,

$$I = N = \tfrac{1}{2}n.$$

Si le module n est une puissance de 2, supérieure à la seconde, on aura simplement

$$I = \tfrac{1}{2}N = \tfrac{1}{4}n.$$

Enfin, si le module n est un nombre quelconque, on pourra le décomposer en facteurs

$$n_{,},\quad n_{,,},\quad \ldots,$$

dont chacun soit un nombre premier ou une puissance d'un nombre premier. Soient alors

$$I_{,},\quad I_{,,},\quad \ldots$$

les indicateurs maxima correspondants aux modules

$$n_{\prime},\quad n_{\prime\prime},\quad \ldots.$$

En vertu des théorèmes III et V, une base donnée r sera une racine primitive de n, si cette base, divisée successivement par chacun des nombres $n_{\prime}$, $n_{\prime\prime}$, ..., fournit pour restes des racines primitives de ces mêmes nombres, et I sera le plus petit nombre entier divisible à la fois par chacun des indicateurs

$$\mathrm{I}_{\prime},\quad \mathrm{I}_{\prime\prime},\quad \ldots.$$

La solution du problème précédent fournit, pour la résolution des équivalences du premier degré, une règle très simple, qui se réduit à la règle donnée par M. Libri et par M. Binet, dans le cas particulier où le module est un nombre premier. La nouvelle règle, d'après ce que nous a dit M. Poinsot, coïncide, au moins lorsque le module est pair, avec celle que lui-même avait indiquée dans la Note manuscrite remise à M. Legendre. Appliquée au cas où l'on prend pour module un nombre composé, elle n'exige pas, comme les méthodes présentées par M. Libri et M. Binet, la décomposition de ce module en facteurs premiers, et ce qu'il y a de remarquable, c'est qu'alors l'application devient d'autant plus facile que le module est un nombre plus composé. Montrons la vérité de cette assertion par quelques exemples.

Pour que toute équation indéterminée à deux inconnues puisse être résolue immédiatement à la seule inspection des coefficients de ces inconnues, dans le cas où l'un des coefficients ne surpasse pas 1000, il suffit que l'on construise un Tableau qui, pour tout module renfermé entre les limites 1 et 1000, fournisse l'indicateur correspondant à ce module. Or, à l'aide de ce Tableau, dont la construction est facile (*voir* la solution du problème II), et dont une partie se trouve à la suite de ce Mémoire (page 145), on reconnaît que l'indicateur 2 correspond aux modules

$$3,\quad 4,\quad 6,\quad 12,\quad 24.$$

Donc, pour chacun de ces modules, l'inverse d'un nombre donné est équivalent à ce nombre même.

Ainsi, en particulier, l'inverse du nombre 19 suivant le module 24 est équivalent à 19. En d'autres termes, 19 est une des valeurs entières de x qui vérifient l'équation indéterminée

$$19x - 24y = 1.$$

Effectivement, le carré de 19 ou 361, divisé par 24, donne 1 pour reste.

De ce que l'indicateur 4 correspond aux modules

$$5, \quad 10, \quad 15, \quad 16, \quad 20, \quad 30, \quad 40, \quad 48, \quad 60, \quad 80, \quad 120, \quad 240,$$

il résulte immédiatement que, pour chacun de ces modules, l'inverse d'un nombre donné est équivalent au cube de ce même nombre. Ainsi, en particulier, l'inverse du nombre 67 suivant le module 120 est équivalent au cube de 67, par conséquent au produit de 67 par 49, ou à 43. En d'autres termes, 43 est une des valeurs de x qui vérifient l'équation

$$67x - 120y = 1.$$

Effectivement,

$$67 \times 43 = 2881 = 24 \times 120 + 1.$$

De ce que l'indicateur 6 correspond aux modules

$$7, \quad 9, \quad 14, \quad 18, \quad 21, \quad 28, \quad 36, \quad 42, \quad 56, \quad 63, \quad 72, \quad 84, \quad 168, \quad 504,$$

il résulte immédiatement que, pour chacun de ces modules, l'inverse d'un nombre donné est équivalent à la cinquième puissance de ce nombre. Ainsi, en particulier, l'inverse du nombre 17 sera équivalent, suivant le module 504, à

$$17^5 = 1419857,$$

par conséquent à 89. En d'autres termes, 89 est une valeur de x propre à vérifier l'équation indéterminée

$$17x - 504y = 1.$$

Effectivement,

$$17 \times 89 = 1513 = 3 \times 504 + 1.$$

Comme, dans la méthode ci-dessus exposée, la valeur de x est toujours exprimée par une puissance connue du nombre donné, le calcul pourra s'exécuter commodément, à l'aide des Tables de logarithmes, même quand l'indicateur sera composé de plusieurs chiffres.

TABLEAU *pour la détermination de l'indicateur maximum* I *correspondant à un module donné* n.

n.	I.	n.	I.	n.	I.	n.	I.	n.	I.
		21	6	41	40	61	60	81	54
2	1	22	10	42	6	62	30	82	40
3	2	23	22	43	42	63	6	83	82
4	2	24	2	44	10	64	16	84	6
5	4	25	20	45	12	65	12	85	16
6	2	26	12	46	22	66	10	86	42
7	6	27	18	47	46	67	66	87	28
8	2	28	6	48	4	68	16	88	10
9	6	29	28	49	42	69	22	89	88
10	4	30	4	50	20	70	12	90	12
11	10	31	30	51	16	71	70	91	12
12	2	32	8	52	12	72	6	92	22
13	12	33	10	53	52	73	72	93	30
14	6	34	16	54	18	74	36	94	46
15	4	35	12	55	20	75	20	95	36
16	4	36	6	56	6	76	18	96	8
17	16	37	36	57	18	77	30	97	96
18	6	38	18	58	28	78	12	98	42
19	18	39	12	59	58	79	78	99	30
20	4	40	4	60	4	80	4	100	20

Supposons, pour fixer les idées, que, le nombre donné étant 29, on demande un autre nombre équivalent à l'inverse du premier, suivant le module 192. L'indicateur étant alors égal à 16, le nombre cherché sera

$$29^{15} = (29^5)^3.$$

D'ailleurs les sept premiers chiffres de la valeur approchée de 29^5, déterminés à l'aide des Tables de logarithmes, sont ceux que présente le nombre

$$2051115,$$

attendu que l'on a

$$5 \log 29 = 7,3119900.$$

De plus, le dernier chiffre de 29^5, comme celui de 9^5, sera nécessairement 9. On aura donc par suite

$$29^5 = 20511149 \equiv 173 \equiv -19 \pmod{192},$$
$$29^{15} \equiv -19^3 \pmod{192};$$

puis, en se servant de nouveau des Tables de logarithmes,

$$29^{15} \equiv -6859 \equiv -139 \equiv 53 \pmod{192}.$$

Donc, 29^{15} et 53 seront deux valeurs de x propres à vérifier la formule

$$29x - 192y = 1.$$

Effectivement,

$$29.53 = 1537 = 8.192 + 1.$$

Nous exposerons dans un autre Article la méthode par laquelle on peut trouver facilement les valeurs entières, nulles ou positives, de plusieurs inconnues liées entre elles par des équations indéterminées du premier degré.

124.

Analyse mathématique. — *Rapport sur un Mémoire de* M. Broch, *relatif à une certaine classe d'intégrales.*

C. R., t. XII, p. 847 (10 mai 1841).

Les géomètres connaissent les beaux travaux d'Abel et de M. Jacobi sur la théorie des transcendantes elliptiques. On sait que d'importants Mémoires, relatifs à cette théorie, ont été composés par Abel. dans l'année 1826 et les deux suivantes, que plusieurs de ces Mémoires ont été publiés dès cette époque, même dès l'année 1826, dans le *Journal scientifique* de M. Crelle; que l'un d'eux en particulier a été approuvé par l'Académie en 1829, sur le Rapport d'une Commission dont M. Legendre faisait partie, puis couronné par l'Institut en 1830, et que la valeur du prix fut remise à la mère d'Abel. En effet, cet illustre Norwégien, qu'un projet de mariage avait déterminé à entreprendre un voyage au plus fort de l'hiver, était malheureusement tombé malade vers le milieu de janvier 1829, et, malgré les soins qui lui furent prodigués par la famille de sa fiancée, il était mort d'une phthisie, le 6 avril, alité depuis trois mois.

C'est encore aujourd'hui pour les travaux d'un jeune Norwégien, d'un compatriote d'Abel, que nous avons à réclamer un moment d'attention de la part de l'Académie. Le Mémoire de M. Broch a pour objet une certaine classe d'intégrales qui comprennent, comme cas particulier, les transcendantes elliptiques. Ces intégrales sont celles dont la dérivée peut être considérée comme le produit d'une certaine puissance entière de la variable x par deux facteurs, dont le premier est une fonction rationnelle d'une autre puissance entière x^p de x, et le second une racine quelconque d'une semblable fonction. Ces mêmes intégrales forment une classe particulière de transcendantes, qui se réduisent aux fonctions elliptiques, lorsque, le radical étant du second degré, le polynôme renfermé sous le radical est du quatrième degré.

Dans le premier Chapitre de son Mémoire, M. Broch s'occupe de la sommation des transcendantes en question, considérées comme fonctions de la variable x, ou plutôt de la sommation des valeurs que peut acquérir une semblable fonction pour des valeurs diverses de la variable. Il établit plusieurs théorèmes dignes de remarque; et prouve, par exemple, que la somme des diverses valeurs de la fonction, correspondantes aux diverses racines d'une certaine équation algébrique, peut être exprimée à l'aide d'une fonction algébrique et logarithmique des quantités que renferme l'équation dont il s'agit. Il montre ensuite le parti qu'on peut tirer de ce théorème et de quelques autres pour la réduction de la nouvelle espèce de transcendantes.

Dans les derniers Chapitres de son Mémoire, M. Broch fait voir qu'une transcendante quelconque de la forme indiquée peut toujours être exprimée à l'aide d'un certain nombre de fonctions plus simples de la même forme, et d'une fonction algébrique et logarithmique de la variable x. Les fonctions irréductibles entre elles constituent alors, comme dans la théorie des fonctions elliptiques, diverses classes de transcendantes. Quand le nombre de ces fonctions irréductibles se réduit à zéro, l'intégration s'effectue complètement, à l'aide de fonctions algébriques et logarithmiques. Dans tout autre cas elle est impossible. D'ailleurs, comme on devait s'y attendre, les cas où l'intégration s'effectue restent les mêmes, soit qu'on les déduise des théorèmes énoncés dans la première Partie du Mémoire, ou de la méthode de réduction indiquée dans la seconde.

Nous devons observer ici : 1° que les théorèmes énoncés par M. Broch s'accordent, dans des cas particuliers, avec ceux que renferment divers Mémoires d'Abel; 2° que M. Broch avait déjà traité, dans le *Journal de M. Crelle,* le cas où l'exposant p se réduit à l'unité; 3° qu'un Mémoire de deux pages, publié dans le premier Volume des *Œuvres d'Abel,* contient les bases d'une théorie qui pourrait s'appliquer aux transcendantes considérées par M. Broch; 4° que ces mêmes transcendantes se trouvent aussi considérées dans le Mémoire d'Abel qui a remporté le prix, mais que M. Broch n'a pu connaître, puisqu'il n'est pas encore publié.

Avant de terminer ce Rapport où nous avons eu souvent à rappeler les travaux d'Abel, il nous paraît convenable de détruire une erreur assez généralement répandue. On a supposé qu'Abel était mort dans la misère, et cette supposition est devenue l'occasion de violentes attaques dirigées contre les savants de la Suède et des autres parties de l'Europe. Nous aimons à croire que les auteurs de ces attaques regretteront de s'être exprimés avec tant de vivacité, quand ils liront la Préface des *Œuvres d'Abel*, publiées récemment en Norvège, par M. Holmboe, le professeur et l'ami de l'illustre géomètre. Ils y verront avec intérêt les encouragements flatteurs, les témoignages d'estime et d'admiration qu'Abel, durant sa vie, a reçus des savants, particulièrement de ceux qui s'occupaient, en même temps que lui, de la théorie des transcendantes elliptiques; et ils remarqueront avec consolation, au bas de la page VII, ces paroles qui suffiront pour éclaircir tous leurs doutes :

Un journal français, dont je ne me rappelle pas le nom, m'est venu sous les yeux, où l'on a rapporté qu'Abel est mort dans la misère. On voit par les détails ci-dessus que ce rapport n'est pas conforme à la vérité.

Revenons à M. Broch. Ce que nous avons dit de ses recherches suffit pour en montrer toute l'importance. Les résultats auxquels il est arrivé, analogues à ceux qu'Abel a obtenus dans ses plus beaux Mémoires, montrent un esprit familiarisé avec les méthodes analytiques, et habitué à lutter avec succès contre les difficultés que présentent les parties les plus élevées du Calcul intégral. En résumé, le Mémoire de M. Broch prouve que l'auteur n'a pas trop présumé de ses forces en se proposant de marcher sur les traces d'Abel. Nous pensons que ce Mémoire est digne de l'approbation de l'Académie et d'être inséré dans le *Recueil des Savants étrangers*.

125.

ANALYSE MATHÉMATIQUE. — *Mémoire sur des formules générales qui se déduisent du calcul des résidus et qui paraissent devoir concourir notablement aux progrès de l'Analyse infinitésimale.*

C. R., t. XII, p. 871 (17 mai 1841).

Les géomètres n'ont pas seulement accueilli avec bienveillance le nouveau calcul auquel j'ai donné le nom de *calcul des résidus;* ils ont fait plus encore : ils ont ajouté de nouvelles applications de ce calcul à celles que j'avais présentées moi-même, soit dans les *Exercices de Mathématiques,* soit dans un Mémoire publié en février 1827; et ces diverses applications ont constaté de plus en plus l'utilité du calcul dont il s'agit. Parmi les travaux relatifs à cet objet, on peut citer ceux de MM. Ostrogradski et Bouniakowski, de l'Académie de Saint-Pétersbourg, et ceux de M. Tortolini, professeur au Collège Romain, qui, dans un Traité sur le calcul des résidus, a exposé, entre autres résultats dignes de remarque, l'application du nouveau calcul à l'intégration des équations aux différences finies. On peut citer encore un Mémoire où M. Richelot a démontré diverses propriétés des transcendantes elliptiques, ou même des transcendantes représentées par certaines intégrales dont les dérivées renferment des radicaux de degré quelconque, et où l'auteur, employant avec succès les notations du calcul des résidus, a établi des formules propres à fournir la solution de quelques problèmes analogues aux questions précédemment traitées par Abel et par M. Jacobi. Toutefois ce que les géomètres apprendront sans doute avec quelque intérêt, c'est que les formules si simples, si élégantes, données par M. Richelot, sont elles-mêmes comprises, comme cas particulier, dans des formules générales qui paraissent devoir puissamment contribuer aux progrès de l'Analyse. Entrons à ce sujet dans quelques détails.

J'ai donné, dans les *Exercices de Mathématiques*, une formule qui convertit une fonction rationnelle quelconque d'une variable x, et même, sous certaine condition, une fonction transcendante en une somme formée par l'addition d'un résidu intégral et d'un résidu partiel relatif à une valeur nulle de la variable auxiliaire. Or le second membre de cette formule peut s'intégrer par logarithmes, et cette intégration fournit immédiatement la valeur générale de toute intégrale dont la dérivée est une fonction rationnelle ou une fonction transcendante pour laquelle se vérifie la condition indiquée. Elle fournit, par suite, l'intégrale de toute fonction différentielle qui peut être rendue rationnelle à l'aide d'une substitution quelconque, par exemple, les intégrales dont les dérivées renferment un trinôme du second degré sous un radical du second degré, ou deux binômes linéaires sous deux radicaux du second degré.

Au reste, la formule générale d'intégration, qui s'obtient comme on vient de le dire, n'est elle-même qu'un cas particulier d'autres formules beaucoup plus générales encore, qui servent à déterminer une multitude d'intégrales définies ou indéfinies, ou à les transformer les unes dans les autres, ou à établir entre elles certaines relations. Les beaux théorèmes d'Abel, relatifs à la théorie des transcendantes elliptiques et des transcendantes dont les dérivées renferment des racines d'équations algébriques, ne sont eux-mêmes que des cas particuliers des théorèmes généraux auxquels je suis parvenu. Pour donner une idée de ces derniers, considérons une intégrale relative à la variable x. Si l'on établit entre cette variable x et une autre variable t une relation exprimée par une équation algébrique ou transcendante, on pourra transformer l'intégrale relative à x en une intégrale relative à t et considérer, en conséquence, l'intégrale donnée, non plus comme une fonction de x, mais comme une fonction de t. Or la fonction de t dont il s'agit pourra prendre diverses formes si l'équation algébrique ou transcendante, étant résolue par rapport à x, fournit diverses valeurs de x. Alors, en adoptant successivement ces diverses valeurs de x, et supposant l'intégrale relative à t prise, dans tous les cas, entre les mêmes limites, on verra cette intégrale acquérir successivement diverses valeurs dont la somme s aura pour dérivée un résidu intégral relatif à la variable x, considérée comme racine de l'équation algébrique ou transcendante. D'ailleurs, il suffira d'appliquer à ce résidu intégral l'opération qui, dans le calcul des résidus, est analogue à l'intégration par parties, pour que la somme s se décompose immédiatement en deux termes dont les valeurs pourront se calculer facilement, dans un grand nombre de cas, et s'exprimer, soit à l'aide de fonctions algébriques ou logarithmiques, soit même à l'aide de fonctions transcendantes. De ces deux termes, l'un aura pour dérivée un résidu intégral relatif à toutes les valeurs de x qui pourront rendre infinie la fonction placée après le signe $\mathcal{E}$. Par conséquent, ce résidu intégral se réduira souvent à zéro ou à une constante, ou du moins à un résidu partiel relatif à une valeur nulle de la variable auxiliaire. Quant à la dérivée de l'autre terme, elle sera représentée par un résidu intégral relatif, non plus aux racines de l'équation algébrique ou transcendante, mais aux valeurs de x qui rendront infinie la dérivée du premier membre de cette équation, ou la fonction placée sous le signe $\int$, dans l'intégrale donnée relative à la variable x.

Lorsque l'équation donnée entre x et t a pour premier membre une fonction rationnelle et entière de ces variables, lorsque, d'ailleurs, la fonction placée sous le signe $\int$ dans l'intégrale relative à x est algébrique, la décomposition de la somme s en deux parties et la détermination de chacune d'elles peuvent se déduire des propriétés des fractions rationnelles, jointes aux formules qui servent à calculer les fonctions symétriques des racines d'une équation. Alors la méthode ci-dessus indiquée se réduit, comme on devait s'y attendre, à celle qu'Abel a employée, par conséquent à celle qu'ont suivie, à l'exemple d'Abel, M. Broch, M. Richelot et d'autres auteurs, soit dans le *Journal de M. Crelle*, soit dans un Mémoire récemment approuvé par l'Académie. Mais les formules générales auxquelles je parviens ne supposent point que les fonctions dont il s'agit ici restent rationnelles ou algébriques. Elles sont applicables, sous les conditions indiquées par le calcul des résidus, au cas où ces fonctions deviennent transcendantes; et elles fournissent alors la valeur de la somme s, ou développée en série, ou même très souvent exprimée sous forme finie.

Au reste, il était naturel de rechercher si des formules analogues à celles que présente la théorie des fonctions elliptiques ne s'appliqueraient pas à d'autres espèces de fonctions. C'est après la lecture du Mémoire de M. Broch que la pensée d'appliquer à cette recherche le calcul des résidus m'est venue à l'esprit, comme je l'ai dit à cet auteur au moment où il me disait lui-même qu'il se proposait de montrer comment on pouvait appliquer les méthodes employées par lui, et surtout, je crois, la méthode exposée dans la seconde Partie de son Mémoire, à la réduction des intégrales qui renferment des exponentielles et spécialement à la réduction des intégrales eulériennes. Dans de semblables recherches, le calcul des résidus est très utile. En effet, les principes de ce calcul, tels que je les ai posés dans les *Exercices de Mathématiques*, montrent clairement l'origine et la nature des diverses modifications que les formules doivent subir suivant la nature des fonctions sur lesquelles on opère, et ils font connaître aussi les conditions sous lesquelles subsiste chaque formule. J'ajouterai encore que, dans le cas où la somme ci-dessus désignée par s, et composée d'intégrales relatives à t, se réduit à la somme de quelques-unes de ces intégrales, le calcul des résidus fournit le moyen, sinon de la déterminer, au moins de la transformer. J'ajouterai enfin que des formules, déduites du même calcul, s'appliquent à la détermination d'intégrales dont les dérivées renfermeraient une ou plusieurs fonctions implicites de la variable principale.

Je me bornerai aujourd'hui à joindre à cette exposition quelques-unes des formules générales que j'ai annoncées. Dans d'autres articles, je développerai ces mêmes formules et je présenterai une partie de leurs nombreuses applications.

ANALYSE.

Soit $f(x)$ une fonction de la variable x. Si le résidu partiel de

$$\frac{1}{z^2}f\left(\frac{1}{z}\right),$$

relatif à une valeur nulle de z, se réduit à une constante déterminée, on aura

$$f(x) = \mathcal{E}\frac{((f(z)))}{x-z} + \mathcal{E}\frac{f\left(\frac{1}{z}\right)}{((z^2))(1-zx)},$$

et, par suite, en nommant ξ une valeur particulière de x,

$$\int_\xi^x f(x)\,dx = \mathcal{E}((f(z)))\,l\frac{x-z}{\xi-z} + \mathcal{E}\frac{f\left(\frac{1}{z}\right)}{((z^2))}\,l\frac{1-xz}{1-\xi z}. \tag{1}$$

L'équation (1) fournit immédiatement les intégrales des fonctions rationnelles, et même des fonctions transcendantes pour lesquelles se vérifie la condition indiquée. Elle fournit, par suite, les intégrales des fonctions différentielles qui peuvent être rendues rationnelles à l'aide d'une substitution quelconque.

Concevons maintenant que l'on transforme l'intégrale

$$\int_{\xi}^{x} f(x)\,dx$$

en substituant à la variable x une autre variable t, liée à x par une équation algébrique ou transcendante

$$(2) \qquad F(x, t) = 0;$$

et nommons τ, ξ deux valeurs particulières correspondantes de t et de x. Si l'on pose, pour abréger,

$$D_x F(x, t) = \Phi(x, t), \qquad D_t F(x, t) = \Psi(x, t),$$

on trouvera

$$dx = -\frac{\Psi(x, t)}{\Phi(x, t)}\,dt$$

et, par suite,

$$(3) \qquad \int_{\xi}^{x} f(x)\,dx = -\int_{\tau}^{t} f(x)\,\frac{\Psi(x, t)}{\Phi(x, t)}\,dt,$$

pourvu que, dans le second membre de la formule (3), on considère x comme une fonction de t déterminée par l'équation (2), et que chacune des deux variables x, t demeure fonction continue de l'autre, entre les limites de l'intégration. D'ailleurs cette dernière condition sera remplie, si la variable x est toujours croissante ou toujours décroissante, tandis que la variable t croît sans cesse à partir de $t = \tau$.

De même, en désignant par $f(x, t)$ une fonction des deux variables x, t, on établira la formule

$$(4) \qquad \int_{\xi}^{x} f(x, t)\,dx = -\int_{\tau}^{t} f(x, t)\,\frac{\Psi(x, t)}{\Phi(x, t)}\,dt,$$

t devant être considéré comme fonction de x dans le premier membre, et x comme fonction de t dans le second.

Concevons maintenant que l'équation (1), résolue par rapport à x, fournisse diverses racines

$$x = x_1, \qquad x = x_2, \qquad \ldots,$$

représentées par diverses fonctions de t, qui se réduisent aux quantités

$$\xi = \xi_1, \qquad \xi = \xi_2, \qquad \ldots$$

dans le cas particulier où l'on suppose $t = \tau$. Aux diverses valeurs de x considéré comme fonction de t, et de ξ considéré comme fonction de τ, correspondront diverses valeurs de l'intégrale

$$\int_\xi^x \mathrm{f}(x, t)\, dt,$$

et, en nommant s la somme de ces valeurs, c'est-à-dire en posant, pour abréger,

$$(5) \qquad s = \int_{\xi_1}^{x_1} \mathrm{f}(x, t)\, dt + \int_{\xi_2}^{x_2} \mathrm{f}(x, t)\, dt + \ldots,$$

on tirera de l'équation (4)

$$s = -\int_\tau^t \frac{\Psi(x_1, t)\, \mathrm{f}(x_1, t)}{\Phi(x_1, t)}\, dt - \int_\tau^t \frac{\Psi(x_2, t)\, \mathrm{f}(x_2, t)}{\Phi(x_2, t)}\, dt - \ldots,$$

ou, ce qui revient au même,

$$s = -\int_\tau^t \mathcal{E} \frac{\Psi(x, t)\, \mathrm{f}(x, t)}{((\mathrm{F}(x, t)))}\, dt,$$

le signe $\mathcal{E}$ du calcul des résidus étant relatif à la variable x.

D'autre part, on aura généralement

$$\mathcal{E} \frac{\Psi(x, t)\, \mathrm{f}(x, t)}{((\mathrm{F}(x, t)))} = \mathcal{E}\left(\left(\frac{\Psi(x, t)\, \mathrm{f}(x, t)}{\mathrm{F}(x, t)}\right)\right) - \mathcal{E} \frac{((\Psi(x, t)\, \mathrm{f}(x, t)))}{\mathrm{F}(x, t)}.$$

On trouvera donc encore

$$(6) \qquad s = \int_\tau^t \mathcal{E} \frac{((\Psi(x, t)\, \mathrm{f}(x, t)))}{\mathrm{F}(x, t)}\, dt - \int_\tau^t \mathcal{E}\left(\left(\frac{\Psi(x, t)\, \mathrm{f}(x, t)}{\mathrm{F}(x, t)}\right)\right) dt.$$

Si, dans la somme s, on fait entrer seulement les intégrales correspondantes à celles des racines

$$x_1, \quad x_2, \quad \ldots$$

qui vérifient certaines conditions, par exemple à celles dans lesquelles les parties réelles et les coefficients de $\sqrt{-1}$ offrent des valeurs comprises entre certaines limites, on devra, dans le second membre de la formule (6), étendre la sommation, que suppose en général l'opération indiquée par le signe $\mathcal{E}$, aux seules valeurs de x qui vérifieront ces mêmes conditions. D'ailleurs, les limites

$$\tau, \quad t$$

de l'intégration relative à la variable t devront toujours être telles que, entre ces limites, chacune des valeurs de x reste fonction continue de t, t lui-même étant fonction continue de x; et il en sera toujours ainsi dès que les deux limites τ, t de l'intégration relative à t se trouveront suffisamment rapprochées l'une de l'autre, la première étant choisie arbitrairement.

On peut, à l'aide de divers théorèmes établis dans les *Exercices de Mathématiques*, faire subir diverses transformations au second membre de la formule (6). Ainsi, en particulier, le résidu intégral que renferme le dernier terme de ce second membre peut toujours être transformé en intégrales définies.

Ainsi encore, lorsque le résidu partiel de la fonction

$$\frac{\Psi\left(\frac{1}{z}, t\right) f\left(\frac{1}{z}, t\right)}{z^2 F\left(\frac{1}{z}, t\right)},$$

relatif à une valeur nulle de z, se réduit à une constante déterminée, on a

$$\mathcal{E}\left(\left(\frac{\Psi(x, t) f(x, t)}{F(x, t)}\right)\right) = \mathcal{E} \frac{\Psi\left(\frac{1}{z}, t\right) f\left(\frac{1}{z}, t\right)}{((z^2)) F\left(\frac{1}{z}, t\right)};$$

et, par suite, la formule (6) donne

$$(7) \qquad s = \int_\tau^t \mathcal{E} \frac{((\Psi(z, t) f(z, t)))}{F(z, t)} dt - \int_\tau^t \mathcal{E} \frac{\Psi\left(\frac{1}{z}, t\right) f\left(\frac{1}{z}, t\right)}{((z^2)) F\left(\frac{1}{z}, t\right)} dt,$$

le signe $\mathcal{E}$ étant relatif, dans chaque terme, à la variable auxiliaire z.

Si la fonction

$$\frac{\Psi(z, t)}{F(z, t)}$$

ne devient jamais infinie qu'avec $\frac{1}{F(z, t)}$, la formule (7) donnera simplement

$$(8)\qquad s = \int_{\tau}^{t} \mathcal{E} \frac{\Psi(z, t)((f(z, t)))}{F(z, t)}\, dt - \int_{\tau}^{t} \mathcal{E} \frac{\Psi\left(\frac{1}{z}, t\right) f\left(\frac{1}{z}, t\right)}{((z^2))\, F\left(\frac{1}{z}, t\right)}\, dt.$$

Si $f(x, t)$ se réduit à une fonction $f(x)$ de la seule variable x, les formules (5) et (8) entraîneront la suivante :

$$(9)\qquad \left\{ \begin{aligned} &\int_{\xi_1}^{x_1} f(x)\, dx + \int_{\xi_2}^{x_2} f(x)\, dx + \dots \\ &= \mathcal{E}\, ((f(z)))\, \mathrm{l} \frac{F(z, t)}{F(z, \tau)} - \mathcal{E} \frac{f\left(\frac{1}{z}\right)}{((z^2))}\, \mathrm{l} \frac{F\left(\frac{1}{z}, t\right)}{F\left(\frac{1}{z}, \tau\right)}. \end{aligned} \right.$$

Il suffirait, d'ailleurs, de prendre

$$F(x, t) = x - t$$

pour réduire la formule (9) à l'équation (1).

Si l'on pose

$$f(x, t) = \mathfrak{f}(x) f(t),$$

les lettres caractéristiques $\mathfrak{f}$ et f indiquant des fonctions de formes diverses, l'équation (8) donnera

$$(10)\qquad s = \mathcal{E}\, ((\mathfrak{f}(z))) \int_{\tau}^{t} \frac{\Psi(z, t)}{F(z, t)} f(t)\, dt - \mathcal{E} \frac{\mathfrak{f}\left(\frac{1}{z}\right)}{((z^2))} \int_{\tau}^{t} \frac{\Psi\left(\frac{1}{z}, t\right)}{F\left(\frac{1}{z}, t\right)} f(t)\, dt.$$

On peut faire des formules (6), (7), (8), (9), (10), comme nous le montrerons dans de prochains articles, de nombreuses et importantes applications. Un cas digne de remarque est celui où l'on a

$$x_1 = \xi_2, \qquad x_2 = \xi_3, \qquad \dots$$

Observons aussi que, dans le cas où l'équation

$$\mathrm{f}(x, t) = 0$$

admet une infinité de racines, la formule (8) ou (10) sert à développer la somme s en série. Pareillement, lorsque l'équation

$$\mathrm{f}(x) = 0$$

admet une infinité de racines, la formule (1) ou (9) sert à développer en série l'intégrale

$$\int_\xi^x \mathrm{f}(x)\,dx$$

ou la somme s. Ainsi, par exemple, si l'on pose

$$\mathrm{f}(x) = \cot x,$$

alors, en vertu d'un théorème établi dans les *Exercices de Mathématiques* (vol. I, p. 112) [1], on verra, dans la formule (1), disparaître le dernier terme du second membre; on trouvera donc

$$\int_\xi^x \cot x\,dx = \Sigma \mathrm{l}\frac{n\pi - x}{n\pi - \xi},$$

la sommation que le signe Σ indique s'étendant à toutes les valeurs entières positives, nulles ou négatives de n; et, comme on aura d'ailleurs

$$\int_\xi^x \cot x\,dx = \mathrm{l}\frac{\sin x}{\sin \xi},$$

on se verra immédiatement ramené à la formule connue

$$\mathrm{l}\frac{\sin x}{\sin \xi} = \Sigma \mathrm{l}\frac{n\pi - x}{n\pi - \xi} \qquad \text{ou} \qquad \frac{\sin x}{\sin \xi} = \frac{x}{\xi}\,\frac{x^2 - \pi^2}{\xi^2 - \pi^2}\,\frac{x^2 - 4\pi^2}{\xi^2 - 4\pi^2}\,\frac{x^2 - 9\pi^2}{\xi^2 - 9\pi^2}\cdots.$$

(1) *Œuvres de Cauchy*, S. II, t. VI, p. 143.

126.

Analyse mathématique. — *Sur la détermination et la réduction des intégrales dont les dérivées renferment une ou plusieurs fonctions implicites d'une même variable.*

C. R., t. XII, p. 1029 (7 juin 1841).

Les formules générales que j'ai données, dans le *Compte rendu* de la séance du 17 mai, pour la détermination et la transformation des intégrales définies ou indéfinies, peuvent être facilement étendues, comme je l'ai dit, au cas où les dérivées des intégrales renferment une ou plusieurs fonctions implicites de la variable x à laquelle l'intégration se rapporte. L'extension dont il s'agit est l'objet du nouveau Mémoire que j'ai l'honneur de présenter aujourd'hui à l'Académie.

Je considère d'abord le cas général où la variable x est liée à d'autres variables

$$y, \quad z, \quad \ldots, \quad t$$

par des équations algébriques ou transcendantes, en vertu desquelles les variables $y, z, \ldots, t$ deviennent des fonctions implicites de x. Si ces mêmes équations permettent d'exprimer en fonctions continues des seules variables x, t chacune des variables $y, z, \ldots,$ les principes établis dans le précédent Mémoire fourniront le moyen de déterminer ou de transformer une intégrale dont la dérivée serait fonction continue de toutes les variables, ou du moins la somme s des valeurs de cette intégrale qui correspondront aux diverses valeurs de la variable x considérée comme fonction de t. On doit surtout remarquer le cas où une seule des équations données renferme la variable t, et où les autres équations renferment seulement les variables $y, z, \ldots$ considérées comme fonctions implicites de x. Dans ce cas, et sous les conditions indiquées par le calcul des résidus, la somme s s'obtient en termes finis, et se trouve exprimée par des fonctions algébriques et logarithmiques de t. La formule qui la détermine comprend elle-même, comme cas particuliers, les belles formules d'Euler, de Lagrange et d'Abel, relatives aux transcendantes elliptiques et aux intégrales dont les dérivées renferment les racines d'une équation algébrique, par exemple, la formule à laquelle Abel est parvenu dans le Mémoire couronné par l'Académie. Pour tirer ces diverses formules de celle que j'ai obtenue, il suffit de réduire les équations données à des équations algébriques, et les diverses fonctions implicites à une seule, par exemple, à un seul radical du second degré ou d'un degré plus élevé. Mais il importe d'observer que je détermine la somme s, lors même que les équations données deviennent transcendantes, et lorsque la dérivée de l'intégrale que l'on considère renferme plusieurs fonctions implicites de la variable x, par exemple, plusieurs radicaux de même degré ou de degrés inégaux.

§ I. — *Considérations générales.*

Supposons la variable x liée à d'autres variables

$$y, \quad z, \quad \ldots, \quad t$$

par les équations algébriques ou transcendantes

$$\text{(1)} \qquad \mathrm{Y}=0, \qquad \mathrm{Z}=0, \qquad \ldots, \qquad \mathrm{T}=0,$$

dont le nombre est égal au nombre de ces autres variables. On pourra considérer les variables $y, z, \ldots, t$ comme des fonctions implicites de x; et, après avoir substitué leurs valeurs tirées des équations (1) dans une fonction

$$f(x, y, z, \ldots, t)$$

de toutes les variables, on pourra chercher la valeur de l'intégrale

$$\text{(2)} \qquad \mathcal{X} = \int_{\xi}^{x} f(x, y, z, \ldots, t)\, dx,$$

ξ désignant une valeur particulière de la variable x.

Supposons maintenant qu'en vertu des équations (1) on puisse exprimer, en fonctions continues des deux variables x, t, les autres variables

$$y, \quad z, \quad \ldots,$$

et que l'élimination de ces dernières variables entre les équations (1) produise l'équation résultante

$$F(x, t) = 0. \tag{3}$$

Si, dans l'intégrale (2), on substitue à la variable principale x la variable t, liée à x par l'équation (3), et si l'on fait, pour abréger,

$$\Phi(x, t) = D_z F(x, t), \qquad \Psi(x, t) = D_t F(x, t),$$

on trouvera

$$\mathcal{X} = -\int_\tau^t \frac{\Psi(x, t)}{\Phi(x, t)} f(x, y, z, \ldots, t)\, dt, \tag{4}$$

τ désignant une valeur particulière de t, à laquelle est censée correspondre la valeur particulière ξ de la variable x. D'ailleurs, les limites τ, t devront être suffisamment rapprochées pour que t reste fonction continue de x, et x de t, entre les limites de l'intégration.

Concevons maintenant que l'équation (3), résolue par rapport à x, fournisse plusieurs racines, c'est-à-dire plusieurs valeurs

$$x_1, \quad x_2, \quad x_3, \quad \ldots$$

de la variable x considérée comme fonction de t. Nommons

$$y_1, \quad y_2, \quad y_3, \quad \ldots; \quad z_1, \quad z_2, \quad z_3, \quad \ldots; \quad \ldots$$

les valeurs correspondantes de la variable y, de la variable z, ...; et

$$s = -\int_\tau^t \frac{\Psi(x_1, t)}{\Phi(x_1, t)} f(x_1, y_1, z_1, \ldots, t)\, dt - \ldots$$

la somme des valeurs correspondantes de l'intégrale $\mathcal{X}$. On pourra présenter la valeur de s sous la forme

$$s = -\int_\tau^t \mathcal{E} \frac{\Psi(x, t)\, f(x, y, z, \ldots, t)}{((F(x, t)))}\, dt \tag{5}$$

ou, ce qui revient au même, sous la forme

$$(6)\quad \begin{cases} s = \displaystyle\int_\tau^t \mathcal{E} \frac{((\Phi(x,t)\,\mathrm{f}(x,y,z,\ldots,t)))}{\mathrm{F}(x,t)}\,dt \\ \quad - \displaystyle\int_\tau^t \mathcal{E} \frac{((\Psi(x,t)\,\mathrm{f}(x,y,z,\ldots,t)))}{\mathrm{F}(x,t)}\,dt. \end{cases}$$

La formule (6) comprend, comme cas particulier, une formule analogue, que j'ai donnée dans le *Compte rendu* de la séance du 17 mai, et s'applique pareillement à la détermination ou à la transformation d'une multitude d'intégrales définies ou indéfinies. Entre les applications que l'on en peut faire, on doit remarquer celles qui se rapportent au cas où, parmi les équations (1), une seule, savoir,

$$\mathrm{T} = 0,$$

renferme la variable t, les autres

$$\mathrm{Y} = 0, \qquad \mathrm{Z} = 0, \qquad \ldots$$

servant à déterminer y, z, ... en fonction de x. Si, dans ce même cas, on suppose la fonction

$$\mathrm{f}(x, y, z, \ldots, t)$$

indépendante de t, les équations (2) et (6) se réduiront à

$$(7)\qquad \mathcal{X} = \int_\xi^x \mathrm{f}(x, y, z, \ldots)\,dx,$$

$$(8)\quad \begin{cases} s = \displaystyle\int_\tau^t \mathcal{E} \frac{((\Psi(x,t)\,\mathrm{f}(x,y,z,\ldots)))}{\mathrm{F}(x,t)}\,dt \\ \quad - \displaystyle\int_\tau^t \mathcal{E} \left(\left(\frac{\Psi(x,t)\,\mathrm{f}(x,y,z,\ldots)}{\mathrm{F}(x,t)}\right)\right) dt; \end{cases}$$

et, si d'ailleurs le rapport

$$\frac{\Psi(x,t)}{\mathrm{F}(x,t)}$$

ne devient infini que pour des valeurs nulles de $\mathrm{F}(x, t)$, on aura

$$\mathcal{E} \frac{((\Psi(x,t)\,\mathrm{f}(x,y,z,\ldots,t)))}{\mathrm{F}(x,t)} = \mathcal{E} \frac{\Psi(x,t)}{\mathrm{F}(x,t)}((\mathrm{f}(x,y,z,\ldots)));$$

en sorte que la formule (8) donnera

$$(9)\quad s = \mathcal{E}((f(x, y, z, \ldots)))\, l\left[\frac{F(x, t)}{F(x, \tau)}\right] - \int_\tau^t \mathcal{E}\left(\left(\frac{\Psi(x, t)\, f(x, y, z, \ldots)}{F(x, t)}\right)\right) dt.$$

Ajoutons que le facteur

$$f(x, y, z, \ldots)$$

pourra être considéré comme une fonction de la seule variable x, dont les variables

$$y,\quad z,\quad \ldots$$

seront elles-mêmes, par hypothèse, des fonctions continues, du moins entre les limites des intégrations; et que, si l'on pose en conséquence

$$f(x, y, z, \ldots) = \varpi(x),$$

on aura, sous les conditions indiquées par le calcul des résidus,

$$\mathcal{E}\left(\left(\frac{\Psi(x, t)\, \varpi(x)}{F(x, t)}\right)\right) = \mathcal{E}\, \frac{\Psi\left(\frac{1}{x}, t\right) \varpi\left(\frac{1}{x}\right)}{((x^2))\, F\left(\frac{1}{x}, t\right)}.$$

Cela posé, la formule (9) donnera simplement

$$(10)\qquad s = \mathcal{E}\, ((\varpi(x)))\, l\left[\frac{F(x, t)}{F(x, \tau)}\right] - \mathcal{E}\, \frac{\varpi\left(\frac{1}{x}\right)}{((x^2))}\, l\left[\frac{F\left(\frac{1}{x}, t\right)}{F\left(\frac{1}{x}, \tau\right)}\right].$$

La formule (10) comprend, comme cas particuliers, les beaux théorèmes d'Euler et d'Abel sur les intégrales dont les dérivées renferment des radicaux du second degré ou, plus généralement, des racines d'équations algébriques. Nous pourrions appliquer immédiatement la formule (10) à divers exemples. Mais les applications deviendront plus faciles quand le second membre sera présenté sous une autre forme que nous donnerons dans le paragraphe suivant.

§ II. — *Méthode abrégée pour la sommation des valeurs d'une intégrale dont la dérivée renferme plusieurs fonctions implicites de la variable x.*

Soit $f(x)$ une fonction donnée de la variable x. Si à cette variable x on substitue une autre variable t liée à x par l'équation

$$F(x, t) = 0, \tag{1}$$

alors, en nommant $\Phi(x, t)$, $\Psi(x, t)$ les deux dérivées partielles de la fonction $F(x, t)$ relatives aux deux variables x, t, et

$$\tau, \quad \xi$$

deux valeurs particulières correspondantes de ces mêmes variables, on aura

$$\int_{\xi}^{x} f(x)\,dx = -\int_{\tau}^{t} \frac{\Psi(x, t)}{\Phi(x, t)} f(x)\,dt. \tag{2}$$

Si, d'ailleurs, on représente par

$$x_1, \quad x_2, \quad \ldots$$

les diverses racines de l'équation (1), c'est-à-dire, les diverses valeurs de la variable x, considérée comme fonction de t en vertu de cette même équation, et si l'on pose, pour abréger,

$$s = \int_{\xi_1}^{x_1} f(x)\,dx + \int_{\xi_2}^{x_2} f(x)\,dx + \ldots = \sum \int_{\xi}^{x} f(x)\,dx, \tag{3}$$

ξ_1, ξ_2, ... étant les valeurs de x_1, x_2, ... qui correspondent à $t = \tau$, on aura

$$s = -\int_{\tau}^{t} \mathcal{E} \frac{\Psi(x, t)}{((F(x, t)))} f(x)\,dt; \tag{4}$$

puis, en supposant que le rapport

$$\frac{\Psi(x, t)}{F(x, t)}$$

ne devienne infini qu'avec

$$\frac{1}{F(x, t)},$$

on tirera de la formule (4)

$$(5)\qquad s = \mathcal{E}((\mathrm{f}(x)))\int_\tau^t \frac{\Psi(x,t)}{\mathrm{F}(x,t)}\,dt - \int_\tau^t \mathcal{E}\left(\left(\mathrm{f}(x)\frac{\Psi(x,t)}{\mathrm{F}(x,t)}\right)\right)dt,$$

ou, ce qui revient au même,

$$(6)\quad \sum\int_\xi^x \mathrm{f}(x)\,dx = \mathcal{E}((\mathrm{f}(x)))\,\mathrm{l}\left[\frac{\mathrm{F}(x,t)}{\mathrm{F}(x,\tau)}\right] - \int_\tau^t \mathcal{E}\left(\left(\mathrm{f}(x)\frac{\Psi(x,t)}{\mathrm{F}(x,t)}\right)\right)dt.$$

On ne doit pas oublier que, dans la formule (6), la sommation indiquée par le signe Σ s'étend aux diverses valeurs de x qui vérifient l'équation (1).

Pour que la formule (6) subsiste, il n'est pas nécessaire que la dérivée de l'intégrale

$$\int_\xi^x \mathrm{f}(x)\,dx,$$

représentée par $\mathrm{f}(x)$, soit une fonction explicite de la variable x; et l'on pourrait, dans la formule dont il s'agit, remplacer $\mathrm{f}(x)$ par une fonction continue

$$\mathrm{f}(x, y, z, \ldots)$$

de la variable x et d'autres variables y, z, ... qui seraient elles-mêmes des fonctions de x déterminées par certaines équations.

Supposons d'abord, pour plus de simplicité, que, dans la formule (6), on remplace $\mathrm{f}(x)$ par $\mathrm{f}(x,y)$, y étant une fonction de x, liée à x par une certaine équation

$$(7)\qquad \mathrm{Y} = 0,$$

dont le premier membre renferme x et y. Supposons, d'ailleurs, qu'à l'équation (7) on joigne une autre équation de la forme

$$(8)\qquad \mathcal{F}(x, y, t) = 0$$

dont le premier membre soit fonction de y et de la nouvelle variable t. Si l'on nomme

$$y_{\prime},\quad y_{\prime\prime},\quad y_{\prime\prime\prime},\quad \ldots$$

les diverses racines de l'équation (7) résolue par rapport à y, c'est-à-dire, les diverses fonctions de x que cette équation donne pour valeurs de y, on pourra, dans la formule (6), remplacer successivement le facteur

$$\mathrm{f}(x)$$

par chacune des fonctions

$$\mathrm{f}(x, y_{\prime}), \quad \mathrm{f}(x, y_{\prime\prime}), \quad \ldots,$$

pourvu que l'on y remplace en même temps

$$\mathrm{F}(x, t)$$

par l'une des fonctions

$$\mathcal{F}(x, y_{\prime}, t), \quad \mathcal{F}(x, y_{\prime\prime}, t), \quad \ldots.$$

On trouvera, par exemple,

$$(9) \quad \left\{ \begin{aligned} \sum \int_{\xi}^{x} \mathrm{f}(x, y_{\prime})\, dx = \mathcal{E}\,((\mathrm{f}(x, y_{\prime})))\,\mathrm{l}\left[\frac{\mathcal{F}(x, y_{\prime}, t)}{\mathcal{F}(x, y_{\prime}, \tau)}\right] \\ - \int_{\tau}^{t} \mathcal{E}\,((\mathrm{f}(x, y_{\prime})\, \mathrm{D}_t \mathrm{l}\, \mathcal{F}(x, y_{\prime}, t)))\, dt, \end{aligned} \right.$$

le signe Σ étant relatif aux seules valeurs de x qui vérifieront l'équation

$$\mathcal{F}(x, y_{\prime}, t) = 0.$$

Cela posé, combinons entre elles, par voie d'addition, la formule (9) et les formules analogues. Nommons

la somme totale des valeurs de l'intégrale

$$\int_{\xi}^{x} \mathrm{f}(x, y)\, dx,$$

correspondantes, non seulement aux diverses valeurs $y_{\prime}, y_{\prime\prime}, \ldots$ de y considérée comme fonction de x, mais encore, pour chaque valeur de y, aux diverses valeurs de x qui vérifient l'équation (8), en sorte qu'on ait

$$(10)\qquad s=\sum\int_{\xi}^{x}\mathrm{f}(x,y_{\prime})\,dx+\sum\int_{\xi}^{x}\mathrm{f}(x,y_{\prime\prime})\,dx+\ldots,$$

le signe Σ se rapportant, dans le premier terme de la valeur de s, aux seules valeurs de x qui vérifient l'équation

$$\mathscr{F}(x,y_{\prime},t)=0,$$

dans le second terme, aux seules valeurs de x qui vérifient l'équation

$$\mathscr{F}(x,y_{\prime\prime},t)=0,\qquad \ldots.$$

Enfin posons, pour abréger,

$$(11)\qquad \mathrm{f}(x,y_{\prime})\,\mathrm{l}\,\mathscr{F}(x,y_{\prime},t)+\mathrm{f}(x,y_{\prime\prime})\,\mathrm{l}\,\mathscr{F}(x,y_{\prime\prime},t)+\ldots=\Pi(x,t).$$

On trouvera

$$(12)\qquad \begin{cases} s=\mathcal{E}((\mathrm{f}(x,y_{\prime})))\,\mathrm{l}\left[\dfrac{\mathscr{F}(x,y_{\prime},t)}{\mathscr{F}(x,y_{\prime},\tau)}\right]+\mathcal{E}((\mathrm{f}(x,y_{\prime\prime})))\,\mathrm{l}\left[\dfrac{\mathscr{F}(x,y_{\prime\prime},t)}{\mathscr{F}(x,y_{\prime\prime},\tau)}\right]+\ldots \\ \qquad -\displaystyle\int_{\tau}^{t}\mathcal{E}((\mathrm{D}_t\,\mathrm{l}\,\Pi(x,t)))\,dt. \end{cases}$$

Pour plus de simplicité, on peut écrire

$$(13)\qquad s=\mathcal{E}((\Pi(x,t)-\Pi(x,\tau)))-\int_{\tau}^{t}\mathcal{E}((\mathrm{D}_t\,\mathrm{l}\,\Pi(x,t)))\,dt,$$

pourvu que, dans l'expression

$$\mathcal{E}((\Pi(x,t)-\Pi(x,\tau))),$$

on étende l'extraction de résidus indiquée par le signe $\mathcal{E}$ aux seules valeurs de x qui rendent infinies les fonctions

$$\mathrm{f}(x,y_{\prime}),\quad \mathrm{f}(x,y_{\prime\prime}),\quad \ldots.$$

Il est bon d'observer que, en vertu de la formule (11),

$$\mathrm{D}_t\,\mathrm{l}\,\Pi(x,t)$$

sera une fonction symétrique des racines de l'équation (7). On aura donc par suite, sous les conditions indiquées par le calcul des résidus,

$$(14) \qquad \mathcal{E}((\mathrm{D}_t \mathrm{l}\,\Pi(x,t))) = \mathcal{E}\frac{\mathrm{D}_t \mathrm{l}\,\Pi\left(\frac{1}{x},t\right)}{((x^2))}.$$

Or, de la formule (13), jointe à la formule (14), on tirera

$$(15) \qquad s = \mathcal{E}((\Pi(x,t) - \Pi(x,\tau))) - \mathcal{E}\frac{\Pi\left(\frac{1}{x},t\right) - \Pi\left(\frac{1}{x},\tau\right)}{((x^2))}.$$

Supposons maintenant que, dans la formule (6), on remplace $f(x)$ par

$$f(x, y, z, \ldots),$$

$y, z, \ldots$ étant des fonctions de x, liées à x par certaines équations

$$(16) \qquad Y = 0, \quad Z = 0, \quad \ldots.$$

Supposons d'ailleurs qu'à l'équation (7) on joigne une autre équation de la forme

$$(17) \qquad \mathfrak{F}(x, y, z, \ldots, t) = 0,$$

dont le premier membre soit fonction de $y, z, \ldots$ et de la nouvelle variable t. Si l'on nomme s la somme des valeurs de l'intégrale

$$\int_\xi^x f(x, y, z, \ldots)\, dx,$$

correspondantes, non seulement aux divers systèmes des valeurs de $y, z, \ldots$, considérées comme fonctions de x, mais aussi aux diverses valeurs que fournira l'équation (17) pour la variable x considérée comme fonction de t; alors, par une marche entièrement semblable à celle que nous avons suivie tout à l'heure, on arrivera encore aux formules (13) et (15), pourvu que l'on pose

$$(18) \qquad \Pi(x, t) = \Sigma f(x, y, z, \ldots)\, \mathrm{l}\,\mathfrak{F}(x, y, z, \ldots, t),$$

la sommation que le signe Σ indique s'étendant aux divers systèmes de valeurs de $y, z, \ldots$ qui vérifient les équations (16).

§ III. — *Exemples.*

Nous donnerons, dans d'autres Mémoires, de nombreuses applications des formules ci-dessus établies et en particulier de la formule (15) du § II. Aujourd'hui, pour mieux constater l'exactitude de cette formule, nous nous bornerons à en déduire quelques théorèmes déjà connus, ou quelques résultats que l'on puisse aisément vérifier à l'aide des méthodes d'intégration généralement adoptées.

Supposons d'abord que l'équation (7) du § II se réduise à

$$y^n = \mathrm{X}, \tag{1}$$

X étant une fonction entière de la seule variable x. Supposons encore que le premier membre $\mathfrak{F}(x, y, t)$ de l'équation

$$\mathfrak{F}(x, y, t) = 0 \tag{2}$$

soit une fonction entière des variables x, y, et que l'on ait

$$\mathrm{f}(x, y) = \frac{\mathfrak{f}(x)}{y}, \tag{3}$$

$\mathfrak{f}(x)$ désignant une fonction rationnelle de la variable x. Les diverses racines

$$y_{\prime},\quad y_{\prime\prime},\quad y_{\prime\prime\prime},\quad \ldots$$

de l'équation (1) seront respectivement proportionnelles aux diverses racines $n^{\text{ièmes}}$ de l'unité; d'où il suit que leurs puissances positives ou négatives, du degré m ou du degré $-m$, offriront une somme nulle, quand m sera un entier non divisible par n, en sorte qu'on aura, par exemple,

$$\frac{1}{y_{\prime}} + \frac{1}{y_{\prime\prime}} + \ldots = 0. \tag{4}$$

D'ailleurs, si l'on pose, pour abréger,

$$\varpi(x, t) = \frac{1}{y_{\prime}}\,\mathrm{l}\,\mathfrak{F}(x, y_{\prime}, t) + \frac{1}{y_{\prime\prime}}\,\mathrm{l}\,\mathfrak{F}(x, y_{\prime\prime}, t) + \ldots, \tag{5}$$

la formule (11) du § II donnera

$$\Pi(x, t) = \mathfrak{f}'(x)\,\varpi(x, t); \tag{6}$$

et, comme de l'équation (5), combinée avec la formule (4), on tirera

$$\varpi(x, t) = \frac{1}{y_{\prime}}\,\mathrm{l}\left[\frac{\mathscr{F}(x, y_{\prime}, t)}{\mathscr{F}(x, 0, t)}\right] + \frac{1}{y_{\prime\prime}}\,\mathrm{l}\left[\frac{\mathscr{F}(x, y_{\prime\prime}, t)}{\mathscr{F}(x, 0, t)}\right] + \ldots,$$

il est clair que la fonction $\varpi(x, t)$ ne deviendra point infinie avec les facteurs

$$\frac{1}{y_{\prime}}, \quad \frac{1}{y_{\prime\prime}}, \quad \ldots.$$

De cette remarque, jointe à l'équation (6), on conclura que, dans la formule (15) du § I, l'expression

$$\mathcal{E}\,((\Pi(x, t) - \Pi(x, \tau)))$$

peut être réduite à

$$\mathcal{E}\,[\varpi(x, t) - \varpi(x, \tau)]\,((\mathfrak{f}'(x))).$$

Donc, en vertu de cette même formule, la valeur de la somme

$$s = \sum \int_{\xi}^{x} \mathfrak{f}(x, y)\,dx = \sum \int_{\xi}^{x} \mathfrak{f}'(x)\,\frac{dx}{y} \tag{7}$$

sera

$$\left\{\begin{aligned} \sum \int_{\xi}^{x} \mathfrak{f}'(x)\,\frac{dx}{y} &= \mathcal{E}\,[\varpi(x, t) - \varpi(x, \tau)]\,((\mathfrak{f}'(x))) \\ &\quad - \mathcal{E}\,\frac{\varpi\left(\frac{1}{x}, t\right) - \varpi\left(\frac{1}{x}, \tau\right)}{((x^2))}\left(\left(\mathfrak{f}'\left(\frac{1}{x}\right)\right)\right). \end{aligned}\right. \tag{8}$$

On ne devra pas oublier que, dans le premier membre de la formule (8), la sommation indiquée par le signe Σ s'étend, non seulement à toutes les valeurs de y qui vérifient l'équation (1), mais aussi, pour chacune de ces valeurs de y, à toutes les valeurs de x qui vérifient l'équation (2).

Si, dans la formule (8), on pose en particulier

$$\mathfrak{f}(x) = \frac{1}{x - a},$$

a désignant une constante arbitrairement choisie, on trouvera simplement

$$(9) \qquad \sum \int_{\xi}^{x} \frac{dx}{(x - a)y} = \varpi(a, t) - \varpi(a, \tau).$$

Enfin, si l'on prend $n = 2$, on aura, dans les formules (8) et (9),

$$\varpi(x, t) = \frac{1}{y_{\prime}} \, \mathrm{l}\, \mathfrak{F}(x, y_{\prime}, t) + \frac{1}{y_{\prime\prime}} \, \mathrm{l}\, \mathfrak{F}(x, y_{\prime\prime}, t),$$

ou, ce qui revient au même,

$$(10) \qquad \varpi(x, t) = \frac{1}{\sqrt{X}} \, \mathrm{l} \left[\frac{\mathfrak{F}(x, \sqrt{X}, t)}{\mathfrak{F}(x, -\sqrt{X}, t)} \right].$$

La formule (8) coïncide au fond avec celles que renferme un Mémoire de M. Broch, inséré dans le t. 20 du *Journal de M. Crelle,* savoir, lorsque n est un nombre pair, avec la formule (58) de ce Mémoire, et lorsque n est un nombre impair, avec la formule (59) (*ibidem*). Le cas particulier où l'on suppose $n = 2$ est celui qu'Abel avait déjà traité (*voir* le t. I des *Œuvres d'Abel,* Mémoire XV). Ajoutons que, dans le cas où les fonctions implicites de x, représentées par y, z, ..., se réduisent à une seule, et où

$$Y, \quad \mathfrak{F}(x, y, t)$$

sont des fonctions entières des variables x, y, la fonction

$$\mathfrak{f}(x, y)$$

étant elle-même une fonction rationnelle de ces variables, la valeur de la somme s pourrait être déterminée à l'aide d'une formule qui a été donnée par Abel dans le Mémoire couronné, et qui doit nécessairement s'accorder avec la formule (15) du § II.

Lorsque $\mathfrak{f}(x)$ se réduit à une fonction entière de x, dont le degré, augmenté d'une unité, reste inférieur à la moitié du degré de la fonction X, la formule (8) donne simplement

$$\sum \int_{\xi}^{x} \mathfrak{f}(x) \frac{dx}{y} = 0. \tag{11}$$

Cette dernière formule comprend, comme cas particulier, le théorème d'Euler relatif à l'intégration de l'équation

$$\frac{dx}{\sqrt{\varpi(x)}} + \frac{dy}{\sqrt{\varpi(y)}} = 0,$$

dans laquelle $\varpi(x)$ représente une fonction entière de x du quatrième degré.

Concevons maintenant que l'on veuille se servir de la formule (15) du § II pour déterminer la somme s des diverses valeurs d'une intégrale dont la dérivée renferme deux fonctions implicites y, z de la variable principale x; et, pour donner un exemple de cette détermination dans un cas très simple, supposons que l'on ait

$$y^2 = \alpha + x, \qquad z^2 = \alpha - x, \tag{12}$$

α désignant une quantité positive. Supposons encore que la variable principale x soit liée à la nouvelle variable t par l'équation

$$y - z = t, \tag{13}$$

et que l'intégration relative à t s'effectue entre deux limites positives dont la plus grande ne dépasse pas $\sqrt{2\alpha}$. Comme on tirera des équations (12) et (13)

$$x^2 = t^2\left(\alpha - \frac{t^2}{4}\right), \tag{14}$$

et, par suite,

$$x = t\left(\alpha - \frac{t^2}{4}\right)^{\frac{1}{2}} \quad \text{ou} \quad x = -t\left(\alpha - \frac{t^2}{4}\right)^{\frac{1}{2}}, \tag{15}$$

l'intégration relative à x s'effectuera elle-même entre deux limites ou positives ou négatives, mais dont les valeurs numériques ne dépasseront pas le nombre α. Ajoutons que l'on déduira de la première des formules (12) deux valeurs de y, savoir

$$y = \sqrt{\alpha + x}, \qquad y = -\sqrt{\alpha + x},$$

et de la seconde des formules (12) deux valeurs de z, savoir

$$z = \sqrt{\alpha - x}, \qquad z = -\sqrt{\alpha - x}.$$

Or, t restant par hypothèse positif et inférieur à $\sqrt{2\alpha}$, il faudra, pour vérifier l'équation (13), supposer nécessairement, ou

$$y = \sqrt{\alpha + x}, \qquad z = \sqrt{\alpha - x}, \qquad x = t\left(\alpha - \frac{t^2}{4}\right)^{\frac{1}{2}},$$

ou

$$y = -\sqrt{\alpha + x}, \qquad z = -\sqrt{\alpha - x}, \qquad x = -t\left(\alpha - \frac{t^2}{4}\right)^{\frac{1}{2}}.$$

Mais l'équation (13) ne pourra plus être vérifiée si l'on y suppose

$$y = \sqrt{\alpha + x}, \qquad z = -\sqrt{\alpha - x},$$

ou bien

$$y = -\sqrt{\alpha + x}, \qquad z = \sqrt{\alpha - x}.$$

Cela posé, soit

$$f(x, y, z)$$

une fonction rationnelle quelconque de x, y, z, et faisons, pour abréger,

$$\xi = \tau\left(\alpha - \frac{\tau^2}{4}\right)^{\frac{1}{2}}, \qquad \Xi = t\left(\alpha - \frac{t^2}{4}\right)^{\frac{1}{2}}.$$

La somme

$$s = \sum \int_{\xi}^{x} f(x, y, z)\, dx$$

des valeurs de l'intégrale

$$\int_{\xi}^{x} f(x, y, z)\, dx$$

qui correspondent, non seulement aux diverses valeurs de y et de z tirées des formules (12), mais aussi, pour chaque système de valeurs de y et de z, aux diverses valeurs de x tirées de la formule (13), se réduira simplement à

$$s = \int_{\xi}^{\Xi} \mathrm{f}(x, \sqrt{\alpha + x}, \sqrt{\alpha - x})\, dx + \int_{-\xi}^{-\Xi} \mathrm{f}(x, -\sqrt{\alpha + x}, -\sqrt{\alpha - x})\, dx,$$

ou, ce qui revient au même, à

$$s = \int_{\xi}^{\Xi} [\mathrm{f}(x, \sqrt{\alpha + x}, \sqrt{\alpha - x}) - \mathrm{f}(-x, -\sqrt{\alpha - x}, -\sqrt{\alpha + x})]\, dx.$$

Telle est la somme dont l'équation (15) du § II déterminera la valeur. En d'autres termes, on aura

$$(16)\qquad s = \int_{\xi}^{x} [\mathrm{f}(x, \sqrt{\alpha + x}, \sqrt{\alpha - x}) - \mathrm{f}(-x, -\sqrt{\alpha - x}, -\sqrt{\alpha + x})]\, dx,$$

les limites ξ, x de l'intégration relative à x étant liées à t et à τ par les formules

$$(17)\qquad \xi = \tau\left(\alpha - \frac{\tau^2}{4}\right)^{\frac{1}{2}}, \qquad x = t\left(\alpha - \frac{t^2}{4}\right)^{\frac{1}{2}}.$$

Si, pour fixer les idées, on prend

$$\mathrm{f}(x, y, z) = \frac{\mathfrak{f}(x)}{y + z},$$

$\mathfrak{f}(x)$ étant une fonction rationnelle de x; alors, en posant, pour abréger,

$$(18)\qquad \begin{cases} \varpi(x, t) = \dfrac{1}{\sqrt{\alpha + x} + \sqrt{\alpha - x}}\, \mathrm{l}\left(\dfrac{\sqrt{\alpha + x} - \sqrt{\alpha - x} - t}{\sqrt{\alpha + x} - \sqrt{\alpha - x} + t}\right) \\ \qquad + \dfrac{1}{\sqrt{\alpha + x} - \sqrt{\alpha - x}}\, \mathrm{l}\left(\dfrac{\sqrt{\alpha + x} + \sqrt{\alpha - x} - t}{\sqrt{\alpha + x} + \sqrt{\alpha - x} + t}\right), \end{cases}$$

on tirera de la formule (15) du § II

$$(19)\qquad \begin{cases} \displaystyle\int_{\xi}^{x} \frac{\mathfrak{f}(x) + \mathfrak{f}(-x)}{\sqrt{\alpha + x} + \sqrt{\alpha - x}}\, dx \\ \displaystyle\quad = \alpha^{\frac{1}{2}}\, \mathfrak{f}(0)\, \mathrm{l}\left(\frac{2\sqrt{\alpha} - t}{2\sqrt{\alpha} + t}\, \frac{2\sqrt{\alpha} + \tau}{2\sqrt{\alpha} - \tau}\right) + \mathcal{E}\, [\varpi(x, t) - \varpi(x, \tau)]\, ((\mathfrak{f}(x))) \\ \displaystyle\qquad - \mathcal{E}\, \frac{\left[\varpi\left(\frac{1}{x}, t\right) - \varpi\left(\frac{1}{x}, \tau\right)\right] \mathfrak{f}\left(\frac{1}{x}\right)}{((x^2))}. \end{cases}$$

Si l'on pose, en particulier, $f(x) = 1$, on trouvera

$$(20) \qquad \int_{\xi}^{x} \frac{dx}{\sqrt{\alpha + x} + \sqrt{\alpha - x}} = t - \tau + \frac{\alpha^{\frac{1}{2}}}{2}\left(\mathrm{l}\,\frac{2\sqrt{\alpha} - t}{2\sqrt{\alpha} + t} - \mathrm{l}\,\frac{2\sqrt{\alpha} - \tau}{2\sqrt{\alpha} + \tau}\right),$$

x étant toujours lié à t, et ξ à τ, par les formules (17) ou, ce qui revient au même, par les suivantes :

$$(21) \qquad t = \sqrt{\alpha + x} - \sqrt{\alpha - x}, \qquad \tau = \sqrt{\alpha + \xi} - \sqrt{\alpha - \xi}.$$

Il est d'ailleurs facile de vérifier l'exactitude de la formule (20), soit à l'aide des méthodes d'intégration généralement suivies, soit même à l'aide de la seule différentiation de ses deux membres.

127.

Analyse mathématique. — *Mémoire sur la nature et les propriétés des racines d'une équation qui renferme un paramètre variable.*

C. R., t. XII, p. 1133 (21 juin 1841).

Les racines d'une équation qui renferme deux variables x, t, et que l'on résout par rapport à la variable x ou, ce qui revient au même, les racines d'une équation qui renferme, avec l'inconnue x, un paramètre variable t, jouissent de diverses propriétés qu'il importe de bien connaître. L'une de ces propriétés est que ces racines sont généralement des fonctions continues du paramètre variable, en sorte qu'elles varient avec ce paramètre par degrés insensibles. Il en résulte que, si, en vertu de la variation du paramètre, une racine réelle vient à disparaître, elle sera immédiatement remplacée par des racines imaginaires. Cette dernière proposition n'est pas à beaucoup près aussi évidente qu'elle semble l'être au premier abord. Il est d'autant plus nécessaire de la démontrer qu'elle ne subsiste pas sans condition. En effet, puisque la forme de l'équation entre x et t est entièrement arbitraire, rien n'empêche de donner pour racine x à cette équation une fonction discontinue du paramètre t, par exemple, la fonction

$$e^{\frac{1}{t}};$$

et il est clair que, dans ce dernier cas, x variera très sensiblement, en passant d'une valeur très petite à une valeur très grande, si le paramètre t, en demeurant très voisin de zéro, passe du négatif au positif.

Pour que l'on soit assuré que la racine x, considérée comme fonction du paramètre t, reste continue dans le voisinage d'une valeur particulière attribuée à ce paramètre, il suffit que le premier membre de l'équation donnée reste lui-même fonction continue des deux variables x, t, dans le voisinage de la valeur particulière de t, et de la valeur correspondante de x. C'est ce que je démontre, en m'appuyant sur un théorème que j'ai donné dans un Mémoire présenté à l'Académie de Turin le 27 novembre 1831. De ce théorème, qui détermine, pour une équation algébrique ou transcendante, le nombre des racines réelles ou imaginaires assujetties à des conditions données, je déduis immédiatement la continuité de la fonction de t qui représente la racine x de l'équation donnée entre x et t; et j'en conclus, par exemple, que si, cette équation étant réelle, plusieurs racines réelles égales viennent à disparaitre, elles se trouveront généralement remplacées par un pareil nombre de racines imaginaires.

Le § I du présent Mémoire est relatif à des équations entre x et t de forme quelconque. Dans le § II je considère des équations d'une forme particulière, savoir celles qui fournissent immédiatement la valeur de t en fonction de x. Parmi les équations de ce genre, on doit surtout remarquer celles qui donnent pour t une fonction réelle et rationnelle de x. Une semblable équation, résolue par rapport à x, ne peut avoir constamment toutes ses racines réelles, pour une valeur réelle quelconque de t, que sous certaines conditions, dont l'une est que les degrés des deux termes de la fraction rationnelle soient égaux, ou diffèrent entre eux d'une seule unité. Les autres conditions consistent en ce que les deux termes, égalés à zéro, fournissent deux nouvelles équations, dont toutes les racines soient réelles et inégales, et que la suite de toutes ces racines réunies et rangées d'après leur ordre de grandeur offre alternativement une racine de l'une des deux nouvelles équations, puis une racine de l'autre. Lorsque ces diverses conditions sont remplies, on peut être assuré, non seulement que l'équation proposée, résolue par rapport à x, a toutes ses racines réelles et inégales pour une valeur quelconque de t, mais encore que chacune de ces racines, pour une valeur croissante de t, est toujours croissante ou toujours décroissante tant qu'elle reste finie. Quelques propositions établies par M. Richelot (*voir* le *Journal de M. Crelle,* t. 21, p. 313) se trouvent comprises dans celles que je viens d'énoncer.

Analyse.

Me proposant de publier dans les *Exercices d'Analyse et de Physique mathématique* le Mémoire dont l'objet vient d'être indiqué, je me bornerai à énoncer ici les principaux théorèmes qui s'y trouvent renfermés, et qui, pour la plupart, se déduisent les uns des autres, en omettant les démonstrations que l'on retrouvera sans beaucoup de peine, surtout si l'on a égard à l'ordre dans lequel ces théorèmes sont présentés.

§ I. — *Considérations générales.*

Dans le § I, j'établis successivement les théorèmes suivants :

Théorème I. — *Nommons*

$$\tau, \quad \xi$$

deux valeurs finies et correspondantes de t et de x, propres à vérifier l'équation

$$F(x, t) = 0, \tag{1}$$

et dans le voisinage desquelles la fonction $F(x, t)$ *reste continue par rapport aux variables x, t. Si l'on attribue à la variable t une valeur très peu différente de τ, par conséquent une valeur de la forme*

$$t = \tau + i,$$

i désignant un accroissement infiniment petit, positif ou négatif ou même imaginaire, l'équation (1), *résolue par rapport à x, offrira une ou plusieurs racines x très peu différentes de ξ, et dont chacune sera de la forme*

$$x = \xi + j,$$

j désignant encore une expression réelle ou imaginaire, infiniment petite, qui convergera en même temps que i vers la limite zéro. De plus, le nombre de ces racines sera précisément le nombre de celles qui se réduiront à ξ dans l'équation

$$F(x, \tau) = 0. \tag{2}$$

Théorème II. — $F(x, t)$ *étant une fonction réelle et déterminée des variables x, t, nommons*

$$\xi, \quad \tau$$

deux valeurs réelles et finies de x et de t, qui vérifient l'équation

$$F(x, t) = 0,$$

et dans le voisinage desquelles la fonction $F(x, t)$ *reste continue. Si τ représente une valeur maximum ou minimum de t, c'est-à-dire si τ est toujours inférieur ou toujours supérieur aux valeurs réelles que t peut acquérir pour des valeurs réelles de x voisines de ξ, l'équation*

$$F(x, t) = 0,$$

résolue par rapport à x, offrira des racines imaginaires pour certaines valeurs réelles de t voisines de la valeur τ.

Théorème III. — *Les mêmes choses étant posées que dans le théorème II, si l'équation*

$$F(x, t) = 0,$$

après avoir acquis m racines réelles égales entre elles, pour une certaine valeur réelle τ de la variable t, vient tout à coup à perdre ces racines réelles, pour une racine réelle de t, très voisine de τ, celles-ci se trouveront remplacées par m racines imaginaires.

THÉORÈME IV. — *Si l'équation*

$$F(x, t) = 0,$$

résolue par rapport à x, a toutes ses racines réelles pour une valeur réelle quelconque de la variable t, cette dernière variable, considérée comme fonction de x, ne pourra jamais acquérir un maximum ou un minimum τ correspondant à une valeur ξ de x tellement choisie que $F(x, t)$ *reste fonction continue dans le voisinage des valeurs ξ et τ des variables x et t.*

THÉORÈME V. — $F(x, t)$ *désignant une fonction réelle des variables x, t, nommons*

$$\xi, \quad \tau$$

deux valeurs réelles de x et de t, propres à vérifier l'équation

$$F(x, t) = 0,$$

et dans le voisinage desquelles la fonction $F(x, t)$ *reste continue, avec sa dérivée* $\Psi(x, t)$ *relative à la variable t. Soit m le nombre de racines égales à ξ dans l'équation*

$$F(x, \tau) = 0,$$

en sorte que le rapport

$$\frac{F(x, \tau)}{(x-\xi)^m}$$

acquière, pour $x = \xi$, une valeur finie différente de zéro; et supposons que l'on puisse en dire autant de la fonction $\Psi(x, \tau)$. *Enfin, nommons θ une racine primitive de l'équation*

$$\theta^{2m} = 1,$$

et posons

$$F(x, \tau) = (x-\xi)^m \mathfrak{F}(x),$$

$$\Pi(x, i) = -\frac{F(x, \tau+i) - F(x, \tau)}{i\mathfrak{F}(x)};$$

i désignant une quantité réelle. L'équation

$$(3) \qquad F(x, \tau+i) = 0$$

offrira, pour de très petites valeurs numériques de i, m racines très peu *différentes de ξ, dont chacune vérifiera l'une des m équations de la forme*

$$(4)\qquad x-\xi=[i\,\Pi(x,i)]^{\frac{1}{m}},\qquad x-\xi=\theta^2[i\,\Pi(x,i)]^{\frac{1}{m}},\qquad \ldots,$$

si le signe de i est celui de la quantité

$$\Pi(\xi,0)=-\frac{\Psi(\xi,\tau)}{\mathcal{F}(\xi)},$$

et l'une des m équations de la forme

$$(5)\qquad x-\xi=\theta[-i\,\Pi(x,i)]^{\frac{1}{m}},\qquad x-\xi=\theta^3[-i\,\Pi(x,i)]^{\frac{1}{m}},\qquad \ldots,$$

si le signe de i est contraire à celui de $\Pi(\xi, 0)$.

Comme, parmi les équations (4), (5), on trouvera seulement deux équations réelles qui seront, ou deux des équations (4), si le nombre m est pair, ou l'une des équations (4) et l'une des équations (5) si m est impair, on conclura du théorème V que, dans l'hypothèse admise et pour $m > 1$, quelques-unes des valeurs de x, propres à vérifier les formules (4) et (5), deviennent imaginaires. Ajoutons que chacune de ces valeurs de x pourra être immédiatement développée en série par la formule de Lagrange.

Théorème VI. — *Les mêmes choses étant posées que dans le théorème II, si la valeur ξ de x représente, non une racine simple, mais une racine multiple de l'équation*

$$F(x,\tau)=0,$$

en sorte que, m racines étant égales à ξ, le rapport

$$\frac{F(x,\tau)}{(x-\xi)^m}$$

acquière, pour $x=\xi$, une valeur finie différente de zéro, l'équation

$$F(x,t)=0,$$

résolue par rapport à x, offrira des racines imaginaires pour certaines valeurs de t voisines de τ.

§ II. — *Sur les racines de l'équation* $t = \varpi(x)$.

Le § II de mon Mémoire se rapporte spécialement aux racines des équations de la forme

$$t = \varpi(x).$$

J'établis successivement, à l'égard de ces mêmes racines, les théorèmes suivants :

Théorème I. — *$\varpi(x)$ étant une fonction réelle et déterminée de x, si la variable t, liée à la variable x par l'équation*

$$t = \varpi(x), \tag{1}$$

acquiert une valeur maximum ou minimum τ pour une valeur réelle et finie de x, représentée par ξ, et dans le voisinage de laquelle la fonction $\varpi(x)$ reste continue, l'équation (1), résolue par rapport à x, offrira des racines imaginaires, pour certaines valeurs de t, voisines de la valeur τ.

Théorème II. — *Si l'équation*

$$t = \varpi(x),$$

résolue par rapport à x, a toutes ses racines réelles, pour une valeur réelle quelconque de la variable t, cette dernière variable ne pourra jamais acquérir un maximum ou un minimum τ correspondant à une valeur réelle ξ de x, dans le voisinage de laquelle la fonction $\varpi(x)$ resterait continue.

Théorème III. — *$\varpi(x)$ étant une fonction réelle et déterminée de x, supposons la variable t liée à la variable x par la formule*

$$t = \varpi(x).$$

Si l'équation

$$\varpi(x) = \tau \tag{2}$$

offre m racines égales à ξ, en sorte qu'on ait

$$\varpi(x) - \tau = (x - \xi)^m \mathcal{f}(x),$$

$\mathcal{F}(x)$ désignant une fonction nouvelle qui acquière, pour $x = \xi$, une valeur finie différente de zéro, l'équation

$$\varpi(x) = \tau + i,$$

ou

$$(x - \xi)^m = \frac{i}{\mathcal{F}(x)}, \tag{3}$$

offrira, pour de très petites valeurs numériques de i, m racines très peu différentes de ξ. Soit d'ailleurs θ une des racines primitives de l'équation

$$\theta^{2m} = 1.$$

Chacune des m racines de l'équation (3), correspondantes à de très petites valeurs numériques de i, vérifiera l'une des m formules

$$x - \xi = \left[\frac{i}{\mathcal{F}(x)}\right]^{\frac{1}{m}}, \qquad x - \xi = \theta^2 \left[\frac{i}{\mathcal{F}(x)}\right]^{\frac{1}{m}}, \qquad \ldots, \tag{4}$$

si le signe de i est en même temps celui de la quantité $\mathcal{F}(x)$, et l'une des m formules

$$x - \xi = \theta \left[-\frac{i}{\mathcal{F}(x)}\right]^{\frac{1}{m}}, \qquad x - \xi = \theta^3 \left[-\frac{i}{\mathcal{F}(x)}\right]^{\frac{1}{m}}, \qquad \ldots, \tag{5}$$

si le signe de i est contraire à celui de $\mathcal{F}(\xi)$.

Théorème IV. — *$\varpi(x)$ étant une fonction réelle et déterminée de la variable x, et cette variable étant liée à la variable t par l'équation*

$$t = \varpi(x),$$

nommons ξ une valeur réelle de x qui représente m racines réelles égales de l'équation

$$\varpi(x) = \tau,$$

en sorte que le rapport

$$\frac{\varpi(x) - \tau}{(x - \xi)^m}$$

acquière, pour $x = \xi$, une valeur finie différente de zéro. Si la fonction $\varpi(x)$ reste continue dans le voisinage de la valeur $x = \xi$, l'équation (1), ou

$$\varpi(x) = t,$$

résolue par rapport à x, offrira des racines imaginaires pour certaines valeurs réelles de t voisines de τ.

THÉORÈME V. — *$\varpi(x)$ étant une fonction réelle et déterminée de x, qui ne cesse d'être continue qu'en devenant infinie, si l'équation*

$$t = \varpi(x),$$

résolue par rapport à x, a toutes ses racines réelles pour une valeur réelle quelconque de t, non seulement chacune des deux équations

$$\varpi(x) = 0, \tag{6}$$

$$\frac{1}{\varpi(x)} = 0 \tag{7}$$

aura pareillement toutes ses racines réelles, mais, de plus, deux racines réelles distinctes de l'équation (6) comprendront toujours entre elles une seule racine réelle de l'équation (7), et, réciproquement, deux racines réelles distinctes de l'équation (7) comprendront toujours entre elles une seule racine réelle de l'équation (6).

THÉORÈME VI. — *Les mêmes choses étant posées que dans le théorème V, si les racines réunies des équations (6) et (7) sont rangées par ordre de grandeur, de manière à former une suite croissante, les divers termes de cette suite appartiendront alternativement à l'une et à l'autre équation; si d'ailleurs on nomme*

$$a, \quad a'$$

deux racines consécutives de l'équation (7), la seconde de ces racines a' pouvant être remplacée par l'infini positif ∞, et la première a par l'infini négatif $-\infty$, la variable

$$t = \varpi(x)$$

sera toujours croissante ou toujours décroissante, tandis que la variable x passera de la limite a à la limite a'.

Pour montrer une application très simple des théorèmes qui précèdent, supposons

$$\varpi(x) = \operatorname{tang} \alpha x,$$

α désignant une constante réelle. Alors l'équation (1), réduite à

$$t = \operatorname{tang} \alpha x,$$

ou, ce qui revient au même, à

$$t = \frac{\sin \alpha x}{\cos \alpha x},$$

aura, comme on sait, toutes ses racines x réelles. Donc, en vertu des théorèmes V et VI, les racines des deux équations (6) et (7), ou

$$\sin \alpha x = 0 \qquad \text{et} \qquad \cos \alpha x = 0,$$

étant réunies et rangées par ordre de grandeur, appartiendront alternativement à l'une et à l'autre équation, ce qui est exact. De plus, la fonction

$$t = \operatorname{tang} \alpha x$$

sera toujours croissante, tandis que la variable x croîtra, en passant d'un terme quelconque de la série

$$\ldots \quad -\frac{3\pi}{2\alpha}, \quad -\frac{\pi}{2\alpha}, \quad \frac{\pi}{2\alpha}, \quad \frac{3\pi}{2\alpha}, \quad \ldots,$$

qui offre les diverses racines de l'équation $\cos \alpha x = 0$, rangées par ordre de grandeur, au terme suivant.

Dans les théorèmes qui précèdent, la fonction $\varpi(x)$ était supposée réelle. Dans ceux qui suivent, elle est de plus rationnelle, c'est-à-dire représentée par une fraction dont les deux termes se réduisent à des fonctions entières de la variable x.

Théorème VII. — *$\varpi(x)$ étant une fonction réelle et rationnelle de x, si l'équation*

$$\varpi(x) = t,$$

résolue par rapport à x, a toutes ses racines réelles pour une valeur réelle quelconque de t, les degrés des deux termes de la fraction rationnelle $\varpi(x)$ seront égaux ou différeront entre eux d'une seule unité; de plus les racines de chacune des équations

$$\varpi(x) = 0, \qquad \frac{1}{\varpi(x)} = 0$$

seront réelles et inégales; enfin toutes ces racines réunies et rangées par ordre de grandeur, de manière à former une suite croissante, appartiendront alternativement à l'une et à l'autre équation.

Théorème VIII. — *$\varpi(x)$ étant une fonction réelle et rationnelle de x, si les degrés des deux termes de cette fonction ou fraction rationnelle sont égaux ou diffèrent entre eux d'une seule unité; si d'ailleurs les racines de chacune des équations*

$$\varpi(x) = 0, \qquad \frac{1}{\varpi(x)} = 0$$

sont toutes réelles et inégales; si enfin ces racines, rangées par ordre de grandeur, appartiennent alternativement à l'une et à l'autre équation; alors, résolue par rapport à x, l'équation

$$\varpi(x) = t$$

aura toutes ses racines réelles pour une valeur réelle quelconque de la variable t.

Théorème IX. — *Les mêmes choses étant posées que dans le théorème VIII, si l'on représente par*

$$a_1, \quad a_2, \quad a_3 \quad \ldots$$

les racines finies de l'équation

$$\frac{1}{\varpi(x)} = 0,$$

rangées dans leur ordre de grandeur, de manière à former une suite croissante, la valeur de

$$t = \varpi(x)$$

sera toujours croissante ou toujours décroissante, tandis que la variable x croîtra en passant d'un terme de la série

$$(8) \qquad -\infty, \quad a_1, \quad a_2, \quad a_3, \quad \ldots, \quad \infty$$

au terme suivant.

Posons, pour fixer les idées,

$$\varpi(x) = k\,\frac{\psi(x)}{\varphi(x)},$$

k désignant une constante réelle, et $\varphi(x)$, $\psi(x)$ désignant deux fonctions entières de x, dans chacune desquelles la plus haute puissance de x ait pour coefficient l'unité. L'équation

$$t=\varpi(x)$$

pourra s'écrire comme il suit

$$\frac{t}{k}=\frac{\psi(x)}{\varphi(x)},$$

et pour bien comprendre le théorème IX, il sera nécessaire de distinguer trois cas, suivant que la différence entre le degré de $\psi(x)$ et le degré de $\varphi(x)$ sera

$$1 \quad \text{ou} \quad 0 \quad \text{ou} \quad -1.$$

Dans le premier cas, $-\infty$, $+\infty$ seront racines de l'équation

$$\frac{1}{\varpi(x)}=0,$$

et la valeur du rapport

$$\frac{t}{k}$$

croîtra sans cesse en passant de la limite $-\infty$ à la limite ∞, tandis que la variable x croîtra en passant d'un terme de la série (8) au terme suivant.

Dans le troisième cas, $-\infty$, $+\infty$ seront racines de l'équation

$$\varpi(x)=0;$$

et, tandis que la variable x croîtra en passant d'un terme a' de la série (8) au terme suivant a'', la valeur du rapport

$$\frac{t}{k}$$

décroîtra sans cesse, en passant de la limite 0 à la limite $-\infty$, si l'on a $a'=-\infty$, de la limite ∞ à la limite zéro, si l'on a $a''=\infty$, et de la limite ∞ à la limite $-\infty$, si a' et a'' conservent des valeurs finies.

Enfin, dans le second cas, $-\infty$, $+\infty$ seront racines de l'équation

$$\varpi(x)=k;$$

et, tandis que la variable x croîtra en passant d'un terme quelconque a' de la série (8) au terme suivant a'', la valeur du rapport

$$\frac{t}{k}$$

croîtra ou décroîtra sans cesse, en passant généralement de la limite $-\infty$ à la limite ∞, ou réciproquement, suivant que la plus petite racine $b_{,}$ de l'équation

$$\varpi(x) = 0$$

sera inférieure ou supérieure à la plus petite racine $a_{,}$ de l'équation

$$\frac{1}{\varpi(x)} = 0.$$

Ajoutons que la première des valeurs extrêmes du rapport $\frac{t}{k}$, si l'on a

$$a' = -\infty,$$

et la seconde, si l'on a

$$a'' = \infty,$$

devront cesser d'être infinies, et se réduiront simplement à l'unité

128.

Analyse mathématique. — *Sur la détermination et la transformation d'un grand nombre d'intégrales définies nouvelles.*

C. R., t. XII, p. 1145 (21 juin 1841).

Des formules générales que j'ai données dans les *Exercices de Mathématiques*, et qui s'y trouvent déduites du calcul des résidus, fournissent immédiatement les valeurs d'une multitude d'intégrales définies, dont les unes étaient connues, les autres inconnues. Parmi ces formules, l'une des plus remarquables est celle qui détermine les valeurs des intégrales prises entre les limites $-\infty$, $+\infty$, et qui comprend comme cas particuliers quelques résultats obtenus par Euler et par M. Laplace. Or mes dernières recherches sur le calcul des résidus permettent d'étendre considérablement cette même formule, ou plutôt de la remplacer par d'autres qui peuvent être appliquées à la détermination ou à la transformation d'un grand nombre d'intégrales définies nouvelles. Je vais expliquer en peu de mots la marche que j'ai suivie pour arriver aux nouvelles formules dont il est ici question.

Les théorèmes généraux de Calcul intégral que j'ai présentés à l'Académie dans les précédentes séances servent à déterminer ou à transformer une intégrale définie, relative à x, ou plutôt la somme s des valeurs de cette intégrale qui correspondent aux diverses valeurs de x considérée comme une fonction implicite d'une autre variable t. Supposons maintenant ces diverses valeurs représentées par autant d'intégrales dont chacune offre pour seconde limite l'origine de l'intégrale suivante. Il est clair que, dans ce cas particulier, la somme s pourra être réduite à une intégrale unique que les théorèmes dont il s'agit serviront à déterminer ou à transformer. Tel est le principe très simple à l'aide duquel je déduis des formules générales précédemment établies celles qui forment l'objet spécial de ce nouveau Mémoire.

Analyse.

§ I. — *Formules générales.*

La variable x étant liée à la variable t par l'équation

$$F(x, t) = 0, \tag{1}$$

nommons $\Phi(x, t)$, $\Psi(x, t)$ les dérivées partielles de la fonction $F(x, t)$, relatives à x et à t. Soient de plus

$$f(x) \quad \text{ou} \quad f(x, t)$$

une autre fonction de la variable x ou des deux variables x, t, et deux valeurs correspondantes de ces mêmes variables. On aura

$$(2)\qquad \int_{\xi}^{x} f(x)\,dx = -\int_{\tau}^{t} f(x)\,\frac{\Psi(x,t)}{\Phi(x,t)}\,dt,$$

ou, plus généralement,

$$(3)\qquad \int_{\xi}^{x} f(x,t)\,dx = -\int_{\tau}^{t} f(x,t)\,\frac{\Psi(x,t)}{\Phi(x,t)}\,dt,$$

pourvu que chacune des variables x, t reste fonction continue de l'autre, entre les limites de l'intégration. Pour que cette condition soit remplie, lorsque les deux variables restent réelles, il est nécessaire et il suffit qu'elles varient simultanément par degrés insensibles et que, pour des valeurs croissantes de l'une, l'autre soit toujours croissante, ou toujours décroissante, du moins entre les limites que l'on considère.

Lorsque, dans une intégrale définie relative à x, on remplacera, comme on vient de le dire, la variable x par une nouvelle variable t, l'équation (1), qui caractérisera la relation établie entre les deux variables x et t, sera ce que nous appellerons l'équation *caractéristique*.

On ne devra pas oublier que la variable t est regardée comme fonction de x, dans le premier membre de la formule (3), et la variable x comme fonction de t dans le second membre. D'ailleurs l'équation (1), résolue, soit par rapport à t, soit par rapport à x, peut, dans une hypothèse comme dans l'autre, fournir ou une seule racine ou plusieurs racines diverses. Concevons, pour fixer les idées, que l'équation (1), résolue par rapport à x, fournisse diverses racines

$$x = x_1, \qquad x = x_2, \qquad \ldots$$

représentées par des fonctions de t qui se réduisent aux quantités

$$\xi = \xi_1, \qquad \xi = \xi_2, \qquad \ldots$$

dans le cas particulier où l'on suppose $t = \tau$. Puisque les deux variables x, t doivent, entre les limites de l'intégration, rester fonctions continues l'une de l'autre, il est clair qu'à chaque valeur de x, considérée comme fonction de t, répondra, dans la formule (3), une seule valeur de t considérée comme fonction de x. Mais aux diverses valeurs de x, considérée comme fonction de t, correspondront généralement diverses valeurs de l'intégrale

$$\int_{\zeta}^{x} \mathrm{f}(x, t)\, dx;$$

et, en nommant s la somme de ces valeurs, c'est-à-dire en posant, pour abréger,

$$(4) \qquad s = \int_{\xi_1}^{x_1} \mathrm{f}(x, t)\, dx + \int_{\xi_2}^{x_2} \mathrm{f}(x, t)\, dx + \ldots,$$

on tirera de la formule (3)

$$s = -\int_{\tau}^{t} \mathcal{E} \frac{\mathrm{f}(z, t)\, \Psi(z, t)}{((\mathrm{F}(z, t)))},$$

ou, ce qui revient au même,

$$(5) \qquad s = \int_{\tau}^{t} \mathcal{E} \frac{((\mathrm{f}(z, t)\, \Psi(z, t)))}{\mathrm{F}(z, t)}\, dt - \int_{\tau}^{t} \mathcal{E} \left(\left(\frac{\mathrm{f}(z, t)\, \Psi(z, t)}{\mathrm{F}(z, t)} \right) \right) dt,$$

le signe $\mathcal{E}$ étant relatif à la variable auxiliaire z.

Avant d'aller plus loin, nous avons une remarque importante à faire. Dans chacune des intégrales que renferme la formule (4), t est considéré comme fonction de x. Mais la valeur de t en x pourra varier dans le passage d'une intégrale à une autre, si l'équation (1), résolue par rapport à t, offre plusieurs racines. En effet, la condition à laquelle cette valeur de t est assujettie, c'est que, dans chaque intégrale de la forme

$$\int_{\xi}^{x} \mathrm{f}(x, t)\, dx,$$

elle se réduise à τ pour $x = \xi$. Or la valeur de t qui remplit cette condition peut changer de forme avec la valeur de ξ. Si, par exemple, on a

$$\mathrm{F}(x, t) = x^2 + tx + t^2 - 1 \qquad \text{et} \qquad \tau = 0,$$

on trouvera pour valeurs de ξ

$$1 \quad \text{et} \quad -1.$$

Or l'équation

$$x^2 + tx + t^2 - 1 = 0,$$

résolue par rapport à t, donnera

$$t = -\tfrac{1}{2}x + \sqrt{1 - \tfrac{3}{4}x^2} \quad \text{ou} \quad t = -\tfrac{1}{2}x - \sqrt{1 - \tfrac{3}{4}x^2};$$

et, de ces deux dernières valeurs de t, la première s'évanouira pour $x = 1$, la seconde pour $x = -1$. Remarquons toutefois que, si, dans cet exemple, les deux valeurs de t étaient présentées sous la forme

$$t = \tfrac{1}{2}x\left(-1 + \sqrt{\frac{4}{x^2} - 3}\right), \qquad t = \tfrac{1}{2}x\left(-1 - \sqrt{\frac{4}{x^2} - 3}\right),$$

la première seule aurait la double propriété de s'évanouir à la fois pour $x = 1$ et pour $x = -1$.

Revenons à la formule (5). Si le rapport

$$\frac{\Psi(z, t)}{F(z, t)}$$

ne devient infini que pour des valeurs nulles de $F(z, t)$, si d'ailleurs le résidu de la fraction

$$\frac{f\left(\frac{1}{z}, t\right)\Psi\left(\frac{1}{z}, t\right)}{z^2 F\left(\frac{1}{z}, t\right)},$$

relatif à une valeur nulle de z, offre une valeur déterminée, cette formule donnera

$$(6) \qquad s = \int_\tau^t \mathcal{E}\, \frac{\Psi(z, t)\,((f(z, t)))}{F(z, t)}\, dt - \int_\tau^t \mathcal{E}\, \frac{\Psi\left(\frac{1}{z}, t\right) f\left(\frac{1}{z}, t\right)}{((z^2))\, F\left(\frac{1}{z}, t\right)}\, dt.$$

Si l'on remplace $f(x, t)$ par un produit de la forme

$$f(x) f(t),$$

l'équation (6) deviendra

$$(7)\qquad s = \mathcal{E}((\mathrm{f}(z)))\int_\tau^t \frac{\Psi(z,t)}{\mathrm{F}(z,t)} f(t)\,dt - \mathcal{E}\frac{\mathrm{f}\left(\frac{1}{z}\right)}{((z^2))}\int_\tau^t \frac{\Psi\left(\frac{1}{z},t\right)}{\mathrm{F}\left(\frac{1}{z},t\right)} f(t)\,dt.$$

Enfin, si l'on remplace $\mathrm{f}(x,t)$ par une fonction $\mathrm{f}(x)$ de la seule variable x, ou par une fonction $f(t)$ de la seule variable t, on trouvera dans le premier cas

$$(8)\qquad \int_{\xi_1}^{x_1}\mathrm{f}(x)\,dx + \int_{\xi_2}^{x_2}\mathrm{f}(x)\,dx + \ldots = \mathcal{E}((\mathrm{f}(z)))\,1\frac{\mathrm{F}(z,t)}{\mathrm{F}(z,\tau)} - \mathcal{E}\frac{\mathrm{f}\left(\frac{1}{z}\right)}{((z^2))}\,1\frac{\mathrm{F}\left(\frac{1}{z},t\right)}{\mathrm{F}\left(\frac{1}{z},\tau\right)},$$

et dans le second cas

$$(9)\qquad \int_{\xi_1}^{x_1} f(t)\,dx + \int_{\xi_2}^{x_2} f(t)\,dx + \ldots = -\,\mathcal{E}\frac{1}{((z^2))}\int_\tau^t \frac{\Psi\left(\frac{1}{z},t\right)}{\mathrm{F}\left(\frac{1}{z},t\right)} f(t)\,dt.$$

Parmi les formes diverses que peut acquérir la fonction $\mathrm{F}(x,t)$, on doit remarquer celles dans lesquelles les variables x, t sont séparées. Cette séparation aura lieu, par exemple, si l'on pose

$$\mathrm{F}(x,t) = t^n - \varpi(x),$$

n étant un nombre entier quelconque, et $\varpi(x)$ une fonction déterminée de x, c'est-à-dire, en d'autres termes, si l'équation (1) se réduit à

$$(10)\qquad t^n = \varpi(x).$$

Dans ce cas, la formule (7) donnera

$$(11)\qquad s = \mathcal{E}((\mathrm{f}(z)))\int_\tau^t \frac{nt^{n-1}}{t^n - \varpi(z)} f(t)\,dt - \mathcal{E}\frac{\mathrm{f}\left(\frac{1}{z}\right)}{((z^2))}\int_\tau^t \frac{nt^{n-1}}{t^n - \varpi\left(\frac{1}{z}\right)} f(t)\,dt.$$

Si l'on suppose en particulier $n = 1$, l'équation (10) sera réduite à

$$(12)\qquad t = \varpi(x),$$

et les formules (7), (9) donneront

$$(13)\qquad s = \mathcal{E}((f(z)))\int_\tau^t \frac{f(t)}{t-\varpi(z)}\,dt - \mathcal{E}\frac{f\left(\frac{1}{z}\right)}{((z^2))}\int_\tau^t \frac{f(t)}{t-\varpi\left(\frac{1}{z}\right)}\,dt,$$

$$(14)\qquad \int_{\xi_1}^{x_1} f(t)\,dx + \int_{\xi_2}^{x_2} f(t)\,dx + \ldots = \mathcal{E}\frac{1}{((z^2))}\int_\tau^t \frac{f(t)}{\varpi\left(\frac{1}{z}\right)-t}\,dt.$$

§ II. — *Formules relatives au cas où les racines de l'équation caractéristique sont toutes réelles.*

Parmi les résultats que l'on peut déduire des principes établis dans le premier paragraphe, on doit surtout remarquer ceux que l'on obtient quand on suppose que l'équation caractéristique, résolue par rapport à la variable x, a toutes ses racines réelles pour une valeur réelle quelconque de la variable t.

Admettons cette hypothèse; supposons encore, pour plus de simplicité, que l'équation caractéristique se présente sous la forme

$$(1)\qquad t = \varpi(x),$$

$\varpi(x)$ désignant une fonction réelle et déterminée de x; et concevons d'abord que cette fonction $\varpi(x)$ se réduise à une fraction rationnelle. On pourra prendre

$$\varpi(x) = k\,\frac{\psi(x)}{\varphi(x)},$$

k désignant une constante réelle et $\varphi(x)$, $\psi(x)$ deux fonctions entières de x dans chacune desquelles le coefficient de la plus haute puissance de x se réduise à l'unité. Cela posé, chacune des deux équations

$$(2)\qquad \varpi(x) = 0,$$

$$(3)\qquad \frac{1}{\varpi(x)} = 0,$$

et par suite aussi chacune des deux équations

$$(4)\qquad \psi(x) = 0,$$

$$(5)\qquad \varphi(x) = 0,$$

aura toutes ses racines réelles et inégales. Supposons que ces racines, rangées d'après leur ordre de grandeur, de manière à former une suite croissante, soient respectivement

$$(6) \qquad a_1, \quad a_2, \quad a_3, \quad \ldots$$

pour l'équation (5), et

$$(7) \qquad b_1, \quad b_2, \quad b_3, \quad \ldots$$

pour l'équation (4). Suivant ce qui a été dit dans le précédent Mémoire, deux termes consécutifs de chacune des suites (6), (7) comprendront entre eux un seul terme de l'autre suite, et les degrés des fonctions entières

$$\psi(x) = (x - b_1)(x - b_2)\ldots, \qquad \varphi(x) = (x - a_1)(x - a_2)\ldots$$

seront égaux ou différeront entre eux d'une seule unité. On aura donc trois cas à considérer suivant que la différence entre le degré de $\psi(x)$ et le degré de $\varphi(x)$ sera

$$1 \text{ ou } 0 \text{ ou } -1.$$

Si l'on nomme n le nombre qui représente les degrés lorsqu'ils sont égaux, et le plus grand des deux, quand ils sont inégaux, ces mêmes degrés seront respectivement, dans le premier cas,

$$n \text{ et } n-1;$$

dans le second cas

$$n \text{ et } n;$$

dans le troisième cas

$$n-1 \text{ et } n.$$

On aura par suite, dans le premier cas,

$$(8) \qquad t = k\frac{(x - b_1)(x - b_2)\ldots(x - b_n)}{(x - a_1)\ldots(x - a_{n-1})};$$

dans le second cas

$$(9) \qquad t = k\frac{(x - b_1)(x - b_2)\ldots(x - b_n)}{(x - a_1)(x - a_2)\ldots(x - a_n)};$$

et dans le troisième cas

$$(10)\qquad t = k\frac{(x-b_1)\ldots(x-b_{n-1})}{(x-a_1)(x-a_2)\ldots(x-a_n)}.$$

Voyons maintenant quelles seront, pour ces trois valeurs de t, les valeurs de la somme désignée dans le premier paragraphe par la lettre s.

Dans le premier cas, tandis que la variable x passera d'un terme de la série

$$-\infty,\quad a_1,\quad a_2,\quad \ldots,\quad a_{n-1},\quad \infty$$

au terme suivant, le rapport

$$\frac{t}{k}$$

croîtra sans cesse, en passant de la limite $-\infty$ à la limite ∞. Donc alors, dans les diverses formules du premier paragraphe, on pourra prendre pour

$$t \quad\text{et}\quad \tau$$

deux quantités finies quelconques. L'équation (8), résolue par rapport à x, fournira d'ailleurs, pour une valeur quelconque de t ou de τ, les valeurs correspondantes des quantités

$$x_1,\quad x_2,\quad \ldots,\quad x_n$$

ou

$$\xi_1,\quad \xi_2,\quad \ldots,\quad \xi_n,$$

qui se trouveront comprises, la première entre les limites $-\infty$, a_1, la seconde entre les limites a_1, a_2, ..., la dernière entre les limites a_{n-1}, ∞.

Si, pour fixer les idées, on prend

$$\tau = 0,\qquad \frac{t}{k} = \infty,$$

la formule (4) du § I donnera

$$(11)\qquad s = \int_{b_1}^{a_1} f(x,t)\,dx + \int_{b_2}^{a_2} f(x,t)\,dx + \ldots + \int_{b_n}^{\infty} f(x,t)\,dx.$$

Si l'on prend, au contraire,

$$\frac{\tau}{k} = -\infty, \qquad t = 0,$$

la même formule donnera

$$(12) \qquad s = \int_{-\infty}^{b_1} \mathrm{f}(x, t)\,dx + \int_{a_2}^{b_2} \mathrm{f}(x, t)\,dx + \ldots + \int_{a_{n-1}}^{b_n} \mathrm{f}(x, t)\,dx.$$

Enfin, si l'on prend

$$\frac{\tau}{k} = -\infty, \qquad \frac{t}{k} = \infty,$$

on trouvera

$$s = \int_{-\infty}^{a_1} \mathrm{f}(x, t)\,dx + \int_{a_1}^{a_2} \mathrm{f}(x, t)\,dx + \ldots + \int_{a_{n-1}}^{\infty} \mathrm{f}(x, t)\,dx$$

ou, ce qui revient au même,

$$(13) \qquad s = \int_{-\infty}^{\infty} \mathrm{f}(x, t)\,dx.$$

D'ailleurs, la valeur de s que détermine la formule (11) ou (12) s'exprimera, en vertu de l'équation (6) du § Ier, à l'aide d'intégrales définies relatives à t, et prises entre deux limites dont l'une sera zéro, l'autre étant $\pm\infty$. La même équation, appliquée à la valeur de s que détermine la formule (13), donnera

$$(14) \quad \pm\int_{-\infty}^{\infty} \mathrm{f}(x, t)\,dx = \int_{-\infty}^{\infty} \mathcal{E}\,((\mathrm{f}(z, t)))\,\frac{dt}{t - \varpi(z)} - \int_{-\infty}^{\infty} \mathcal{E}\,\frac{\mathrm{f}(z, t)}{((z^2))}\,\frac{dt}{t - \varpi\left(\frac{1}{z}\right)},$$

le double signe $\pm$ devant être réduit au signe $+$ ou au signe $-$, suivant que la constante k sera positive ou négative.

Considérons maintenant le second cas où la valeur de t en x est fournie par l'équation (9). Dans ce cas, tandis que la variable x passera d'un terme de la série

$$-\infty, \quad a_1, \quad a_2, \quad \ldots, \quad a_{n-1}, \quad a_n, \quad \infty$$

au terme suivant, le rapport

$$\frac{t}{k}$$

croîtra ou décroîtra sans cesse, suivant que l'on aura $a_1 < b_1$ ou $b_1 < a_1$. De plus les deux limites entre lesquelles croîtra ou décroîtra le rapport $\frac{t}{k}$ seront généralement $-\infty$ et $+\infty$ ou $+\infty$ et $-\infty$. Seulement l'une de ces limites se trouvera remplacée par l'unité quand l'une des limites de la variable x sera $-\infty$ ou ∞. Par conséquent on pourra prendre, pour

$$t \quad \text{et} \quad \tau,$$

dans les diverses formules du § Ier, non plus deux quantités finies quelconques, mais deux quantités finies simultanément comprises, soit entre les limites

$$k \quad \text{et} \quad \infty,$$

soit entre les limites

$$-\infty \quad \text{et} \quad k.$$

Si d'ailleurs on nomme

$$(15) \qquad -\infty, \quad c_1, \quad c_2, \quad \ldots, \quad c_{n-1}, \quad \infty$$

les n racines de l'équation

$$\varpi(x) = k \qquad \text{ou} \qquad \psi(x) = \varphi(x),$$

l'équation (9), résolue par rapport à x, fournira, pour une valeur quelconque de t ou de τ, les valeurs correspondantes des quantités

$$x_1, \quad x_2, \quad \ldots, \quad x_n$$

ou

$$\xi_1, \quad \xi_2, \quad \ldots, \quad \xi_n,$$

qui se trouveront comprises, ou, la première entre les limites $-\infty$, a_1, la seconde entre les limites c_1, a_2, ..., la dernière entre les limites c_{n-1}, a_n; ou bien, la première entre les limites a_1, c_1, la seconde entre les limites a_2, c_2, ..., la dernière entre les limites a_n, ∞.

Si, pour fixer les idées, on prend

$$\tau = k, \qquad t = \frac{\infty}{b_1 - a_1} k,$$

la formule (4) du § Ier donnera

$$(16) \qquad s = \int_{-\infty}^{a_1} \mathrm{f}(x, t)\,dx + \int_{c_1}^{a_2} \mathrm{f}(x, t)\,dx + \ldots + \int_{c_{n-1}}^{a_n} \mathrm{f}(x, t)\,dx.$$

Si l'on prend au contraire

$$\tau = \frac{-\infty}{b_1 - a_1} k, \qquad t = k,$$

la même formule donnera

$$(17) \qquad s = \int_{a_1}^{c_1} \mathrm{f}(x, t)\,dx + \int_{a_2}^{c_2} \mathrm{f}(x, t)\,dx + \ldots + \int_{a_n}^{\infty} \mathrm{f}(x, t)\,dx;$$

et il suffira d'ajouter la somme (16) à la somme (17), pour obtenir une nouvelle somme équivalente à l'intégrale

$$\int_{-\infty}^{\infty} \mathrm{f}(x, t)\,dx.$$

D'ailleurs la valeur de s, que détermine la formule (11) ou (12), s'exprimera, en vertu de la formule (6) du § Ier, à l'aide d'intégrales définies relatives à t, prises entre les limites

$$k, \quad \frac{\infty}{b_1 - a_1} k,$$

ou entre les limites

$$\frac{-\infty}{b_1 - a_1} k \quad \text{et} \quad k.$$

Donc, à l'aide d'intégrales de la même forme, mais prises entre les limites

$$\frac{-\infty}{b_1 - a_1} k \quad \text{et} \quad \frac{\infty}{b_1 - a_1} k,$$

on pourra exprimer la valeur de l'intégrale

$$\int_{-\infty}^{\infty} \mathrm{f}(x, t)\,dx.$$

On se trouvera ainsi ramené de nouveau à la formule (14). Seulement, dans cette formule, le double signe $\pm$ devra être réduit au signe $+$ ou au signe $-$, suivant que la constante $\frac{k}{b_1 - a_1}$ sera positive ou négative.

Si à la limite k de la variable t on substituait la limite zéro, il faudrait, à n termes consécutifs de la suite

$$-\infty, \quad c_1, \quad c_2, \quad \ldots, \quad c_n, \quad \infty,$$

substituer les quantités

$$b_1, \quad b_2, \quad \ldots, \quad b_n.$$

D'ailleurs zéro sera renfermé entre les deux limites

$$k \quad \text{et} \quad \frac{\infty}{b_1 - a_1} k$$

ou entre les limites

$$\frac{-\infty}{b_1 - a_1} k \quad \text{et} \quad k,$$

suivant que les deux quantités k et $b_1 - a_1$ seront affectées de signes contraires ou du même signe. On pourra donc, suivant que l'une ou l'autre condition sera remplie, déterminer encore, après la substitution dont il s'agit et à l'aide des principes établis dans le § Ier, la valeur de la somme (16) ou (17), réduite, au signe près, à la suivante :

$$(18) \qquad \int_{a_1}^{b_1} \mathrm{f}(x, t)\,dx + \int_{a_2}^{b_2} \mathrm{f}(x, t)\,dx + \ldots + \int_{a_n}^{b_n} \mathrm{f}(x, t)\,dx.$$

Cette dernière somme comprend, comme cas particuliers, celles qui ont été déterminées par M. Richelot.

Considérons enfin le troisième cas où la valeur de t en x est fournie par l'équation (10). Dans ce cas, tandis que la variable x croîtra en passant d'un terme de la série

$$-\infty,\quad a_1,\quad a_2,\quad \ldots,\quad a_{n-1},\quad a_n,\quad \infty$$

au terme suivant, le rapport

$$\frac{t}{k}$$

décroîtra sans cesse en passant généralement de la limite ∞ à la limite $-\infty$. Seulement l'une de ces deux limites se trouvera remplacée par zéro quand l'une des limites de la variable x sera $-\infty$ ou ∞. Par conséquent, on pourra prendre pour

$$t \text{ et } \tau,$$

dans les diverses formules du § Ier, non pas deux quantités finies quelconques, mais deux quantités finies simultanément comprises, soit entre les limites

$$0 \text{ et } \infty,$$

soit entre les limites

$$-\infty \text{ et } 0.$$

D'ailleurs, l'équation (10), résolue par rapport à x, fournira, pour une valeur quelconque de t ou de τ, les valeurs correspondantes des quantités

$$x_1,\quad x_2,\quad \ldots,\quad x_n$$

ou

$$\xi_1,\quad \xi_2,\quad \ldots,\quad \xi_n,$$

qui se trouveront comprises, ou, la première entre les limites $-\infty$, a_1, la seconde entre les limites b_1, a_2, ..., la dernière entre les limites b_{n-1}, a_n; ou bien encore, la première entre les limites a_1, b_1, la seconde entre les limites a_2, b_2, ..., la dernière entre les limites a_n, ∞.

Si, pour fixer les idées, on prend

$$\tau = 0, \qquad \frac{t}{k} = -\infty,$$

la formule (4) du § Ier donnera

$$(19) \qquad s = \int_{-\infty}^{a_1} \mathrm{f}(x, t)\, dx + \int_{b_1}^{a_2} \mathrm{f}(x, t)\, dx + \ldots + \int_{b_{n-1}}^{a_n} \mathrm{f}(x, t)\, dx.$$

Si l'on prend, au contraire,

$$\frac{\tau}{k}=\infty, \qquad t=0,$$

la même formule donnera

$$(20) \qquad s=\int_{a_1}^{b_1} \mathrm{f}(x,t)\,dx+\int_{a_2}^{b_2} \mathrm{f}(x,t)\,dx+\ldots+\int_{a_n}^{\infty} \mathrm{f}(x,t)\,dx;$$

et il suffira d'ajouter la somme (19) à la somme (20) pour obtenir une nouvelle somme équivalente à l'intégrale

$$\int_{-\infty}^{\infty} \mathrm{f}(x,t)\,dx.$$

D'ailleurs la valeur de s que détermine la formule (19) ou (20) s'exprimera, en vertu de la formule (6) du § Ier, à l'aide d'intégrales définies relatives à t, et prises entre les limites

$$0 \quad \text{et} \quad -\infty.k,$$

ou

$$\infty.k \quad \text{et} \quad 0.$$

Donc, à l'aide d'intégrales de la même forme, mais prises entre les limites

$$\infty.k, \quad -\infty.k,$$

on pourra exprimer la valeur de l'intégrale

$$\int_{-\infty}^{\infty} \mathrm{f}(x,t)\,dx.$$

On se trouvera ainsi ramené encore à la formule (14). Seulement, dans cette formule, le double signe devra être réduit au signe $-$ ou au signe $+$, suivant que la constante k sera positive ou négative.

Je donnerai, dans d'autres articles, de nombreuses applications des formules générales que je viens d'établir et, en particulier, de la formule (14). J'examinerai aussi ce que deviennent ces diverses formules quand $\varpi(x)$ est une fonction transcendante.

129.

Analyse mathématique. — *Mémoire sur l'intégration des systèmes d'équations aux différentielles partielles, et sur les phénomènes dont cette intégration fait connaître les lois dans les questions de Physique mathématique.*

C. R., t. XIII, p. 1 (5 juillet 1841).

J'ai donné, pour l'intégration d'un système quelconque d'équations linéaires aux différences partielles, une méthode générale qui réduit le problème à la formation de l'équation *caractéristique* et à la détermination de la fonction que j'ai nommée *fonction principale*. La formation de l'équation caractéristique ne présente aucune difficulté. Supposons d'ailleurs, pour fixer les idées, que les variables indépendantes, comme il arrive dans les problèmes de Mécanique, se réduisent à quatre variables qui représentent trois coordonnées x, y, z, et le temps t. La fonction principale devra être déterminée par la double condition de vérifier l'équation caractéristique et de s'évanouir pour une valeur donnée, par exemple, pour une valeur nulle de t, avec toutes ses dérivées relatives à t, jusqu'à celle dont l'ordre est inférieur d'une seule unité à l'exposant de la plus haute puissance de D_t que renferme cette équation. Si, d'autre part, cette plus haute puissance de D_t se trouve, comme il arrive d'ordinaire, multipliée par un coefficient constant, la fonction principale sera complètement déterminée par les conditions que nous venons d'énoncer, et elle pourra être représentée par une intégrale définie sextuple. Enfin, si le premier membre de l'équation caractéristique est une fonction homogène de

$$D_x,\quad D_y,\quad D_z,\quad D_t,$$

l'intégrale sextuple pourra être, comme je l'ai prouvé en 1830, réduite à une intégrale définie quadruple, ou même à une intégrale définie double, si la fonction homogène est du second degré.

Lorsque le système des équations proposées se rapporte à une question de Physique mathématique, alors il suit de la réduction ci-dessus mentionnée que si, à l'origine du mouvement, certaines fonctions des variables indépendantes ou de leurs dérivées n'ont de valeurs sensibles que dans un très petit espace, elles n'auront de valeurs sensibles, au bout du temps t, que dans l'intérieur de certaines surfaces courbes. Donc alors, la propagation du mouvement donnera naissance à certaines *ondes* sonores, lumineuses, etc., terminées intérieurement par les surfaces dont il s'agit. A de grandes distances des centres de mouvement, ces surfaces courbes deviendront sensiblement planes, et les mouvements propagés deviendront ce que j'ai nommé des *mouvements simples*. La considération directe de ces mouvements simples permet d'abréger considérablement les calculs, et d'obtenir avec une grande facilité les lois de la propagation à de grandes distances des centres d'ébranlement.

Dans mes Mémoires de 1829 et de 1830, les deux méthodes que je viens d'indiquer se trouvent appliquées l'une et l'autre à la détermination de la surface des ondes que produit un ébranlement primitif dans un système de molécules sollicitées par des forces d'attraction ou de répulsion mutuelle. La première méthode est celle dont j'ai fait usage dans le Mémoire du 12 janvier 1829, dans une Note que renferme le *Bulletin* de M. de Férussac d'avril 1830, enfin dans le Mémoire qui a pour objet l'intégration d'une certaine classe d'équations aux différences partielles, et le phénomène dont cette intégration fait connaître les lois dans les questions de Physique mathématique. La seconde méthode est celle que j'ai développée dans les *Exercices de Mathématiques*. Elle m'a conduit très facilement aux lois de la polarisation, et, en la suivant, dans les Mémoires des 31 mai et 7 juin 1830, je suis arrivé à conclure que Fresnel avait raison contre un illustre géomètre, en affirmant l'existence de vibrations transversales perpendiculaires aux directions des rayons lumineux. Il est juste d'observer que le même géomètre a reconnu depuis l'existence de ces vibrations et prouvé que leur propagation, avec la vitesse que j'avais calculée, était une conséquence nécessaire des intégrales générales. Ajoutons que les lois de la polarisation, comme on devait s'y attendre, peuvent se déduire des intégrales générales aussi bien que de la considération des ondes planes. C'est ce que M. Blanchet avait très bien vu dès l'année 1830, et ce que nous aurons bientôt l'occasion de rappeler en rendant compte de l'important Mémoire qu'il a présenté dernièrement à l'Académie. Observons enfin que les intégrales sextuples, qui représentent les valeurs générales des inconnues propres à vérifier un système d'équations linéaires aux différences partielles, et qui, après leur réduction, fournissent les lois des phénomènes, peuvent elles-mêmes être considérées comme déduites de la considération des ondes planes. En effet, pour obtenir ces intégrales, il suffit de décomposer les fonctions de x, y, z, qui représentent les valeurs initiales des inconnues ou de leurs dérivées, en une infinité de parties respectivement proportionnelles à des exponentielles dont chacune a pour exposant une fonction linéaire; et il est clair que, si l'on représente par x, y, z des coordonnées rectilignes, les diverses valeurs d'une fonction linéaire de ces coordonnées correspondront à divers plans parallèles les uns aux autres. Par conséquent, la décomposition dont je parle, et qui s'effectue à l'aide de la formule de Fourier, ou plutôt à l'aide d'une formule du même genre que j'ai substituée à la première (*voir* le XIXe Cahier du *Journal de l'École Polytechnique*), revient à considérer l'état initial comme formé par la superposition d'une infinité d'ondes planes.

Nous avons maintenant une remarque importante à faire. Les phénomènes dont on se propose de trouver les lois, à l'aide des intégrales générales, sont ordinairement ceux qui se produisent lorsque les déplacements des molécules et leurs vitesses ne sont sensibles à l'origine du mouvement que dans un espace très resserré, par exemple dans le voisinage de l'origine des coordonnées. Mais alors l'emploi des formules, dont je parlais tout à l'heure, a le grand inconvénient de représenter un ébranlement initial circonscrit dans un très petit espace par la superposition d'une infinité d'ondes planes dont chacune s'étend à l'infini. Ayant recherché s'il ne serait pas possible de faire disparaître cet inconvénient, j'ai eu le bonheur de réussir. Le moyen par lequel j'y suis parvenu m'a été suggéré par un fait digne, ce me semble, de l'attention des physiciens, et que j'ai déjà cité dans les 7e et 8e livraisons de mes *Exercices d'Analyse*. Je vais d'abord le rappeler en peu de mots.

Les mouvements simples et par ondes planes ne sont pas les seuls dans lesquels les inconnues puissent être exprimées par des fonctions finies des variables indépendantes : il existe d'autres mouvements où cette condition se trouve pareillement remplie. Ainsi, en particulier, lorsque, dans un système isotrope, les équations des mouvements infiniment petits deviennent homogènes, des intégrales en termes finis peuvent représenter des ondes sphériques du genre de celles que j'ai mentionnées dans les *Comptes rendus des séances de l'Académie des Sciences*, t. II, p. 455 (1), savoir, des ondes dans lesquelles les vibrations moléculaires soient dirigées suivant les éléments de circonférences de cercles parallèles tracées sur des surfaces sphériques; ces vibrations étant semblables entre elles et isochrones pour tous les points d'une même circonférence. Pareillement, si ce qu'on appelle la surface des ondes est un ellipsoïde, des intégrales en termes finis représenteront encore des ondes ellipsoïdales. Ajoutons que ces diverses ondes auront, comme les ondes planes, la propriété remarquable de se propager en conservant toujours les mêmes épaisseurs. Cela posé, il était évident pour moi qu'il y aurait un grand avantage à considérer, s'il était possible, un ébranlement initial, circonscrit dans un très petit espace, comme résultant de la superposition, non plus d'une infinité d'ondes planes dont chacune s'étende à l'infini, mais d'une infinité d'ondes limitées, par exemple d'ondes sphériques ou d'ondes ellipsoïdales. Or cela est effectivement possible, comme le prouvent les formules nouvelles que j'ai l'honneur de présenter à l'Académie, et comme il était facile de le prévoir. Par suite, les lois de la propagation du mouvement dans les milieux isotropes, par exemple, peuvent se déduire immédiatement, et même sans calcul, de la connaissance

(1) *Œuvres de Cauchy*, S. I, T. IV, p. 32.

des lois relatives à la propagation des ondes sphériques. Or, comme ces dernières se trouvent représentées par des intégrales en termes finis, que l'on obtient sans peine et sans le secours du Calcul intégral, il en résulte que, dans les milieux isotropes, les lois de la propagation du son, de la lumière, etc., peuvent être établies très simplement, de manière même que la plupart des raisonnements, auxquels on a recours, puissent être exposés dans les Traités élémentaires de Physique. La même observation s'applique au cas où la surface de l'onde est ellipsoïdale. Ajoutons que, dans tous les cas, il y aura un grand avantage à décomposer un ébranlement initial limité en ondes de la forme de celles qui peuvent se propager dans le milieu que l'on considère. Or cette forme peut être déterminée à l'avance et se déduit immédiatement de la forme même de l'équation caractéristique, comme je l'ai montré dans les divers Mémoires que j'ai publiés en 1830.

Au reste, la seule décomposition d'un ébranlement initial, circonscrit dans un très petit espace en ondes limitées renfermées dans ce même espace, est déjà très utile, quand même ces ondes n'auraient pas la forme de celles qui peuvent se propager dans le milieu que l'on considère et seraient, par exemple, réduites, dans tous les cas, à des ondes sphériques. En effet, il suffira de substituer une de ces ondes à l'état initial et de particulariser ainsi cet état pour que les intégrales générales, celles mêmes qui se déduisent de la considération des ondes planes, subissent de nouvelles réductions qui permettront de reconnaître plus facilement les lois des phénomènes; et ces lois une fois établies pour un état initial représenté, par exemple, par une seule onde sphérique, continueront de subsister pour un état initial représenté par un système d'ondes sphériques, c'est-à-dire pour un état initial quelconque.

Je me bornerai, dans le présent Mémoire, à établir les formules générales qui servent à décomposer un état initial en ondes d'une forme donnée, et à déduire de ces formules les intégrales qui représentent les ondes sphériques ou ellipsoïdales. Dans un autre Mémoire, j'appliquerai les mêmes formules à l'intégration des équations homogènes, ou même non homogènes, par exemple de celles qui représentent les ondulations lumineuses dans le cas où l'on a égard à la dispersion de la lumière.

Analyse.

§ Ier. — *Formules générales.*

On a, comme l'on sait, en désignant par ε une quantité positive, qui peut d'ailleurs être très petite,

$$\int_0^\infty \frac{\varepsilon\, dr}{\varepsilon^2 + r^2} = \frac{\pi}{2}.$$

On en conclut, en désignant par θ une autre quantité positive et remplaçant r par $\theta^{\frac{1}{2}} r$,

$$\int_0^\infty \frac{\varepsilon\, dr}{\varepsilon^2 + \theta r^2} = \frac{\pi}{2\theta^{\frac{1}{2}}},$$

puis, en différentiant par rapport à θ et posant, après la différentiation, $\theta = 1$, $\varepsilon = 1$,

$$\int_0^\infty \frac{\varepsilon\, r^2\, dr}{(\varepsilon^2 + r^2)^2} = \frac{\pi}{4}, \qquad \int_0^\infty \frac{r^2\, dr}{(1 + r^2)^2} = \frac{\pi}{4}.$$

Ces dernières équations, que l'on peut d'ailleurs établir directement, vont nous fournir les moyens d'obtenir des formules générales relatives à la transformation des fonctions de trois variables indépendantes.

Soit

$$f(x, y, z)$$

une fonction arbitraire de trois variables x, y, z, qui pourront être considérées comme représentant trois coordonnées rectangulaires. Soit encore

$$(1) \qquad \imath = \mathcal{F}(x, y, z)$$

une fonction des mêmes variables, homogène, et tellement choisie que la surface représentée par l'équation (1), pour une valeur donnée de $\imath$, soit une surface convexe, par conséquent une surface continue, fermée de toutes parts et rencontrée en un seul point par un rayon vecteur mené à partir de l'origine, ou même à partir d'un point intérieur quelconque, dans une direction donnée. Enfin soit

$$(2) \qquad \mathcal{R} = \mathcal{F}(\lambda - x, \mu - y, \nu - z)$$

ce que devient $\imath$ quand on y remplace

$$x, \quad y, \quad z$$

par

$$\lambda - x, \quad \mu - y, \quad \nu - z,$$

λ, μ, ν désignant les coordonnées rectangulaires d'un nouveau point distinct du point (x, y, z); et supposons l'intégrale triple

$$(3) \qquad \mathcal{S} = \int\int\int \frac{\varepsilon\, \mathrm{f}(\lambda, \mu, \nu)}{(\varepsilon^2 + \mathcal{R}^2)^2} d\lambda\, d\mu\, d\nu$$

étendue à toutes les valeurs de

$$\lambda, \quad \mu, \quad \nu$$

qui répondent aux divers points d'un volume $\mathcal{V}$ dont l'enveloppe extérieure, composée de surfaces planes ou courbes, soit d'ailleurs convexe, comme la surface représentée par l'équation (1). Si l'on transforme les coordonnées rectangulaires

$$\lambda, \quad \mu, \quad \nu$$

en coordonnées polaires p, q, r, en plaçant la nouvelle origine au point (x, y, z), à l'aide des formules connues

$$(4) \qquad \lambda - x = r\cos p, \qquad \mu - y = r\sin p\cos q, \qquad \nu - z = r\sin p\sin q;$$

si d'ailleurs on suppose le point (x, y, z) renfermé lui-même dans le volume $\mathcal{V}$, on trouvera, puisque la fonction $\mathcal{F}(x, y, z)$ est homogène et en supposant de plus qu'elle soit du premier degré,

$$(5) \qquad \mathcal{R} = \Omega r,$$

la valeur de Ω étant

$$(6)\qquad \Omega = \mathcal{F}(\cos p,\ \sin p\cos q,\ \sin p\sin q)$$

et, par suite,

$$(7)\qquad S = \int\!\!\int\!\!\int \frac{\varepsilon r^2 \sin p}{(\varepsilon^2 + \Omega^2 r^2)^2} f(x + r\cos p,\ y + r\sin p\cos q,\ z + r\sin p\sin q)\, dp\, dq\, dr,$$

l'intégration devant être effectuée par rapport aux variables p, q entre les limites

$$p = 0, \qquad p = \pi, \qquad q = 0, \qquad q = 2\pi,$$

et par rapport à r depuis une valeur nulle du rayon vecteur r jusqu'à la valeur ρ qui répond au point où la direction de ce même rayon, déterminée par les angles p et q, rencontre l'enveloppe du volume φ.

Concevons à présent que le nombre ε devienne infiniment petit. Alors le rapport

$$\frac{\varepsilon r^2 \sin p}{(\varepsilon^2 + \Omega^2 r^2)^2}$$

sera sensiblement nul, excepté dans le cas où r différera très peu de zéro, et où, par suite, on aura, sans erreur sensible,

$$f(x + r\cos p,\ y + r\sin p\cos q,\ z + r\sin p\sin q) = f(x, y, z).$$

Donc la formule (7) donnera sensiblement

$$(8)\qquad S = f(x, y, z)\int_0^{\pi}\int_0^{2\pi}\int_0^{\rho} \frac{\varepsilon r^2 \sin p}{(\varepsilon^2 + \Omega^2 r^2)^2}\, dp\, dq\, dr.$$

Si, dans cette dernière équation, on remplace r par $\frac{\varepsilon r}{\Omega}$, elle donnera

$$(9)\qquad S = f(x, y, z)\int_0^{\pi}\int_0^{2\pi}\int_0^{\frac{\Omega\rho}{\varepsilon}} \frac{r^2 \sin p}{(1 + r^2)^2}\, \frac{1}{\Omega^3}\, dp\, dq\, dr.$$

D'ailleurs, ε étant très petit, on aura sensiblement

$$\int_0^{\frac{\Omega\rho}{\varepsilon}} \frac{r^2}{(1 + r^2)^2}\, dr = \int_0^{\infty} \frac{r^2}{(1 + r^2)^2}\, dr = \frac{\pi}{4}.$$

Donc, si l'on pose, pour abréger,

(10) $$\Theta = \frac{\pi}{4}\int_0^{2\pi}\int_0^{\pi}\frac{\sin p}{\Omega^3}\,dq\,dp,$$

la formule (9) pourra être réduite à

(11) $$s = \Theta\,\mathrm{f}(x, y, z),$$

et l'équation (3) donnera

(12) $$\mathrm{f}(x, y, z) = \frac{1}{\Theta}\int\int\int\frac{\varepsilon\,\mathrm{f}(\lambda, \mu, \nu)}{(\varepsilon^2 + \mathcal{R}^2)^2}\,d\lambda\,d\mu\,d\nu,$$

la valeur de $\mathcal{R}$ étant toujours déterminée par la formule

$$\mathcal{R} = \mathcal{F}(\lambda - x, \mu - y, \nu - z),$$

et l'intégrale triple s'étendant à tous les systèmes de valeurs de λ, μ, ν qui répondent à des points renfermés dans le volume $\mathcal{V}$.

Dans ce qui précède, nous avons supposé que $\mathcal{F}(x, y, z)$ était une fonction homogène du premier degré. Mais il est clair que l'on parviendrait encore à la formule (12), dans le cas contraire, si le rapport $\frac{\mathcal{R}}{r}$ se réduisait à une constante finie et différente de zéro, pour une valeur nulle de r. Seulement alors la valeur de Θ ne serait plus celle que détermineraient les formules (6) et (10).

Pour montrer une application très simple de la formule (12), supposons l'équation (1) réduite à

(13) $$\mathrm{r} = (x^2 + y^2 + z^2)^{\frac{1}{2}}.$$

La surface représentée par cette équation deviendra une surface sphérique; et, comme on trouvera

$$\Omega = 1, \qquad \Theta = \pi^2,$$

la formule (12) donnera

(14) $$\mathrm{f}(x, y, z) = \frac{1}{\pi^2}\int\int\int\frac{\varepsilon\,\mathrm{f}(\lambda, \mu, \nu)}{(\varepsilon^2 + \mathcal{R}^2)^2}\,d\lambda\,d\mu\,d\nu,$$

la valeur $\mathcal{R}^2$ étant

$$\mathcal{R}^2 = (\lambda - x)^2 + (\mu - y)^2 + (\nu - z)^2. \tag{15}$$

Or, pour des valeurs indéterminées de

$$\mathcal{R}, \quad \lambda, \quad \mu, \quad \nu,$$

l'équation (15), si l'on y regarde les coordonnées

$$x, \quad y, \quad z$$

comme variables, représentera elle-même une sphère dont le rayon sera $\mathcal{R}$, le centre coïncidant avec le point (λ, μ, ν). Ainsi l'équation (14) peut être considérée comme servant à décomposer une fonction quelconque des coordonnées rectangulaires x, y, z en une infinité de termes dont chacun, étant de la forme

$$\frac{1}{\pi^2} \frac{\varepsilon \, \mathrm{f}(\lambda, \mu, \nu)}{[\varepsilon^2 + (x - \lambda)^2 + (y - \mu)^2 + (z - \nu)]^2} d\lambda \, d\mu \, d\nu,$$

conserve la même valeur, tandis que l'on parcourt la surface d'une sphère qui a pour centre le point (λ, μ, ν). Si, dans une question de Physique mathématique, la fonction

$$\mathrm{f}(x, y, z)$$

représente le déplacement initial ou la vitesse initiale d'une molécule dans l'intérieur du volume $\mathcal{V}$, ou plus généralement la valeur initiale d'une inconnue quelconque 8, la formule (14) pourra être considérée comme propre à décomposer l'état initial en une infinité d'autres états dont chacun offrirait ce qu'on peut appeler une *onde sphérique*, la valeur de l'inconnue 8 restant alors la même dans tous les points situés à la même distance du point (λ, μ, ν).

Dans le cas général, la formule (14) pourra être considérée comme servant à décomposer un état initial donné en une infinité d'autres du genre de celui qu'on obtient quand la valeur initiale d'une inconnue 8 dépend uniquement du paramètre τ de la surface représentée par l'équation (1). Chacun de ces derniers états offrira ce que nous appellerons une *onde* ou sphérique, ou ellipsoïdale, etc., suivant que la surface représentée par l'équation (1) sera ou une sphère, ou un ellipsoïde, etc.

Si l'équation (1), se réduisant à celle d'un ellipsoïde, était de la forme

$$(16)\qquad \iota = (ax^2 + by^2 + cz^2 + 2dyz + 2ezx + 2fxy)^{\frac{1}{2}},$$

a, b, c, d, e, f désignant des quantités constantes, la formule (10) donnerait

$$(17)\qquad \Theta = \frac{\pi^2}{\omega},$$

ω étant une quantité positive déterminée par l'équation

$$(18)\qquad \omega^2 = abc - ad^2 - be^2 - cf^2 + 2def;$$

et, par suite, la formule (12) se réduirait à

$$(19)\qquad \mathrm{f}(x, y, z) = \frac{\omega}{\pi^2}\int\int\int \frac{\varepsilon\, \mathrm{f}(\lambda, \mu, \nu)}{(\varepsilon^2 + \mathcal{R}^2)^2}\, d\lambda\, d\mu\, d\nu,$$

la valeur de $\mathcal{R}^2$ étant

$$(20)\quad \left\{ \begin{aligned} \mathcal{R}^2 = {} & a(x-\lambda)^2 + b(y-\mu)^2 + c(z-\nu)^2 \\ & + 2d(y-\mu)(z-\nu) + 2e(z-\nu)(x-\lambda) + 2f(x-\lambda)(y-\mu). \end{aligned} \right.$$

Alors aussi l'équation (20) représenterait un ellipsoïde dont le centre coïnciderait avec le point (λ, μ, ν).

En terminant ce paragraphe, nous ferons encore une remarque. On pourrait déduire l'équation (14), et c'est même ainsi que je l'ai d'abord trouvée, de la formule

$$(21)\quad \mathrm{f}(x, y, z) = \int\int\int\int\int\int e^{[\alpha(x-\lambda)+6(y-\mu)+\gamma(z-\nu)]\sqrt{-1}}\, \mathrm{f}(\lambda, \mu, \nu)\, \frac{d\alpha\, d\lambda}{2\pi}\, \frac{d6\, d\mu}{2\pi}\, \frac{d\gamma\, d\nu}{2\pi},$$

que j'ai substituée à la formule de Fourier (*voir* le XIXe Cahier du *Journal de l'École Polytechnique*, ainsi que les *Exercices de Mathématiques*), et qui suppose l'intégration relative à chacune des variables auxiliaires α, 6, γ effectuée entre les limites $-\infty$, ∞. Quant aux intégrations relatives aux variables auxiliaires λ, μ, ν, elles devront être, dans la formule (21), comme dans la formule (14), étendues à tous les points du volume $\mathcal{V}$, si la fonction $f(x, y, z)$ n'a de valeur sensible que dans l'intérieur de ce volume. Or la formule (21) peut s'écrire comme il suit

$$(22) \qquad f(x, y, z) = \int\int\int \mathcal{A}\, f(\lambda, \mu, \nu)\, d\lambda\, d\mu\, d\nu,$$

la valeur de $\mathcal{A}$ étant

$$(23) \qquad \mathcal{A} = \left(\frac{1}{2\pi}\right)^3 \int_{-\infty}^{\infty}\int_{-\infty}^{\infty}\int_{-\infty}^{\infty} e^{[\alpha(x-\lambda)+6(y-\mu)+\gamma(z-\nu)]\sqrt{-1}}\, d\alpha\, d6\, d\gamma.$$

D'ailleurs, si les variables auxiliaires

$$\alpha, \quad 6, \quad \gamma$$

sont considérées, dans l'équation (23), comme représentant des coordonnées rectangulaires, puis transformées en coordonnées polaires à l'aide des formules

$$\alpha = r\cos p, \qquad 6 = r\sin p\cos q, \qquad \gamma = r\sin p\sin q,$$

alors, en posant, pour abréger,

$$\iota = [(x-\lambda)^2 + (y-\mu)^2 + (z-\nu)^2]^{\frac{1}{2}}$$

et

$$(x-\lambda)\cos p + (y-\mu)\sin p\cos q + (z-\nu)\sin p\sin q = \iota\cos\delta,$$

on trouvera

$$\mathcal{A} = \left(\frac{1}{2\pi}\right)^3 \int_0^{\pi}\int_0^{2\pi}\int_0^{\infty} e^{\iota r\cos\delta\sqrt{-1}}\, r^2 \sin p\, dp\, dq\, dr.$$

Par suite, en considérant l'intégrale

$$\int_0^{\infty} e^{\iota r\cos\delta\sqrt{-1}}\, r^2\, dr$$

comme la limite vers laquelle converge la suivante

$$\int_0^{\infty} e^{-\varepsilon r}\, e^{\iota r\cos\delta\sqrt{-1}}\, r^2\, dr,$$

tandis que le nombre ε s'approche indéfiniment de la limite zéro, et ayant égard à la formule connue

$$\int_0^{\pi}\int_0^{2\pi} f(\iota\cos\delta)\sin p\,dp\,dq = 2\pi\int_0^{\pi} f(\iota\cos p)\sin p\,dp,$$

on aura définitivement

$$(24)\qquad \mathcal{A} = \frac{1}{\pi^2}\,\frac{\varepsilon}{(\varepsilon^2+\iota^2)^2}.$$

Or cette dernière valeur de $\mathcal{A}$, substituée dans l'équation (22), la fait effectivement coïncider avec l'équation (14).

§ II. — *Ondes sphériques ou ellipsoïdales.*

Supposons que, le polynôme

$$ax^2 + by^2 + cz^2 + 2dyz + 2ezx + 2fxy$$

étant positif pour des valeurs quelconques de x, y, z, et la fonction

$$\mathrm{F}(x, y, z, t)$$

étant de la forme

$$\mathrm{F}(x, y, z, t) = ax^2 + by^2 + cz^2 + 2dyz + 2ezx + 2fxy - t^2,$$

l'inconnue $\mathfrak{F}$ doive vérifier l'équation aux différences partielles

$$(1)\qquad \mathrm{F}(\mathrm{D}_x, \mathrm{D}_y, \mathrm{D}_z, \mathrm{D}_t)\mathfrak{F} = 0,$$

les variables x, y, z, t représentant d'ailleurs trois coordonnées rectangulaires et le temps. On pourra satisfaire à l'équation (1), en posant

$$(2)\qquad \mathfrak{F} = \varpi(ux + vy + wz \pm st),$$

la lettre ϖ indiquant une fonction arbitraire, et u, v, w, s désignant des coefficients constants liés entre eux par la formule

$$(3)\qquad \mathrm{F}(u, v, w, s) = 0.$$

Par suite, on vérifiera encore l'équation (1), si l'on pose

$$(4)\qquad \mathfrak{F} = \mathrm{K}\varpi(\iota \pm t),$$

la valeur de ι étant

$$(5)\qquad \iota = \frac{ux + vy + wz}{s},$$

et K désignant une fonction quelconque des coefficients u, v, w. D'ailleurs, pour une valeur constante de ι, l'équation (5) représentera un plan dont la position sera variable dans l'espace avec les valeurs des coefficients

$$u, \quad v, \quad w;$$

et la surface, enveloppe de ce plan, pourra encore être représentée par l'équation (5) pourvu que l'on y considère

$$u, \quad v, \quad w, \quad s,$$

non plus comme des quantités constantes, mais comme des fonctions de x, y, z déterminées par la formule

$$(6)\qquad \frac{x}{\mathrm{D}_u s} = \frac{y}{\mathrm{D}_v s} = \frac{z}{\mathrm{D}_w s} = \frac{ux + vy + wz}{s} = \iota.$$

Or, sous cette condition et en posant, pour abréger,

$$(7)\qquad \mathfrak{O} = (abc - ad^2 - be^2 - cf^2 + 2def)^{\frac{1}{2}},$$

$$(8)\qquad \begin{cases} \mathrm{a} = \dfrac{bc - d^2}{\mathfrak{O}^2}, & \mathrm{b} = \dfrac{ca - e^2}{\mathfrak{O}^2}, & \mathrm{c} = \dfrac{ab - f^2}{\mathfrak{O}^2}, \\[2ex] \mathrm{d} = \dfrac{ef - ad}{\mathfrak{O}^2}, & \mathrm{e} = \dfrac{fd - be}{\mathfrak{O}^2}, & \mathrm{f} = \dfrac{de - cf}{\mathfrak{O}^2}, \end{cases}$$

on verra l'équation (5) se réduire à la suivante

$$(9)\qquad \iota^2 = \mathrm{a}x^2 + \mathrm{b}y^2 + \mathrm{c}z^2 + 2\mathrm{d}yz + 2\mathrm{e}zx + 2\mathrm{f}xy,$$

qui, pour une valeur constante de ι, représente un ellipsoïde. Enfin on s'assurera aisément que la valeur de 8 fournie par la formule (2), quand on y substitue la valeur de ι que donne la formule (9), continuera de vérifier l'équation (1), si l'on y suppose

$$(10)\qquad \mathrm{K} = \frac{1}{\iota}.$$

Ainsi

$$(11) \qquad 8 = \frac{\varpi(\imath + t)}{\imath} \quad \text{et} \quad 8 = \frac{\varpi(\imath - t)}{\imath}$$

représenteront deux intégrales particulières de l'équation (1).

Supposons maintenant que la valeur initiale de 8, correspondante à une valeur nulle de t, dépende uniquement de la quantité positive $\imath$, considérée comme fonction de x, y, z en vertu de la formule (9). Si l'on représente cette valeur initiale par $f(\imath)$, en supposant nulle la valeur initiale de $D_t 8$, c'est-à-dire si l'on assujettit l'inconnue 8 à vérifier, pour $t = 0$, les deux conditions

$$8 = f(\imath), \qquad D_t 8 = 0,$$

il est clair qu'on pourra prendre

$$(12) \qquad 8 = \frac{\varpi(\imath + t) + \varpi(\imath - t)}{2\imath},$$

pourvu que l'on prenne, en supposant $\imath$ positif,

$$(13) \qquad \varpi(\imath) = \varpi(-\imath) = \imath f(\imath).$$

Or, si la valeur initiale $f(\imath)$ de 8 n'est sensible qu'à de très petites distances de l'origine, et entre les limites

$$\imath = -\varepsilon, \qquad \imath = \varepsilon,$$

ε désignant un nombre très petit, la valeur de 8, au bout du temps t, ne sera sensible qu'entre les limites

$$(14) \qquad \imath = t - \varepsilon, \qquad \imath = t + \varepsilon,$$

par conséquent entre les surfaces des deux ellipsoïdes représentés par les équations (14). Ajoutons que, si l'épaisseur de l'onde comprise entre ces deux ellipsoïdes est mesurée dans le sens de la nouvelle coordonnée $\imath$, cette épaisseur sera constante et représentée par 2ε. Observons enfin que la formule (19) du § Ier permettra de ramener immédiatement le cas où la valeur initiale de 8 serait d'une forme quelconque, mais sensible seulement dans le voisinage de l'origine, au cas que nous venons de traiter.

Lorsqu'on suppose

$$a = b = c, \qquad d = e = f = 0,$$

on a par suite

$$\mathrm{a} = \mathrm{b} = \mathrm{c}, \qquad \mathrm{d} = \mathrm{e} = \mathrm{f} = 0,$$

et l'équation (9), réduite à

$$(15) \qquad \iota^2 = \mathrm{a}(x^2 + y^2 + z^2),$$

représente, non plus un ellipsoïde, mais une sphère, lorsqu'on attribue à ι une valeur constante. Alors, par suite, les ondes ellipsoïdales se réduisent à des ondes sphériques.

Dans un prochain Article je montrerai comment la formule (12) fournit les lois de la propagation des ondes sphériques ou ellipsoïdales dans les milieux élastiques.

130.

Calcul intégral. — *Mémoire sur l'emploi de la transformation des coordonnées pour la détermination et la réduction des intégrales définies multiples.*

C. R., t. XIII, p. 33 (12 juillet 1841).

Dans un Article que renferme la 49e livraison des *Exercices de Mathématiques* (1), j'ai fait voir que le passage d'un système de coordonnées à un autre fournit le moyen d'établir quelques formules dignes de remarque, qui servent à la transformation ou à la réduction de certaines intégrales définies simples ou doubles, et qui comprennent, comme cas particulier, une formule donnée, en 1819, par M. Poisson.

(1) *OEuvres de Cauchy*, Série II, Tome IX.

Je me propose, dans ce nouveau Mémoire, d'établir quelques autres formules du même genre. Lorsqu'on les applique à la transformation de l'intégrale quadruple qui représente la fonction principale propre à vérifier une équation caractéristique homogène aux différences partielles, on voit cette intégrale prendre successivement diverses formes, parmi lesquelles se trouvent comprises celles que M. Blanchet a obtenues, dans le *Journal de Mathématiques* de M. Liouville.

Analyse.

§ Ier. — *Formules déduites de la transformation des coordonnées dans un plan.*

Soient x, y deux variables réelles, et

$$\mathrm{f}(x), \quad \mathrm{f}(x, y)$$

deux fonctions réelles de ces variables. Il est facile de voir que, si l'on représente par

$$\alpha, \quad \mathcal{6}, \quad \alpha', \quad \mathcal{6}'$$

des constantes réelles, on aura, non seulement

$$(1) \qquad \int_{-\infty}^{\infty} \mathrm{f}(\alpha x)\, dx = \frac{1}{\sqrt{\alpha^2}} \int_{-\infty}^{\infty} f(x)\, dx,$$

mais encore

$$(2) \qquad \int_{-\infty}^{\infty}\int_{-\infty}^{\infty} \mathrm{f}(\alpha x + \alpha' y,\ \mathcal{6} x + \mathcal{6}' y)\, dx\, dy = \frac{1}{\Omega} \int_{-\infty}^{\infty}\int_{-\infty}^{\infty} \mathrm{f}(x, y)\, dx\, dy.$$

Ω désignant une quantité positive déterminée par la formule

$$(3) \qquad \Omega = \sqrt{(\alpha\mathcal{6}' - \alpha'\mathcal{6})^2}.$$

Supposons maintenant que, dans la formule (2), on remplace les variables x, y, considérées comme représentant des coordonnées rectangulaires, par des coordonnées polaires r, p, à l'aide des formules connues

$$x = r\cos p, \qquad y = r\sin p,$$

que l'on peut écrire comme il suit

$$x = ur, \qquad y = vr,$$

en posant, pour abréger,

(4) $$u = \cos p, \qquad v = \sin p;$$

on trouvera

(5) $$\int_0^{2\pi}\int_0^{\infty} \mathrm{f}[(\alpha u + \alpha' v)r, (6u + 6'v)r]r\,dp\,dr = \frac{1}{\Omega}\int_0^{2\pi}\int_0^{\infty} \mathrm{f}(ur, vr)r\,dp\,dr.$$

Si d'ailleurs, en supposant

$$\iota = \sqrt{x^2 + y^2},$$

on fait, dans la formule (5),

$$\mathrm{f}(x, y) = e^{-\iota} f\left(\frac{x}{\iota}, \frac{y}{\iota}\right),$$

alors, en ayant égard à l'équation

$$\int_0^{\infty} re^{-r}\,dr = 1,$$

et posant, pour abréger,

(6) $$\Theta = [(\alpha u + \alpha' v)^2 + (6u + 6'v)^2]^{\frac{1}{2}},$$

on tirera de la formule (5)

(7) $$\int_0^{2\pi} f\left(\frac{\alpha u + \alpha' v}{\Theta}, \frac{6u + 6'v}{\Theta}\right)\frac{dp}{\Theta^2} = \frac{1}{\Omega}\int_0^{2\pi} f(u, v)\,dp.$$

Si l'on supposait les coefficients

$$\alpha, \quad \alpha'; \quad 6, \quad 6'$$

assujettis à vérifier les conditions

(8) $$\alpha^2 + 6^2 = 1, \qquad \alpha'^2 + 6'^2 = 1, \qquad \alpha\alpha' + 66' = 0,$$

on aurait, par suite,

$$\Omega = 1, \qquad \Theta = 1;$$

et la formule (7) se trouverait réduite à

$$(9)\qquad \int_0^{2\pi} f(\alpha u + \alpha' v,\ \beta u + \beta' v)\, dp = \frac{1}{\Omega}\int_0^{2\pi} f(u, v)\, dp.$$

§ II. — *Formules déduites de la transformation des coordonnées dans l'espace.*

Soient

$$x,\quad y,\quad z$$

trois variables réelles,

$$\mathrm{f}(x, y, z)$$

une fonction réelle de ces variables, et

$$\alpha,\ \alpha',\ \alpha'';\ \beta,\ \beta',\ \beta'';\ \gamma,\ \gamma',\ \gamma''$$

neuf constantes réelles. Il est aisé de s'assurer que, si l'on pose

$$(1)\qquad \Omega = \sqrt{(\alpha\beta'\gamma'' - \alpha\beta''\gamma' + \alpha'\beta''\gamma - \alpha'\beta\gamma'' + \alpha''\beta\gamma' - \alpha''\beta'\gamma)^2},$$

on aura

$$(2)\qquad \left\{\begin{aligned} &\int_{-\infty}^{\infty}\int_{-\infty}^{\infty}\int_{-\infty}^{\infty} \mathrm{f}(\alpha x + \alpha' y + \alpha'' z,\ \beta x + \beta' y + \beta'' z,\ \gamma x + \gamma' y + \gamma'' z)\, dx\, dy\, dz \\ &\quad = \frac{1}{\Omega}\int_{-\infty}^{\infty}\int_{-\infty}^{\infty}\int_{-\infty}^{\infty} \mathrm{f}(x, y, z)\, dx\, dy\, dz. \end{aligned}\right.$$

Supposons maintenant que, dans cette dernière formule, on remplace les variables

$$x,\quad y,\quad z,$$

considérées comme représentant des coordonnées rectangulaires, par des coordonnées polaires

$$p,\quad q,\quad r,$$

à l'aide des formules connues

$$x = r\cos p,\qquad y = r\sin p\cos q,\qquad z = r\sin p\sin q,$$

que l'on peut écrire comme il suit

$$x = ur,\qquad y = vr,\qquad z = wr,$$

en posant, pour abréger,

$$(3)\qquad u=\cos p,\qquad v=\sin p\cos q,\qquad w=\sin p\sin q.$$

On trouvera

$$(4)\quad\begin{cases}\displaystyle\int_0^{2\pi}\int_0^{\pi}\int_0^{\infty}\mathrm{f}[(\alpha u+\alpha' v+\alpha'' w)r,\ (6u+6'v+6''w)r,\ (\gamma u+\gamma' v+\gamma'' w)r]\,dq\,dp\,dr\\ \displaystyle\quad=\frac{1}{\Omega}\int_0^{2\pi}\int_0^{\pi}\int_0^{\infty}\mathrm{f}(ur,vr,wr)\,r\sin p\,dq\,dp\,dr.\end{cases}$$

Si d'ailleurs, en supposant

$$\imath=\sqrt{x^2+y^2+z^2},$$

on fait, dans la formule (4),

$$\mathrm{f}(x,y,z)=\frac{1}{2}e^{-\imath}f\left(\frac{x}{\imath},\frac{y}{\imath},\frac{z}{\imath}\right),$$

alors, en ayant égard à l'équation

$$\frac{1}{2}\int_0^{\infty}r^2e^{-r}\,dr=1,$$

et posant, pour abréger,

$$(5)\quad\Theta=[(\alpha u+\alpha' v+\alpha'' w)^2+(6u+6'v+6''w)^2+(\gamma u+\gamma' v+\gamma'' w)^2]^{\frac{1}{2}},$$

on tirera de la formule (4)

$$(6)\quad\begin{cases}\displaystyle\int_0^{2\pi}\int_0^{\pi}f\left(\frac{\alpha u+\alpha' v+\alpha'' w}{\Theta},\frac{6u+6'v+6''w}{\Theta},\frac{\gamma u+\gamma' v+\gamma'' w}{\Theta}\right)\frac{\sin p\,dq\,dp}{\Theta^3}\\ \displaystyle\quad=\frac{1}{\Omega}\int_0^{2\pi}\int_0^{\pi}f(u,v,w)\sin p\,dq\,dp.\end{cases}$$

Si l'on supposait les coefficients

$$\alpha,\ \alpha',\ \alpha'';\ 6,\ 6',\ 6'';\ \gamma,\ \gamma',\ \gamma''$$

assujettis à vérifier les conditions

$$(7)\quad\begin{cases}\alpha^2+6^2+\gamma^2=1, & \alpha'^2+6'^2+\gamma'^2=1, & \alpha''^2+6''^2+\gamma''^2=1,\\ \alpha'\alpha''+6'6''+\gamma'\gamma''=0, & \alpha''\alpha+6''6+\gamma''\gamma=0, & \alpha\alpha'+66'+\gamma\gamma'=0,\end{cases}$$

on aurait, par suite,

$$\Omega = 1, \qquad \Theta = 1,$$

et la formule (5) se trouverait réduite à

$$(8)\quad \left\{ \begin{aligned} &\int_0^{2\pi}\int_0^{\pi} f(\alpha u + \alpha' v + \alpha'' w,\ 6 u + 6' v + 6'' w,\ \gamma u + \gamma' v + \gamma'' w) \sin p\, dq\, dp \\ &= \int_0^{2\pi}\int_0^{\pi} f(u, v, w) \sin p\, dq\, dp. \end{aligned} \right.$$

Si les trois dernières des conditions (7) étaient seules remplies, alors, en posant

$$(9)\quad \rho = (\alpha^2 + 6^2 + \gamma^2)^{\frac{1}{2}}, \qquad \rho' = (\alpha'^2 + 6'^2 + \gamma'^2)^{\frac{1}{2}}, \qquad \rho'' = (\alpha''^2 + 6''^2 + \gamma''^2)^{\frac{1}{2}},$$

on trouverait

$$(10)\qquad \Omega = \rho\rho'\rho'', \qquad \Theta = (\rho^2 u^2 + \rho'^2 v^2 + \rho''^2 w^2)^{\frac{1}{2}}.$$

Lorsque, dans la formule (8), on suppose la fonction $f(x, y, z)$ réduite à une fonction $f(x)$ de la seule variable x, on a simplement

$$(11)\quad \left\{ \begin{aligned} &\int_0^{2\pi}\int_0^{\pi} f(\alpha \cos p + \alpha' \sin p \cos q + \alpha'' \sin p \sin q) \sin p\, dq\, dp \\ &= 2\pi \int_0^{\pi} f(\cos p) \sin p\, dp, \end{aligned} \right.$$

c'est-à-dire que l'on se trouve ramené à la formule donnée par M. Poisson, en 1819.

Si, dans l'équation (6), on pose

$$f(x, y, z) = \left(\frac{\mathfrak{r}}{\mathfrak{P}}\right)^3 f\left(\frac{\mathfrak{P}}{\mathfrak{Q}}\right),$$

les valeurs de $\mathfrak{r}$, $\mathfrak{P}$, $\mathfrak{Q}$ étant

$$\mathfrak{r} = (x^2 + y^2 + z^2)^{\frac{1}{2}},$$

$$\mathfrak{P} = hx + ky + lz, \qquad \mathfrak{Q} = (ax^2 + by^2 + cz^2 + 2dyz + 2ezx + 2fxy)^{\frac{1}{2}},$$

il suffira, pour satisfaire aux trois dernières des conditions (7), de prendre pour

$$\alpha,\ 6,\ \gamma,\ \theta;\ \alpha',\ 6',\ \gamma',\ \theta';\ \alpha'',\ 6'',\ \gamma'',\ \theta''$$

trois systèmes de valeurs de

$$\alpha,\ 6,\ \gamma,\ \theta,$$

choisis de manière à vérifier la formule

$$(12)\qquad \frac{a\alpha+f6+e\gamma}{\alpha}=\frac{f\alpha+b6+d\gamma}{6}=\frac{e\alpha+d6+c\gamma}{\gamma}=\theta,$$

et correspondants aux trois racines de l'équation en θ, que l'on obtiendrait en éliminant de cette formule α, 6, γ. Supposons d'ailleurs que les équations

$$(13)\qquad \begin{cases} ax+fy+ez=\mathrm{x}, \\ fx+by+dz=\mathrm{y}, \\ ex+dy+cz=\mathrm{z}, \end{cases}$$

étant résolues par rapport à x, donnent

$$(14)\qquad \begin{cases} x=\mathrm{a}\mathrm{x}+\mathrm{f}\mathrm{y}+\mathrm{e}\mathrm{z}, \\ y=\mathrm{f}\mathrm{x}+\mathrm{b}\mathrm{y}+\mathrm{d}\mathrm{z}, \\ z=\mathrm{e}\mathrm{x}+\mathrm{d}\mathrm{y}+\mathrm{c}\mathrm{z}. \end{cases}$$

Enfin nommons P, Q ce que deviennent $\mathcal{P}$ et $\mathcal{Q}$ quand on y remplace

$$x,\ y,\ z\ \text{ par }\ u,\ v,\ w,$$

et posons

$$(15)\qquad \begin{cases} \mathfrak{D}=(abc-ad^2-be^2-cf^2+2def)^{\frac{1}{2}}, \\ \mathrm{K}=(\mathrm{a}h^2+\mathrm{b}k^2+\mathrm{c}l^2+2\mathrm{d}kl+2\mathrm{e}lh+2\mathrm{f}hk)^{\frac{1}{2}}. \end{cases}$$

On tirera de la formule (6)

$$(16)\qquad \int_0^{2\pi}\int_0^{\pi}\mathrm{f}\left(\frac{\mathrm{P}}{\mathrm{Q}}\right)\frac{\sin p\,dq\,dp}{\mathrm{P}^3}=\frac{2\pi}{\mathrm{K}^3\mathfrak{D}}\int_0^{\pi}\mathrm{f}(\mathrm{K}\cos p)\,\frac{\sin p\,dq}{\cos^2 p\sqrt{\cos^2 p}}.$$

Cette dernière équation coïncide avec l'une de celles que j'ai données dans la 49e livraison des *Exercices de Mathématiques*.

Avant de terminer ce paragraphe, nous citerons encore une formule générale à laquelle on se trouve conduit par la transformation des coordonnées rectangulaires en coordonnées polaires. Si, dans l'équation connue

$$(17)\quad \left\{\begin{aligned} &\int_{-\infty}^{\infty}\int_{-\infty}^{\infty}\int_{-\infty}^{\infty} \mathrm{f}(x, y, z)\,dx\,dy\,dz \\ &\quad = \int_{0}^{2\pi}\int_{0}^{\pi}\int_{0}^{\infty} \mathrm{f}(ur, vr, wr)\,r^2 \sin p\,dq\,dp\,dr, \end{aligned}\right.$$

on remplace

$$\mathrm{f}(x, y, z) \quad \text{par} \quad e^{-\sqrt{x^2}} f\left(\frac{y}{x}, \frac{z}{x}\right),$$

et si l'on pose d'ailleurs

$$(18)\qquad V = \frac{y}{x} = \frac{v}{u} = \operatorname{tang} p \cos q, \qquad W = \frac{z}{x} = \frac{w}{u} = \operatorname{tang} p \sin q,$$

on trouvera

$$(19)\qquad \int_{0}^{2\pi}\int_{0}^{\pi} f(V, W)\frac{\sin p\,dq\,dp}{\cos^2 p\sqrt{\cos^2 p}} = 2\int_{-\infty}^{\infty}\int_{-\infty}^{\infty} f(V, W)\,dV\,dW.$$

Nous avons, dans ce Mémoire, employé, pour la réduction des intégrales définies doubles, des transformations de coordonnées rectangulaires en d'autres coordonnées rectangulaires ou polaires. On obtiendrait de nouvelles réductions du même genre si l'on employait, comme je l'ai fait autrefois dans le cours de Mécanique de la Faculté des Sciences, des coordonnées d'une nature quelconque, en considérant un point de l'espace comme déterminé par l'intersection de trois surfaces courbes, dont chacune se trouverait représentée en coordonnées rectangulaires par une équation qui renfermerait un paramètre variable. C'est là, au reste, un sujet sur lequel je me propose de revenir dans un autre Article.

131.

Calcul intégral. — *Mémoire sur diverses transformations remarquables de la fonction principale qui vérifie une équation caractéristique homogène aux différences partielles.*

C. R., T. XIII, p. 40 (12 juillet 1841).

Supposons que

$$F(x, y, z, t)$$

représente une fonction de x, y, z, t, homogène du degré n, et dans laquelle le coefficient de t^n se réduise à l'unité. Nommons d'ailleurs ϖ une fonction principale assujettie à vérifier, quel que soit t, l'équation caractéristique homogène

$$(1) \qquad F(D_x, D_y, D_z, D_t)\varpi = 0,$$

et, pour $t = 0$, les conditions

$$(2) \qquad \varpi = 0, \qquad D_t\varpi = 0, \qquad \ldots, \qquad D_t^{n-1}\varpi = \varpi(x, y, z).$$

La valeur générale de ϖ, comme je l'ai fait voir dans le *Bulletin* de M. de Férussac, en 1830, et, plus récemment, dans mes *Exercices d'Analyse*, pourra être représentée par une intégrale définie quadruple. On aura, en effet,

$$(3) \quad \varpi = -\frac{D_t^{3-n}}{2^4\pi^2}\int_0^{2\pi}\int_0^{\pi}\int_0^{2\pi}\int_0^{\pi} \mathcal{E}\,\frac{\omega^{n-1}t^2 \sin p \sin\theta\, \varpi(\lambda, \mu, \nu)}{((F(u, v, w, \omega)))}\,\frac{dq\,dp\,dr\,d\theta}{\cos^2\delta\sqrt{\cos^2\delta}},$$

le signe $\mathcal{E}$ étant relatif aux diverses valeurs de la variable auxiliaire ω, considérée comme racine de l'équation

$$(4) \qquad F(u, v, w, \omega) = 0;$$

les valeurs λ, μ, ν, $\cos\delta$ étant déterminées par les formules

$$(5) \qquad \lambda = x + \alpha s, \qquad \mu = y + 6 s, \qquad \nu = z + \gamma s,$$

$$(6) \qquad \cos\delta = \alpha u + 6 v + \gamma w;$$

et les valeurs de α, β, γ, u, v, w, s étant

$$(7)\qquad \left\{ \begin{array}{lll} \alpha = \cos\theta, & \beta = \sin\theta\cos\tau, & \gamma = \sin\theta\sin\tau, \\ u = \cos p, & v = \sin p\cos q, & w = \sin p\sin q; \end{array} \right.$$

$$(8)\qquad s = \frac{\omega t}{\cos\delta}.$$

Ajoutons que la caractéristique

$$\mathrm{D}_t^{3-n}$$

devra être réduite à D_t si l'on a $n = 2$, remplacée par l'unité, si l'on a $n = 3$, et indiquera $n - 3$ intégrations effectuées par rapport à t, à partir de l'origine $t = 0$, si le nombre entier n devient supérieur à 3.

Il est bon d'observer que, la fonction

$$\mathrm{F}(x, y, z, t)$$

étant homogène, les racines ω de l'équation

$$(9)\qquad \mathrm{F}(\mathrm{h}u, \mathrm{h}v, \mathrm{h}w, \omega) = 0$$

seront les produits de h par les racines correspondantes de l'équation (4), quel que soit d'ailleurs le facteur h. Cela posé, n étant le degré de $\mathrm{F}(x, y, z, t)$, on pourra généralement remplacer la formule (3) par celle-ci

$$(10)\qquad \varpi = -\frac{\mathrm{D}_t^{3-n}}{2^4\pi^2}\int_0^{2\pi}\int_0^{\pi}\int_0^{2\pi}\int_0^{\pi} \mathcal{E}\frac{\omega^{n-1}t^2\sin p\sin\theta\,\varpi(\lambda, \mu, \nu)}{((\mathrm{F}(\mathrm{h}u, \mathrm{h}v, \mathrm{h}w, \omega)))}\,\frac{dq\,dp\,d\tau\,d\theta}{\cos^2\delta\sqrt{\cos^2\delta}},$$

pourvu qu'à la formule (8) on substitue la suivante :

$$(11)\qquad s = \frac{\omega t}{\mathrm{h}\cos\delta}.$$

Si, pour fixer les idées, on prend $\mathrm{h} = \frac{1}{u} = \frac{1}{\cos p}$, on aura

$$(12)\qquad \varpi = -\frac{\mathrm{D}_t^{3-n}}{2^4\pi^2}\int_0^{2\pi}\int_0^{\pi}\int_0^{2\pi}\int_0^{\pi} \mathcal{E}\frac{\omega^{n-1}t^2\sin p\sin\theta\,\varpi(\lambda, \mu, \nu)}{\left(\left(\mathrm{F}\left(1, \frac{v}{u}, \frac{w}{u}, \omega\right)\right)\right)}\,\frac{dq\,dp\,d\tau\,d\theta}{\cos^2\delta\sqrt{\cos^2\delta}},$$

la valeur de s étant

$$(13)\qquad s = \frac{\omega t \cos p}{\cos \delta} = \frac{\omega t}{\alpha + 6 \operatorname{tang} p \cos q + \gamma \operatorname{tang} p \sin q}.$$

On peut observer encore que le dernier membre de la formule (13) et la fonction

$$F\left(1, \frac{v}{u}, \frac{w}{u}, \omega\right) = F(1, \operatorname{tang} p \cos q, \operatorname{tang} p \sin q, \omega)$$

ne renferment l'angle p que sous le signe tang, et que, si l'on pose, pour abréger,

$$\operatorname{tang} p = k,$$

on aura généralement

$$(14)\qquad \int_0^{\pi} f(k) \frac{\sin p \, dp}{\cos^2 p \sqrt{\cos^2 p}} = \int_{-\infty}^{\infty} f(k) \sqrt{k^2} \, dk.$$

Cela posé, la formule (12) donnera

$$(15)\qquad \varpi = -\frac{D_t^{3-n}}{2^4 \pi^2} \int_0^{2\pi} \int_0^{\pi} \int_0^{2\pi} \int_{-\infty}^{\infty} \mathcal{E}_{((F(1,\, k\cos q,\, k \sin q,\, \omega)))} \frac{\omega^{n-1} t^2 \sin\theta\, \varpi(\lambda, \mu, \nu)}{} \frac{\sqrt{k^2}}{K^3} \, d\tau \, d\theta \, dq \, dk,$$

pourvu que l'on pose

$$(16)\qquad K = \sqrt{\left(\frac{\cos \delta}{\cos p}\right)^2} = \sqrt{(\alpha + 6 k \cos q + \gamma k \sin q)^2}$$

et

$$(17)\qquad s = \frac{\omega t}{K}.$$

Les formules établies dans le précédent Mémoire fournissent aussi divers moyens de transformer le second membre de l'équation (3) ou (12).

Supposons, par exemple, que l'on veuille appliquer à cette transformation la formule (8) de la page 222. L'application pourra s'effectuer de deux manières différentes. En effet, on pourra, ou remplacer les variables u, v, w, considérées comme représentant les coordonnées rectangulaires d'un point situé à l'unité de distance de l'origine, par d'autres coordonnées rectangulaires de la forme

$$\alpha u + \alpha' v + \alpha'' w, \quad \beta u + \beta' v + \beta'' w, \quad \gamma u + \gamma' v + \gamma'' w,$$

ou remplacer les variables

$$\alpha, \quad \beta, \quad \gamma,$$

considérées pareillement comme représentant les coordonnées rectangulaires d'un point situé à l'unité de distance de l'origine, par d'autres coordonnées rectangulaires de la forme

$$u\alpha + u'\beta + u''\gamma, \quad v\alpha + v'\beta + v''\gamma, \quad w\alpha + w'\beta + w''\gamma.$$

L'angle δ se trouvera remplacé, dans le premier cas, par p; dans le second cas, par θ; et, par suite, on tirera de la formule (12), dans le premier cas,

$$(18) \quad \varpi = -\frac{D_t^{3-n}}{2^4 \pi^2} \int_0^{2\pi} \int_0^{\pi} \int_0^{2\pi} \int_0^{\pi} \mathcal{E} \frac{\omega^{n-1} t^2 \sin p \sin \theta \, \varpi(\lambda, \mu, \nu)}{((\upsilon))} \frac{dq\, dp\, d\tau\, d\theta}{\cos^2 p \sqrt{\cos^2 p}},$$

la valeur de υ étant

$$(19) \quad \upsilon = \mathcal{F}\left(\alpha + \alpha' \frac{v}{u} + \alpha'' \frac{w}{u}, \beta + \beta' \frac{v}{u} + \beta'' \frac{w}{u}, \gamma + \gamma' \frac{v}{u} + \gamma'' \frac{w}{u}, \omega\right),$$

et la valeur de s étant

$$(20) \quad s = \omega t.$$

Au contraire, dans le second cas, on tirera de la formule (3)

$$(21) \quad \varpi = -\frac{D_t^{3-n}}{2^4 \pi^2} \int_0^{2\pi} \int_0^{\pi} \int_0^{2\pi} \int_0^{\pi} \mathcal{E} \frac{\omega^{n-1} t^2 \sin p \sin \theta \, \varpi(\lambda, \mu, \nu)}{((F(u, v, w, \omega)))} \frac{dq\, dp\, d\tau\, d\theta}{\cos^2 \theta \sqrt{\cos^2 \theta}},$$

les valeurs de λ, μ, ν, s étant

$$(22) \quad \begin{cases} \lambda = x + (u\alpha + u'\beta + u''\gamma)s, \\ \mu = y + (v\alpha + v'\beta + v''\gamma)s, \\ \nu = z + (w\alpha + w'\beta + w''\gamma)s; \end{cases}$$

$$(23) \quad s = \frac{\omega t}{\cos \theta}.$$

Si maintenant on pose $k = \tang p$ dans la formule (18), on trouvera

$$(24)\quad \varpi = -\frac{D_t^{3-n}}{2^4\pi^2}\int_0^{2\pi}\int_0^{\pi}\int_0^{2\pi}\int_{-\infty}^{\infty} \mathcal{E}\frac{\omega^{n-1}t^2\sin\theta\,\varpi(\lambda,\mu,\nu)}{((\mho))}\sqrt{k^2}\,d\tau\,d\theta\,dq\,dk,$$

la valeur de $\mho$ étant

$$(25)\quad \mho = F[\alpha + k(\alpha'\cos q + \alpha''\sin q),\ 6 + k(6'\cos q + 6''\sin q),\ \gamma + k(\gamma'\cos q + \gamma''\sin q),\ \omega];$$

puis, en remplaçant k par $\frac{k}{t}$, et ω par $\frac{s}{t}$, on trouvera

$$(26)\quad \varpi = -\frac{D_t^{3-n}}{2^4\pi^2}\int_0^{2\pi}\int_0^{\pi}\int_0^{2\pi}\int_{-\infty}^{\infty} \mathcal{E}\frac{s^{n-1}\sin\theta\,\varpi(\lambda,\mu,\nu)}{((8))}\sqrt{k^2}\,d\tau\,d\theta\,dq\,dk,$$

le signe $\mathcal{E}$ étant relatif à la variable s, la valeur de 8 étant

$$(27)\quad 8 = F[\alpha t + (\alpha'\cos q + \alpha''\sin q)k,\ 6t + (6'\cos q + 6''\sin q)k,\ \gamma t + (\gamma'\cos q + \gamma''\sin q)k,\ s],$$

et les valeurs de λ, μ, ν étant données par les formules

$$(5)\qquad \lambda = x + \alpha s, \qquad \mu = y + \beta s, \qquad \nu = z + \gamma s.$$

Si, au contraire, on pose $k = \tang\theta$ dans la formule (21), on trouvera

$$(28)\quad \varpi = -\frac{D_t^{3-n}}{2^4\pi^2}\int_0^{2\pi}\int_0^{\pi}\int_0^{2\pi}\int_{-\infty}^{\infty} \mathcal{E}\frac{\omega^{n-1}t^2\sin p\,\varpi(\lambda,\mu,\nu)}{((F(u,v,w,\omega)))}\sqrt{k^2}\,d\tau\,dp\,dq\,dk.$$

les valeurs de λ, μ, ν étant déterminées par les formules

$$(29)\quad \begin{cases} \lambda = x + [u + (u'\cos\tau + u''\sin\tau)k]\,\omega t, \\ \mu = y + [v + (v'\cos\tau + v''\sin\tau)k]\,\omega t, \\ \nu = z + [w + (w'\cos\tau + w''\sin\tau)k]\,\omega t; \end{cases}$$

puis, en remplaçant k par $\frac{k}{t}$, on trouvera

$$(30)\quad \omega = -\frac{D_t^{3-n}}{2^4\pi^2}\int_0^{2\pi}\int_0^{\pi}\int_0^{2\pi}\int_{-\infty}^{\infty} \mathcal{E}\frac{\omega^{n-1}\sin p\,\varpi(\lambda,\mu,\nu)}{((F(u,v,w,\omega)))}\sqrt{k^2}\,d\tau\,dp\,dq\,dk,$$

les valeurs de λ, μ, ν étant

$$(31)\quad \left\{\begin{aligned} \lambda &= x + [ut + (u'\cos\tau + u''\sin\tau)k]\omega, \\ \mu &= y + [vt + (v'\cos\tau + v''\sin\tau)k]\omega, \\ \nu &= z + [wt + (w'\cos\tau + w''\sin\tau)k]\omega. \end{aligned}\right.$$

Les formules (24), (26), et celle que l'on déduirait de la formule (18), en ayant égard à l'équation (19) de la page 224, s'accordent avec les formules trouvées par M. Blanchet, dans le cas où l'équation caractéristique est du sixième ordre, et qui peuvent être étendues, comme il l'a remarqué lui-même, au cas où cette équation caractéristique serait d'un ordre plus élevé.

Lorsque

$$F(x, y, z, t)$$

se réduit à une fonction homogène de t et de la variable r déterminée par la formule

$$r = \sqrt{x^2 + y^2 + z^2},$$

la valeur de s, déduite de l'équation

$$(32)\qquad \mathcal{S} = 0,$$

dans laquelle on suppose $\mathcal{S}$ défini par la formule (27), se réduit à une fonction du binôme

$$k^2 + t^2.$$

Comme alors on a

$$D_t s = \frac{t}{k} D_k s,$$

et, par suite, en nommant $f(s)$ une fonction quelconque de s,

$$D_t f(s) = \frac{t}{k} D_k f(s),$$

la formule (26) donne

$$(33)\qquad \varpi = \frac{1}{4\pi} D_t^{2-n} \int_0^{2\pi} \int_0^{\pi} t \,\mathcal{E} \frac{s^{n-1} \sin\theta\, \varpi(\lambda, \mu, \nu)}{((F(\alpha t, 6t, \gamma t, s)))} d\tau\, d\theta,$$

pourvu que le produit

$$r^2 \varpi(x, y, z) = (x^2 + y^2 + z^2) \varpi(x, y, z)$$

se réduise à zéro avec $\frac{1}{r}$.

Dans un autre Mémoire, nous montrerons ce que deviennent les formules précédentes, quand on particularise la fonction $\varpi(x, y, z)$, et nous déduirons des formules ainsi obtenues les lois des mouvements représentés par un système d'équations aux différences partielles.

132.

Calcul intégral. — *Mémoire sur l'intégration des systèmes d'équations linéaires aux différences partielles.*

C. R., T. XIII, p. 46 (12 juillet 1841).

Ce Mémoire a pour objet la détermination de la fonction principale qui vérifie l'équation caractéristique correspondante à un système donné d'équations linéaires.

Le premier paragraphe se rapporte au cas où l'équation caractéristique est homogène. Dans ce cas, la fonction principale, comme je l'ai prouvé en 1830, peut être réduite à une intégrale quadruple. La décomposition de l'état initial en ondes sphériques me fournit une réduction nouvelle, et la fonction principale, correspondante à chaque onde sphérique, se trouve simplement représentée par une intégrale double.

Le second paragraphe est relatif au cas où l'équation caractéristique cesse d'être homogène. Alors, en substituant à l'équation caractéristique donnée une autre équation, qui en diffère peu et soit homogène, j'obtiens la valeur de la fonction principale, par le moyen d'une série dont chaque terme se calcule aisément à l'aide du théorème relatif aux équations linéaires, auxquelles on ajoute un second membre que l'on suppose fonction des variables indépendantes.

133.

Calcul intégral. — *Mémoire sur la réduction de la fonction principale qui vérifie une équation caractéristique homogène.*

C. R., t. XIII, p. 97 (19 juillet 1841).

Considérons un système d'équations linéaires aux dérivées partielles et à coefficients constants, dans lesquelles les variables indépendantes soient les trois coordonnées rectangulaires x, y, z d'un point quelconque de l'espace, et le temps t. Si l'équation caractéristique, correspondante au système des équations données, est homogène, la fonction principale, propre à vérifier cette équation caractéristique, pourra être représentée à l'aide d'une intégrale quadruple, comme je l'ai prouvé, il y a longtemps, dans mes Leçons au Collège de France (*voir*, dans le *Bulletin des Sciences* de M. de Férussac, le Cahier d'avril 1830). Or, pour que cette intégrale quadruple se réduise à une intégrale double, il suffit que la fonction arbitraire de x, y, z, de laquelle dépend la fonction principale, se réduise à une fonction de la distance du point (x, y, z) à l'origine des coordonnées. On peut d'ailleurs, comme je l'ai montré dans un précédent Mémoire, ramener à ce cas particulier le cas plus général où la fonction arbitraire dont il s'agit prend une forme quelconque.

La réduction que j'obtiens est fondée sur l'emploi d'une formule que j'ai donnée dans la 49e livraison des *Exercices de Mathématiques*. Je rappellerai cette formule dans le premier paragraphe du présent Mémoire, et je la ferai servir dans le second paragraphe à la réduction énoncée.

Analyse.

§ Ier. — *Formules préliminaires.*

Supposons que, les valeurs de u, v, w étant

$$(1)\qquad u = \cos p, \qquad v = \sin p \cos q, \qquad w = \sin p \sin q,$$

P, Q représentent des fonctions réelles des variables u, v, w, et que ces fonctions soient déterminées par les formules

$$(2)\qquad P = \alpha u + 6 v + \gamma w,$$

$$(3)\qquad Q = (a u^2 + b v^2 + c w^2 + 2 d v w + 2 e w u + 2 f u v)^{\frac{1}{2}},$$

a, b, c, d, e, f; α, 6, γ désignant des constantes réelles. Concevons encore que les équations

$$(4)\qquad au + fv + ew = \mathfrak{O}, \qquad fu + bv + dw = \mathfrak{V}, \qquad eu + dv + cw = \mathfrak{W},$$

étant résolues par rapport à u, v, w, donnent

$$(5)\qquad u = \mathrm{a}\mathfrak{O} + \mathrm{f}\mathfrak{V} + \mathrm{e}\mathfrak{W}, \qquad v = \mathrm{f}\mathfrak{O} + \mathrm{b}\mathfrak{V} + \mathrm{d}\mathfrak{W}, \qquad w = \mathrm{e}\mathfrak{O} + \mathrm{d}\mathfrak{V} + \mathrm{c}\mathfrak{W}.$$

Enfin posons

$$(6)\qquad \Theta = (abc - ad^2 - be^2 - cf^2 + 2 def)^{\frac{1}{2}},$$

ou, ce qui revient au même,

$$(7)\qquad \frac{1}{\Theta} = (\mathrm{abc} - \mathrm{ad}^2 - \mathrm{be}^2 - \mathrm{cf}^2 + 2\, \mathrm{def})^{\frac{1}{2}},$$

et

$$(8)\qquad \mathrm{K} = (\mathrm{a}\alpha^2 + \mathrm{b}6^2 + \mathrm{c}\gamma^2 + 2\, \mathrm{d}6\gamma + 2\,\mathrm{e}\gamma\alpha + 2\,\mathrm{f}\alpha 6)^{\frac{1}{2}},$$

et nommons $\mathrm{f}(x)$ une fonction quelconque de x. Une formule établie dans la 49$^{\rm e}$ livraison des *Exercices de Mathématiques*, et qui se déduit aussi des calculs que j'ai présentés à l'Académie dans la dernière séance, donnera

$$(9)\qquad \int_0^{2\pi}\int_0^{\pi} \mathrm{f}\left(\frac{P}{Q}\right) \frac{\sin p\, dq\, dp}{Q^3} = \frac{2\pi}{\Theta}\int_0^{\pi} \mathrm{f}(\mathrm{K}\cos q)\sin p\, dp.$$

On peut, dans les formules qui précèdent, considérer les variables

$$u, \quad v, \quad w,$$

qui vérifient l'équation

$$u^2 + v^2 + w^2 = 1,$$

comme représentant les trois coordonnées rectangulaires d'un point A situé à l'unité de distance de l'origine O. Si d'ailleurs les coefficients

$$\alpha,\quad 6,\quad \gamma$$

vérifient la condition

$$(10)\qquad \alpha^2+6^2+\gamma^2=1,$$

ils pourront être censés représenter encore les coordonnées d'un point B situé à l'unité de distance de l'origine; et, si l'on nomme δ l'angle compris entre les droites OA, OB, on aura évidemment

$$(11)\qquad \cos\delta=\alpha u+6v+\gamma w=\mathrm{P};$$

d'où il résulte que l'équation (10) pourra s'écrire comme il suit

$$(12)\qquad \int_0^{2\pi}\int_0^{\pi}\mathrm{f}\left(\frac{\cos\delta}{\mathrm{Q}}\right)\frac{\sin p\,dq\,dp}{\mathrm{Q}^3}=\frac{2\pi}{\Theta}\int_0^{\pi}\mathrm{f}(\mathrm{K}\cos p)\sin p\,dp.$$

Considérons maintenant, d'une part la droite OB représentée par l'équation

$$(13)\qquad \frac{x}{\alpha}=\frac{y}{6}=\frac{z}{\gamma},$$

et, d'autre part, l'ellipsoïde représenté par l'équation

$$(14)\qquad ax^2+by^2+cz^2+2dyz+2ezx+2fxy=1.$$

Cette dernière équation pourra se mettre sous la forme

$$\mathfrak{X}x+\mathfrak{Y}y+\mathfrak{Z}z=1,$$

pourvu que l'on pose

$$(15)\qquad \begin{cases} ax+fy+ez=\mathfrak{X},\\ fx+by+dz=\mathfrak{Y},\\ ex+dy+cz=\mathfrak{Z}.\end{cases}$$

Supposons d'ailleurs le point (x, y, z) choisi sur la surface de l'ellipsoïde de manière que le plan tangent, mené par ce point à l'ellipsoïde, soit perpendiculaire à la droite OB. On aura

$$(16)\qquad \frac{\mathfrak{X}}{\alpha}=\frac{\mathfrak{Y}}{6}=\frac{\mathfrak{Z}}{\gamma}=\frac{\mathfrak{X}x+\mathfrak{Y}y+\mathfrak{Z}z}{\alpha x+6y+\gamma z}=\frac{1}{\alpha x+6y+\gamma z};$$

et, comme les équations (15) donneront

$$(17)\qquad \begin{cases} x = \mathrm{a}\mathcal{X} + \mathrm{f}\mathcal{Y} + \mathrm{e}\mathcal{Z}, \\ y = \mathrm{f}\mathcal{X} + \mathrm{b}\mathcal{Y} + \mathrm{d}\mathcal{Z}, \\ z = \mathrm{e}\mathcal{X} + \mathrm{d}\mathcal{Y} + \mathrm{c}\mathcal{Z}, \end{cases}$$

on tirera de la formule (16), après avoir réuni les termes correspondants des trois premières fractions, respectivement multipliés : 1° par les coefficients a, f, e; 2° par les coefficients f, b, d; 3° par les coefficients e, d, c,

$$\frac{1}{\alpha x + 6y + \gamma z} = \frac{x}{\mathrm{a}\alpha + \mathrm{f}6 + \mathrm{e}\gamma} = \frac{y}{\mathrm{f}\alpha + \mathrm{b}6 + \mathrm{d}\gamma} = \frac{z}{\mathrm{e}\alpha + \mathrm{d}6 + \mathrm{c}\gamma};$$

puis on conclura de cette dernière formule, en réunissant les termes correspondants des trois dernières fractions, respectivement multipliés par α, 6, γ,

$$\frac{1}{\alpha x + 6y + \gamma z} = \frac{\alpha x + 6y + \gamma z}{\mathrm{K}^2},$$

et par conséquent

$$\mathrm{K} = \pm(\alpha x + 6y + \gamma z).$$

Donc, la quantité positive K représentera la valeur numérique du produit

$$\alpha x + 6y + \gamma z,$$

c'est-à-dire, la distance de l'origine au plan qui touche l'ellipsoïde représenté par l'équation (14), et qui est perpendiculaire à la droite OB. Cette conclusion suppose que les coefficients α, 6, γ vérifient la condition (10). Dans le cas contraire, K serait le produit de la distance dont il s'agit par la longueur $\sqrt{\alpha^2 + 6^2 + \gamma^2}$. Quant à la quantité Θ, elle représentera, dans tous les cas, le quotient qu'on obtient en divisant l'unité par le produit des trois demi-axes de l'ellipsoïde (14), ou, ce qui revient au même, par le $\frac{1}{8}$ du volume du parallélépipède circonscrit.

Observons encore que, dans tous les cas, la valeur de K^2 sera ce que devient la fonction

$$\mathrm{P} = \alpha u + 6v + \gamma w$$

quand on y substitue les valeurs de u, v, w tirées des formules

$$au + fv + ew = \alpha, \qquad fu + bv + dw = 6, \qquad eu + dv + cw = \gamma,$$

ou, ce qui revient au même, des équations

$$(18) \qquad \tfrac{1}{2}D_u Q^2 = \alpha, \qquad \tfrac{1}{2}D_v Q^2 = 6, \qquad \tfrac{1}{2}D_w Q^2 = \gamma.$$

De plus, pour obtenir la quantité Θ^2, il suffira de poser

$$(19) \qquad \frac{\frac{1}{2}D_u Q^2}{u} = \frac{\frac{1}{2}D_v Q^2}{v} = \frac{\frac{1}{2}D_w Q^2}{w} = \theta,$$

ou, ce qui revient au même,

$$(20) \qquad \frac{au + fv + ew}{u} = \frac{fu + bv + dw}{v} = \frac{eu + dv + cw}{w} = \theta,$$

puis d'éliminer u, v, w de la formule (20), et de faire $\theta = 0$ dans le premier membre de l'équation résultante

$$(21) \quad (a-\theta)(b-\theta)(c-\theta) - (a-\theta)d^2 - (b-\theta)e^2 - (c-\theta)f^2 + 2\,def = 0,$$

écrite sous une forme telle que le coefficient de θ^3 se réduise à -1. On peut dire aussi que la valeur de Θ^2 sera le produit des trois racines de l'équation en θ.

Si, dans l'équation (8), on remplace la fonction f par sa dérivée f', l'intégration indiquée dans le second membre pourra s'effectuer, et l'on trouvera

$$(22) \qquad \frac{\mathrm{f}(\mathrm{K}) - \mathrm{f}(-\mathrm{K})}{\mathrm{K}} = \frac{\Theta}{2\pi}\int_0^{2\pi}\int_0^{\pi} \mathrm{f}'\left(\frac{\mathrm{P}}{\mathrm{Q}}\right)\frac{\sin p\,dq\,dp}{\mathrm{Q}^3}.$$

Si, de plus, $\mathrm{f}(x)$ désigne une fonction impaire de x, on aura

$$\mathrm{f}(\mathrm{K}) = -\mathrm{f}(-\mathrm{K}),$$

et par suite

$$(23) \qquad \frac{\mathrm{f}(\mathrm{K})}{\mathrm{K}} = \frac{\Theta}{4\pi}\int_0^{2\pi}\int_0^{\pi} \mathrm{f}'\left(\frac{\mathrm{P}}{\mathrm{Q}}\right)\frac{\sin p\,dq\,dp}{\mathrm{Q}^3}.$$

Soient maintenant

$$(24) \qquad \varsigma = ux + vy + wz.$$

et

$$(25) \qquad \text{ɩ} = (\mathrm{a}x^2 + \mathrm{b}y^2 + \mathrm{c}z^2 + 2\,\mathrm{d}yz + 2\,\mathrm{e}zx + 2\,\mathrm{f}xy)^{\frac{1}{2}},$$

ce que deviennent P et K quand on y remplace

$$\alpha, \ 6, \ \gamma \quad \text{par} \quad x, \ y, \ z.$$

La formule (22) donnera

$$(26) \qquad \frac{\mathrm{f}(\text{ɩ}) - \mathrm{f}(-\text{ɩ})}{\text{ɩ}} = \frac{\Theta}{2\pi}\int_0^{2\pi}\int_0^{\pi} \mathrm{f}'\left(\frac{\varsigma}{\mathrm{Q}}\right)\frac{\sin p\, dq\, dp}{\mathrm{Q}^3};$$

puis, en supposant que $\mathrm{f}(x)$ soit une fonction impaire de x, c'est-à-dire, en supposant que l'on ait

$$\mathrm{f}(x) = -\mathrm{f}(-x),$$

on en conclura

$$(27) \qquad \frac{\mathrm{f}(\text{ɩ})}{\text{ɩ}} = \frac{\Theta}{4\pi}\int_0^{2\pi}\int_0^{\pi} \mathrm{f}'\left(\frac{\varsigma}{\mathrm{Q}}\right)\frac{\sin p\, dq\, dp}{\mathrm{Q}^3}.$$

Enfin, si l'on pose

$$a = b = c = 1, \qquad d = e = f = 0,$$

on aura, par suite,

$$\mathrm{a} = \mathrm{b} = \mathrm{c} = 1, \qquad \mathrm{d} = \mathrm{e} = \mathrm{f} = 0,$$
$$\Theta = 1, \qquad \mathrm{Q} = 1,$$

et la formule (26) donnera

$$(28) \qquad \frac{\mathrm{f}(r) - \mathrm{f}(-r)}{r} = \frac{1}{2\pi}\int_0^{2\pi}\int_0^{\pi} \mathrm{f}'(\varsigma)\sin p\, dq\, dp,$$

la valeur de r étant

$$(29) \qquad r = \sqrt{x^2 + y^2 + z^2};$$

puis on en conclura, si $\mathrm{f}(x)$ est une fonction impaire de x,

$$(30) \qquad \frac{\mathrm{f}(r)}{r} = \frac{1}{4\pi}\int_0^{2\pi}\int_0^{\pi} \mathrm{f}'(\varsigma)\sin p\, dq\, dp.$$

D'ailleurs, $\mathfrak{f}(x)$ étant par hypothèse une fonction impaire de la variable x, si l'on pose

$$\frac{\mathfrak{f}(x)}{x} = f(x),$$

$f(x)$ sera une fonction paire de la même variable. Donc les formules (27) et (30) pourront servir à transformer une fonction paire du radical

$$\sqrt{x^2 + y^2 + z^2},$$

ou même du radical $\mathfrak{r}$ déterminé par la formule (25), en une intégrale double, dont chaque élément, considéré comme fonction de x, y, z, dépendra de la seule variable

$$\varsigma = ux + vy + wz,$$

c'est-à-dire, d'une fonction linéaire des trois variables x, y, z. Cette transformation remarquable fournit une méthode directe d'intégration pour les équations linéaires, comme nous l'expliquerons dans un autre Mémoire.

§ II. — *Réduction de la fonction principale correspondante à une équation caractéristique homogène.*

Soit

$$F(x, y, z, t)$$

une fonction des variables

$$x, \quad y, \quad z, \quad t,$$

homogène, du degré n, et dans laquelle le coefficient de t^n se réduise à l'unité. La fonction principale ϖ, correspondante à l'équation caractéristique

$$F(D_x, D_y, D_z, D_t)\varpi = 0, \tag{1}$$

sera

$$\varpi = -\frac{D_t^{3-n}}{2^4 \pi^2} \int_0^{2\pi} \int_0^{\pi} \int_0^{2\pi} \int_0^{\pi} \mathcal{E} \frac{\omega^{n-1} t^2 \sin p \sin\theta\, \varpi(\lambda, \mu, \nu)}{((F(u, v, w, \omega)))} \frac{dq\, dp\, d\tau\, d\theta}{\cos^2\delta \sqrt{\cos^2\delta}}, \tag{2}$$

le signe $\mathcal{E}$ étant relatif à la variable auxiliaire ω, pourvu que l'on pose

$$(3)\qquad \begin{cases} u = \cos p, & v = \sin p \cos q, & w = \sin p \sin q, \\ \alpha = \cos\theta, & 6 = \sin\theta\cos\tau, & \gamma = \sin\theta\sin\tau, \end{cases}$$

$$(4)\qquad \cos\delta = \alpha u + 6v + \gamma w,$$

$$(5)\qquad \lambda = x + \alpha s, \qquad \mu = y + 6s, \qquad \nu = z + \gamma s,$$

$$(6)\qquad s = \frac{\omega t}{\cos\delta}.$$

Supposons maintenant que

$$\varpi(x, y, z),$$

ou la valeur initiale de $D_t^{n-1}\varpi$, se réduise à une fonction paire de la seule variable

$$(7)\qquad r = \sqrt{x^2 + y^2 + z^2},$$

en sorte qu'on ait

$$(8)\qquad \varpi(x, y, z) = \Pi(r) = \Pi(-r).$$

Si l'on pose

$$(9)\qquad \rho = \sqrt{\lambda^2 + \mu^2 + \nu^2},$$

on aura encore

$$\varpi(\lambda, \mu, \nu) = \Pi(\rho) = \Pi(-\rho)$$

et, par suite,

$$(10)\qquad \varpi = -\frac{D_t^{3-n}}{2^4\pi^2}\int_0^{2\pi}\int_0^{\pi}\int_0^{2\pi}\int_0^{\pi} \mathcal{E}\,\frac{\omega^{n-1}t^2\sin p\sin\theta\,\Pi(\rho)}{((F(u, v, w, \omega)))}\,\frac{dq\,dp\,d\tau\,d\theta}{\cos^2\delta\sqrt{\cos^2\delta}}.$$

D'ailleurs, on tirera des formules (5) et (9)

$$(11)\qquad \rho^2 = r^2 + s^2 + 2s8,$$

la valeur de 8 étant

$$(12)\qquad 8 = \alpha x + 6y + \gamma z.$$

ou, ce qui revient au même, eu égard à la formule (6),

$$(13) \qquad \rho^2 = \frac{\omega^2 t^2 + 2\omega t \varepsilon \cos\delta + r^2 \cos^2\delta}{\cos^2\delta}.$$

Donc, si la lettre Q désigne une quantité positive déterminée par la formule

$$Q^2 = \omega^2 t^2 + 2\omega t \varepsilon \cos\delta + r^2 \cos^2\delta,$$

que l'on peut écrire comme il suit

$$(14) \quad \begin{cases} Q = \omega^2 t^2(\alpha^2 + 6^2 + \gamma^2) + 2\omega t(\alpha x + 6y + \gamma z)(\alpha u + 6v + \gamma w) \\ \qquad + r^2 (\alpha u + 6v + \gamma w)^2, \end{cases}$$

on aura simplement

$$(15) \qquad \rho^2 = \frac{Q^2}{\cos^2\delta},$$

et la formule (10) deviendra

$$(16) \quad \varpi = -\frac{D_t^{3-n}}{2^4\pi^2} \int_0^{2\pi}\int_0^{\pi}\int_0^{2\pi}\int_0^{\pi} \mathcal{E} \frac{\omega^{n-1} t^2 \sin p \sin\theta \Pi\left(\frac{Q}{\cos\delta}\right)}{((F(u, v, w, \omega)))} \frac{dq\,dp\,d\tau\,d\theta}{\cos^2\delta\sqrt{\cos^2\delta}}.$$

Il importe d'observer qu'en vertu des équations (4) et (14) $\cos\delta$ et Q^2 seront deux fonctions entières homogènes de α, 6, γ, l'une du premier degré, l'autre du second. Cela posé, si, dans la formule (12) du § II, on échange entre eux les deux systèmes de quantités

$$\alpha, \quad 6, \quad \gamma \quad \text{et} \quad u, \quad v, \quad w,$$

alors, en posant

$$f(x) = \frac{1}{x^3}\Pi\left(\frac{1}{x}\right),$$

on trouvera

$$(17) \quad \int_0^{2\pi}\int_0^{\pi} \Pi\left(\frac{Q}{\cos\delta}\right) \frac{\sin\theta\,d\tau\,d\theta}{\cos^2\delta\sqrt{\cos^2\delta}} = \frac{2\pi}{K^3\Theta}\int_0^{\pi} \Pi\left(\frac{1}{K\cos\theta}\right) \frac{d\theta}{\cos^2\theta\sqrt{\cos^2\theta}};$$

la valeur de K^2 étant celle qu'on obtient quand on substitue, dans le trinôme

$$u\alpha + v6 + w\gamma = \cos\delta,$$

les valeurs de α, $\mathcal{E}$, γ tirées des équations

$$(18)\qquad \tfrac{1}{2}\,D_\alpha Q^2 = u, \qquad \tfrac{1}{2}\,D_6 Q^2 = v, \qquad \tfrac{1}{2}\,D_\gamma Q^2 = w;$$

et la valeur de Θ^2 étant le produit des trois racines de l'équation en θ à laquelle on parvient en éliminant α, 6, γ de la formule

$$(19)\qquad \frac{\tfrac{1}{2}D_\alpha Q^2}{\alpha} = \frac{\tfrac{1}{2}D_6 Q^2}{6} = \frac{\tfrac{1}{2}D_\gamma Q^2}{\gamma} = \theta.$$

Comme on aura d'ailleurs, en vertu de la formule (14), jointe aux équations (4) et (12),

$$\tfrac{1}{2}D_\alpha Q^2 = \omega^2 t^2 \alpha + (r^2 \cos\delta + 8\omega t)u + \omega t x \cos\delta,$$
$$\tfrac{1}{2}D_6 Q^2 = \omega^2 t^2 6 + (r^2 \cos\delta + 8\omega t)v + \omega t y \cos\delta,$$
$$\tfrac{1}{2}D_\gamma Q^2 = \omega^2 t^2 \gamma + (r^2 \cos\delta + 8\omega t)w + \omega t z \cos\delta,$$

les formules (18) donneront

$$(20)\qquad \frac{\omega t \alpha + x\cos\delta}{u} = \frac{\omega t 6 + y\cos\delta}{v} = \frac{\omega t\gamma + z\cos\delta}{w} = \frac{1 - r^2\cos\delta - 8\omega t}{\omega t};$$

puis en posant, pour abréger,

$$(21)\qquad ux + vy + wz = \varsigma,$$

et réunissant les termes correspondants des trois premières fractions comprises dans la formule (20), après les avoir respectivement multipliées : 1° par u, v, w; 2° par x, y, z, on trouvera

$$\frac{(\omega t + \varsigma)\cos\delta}{1} = \frac{8\omega t + r^2\cos\delta}{\varsigma} = \frac{1 - r^2\cos\delta - 8\omega t}{\omega t};$$

par conséquent

$$\frac{(\omega t + \varsigma)\cos\delta}{1} = \frac{1}{\varsigma + \omega t}, \qquad \cos\delta = \left(\frac{1}{\varsigma + \omega t}\right)^2.$$

Donc la valeur cherchée de K^2 sera

$$(22)\qquad K^2 = \left(\frac{1}{\varsigma + \omega t}\right)^2.$$

En opérant de la même manière, on tirera de la formule (19)

$$(23)\quad \left\{\begin{aligned} \theta - \omega^2 t^2 &= \frac{(r^2\cos\delta + \varkappa\omega t)u + \omega t x\cos\delta}{\alpha} \\ &= \frac{(r^2\cos\delta + \varkappa\omega t)v + \omega t y\cos\delta}{\beta} \\ &= \frac{(r^2\cos\delta + \varkappa\omega t)w + \omega t z\cos\delta}{\gamma} \end{aligned}\right.$$

et

$$(24)\qquad \theta - \omega t(\omega t + \varsigma) = r^2 + \omega t\frac{\varkappa}{\cos\delta} = r^2(\omega t + \varsigma)\frac{\cos\delta}{\varkappa};$$

puis, en éliminant de la formule (24) le rapport $\frac{\cos\delta}{\varkappa}$, on trouvera

$$(25)\qquad [\theta - \omega t(\omega t + \varsigma)]^2 - \theta r^2 = \mathrm{o}.$$

Cette dernière équation en θ fournit seulement deux racines dont le produit

$$\omega^2 t^2(\omega t + \varsigma)^2$$

est ce que devient le premier membre quand on y pose $\theta = \mathrm{o}$. Mais la racine qui nous manque ici est facile à retrouver, et se réduit évidemment à

$$\omega^2 t^2,$$

puisqu'on vérifie la formule (23) en posant

$$\theta = \omega^2 t^2, \qquad \cos\delta = \mathrm{o}, \qquad \varkappa = \mathrm{o},$$

ou, ce qui revient au même,

$$\theta = \omega^2 t^2, \qquad \alpha u + \beta v + \gamma w = \mathrm{o}, \qquad \alpha x + \beta y + \gamma z = \mathrm{o}.$$

Donc la valeur de Θ^2, ou le produit des trois racines de l'équation la plus générale en θ, à laquelle on puisse arriver en éliminant α, β, γ de la formule (19), sera

$$(26)\qquad \Theta^2 = \omega^4 t^4(\omega t + \varsigma)^2 = \frac{\omega^4 t^4}{\mathrm{K}^2}.$$

Donc, K et Θ devant être positifs, on aura

(27) $$K\Theta = \omega^2 t^2.$$

Si aux formules (17), (22), (27) on joint encore la suivante

$$D_t \int_0^\pi f\left(\frac{\omega t + \varsigma}{\cos\theta}\right) \frac{\sin\theta\, d\theta}{\sqrt{\cos^2\theta}} = -2\omega \frac{f(\omega t + \varsigma)}{\omega t + \varsigma},$$

qu'il est facile d'établir, dans le cas où $f(x)$ est une fonction paire qui se réduit à zéro pour des valeurs infinies de x, alors, en supposant que le produit

$$\imath^2 \Pi(\imath)$$

s'évanouisse avec $\frac{1}{\imath}$, on tirera de la formule (16)

(28) $$\varpi = \frac{D_t^{2-n}}{4\pi} \int_0^{2\pi} \int_0^\pi \mathcal{E} \frac{\omega^{n-2}(\omega t + \varsigma)\, \Pi(\omega t + \varsigma)}{((F(u, v, w, \omega)))} \sin p\, dq\, dp.$$

Telle est l'intégrale double à laquelle se réduit la fonction principale ϖ, lorsque la valeur initiale $\varpi(x, y, z)$ de $D_t^{n-1}\varpi$ est fonction de la seule variable

$$r = \sqrt{x^2 + y^2 + z^2}.$$

Si la valeur initiale de $D_t^{n-1}\varpi$ se réduisait, non plus à une fonction de r, mais à une fonction du radical $\imath$ déterminé par une équation de la forme

(29) $$\imath = (a x^2 + b y^2 + c z^2 + 2 d yz + 2 e zx + 2 f xy)^{\frac{1}{2}},$$

alors, au lieu de l'équation (28), on obtiendrait la suivante

(30) $$\varpi = \frac{\Theta}{4\pi} D_t^{2-n} \int_0^{2\pi} \int_0^\pi \mathcal{E} \frac{\omega^{n-2}(\omega t + \varsigma)\, \Pi\left(\frac{\omega t + \varsigma}{Q}\right)}{((F(u, v, w, \omega)))} \frac{\sin p}{Q^2}\, dq\, dp,$$

la valeur de $\frac{1}{\Theta}$ étant

(31) $$\frac{1}{\Theta} = (abc - ad^2 - be^2 - cf^2 + 2def)^{\frac{1}{2}}.$$

C'est ce que l'on parviendra encore à reconnaître en raisonnant toujours comme nous venons de le faire.

En terminant ce paragraphe, nous ferons remarquer que l'on arriverait encore facilement aux formules (28) et (30) si l'on appliquait les transformations précédentes, non plus à l'équation (2), mais à l'équation (21) de la page 228 (*voir* le *Compte rendu* de la séance du 12 juillet dernier).

134.

CALCUL INTÉGRAL. — *Méthode abrégée pour l'intégration des systèmes d'équations linéaires à coefficients constants.*

C. R., T. XIII, p. 109 (19 juillet 1841).

Comme je l'ai prouvé, dans les *Exercices d'Analyse et de Physique mathématiques,* l'intégration d'un système d'équations linéaires, différentielles ou aux dérivées partielles, et à coefficients constants, peut être réduite à la détermination de la fonction principale. Si, pour fixer les idées, on suppose que les équations linéaires données se rapportent à un problème de Physique ou de Mécanique, le temps fera partie des variables indépendantes; et si, alors, comme il arrive d'ordinaire, le coefficient de la plus haute puissance de D_t, dans l'équation caractéristique, se réduit à l'unité, la fonction principale se trouvera complètement déterminée par la double condition de vérifier l'équation caractéristique dont l'ordre sera un certain nombre entier n, et de s'évanouir, pour une valeur donnée, par exemple, pour une valeur nulle du temps, avec ses dérivées relatives au temps et d'un ordre inférieur à $n-1$. Quant à la dérivée de l'ordre $n-1$, elle devra se réduire, pour une valeur nulle de la variable indépendante t, soit à une constante donnée, soit à une fonction donnée des autres variables indépendantes, suivant qu'il s'agira d'intégrer des équations différentielles linéaires ou des équations linéaires aux dérivées partielles.

Pour évaluer la fonction principale telle que je viens de la définir, j'ai eu recours, dans les *Exercices d'Analyse*, à la formule de Fourier, ou plutôt à une formule du même genre que j'ai substituée à la première, et fait servir à l'intégration des équations linéaires aux dérivées partielles, dans le XIXe Cahier du *Journal de l'École Polytechnique*. Lorsque les équations données se rapportent à un problème de Physique ou de Mécanique, elles renferment en général, avec le temps t, trois autres variables indépendantes, qui peuvent être censées représenter des coordonnées rectangulaires; et la fonction principale, calculée comme je viens de le dire, se trouve représentée par une intégrale définie sextuple. Pour reconnaître les lois des phénomènes, on est obligé de faire subir à cette intégrale sextuple diverses réductions. Parmi ces réductions on doit particulièrement remarquer celles qui se rapportent au cas où l'équation caractéristique est homogène. Alors, comme je l'ai prouvé en 1830, l'intégrale sextuple est généralement réductible à une intégrale quadruple. Elle sera même, comme je viens de le montrer dans le précédent Mémoire, réductible à une intégrale double, si la valeur initiale de la fonction principale prend certaines formes particulières, si, par exemple, elle dépend uniquement de la distance d'un point variable à l'origine des coordonnées.

L'importance des réductions que je viens de rappeler m'a engagé à rechercher s'il ne serait pas possible d'obtenir directement les formules réduites. J'ai été assez heureux pour y parvenir. On verra dans ce nouveau Mémoire que, en se servant du calcul des résidus, on peut, non seulement obtenir avec une grande facilité la fonction principale correspondante à une équation différentielle caractéristique, mais encore passer de cette fonction principale à celle qui vérifie une équation caractéristique aux dérivées partielles, homogène ou non homogène, et en particulier, à l'intégrale double ou à l'intégrale quadruple qui représente la fonction principale pour une équation caractéristique homogène.

Analyse.

§ I. — *Sur la fonction principale qui vérifie une équation différentielle linéaire.*

Soit $F(t)$ une fonction entière de t du degré n, dans laquelle le coefficient de t^n se réduise à l'unité. Soit en outre ϖ une fonction principale assujettie à vérifier, quel que soit t, l'équation caractéristique

$$F(D_t)\varpi = 0, \tag{1}$$

et, pour $t = 0$, les conditions

$$\varpi = 0, \quad D_t\varpi = 0, \quad \ldots, \quad D_t^{n-2}\varpi = 0, \quad D_t^{n-1}\varpi = \theta, \tag{2}$$

θ désignant une quantité constante. Pour que l'équation (1) soit vérifiée, il suffira que l'on prenne

$$\varpi = e^{st},$$

s désignant une racine de l'équation

$$F(s) = 0, \tag{3}$$

ou plus généralement

$$\varpi = \mathcal{E}\frac{\Theta e^{st}}{((F(s)))}, \tag{4}$$

Θ pouvant désigner une quantité constante, ou une fonction entière de s. Comme on aura d'ailleurs, en supposant $m < n - 1$,

$$\mathcal{E}\frac{s^m}{((F(s)))} = 0,$$

et, en remplaçant m par $n - 1$ dans la formule précédente,

$$\mathcal{E}\frac{s^{n-1}}{((F(s)))} = 1,$$

la valeur de ϖ donnée par la formule (4) vérifiera évidemment les conditions (2) si l'on y pose $\Theta = 0$. Donc la valeur cherchée de la fonction principale ϖ sera

$$\varpi = \mathcal{E} \frac{\theta e^{st}}{((F(s)))}.$$

§ II. — *Sur les fonctions principales dont les dérivées offrent des valeurs initiales qui dépendent seulement d'une fonction linéaire des variables indépendantes.*

Soit

$$F(x, y, z, \ldots, t)$$

une fonction de plusieurs variables x, y, z, t, entière, du degré n, et dans laquelle le coefficient de t^n se réduise à l'unité. Supposons d'ailleurs, pour fixer les idées, que les variables x, y, z, t, réduites à quatre, représentent trois coordonnées rectangulaires et le temps. Enfin, soit ϖ une fonction principale assujettie à vérifier, quel que soit t, l'équation caractéristique

$$F(D_x, D_y, D_z, D_t)\varpi = 0, \tag{1}$$

et pour $t = 0$ les conditions

$$\varpi = 0, \quad D_t\varpi = 0, \quad \ldots, \quad D_t^{n-2}\varpi = 0, \quad D_t^{n-1}\varpi = \varpi(x, y, z). \tag{2}$$

On pourra aisément trouver la valeur générale de ϖ si, l'équation caractéristique étant homogène, la valeur initiale de $D_t^{n-1}\varpi$, représentée par $\varpi(x, y, z)$, dépend uniquement d'une fonction linéaire des variables indépendantes x, y, z, en sorte qu'on ait, par exemple,

$$\varpi(x, y, z) = \Pi(ux + vy + wz), \tag{3}$$

u, v, w désignant des coefficients constants, ou, ce qui revient au même,

$$\varpi(x, y, z) = \Pi(\varsigma), \tag{4}$$

la valeur de ς étant

$$\varsigma = ux + vy + wz. \tag{5}$$

C'est en effet ce qui résulte des considérations suivantes.

Il est clair que, pour vérifier l'équation (1), il suffira de prendre

$$\varpi = e^{ux+vy+wz+st} = e^{\zeta+st},$$

s désignant une racine quelconque de l'équation

(6) $$F(u, v, w, s) = 0;$$

ou plus généralement

(7) $$\varpi = \mathcal{E} \frac{\Theta e^{ux+vy+wz+st}}{((F(u, v, w, s)))} = \mathcal{E} \frac{\Theta e^{\zeta+st}}{((F(u, v, w, s)))},$$

Θ désignant une fonction entière quelconque de u, v, w, s, et le signe $\mathcal{E}$ étant relatif à la variable auxiliaire s. Cela posé, concevons d'abord que l'équation (3) se réduise à

(8) $$\varpi(x, y, z) = \theta e^{ux+vy+wz},$$

θ désignant un coefficient constant. Comme on aura, en supposant $m < n - 1$,

$$\mathcal{E} \frac{s^m}{((F(u, v, w, s)))} = 0,$$

et, en remplaçant m par $n - 1$,

$$\mathcal{E} \frac{s^{n-1}}{((F(u, v, w, s)))} = 1,$$

la valeur de ϖ, donnée par la formule (7), vérifiera évidemment l'équation (1) avec les conditions (2), si l'on y pose $\Theta = \theta$, c'est-à-dire si l'on prend

(9) $$\varpi = \mathcal{E} \frac{\theta e^{ux+vy+wz+st}}{((F(u, v, w, s)))},$$

ou, ce qui revient au même,

(10) $$\varpi = \mathcal{E} \frac{\theta e^{\zeta+st}}{((F(u, v, w, s)))}.$$

On arriverait à la même conclusion en observant que la valeur de ϖ donnée par la formule (7) vérifie l'équation différentielle

$$F(u, v, w, D_t)\varpi = 0,$$

et, en intégrant cette équation différentielle par la méthode exposée dans le § Ier, de manière à remplir, pour $t = 0$, les conditions

$$\varpi = 0, \qquad D_t\varpi = 0, \qquad \ldots, \qquad D_t^{n-1}\varpi = 0, \qquad D_t^n\varpi = \theta e^{ux+vy+wz}.$$

Concevons maintenant qu'à la formule (8) on substitue celle-ci :

$$(11) \qquad \varpi(x, y, z) = \theta e^{h(ux+vy+wz)},$$

h, θ désignant deux coefficients constants. Alors, au lieu de la formule (9), on obtiendra la suivante

$$(12) \qquad \varpi = \mathcal{E}\,\theta \frac{e^{h(ux+vy+wz)+st}}{((F(hu, hv, hw, s)))},$$

que l'on peut écrire comme il suit :

$$(13) \qquad \varpi = \mathcal{E} \frac{\theta e^{h\varsigma+st}}{((F(hu, hv, hw, s)))}.$$

Si $F(x, y, z, t)$ devient une fonction homogène des variables x, y, z, t, on tirera de la formule (13), en y posant $s = h\omega$,

$$(14) \qquad \varpi = \mathcal{E} \frac{\theta}{h^{n-1}} \frac{e^{h(\varsigma+\omega t)}}{((F(u, v, w, \omega)))},$$

le signe $\mathcal{E}$ étant relatif à la variable auxiliaire ω. Pour faire disparaître, dans l'équation (14), le diviseur h^{n-1}, il suffira de différentier $n-1$ fois les deux membres par rapport à t. On trouvera ainsi

$$(15) \qquad D_t^{n-1}\varpi = \mathcal{E} \frac{\omega^{n-1}}{((F(u, v, w, \omega)))} \theta e^{h(\varsigma+\omega t)};$$

puis, en intégrant autant de fois et indiquant à l'aide de la caractéristique D_t^{-1}, ou D_t^{-2}, ou D_t^{-3}, ..., placée devant une fonction de t, le résultat d'une, de deux, de trois, ... intégrations successives effectuées par rapport à t, à partir de $t = 0$, on tirera de la formule (15)

$$(16) \qquad \varpi = D_t^{1-n} \mathcal{E} \frac{\omega^{n-1}}{((F(u, v, w, \omega)))} \theta e^{h(\varsigma+\omega t)}.$$

Supposons maintenant que, l'équation caractéristique étant homogène, la valeur initiale $\varpi(x, y, z)$ de $D_t^{n-1}\varpi$ soit donnée par la formule (3) ou (4)

$$\varpi(x, y, z) = \Pi(ux + vy + wz) = \Pi(\varsigma).$$

La fonction $\Pi(x)$ pourra être décomposée en termes de la forme

$$\theta e^{hx},$$

le nombre de ces termes étant fini ou infini, et l'exposant h de x dans chaque terme pouvant être réel ou imaginaire, comme je l'ai fait voir dans le second Volume des *Exercices de Mathématiques*, p. 112 ([1]). On pourra donc supposer

$$\Pi(x) = \Sigma\theta e^{hx}, \tag{17}$$

le signe Σ indiquant une somme relative aux diverses valeurs que h et θ peuvent acquérir. Cela posé, l'équation (4) donnera

$$\varpi(x, y, z) = \Sigma\theta e^{h\varsigma}; \tag{18}$$

et, comme la valeur de ϖ, correspondante à la valeur précédente de $\varpi(x, y, z)$, sera nécessairement la somme des valeurs de ϖ qu'on obtiendrait en substituant successivement les diverses valeurs de h et de θ dans le second membre de l'équation (16), on tirera de cette équation

$$\varpi = D_t^{1-n} \mathcal{E} \frac{\omega^{n-1}}{((F(u, v, w, \omega)))} \Sigma\theta e^{h(\varsigma+\omega t)}, \tag{19}$$

ou, ce qui revient au même,

$$\varpi = D_t^{1-n} \mathcal{E} \frac{\omega^{n-1}}{((F(u, v, w, \omega)))} \Pi(\varsigma + \omega t). \tag{20}$$

Si l'équation caractéristique cessait d'être homogène, alors, de l'équation (12) combinée avec la formule de Fourier, ou plutôt avec la suivante

$$\Pi(x) = \frac{1}{2\pi} \int_{-\infty}^{\infty} \int_{-\infty}^{\infty} e^{h(x-k)\sqrt{-1}} \Pi(k)\, dh\, dk.$$

([1]) *Œuvres de Cauchy*, S. II, t. VII.

on conclurait

$$(21)\qquad \varpi = \frac{1}{2\pi}\int_{-\infty}^{\infty}\int_{-\infty}^{\infty} \mathcal{E}\frac{e^{st+\mathrm{h}(\varsigma-\mathrm{k})\sqrt{-1}}\,\Pi(\mathrm{k})}{((\mathrm{S}))}\,d\mathrm{h}\,d\mathrm{k},$$

la valeur de S étant

$$(22)\qquad \mathrm{S} = \mathbf{F}(\mathrm{h}u\sqrt{-1},\ \mathrm{h}v\sqrt{-1},\ \mathrm{h}w\sqrt{-1},\ s),$$

et le signe $\mathcal{E}$ étant relatif à la variable auxiliaire s.

§ III. — *Sur les fonctions principales dont les dérivées offrent des valeurs initiales qui dépendent seulement d'une fonction entière des variables indépendantes, homogène et du second degré.*

Les mêmes choses étant posées que dans le § II, concevons que la valeur initiale $\varpi(x, y, z)$ de $\mathrm{D}_t^{n-1}\varpi$ dépende d'une fonction entière de x, y, z, homogène et du second degré. Si, en supposant cette fonction toujours positive, on désigne par ι sa racine carrée prise positivement, on aura

$$(1)\qquad \omega(x, y, z) = \Pi(\iota) = \Pi(-\iota),$$

la valeur de ι étant par exemple de la forme

$$(2)\qquad \iota = (\mathrm{a}x^2 + \mathrm{b}y^2 + cz^2 + 2\mathrm{d}yz + 2\mathrm{e}zx + 2\mathrm{f}xy)^{\frac{1}{2}}.$$

Or la valeur précédente de $\varpi(x, y, z)$ pourra être transformée en une intégrale double, dont chaque élément, considéré comme fonction de x, y, z, dépende seulement d'un trinôme de la forme

$$ux + vy + wz.$$

Si, pour plus de simplicité, on prend

$$\mathrm{a} = \mathrm{b} = \mathrm{c} = 1, \qquad \mathrm{d} = \mathrm{e} = \mathrm{f} = 0,$$

le radical ι se réduira au rayon vecteur r déterminé par la formule

$$(3)\qquad r = \sqrt{x^2 + y^2 + z^2}.$$

D'ailleurs, si, en nommant $f(r)$ une fonction quelconque de r, on pose

$$(4)\qquad u = \cos p, \qquad v = \sin p \cos q, \qquad w = \sin p \sin q,$$

et, de plus,

$$(5)\qquad \varsigma = ux + vy + wz,$$

on aura, en vertu d'une formule donnée par M. Poisson en 1819,

$$\int_0^{2\pi}\int_0^{\pi} f(\varsigma) \sin p \, dq \, dp = 2\pi \int_0^{\pi} f(ru) \sin p \, dp,$$

puis on en conclura, en remplaçant $f(r)$ par $f'(r)$,

$$(6)\qquad \frac{f(r) - f(-r)}{r} = \frac{1}{2\pi}\int_0^{2\pi}\int_0^{\pi} f'(\varsigma) \sin p \, dq \, dp.$$

Donc, si l'on pose

$$(7)\qquad f(r) = r\,\Pi(r),$$

alors, en ayant égard à la condition

$$(8)\qquad \Pi(r) = \Pi(-r),$$

on trouvera

$$(9)\qquad \Pi(r) = \frac{1}{4\pi}\int_0^{2\pi}\int_0^{\pi} f'(\varsigma) \sin p \, dq \, dp.$$

On pourra donc considérer la valeur initiale $\Pi(r)$ de $D_t^{n-1}\varpi$ comme la somme d'un nombre infini de termes, dont chacun dépendra uniquement d'une fonction linéaire de x, y, z, savoir, de la variable

$$\varsigma = ux + vy + wz.$$

La valeur de ϖ correspondante à la somme de tous ces termes se déduira, si l'équation caractéristique devient homogène, de la formule (20) du paragraphe précédent; et, en vertu de cette formule, jointe à l'équation (9), on aura, dans l'hypothèse admise,

$$(10)\qquad \varpi = \frac{D_t^{1-n}}{4\pi}\int_0^{2\pi}\int_0^{\pi} \mathcal{E}\frac{\omega^{n-1}f'(\varsigma+\omega t)}{((F(u,v,w,\omega)))}\sin p\,dq\,dp,$$

le signe $\mathcal{E}$ étant relatif à la variable auxiliaire ω. Si d'ailleurs on a égard à la formule

$$\omega f'(\varsigma+\omega t) = D_t f(\varsigma+\omega t) = D_t[(\varsigma+\omega t)\,\Pi(\varsigma+\omega t)],$$

on trouvera définitivement

$$(11)\qquad \varpi = \frac{D_t^{2-n}}{4\pi}\int_0^{2\pi}\int_0^{\pi} \mathcal{E}\frac{\omega^{n-2}(\varsigma+\omega t)\,\Pi(\varsigma+\omega t)}{((F(u,v,w,\omega)))}\sin p\,dq\,dp.$$

Si, l'équation caractéristique étant toujours homogène, la valeur initiale $\varpi(x,y,z)$ de $D_t^{n-1}\varpi$ se trouvait représentée, non plus par $\Pi(r)$, mais par $\Pi(\imath)$, alors, à l'aide des formules établies dans le précédent Mémoire, on obtiendrait l'équation

$$(12)\qquad \varpi = \frac{\Theta}{4\pi}D_t^{2-n}\int_0^{2\pi}\int_0^{\pi} \mathcal{E}\frac{\omega^{n-2}(\varsigma+\omega t)\,\Pi\left(\frac{\varsigma+\omega t}{Q}\right)}{((F(u,v,w,\omega)))}\frac{\sin p}{Q^2}\,dq\,dp,$$

la valeur de $\frac{1}{\Theta}$ étant

$$\frac{1}{\Theta} = (abc - ad^2 - be^2 - cf^2 + 2def)^{\frac{1}{2}}.$$

Dans le cas particulier où

$$F(x,y,z,t)$$

se réduit à une fonction homogène de t et de $x^2+y^2+z^2$, alors

$$F(u,v,w,s)$$

devient indépendant de u, v, w, puisque les formules (4) donnent

$$u^2+v^2+w^2=1.$$

Donc alors, en vertu de l'équation (6), la formule (11) donnera

$$(13)\qquad \varpi = D_t^{1-n}\mathcal{E}\frac{\omega^{n-1}}{((F(u,v,w,\omega)))}\,\frac{(r+\omega t)\,\Pi(r+\omega t)+(r-\omega t)\,\Pi(r-\omega t)}{2r}.$$

Pareillement, si

$$F(x, y, z, t)$$

se réduisait à une fonction homogène de t et de ι^2, on tirerait de la formule (12), jointe à l'équation (26) du § Ier du précédent Mémoire,

$$(14)\qquad \varpi = D_t^{1-n} \mathcal{E} \frac{\omega^{n-1}}{((F(u, v, w, \omega)))} \frac{(\iota + \omega t)\Pi(\iota + \omega t) + (\iota - \omega t)\Pi(\iota - \omega t)}{2\iota}.$$

Si l'équation caractéristique cessait d'être homogène, alors, en substituant à la formule (20) du § II la formule (21) du même paragraphe, on obtiendrait pour valeur de la fonction principale ϖ, non plus une intégrale double, comme dans la formule (11) ou (12), mais une intégrale quadruple : par exemple, en supposant la valeur initiale $\varpi(x, y, z)$ de $D_t^{n-1}\varpi$ représentée par

$$\Pi(r) = \Pi(-r),$$

et faisant toujours, pour abréger,

$$f(r) = r\Pi(r),$$

on trouverait, au lieu de la formule (11),

$$(15)\qquad \varpi = \frac{1}{8\pi^2}\int_0^{2\pi}\int_0^{\pi}\int_{-\infty}^{\infty}\int_{-\infty}^{\infty} \frac{f'(k)\sin p}{((s))} e^{st+h(\varsigma-k)\sqrt{-1}}\,dq\,dp\,dh\,dk,$$

la valeur de s étant

$$(16)\qquad s = F(hu\sqrt{-1},\ hv\sqrt{-1},\ hw\sqrt{-1},\ s),$$

et le signe $\mathcal{E}$ étant relatif à la variable auxiliaire s.

Si $F(x, y, z, t)$, sans être homogène, se réduisait à une fonction de t et de r, la valeur de s donnée par la formule (16) deviendrait indépendante de u, v, w; et, comme on aurait, en vertu de l'équation (6),

$$(17)\qquad \int_0^{2\pi}\int_0^{\pi} e^{h\varsigma\sqrt{-1}} \sin p\,dq\,dp = 4\pi\frac{\sin hr}{hr},$$

la formule (15) se trouverait réduite à la suivante :

$$(18) \qquad \varpi = \frac{1}{2\pi}\int_{-\infty}^{\infty}\int_{-\infty}^{\infty}\mathcal{E}\frac{\sin \mathrm{h}r}{\mathrm{h}r}\frac{\mathrm{f}'(\mathrm{k})}{((8))}e^{st+\mathrm{h}(\zeta-\mathrm{k})\sqrt{-1}}\,d\mathrm{h}\,d\mathrm{k}.$$

Celle-ci s'applique particulièrement à la propagation de la lumière dans les milieux isotropes, quand on tient compte de la dispersion.

§ IV. — *Détermination générale de la fonction principale qui vérifie une équation caractéristique aux dérivées partielles.*

Les mêmes choses étant posées que dans le § II, si la valeur initiale $\varpi(x, y, z)$ de $D_t^{n-1}\varpi$ prend une forme quelconque, on pourra du moins la transformer en une intégrale triple dont chaque élément dépende d'une seule quantité représentée par une fonction de x, y, z, entière et du second degré. En effet, d'après une formule établie dans un précédent Mémoire, on aura

$$(1) \qquad \varpi(x, y, z) = \frac{1}{\pi^2}\int\int\int\frac{\varepsilon\,\varpi(\lambda, \mu, \nu)}{(\varepsilon^2+\rho^2)^2}\,d\lambda\,d\mu\,d\nu,$$

la valeur de ρ^2 étant

$$(2) \qquad \rho^2 = (\lambda - x)^2 + (\mu - y)^2 + (\nu - z)^2,$$

et la lettre ε désignant une quantité positive infiniment petite qui devra être définitivement réduite à zéro. Si, dans le cas où l'on considère λ, μ, ν comme représentant des coordonnées rectangulaires, la fonction $\varpi(\lambda, \mu, \nu)$ s'évanouit pour tout point (λ, μ, ν) renfermé dans l'intérieur d'un certain volume $\mathcal{V}$, on pourra, dans la formule (1), supposer indifféremment la triple intégration étendue, soit à tous les points de ce volume, soit à tous les points de l'espace, c'est-à-dire, à toutes les valeurs réelles de λ, μ, ν.

Concevons maintenant que l'on se propose de calculer la fonction principale ϖ. Cette fonction sera une somme d'éléments correspondants aux diverses valeurs initiales de $D_t^{n-1}\varpi$ qui pourraient être représentées par les divers éléments de l'intégrale triple comprise dans le second membre de la formule (1). On aura donc

$$(3)\qquad \varpi = \frac{1}{\pi^2}\int\int\int 8\varpi(\lambda, \mu, \nu)\, d\lambda\, d\mu\, d\nu,$$

si l'on nomme 8 la valeur particulière de ϖ qui répondrait à une valeur initiale de $D_t^{n-1}\varpi$ représentée par le rapport

$$\frac{\varepsilon}{\varepsilon^2 + \rho^2}.$$

Or, pour obtenir cette valeur particulière 8, il suffira de recourir à l'une des formules (11) ou (15) du § III, en y remplaçant la fonction

$$x\,\Pi(x) = \mathrm{f}(x)$$

par le rapport

$$\frac{\varepsilon x}{(\varepsilon^2 + x^2)^2},$$

que l'on peut présenter à volonté sous l'une ou l'autre des formes

$$-\tfrac{1}{2}D_\varepsilon \frac{x}{\varepsilon^2 + x^2}, \qquad -\tfrac{1}{2}D_x \frac{\varepsilon}{\varepsilon^2 + x^2},$$

et en supposant ς déterminé, non plus par l'équation (5) du § III, mais par la suivante

$$(4)\qquad \varsigma = u(x - \lambda) + v(y - \mu) + w(z - \nu),$$

attendu que, pour déduire ρ de r, il suffira de substituer à x, y, z les différences

$$x - \lambda, \quad y - \mu, \quad z - \nu.$$

En opérant comme on vient de le dire et supposant d'abord l'équation caractéristique homogène, on tirera de la formule (11) du § III

$$(5)\qquad 8 = \frac{D_t^{2-n}}{4\pi}\int_0^{2\pi}\int_0^{\pi} \mathcal{E}\frac{\omega^{n-2}}{((\mathrm{F}(u, v, w, \omega)))}\frac{\varepsilon(\varsigma + \omega t)}{[\varepsilon^2 + (\varsigma + \omega t)^2]^2}\sin p\, dq\, dp,$$

ou, ce qui revient au même,

$$(6)\qquad 8 = -\frac{D_t^{3-n}}{8\pi}\int_0^{2\pi}\int_0^{\pi} \mathcal{E}\frac{\omega^{n-3}}{((\mathrm{F}(u, v, w, \omega)))}\frac{\varepsilon}{\varepsilon^2 + (\varsigma + \omega t)^2}\sin p\, dq\, dp,$$

et, par suite,

$$(7)\qquad \varpi = \frac{D_t^{3-n}}{8\pi}\int_0^{2\pi}\int_0^{\pi}\mathcal{E}\frac{\omega^{n-3}}{F(u,v,w,\omega)}\frac{\varepsilon}{((\varepsilon^2+(\varsigma+\omega t)^2))}\sin p\,dq\,dp,$$

les valeurs de u, v, w étant toujours

$$(8)\qquad u=\cos p,\qquad v=\sin p\cos q,\qquad w=\sin p\sin q,$$

et le signe $\mathcal{E}$ étant relatif à la variable auxiliaire ω.

Si, au contraire, l'équation caractéristique cesse d'être homogène, on tirera de la formule (15) du § III

$$(9)\qquad \varpi = \frac{1}{8\pi^2}\int_0^{2\pi}\int_0^{\pi}\int_{-\infty}^{\infty}\int_{-\infty}^{\infty}\frac{\sin p}{((s))}e^{st+\mathrm{h}(\varsigma-\mathrm{k})\sqrt{-1}}D_\varepsilon^2\frac{\varepsilon}{\varepsilon^2+\mathrm{k}^2}d\mathrm{h}\,d\mathrm{k}\,dq\,dp,$$

la valeur de s étant

$$(10)\qquad s = F(\mathrm{h}u\sqrt{-1},\ \mathrm{h}v\sqrt{-1},\ \mathrm{h}w\sqrt{-1},\ s).$$

Si $F(x,y,z,t)$ se réduisait à une fonction homogène des seules variables t et $r=\sqrt{x^2+y^2+z^2}$, alors, en partant, non plus de la formule (11), mais de la formule (13) du § III, on obtiendrait une valeur de ϖ déterminée, non plus par l'équation (6), mais par la suivante :

$$(11)\qquad \varpi = D_t^{2-n}\mathcal{E}\frac{\omega^{n-2}}{((F(u,v,w,\omega)))}\frac{1}{4\rho}\left[\frac{\varepsilon}{\varepsilon^2+(\rho-\omega t)^2}-\frac{\varepsilon}{\varepsilon^2+(\rho+\omega t)^2}\right].$$

Concevons maintenant que, cette dernière valeur de ϖ étant substituée dans la formule (3), on remplace les variables λ, μ, ν, considérées comme représentant des coordonnées rectangulaires, par des coordonnées polaires

$$\rho,\quad \theta,\quad \tau,$$

en posant

$$(12)\qquad \lambda = x+\alpha\rho,\qquad \mu = y+6\rho,\qquad \nu = z+\gamma\rho,$$

$$(13)\qquad \alpha=\cos\theta,\qquad 6=\sin\theta\cos\tau,\qquad \gamma=\sin\theta\sin\tau.$$

La formule (3) deviendra

$$(14)\qquad \varpi = \frac{1}{\pi^2}\int_0^{2\pi}\int_0^{\pi}\int_0^{\infty}\rho^2\varpi\,\varpi(\lambda,\mu,\nu)\sin\theta\,d\tau\,d\theta\,d\rho,$$

et, comme l'intégrale

$$\int_0^\infty \frac{\varepsilon\rho\, d\rho}{\varepsilon^2 + (\rho \pm \omega t)^2}$$

se réduira, pour de très petites valeurs de ε, ou à zéro, ou au produit

$$\pi t \sqrt{\omega^2},$$

suivant que le second terme $\pm \omega t$ du binôme

$$\rho \pm \omega t$$

sera positif ou négatif, on tirera de la formule (11), jointe à l'équation (14),

$$(15) \qquad \varpi = \frac{1}{4\pi} D_t^{3-n} \int_0^{2\pi} \int_0^{\pi} \mathcal{E} \frac{\omega^{n-1} \varpi(\lambda, \mu, \nu)}{((F(\alpha, 6, \gamma, \omega)))} t \sin\theta\, d\tau\, d\theta,$$

le signe $\mathcal{E}$ étant toujours relatif à la variable auxiliaire ω. Nous avons pu ici substituer, sans inconvénient, la fonction $F(\alpha, 6, \gamma, \omega)$ à la fonction $F(u, v, w, \omega)$, attendu que, dans l'hypothèse admise, la formule

$$\alpha^2 + 6^2 + \gamma^2 = u^2 + v^2 + w^2 = 1$$

entraîne l'équation

$$F(u, v, w, \omega) = F(\alpha, 6, \gamma, \omega) = F(1, 0, 0, \omega).$$

Lorsque $F(x, y, z, t)$ est une fonction homogène quelconque des variables x, y, z, t, alors, en posant

$$(16) \qquad \cos\delta = u\alpha + v6 + w\gamma,$$

on tire de la formule (4), jointe aux équations (12),

$$(17) \qquad \varsigma = -\rho\cos\delta;$$

puis, en effectuant l'intégration relative à ρ, on tire des formules (6) et (14)

$$(18) \quad \varpi = -\frac{1}{2^3\pi^2} D_t^{3-n} \int_0^{2\pi} \int_0^{\pi} \int_0^{2\pi} \int_0^{\pi} \mathcal{E} \frac{\omega^{n-1}\, t^2 \sin p \sin\theta\, \varpi(\lambda, \mu, \nu)}{((F(u, v, w, \omega)))} \frac{dq\, dp\, d\tau\, d\theta}{\cos^2\delta\sqrt{\cos^2\delta}},$$

les valeurs de λ, μ, ν étant données par les formules

$$(19)\qquad \lambda = x + \frac{\omega t}{\cos\delta}\alpha, \qquad \mu = y + \frac{\omega t}{\cos\delta}6, \qquad \nu = z + \frac{\omega t}{\cos\delta}\gamma.$$

On se trouvera donc ainsi ramené à l'intégrale quadruple à laquelle j'étais parvenu, par une marche toute différente, dans mes Leçons au Collège de France.

Enfin, lorsque l'équation caractéristique cesse d'être homogène, alors, en ayant égard aux formules

$$\int_{-\infty}^{\infty} \frac{\varepsilon}{\varepsilon^2 + \mathrm{k}^2} e^{\mathrm{hk}\sqrt{-1}}\, d\mathrm{k} = \int_{-\infty}^{\infty} \frac{\varepsilon}{\varepsilon^2 + k^2} e^{-\mathrm{hk}\sqrt{-1}}\, d\mathrm{k} = \pi e^{-\varepsilon\sqrt{\mathrm{h}^2}},$$

$$\mathrm{D}_\varepsilon^2 e^{-\varepsilon\sqrt{\mathrm{h}^2}} = \mathrm{h}^2 e^{-\varepsilon\sqrt{\mathrm{h}^2}},$$

$$\int_0^{2\pi}\int_0^{\pi}\int_0^{\infty} f(\alpha\rho, 6\rho, \gamma\rho)\,\rho^2 \sin\theta\, d\tau\, d\theta\, d\rho$$
$$= \frac{1}{2}\int_0^{2\pi}\int_0^{\pi}\int_{-\infty}^{\infty} f(\alpha\rho, 6\rho, \gamma\rho)\,\rho^2 \sin\theta\, d\tau\, d\theta\, d\rho,$$

et réduisant définitivement ε à zéro, on tirera des formules (3) et (9)

$$(20)\qquad \varpi = \frac{1}{4}\int_0^{2\pi}\int_0^{\pi}\int_{-\infty}^{+\infty}\int_0^{2\pi}\int_0^{\pi}\int_{-\infty}^{+\infty} \frac{\varpi(\lambda, \mu, \nu)}{((S))} e^{st - \mathrm{h}\rho\cos\delta\sqrt{-1}}\,\mathrm{h}^2\rho^2 \sin p \sin\theta \,\frac{dq\, dp\, d\mathrm{h}\, d\tau\, d\theta\, d\rho}{(2\pi)^3}.$$

On se trouve ainsi ramené à la formule (9) de la page 197 des *Exercices d'Analyse et de Physique mathématique* (1).

Dans un autre Mémoire, je montrerai comment les formules que je viens d'établir fournissent les lois des phénomènes auxquelles se rapportent les systèmes d'équations linéaires, aux dérivées partielles, dans les questions de Physique mathématique.

(1) *OEuvres de Cauchy*, S. II, T. XI.

135.

CALCUL INTÉGRAL. — *Note sur la transformation des sommes d'intégrales.*

C. R., T. XIII, p. 181 (26 juillet 1841).

Soit donnée, entre deux variables x, t, une certaine équation

$$F(x,t)=0, \tag{1}$$

que je nommerai l'équation caractéristique. Soient d'ailleurs

$$x_1,\quad x_2,\quad \ldots$$

les diverses racines de cette équation résolue par rapport à la variable x, et

$$\xi_1,\quad \xi_2,\quad \ldots$$

les valeurs particulières de ces racines, correspondantes à une valeur donnée τ de la variable t. Si l'on pose, pour abréger,

$$\Psi(x,t)=\mathrm{D}_t\,F(x,t),$$

et si l'on désigne par $f(x,t)$ une nouvelle fonction des variables x, t, on aura, comme je l'ai remarqué dans un précédent Mémoire,

$$\int_{\xi_1}^{x_1} f(x,t)\,dx+\int_{\xi_2}^{x_2} f(x,t)\,dx+\ldots=-\int_{\tau}^{t} \mathcal{E}\frac{f(x,t)\,\Psi(x,t)}{[F(x,t)]_x}\,dt\ (^1),$$

ou, ce qui revient au même,

$$\sum\int_{\xi}^{x} f(x,t)\,dx=-\int_{\tau}^{t} \mathcal{E}\frac{f(x,t)\,\Psi(x,t)}{[F(x,t)]_x}\,dt, \tag{2}$$

pourvu que chacune des variables x, t reste fonction continue de l'autre entre les limites de l'intégration. Dans le premier membre de la for-

(1) Pour plus de simplicité, nous remplacerons désormais les doubles parenthèses du calcul des résidus par deux crochets trapézoïdaux. De plus, à la suite du dernier crochet, nous placerons la variable à laquelle se rapporte le signe $\mathcal{E}$, ainsi que M. Blanchet l'a fait dans ses derniers Mémoires, en adoptant notre nouvelle notation.

mule (2) le signe $\sum$ indique une somme de termes relatifs aux diverses racines de l'équation (1).

Si, dans la formule (2), on remplace la fonction $f(x,t)$ par le rapport

$$\frac{f(x,t)}{\Psi(x,t)},$$

on trouvera

$$\sum\int_{\xi}^{x}\frac{f(x,t)}{\Psi(x,t)}dx=-\int_{\tau}^{t}\mathcal{E}\frac{f(x,t)}{[F(x,t)]_x}dt. \tag{3}$$

Si les diverses racines de l'équation (1) reprennent les mêmes valeurs pour les deux limites τ et t de l'intégration relative à la variable t, en sorte qu'on ait

$$x_1=x_2=\ldots \quad \text{et} \quad \xi_1=\xi_2=\ldots, \tag{4}$$

on pourra, dans l'équation (3), faire passer le signe Σ sous le signe $\int$. Si d'ailleurs l'équation (1) fournit le même nombre de racines, soit qu'on la résolve par rapport à x, soit qu'on la résolve par rapport à t; si, par exemple, $F(x,t)$ représente une fonction entière de x et de t, qui soit du même degré par rapport à x et à t, l'équation (3) pourra s'écrire comme il suit :

$$\int_{\xi}^{x}\mathcal{E}\frac{f(x,t)}{[F(x,t)]_t}dx=-\int_{\tau}^{t}\mathcal{E}\frac{f(x,t)}{[F(x,t)]_x}dt. \tag{5}$$

On obtiendra donc alors la formule

$$\int_{\xi}^{x}\mathcal{E}\frac{f(x,t)}{[F(x,t)]_t}dx+\int_{\tau}^{t}\mathcal{E}\frac{f(x,t)}{[F(x,t)]_x}dt=0, \tag{6}$$

dont le premier membre offre deux termes qui diffèrent l'un de l'autre, en ce seul point, que l'opération appliquée dans l'un des deux termes à la variable x se trouve appliquée dans l'autre à la variable t.

Au reste, pour que la formule (5) ou (6) subsiste, il n'est pas absolument nécessaire que les conditions (4) se trouvent remplies. En effet, supposons que la fonction $f(x,t)$ soit du nombre de celles qui s'évanouissent pour des valeurs de la variable x situées hors de certaines limites $x=a$, $x=b$; supposons de plus chacune des quantités a, b renfermée : 1° entre les limites ξ_1 et x_1; 2° entre les limites ξ_2 et x_2, etc. Enfin concevons que toutes les différences

$$x_1-\xi_1,\quad x_2-\xi_2,\quad \ldots$$

étant des quantités de même signe, le signe de chacune d'elles soit encore celui de la différence $b-a$. La formule (3) pourra être réduite à

$$(7)\qquad \sum\int_a^b \frac{\mathrm{f}(x,t)}{\mathrm{F}(x,t)}\,dx = -\int_\tau^t \mathcal{E}\frac{\mathrm{f}(x,t)}{[\mathrm{F}(x,t)]_x}\,dt,$$

et par conséquent à

$$(8)\qquad \int_a^b \mathcal{E}\frac{\mathrm{f}(x,t)}{[\mathrm{F}(x,t)]_t}\,dx = -\int_\tau^t \mathcal{E}\frac{\mathrm{f}(x,t)}{[\mathrm{F}(x,t)]_x}\,dt,$$

si le nombre des racines de l'équation caractéristique reste le même quand on la résout par rapport à x et quand on la résout par rapport à t. Or, la fonction $\mathrm{f}(x,t)$ s'évanouissant dans l'hypothèse admise hors des limites a, b, il est clair que la formule (8) coïncidera exactement avec l'équation (5).

Des fonctions qui s'évanouissent toujours hors de certaines limites se rencontrent fréquemment dans les problèmes de Physique mathématique. On voit avec quelle facilité on peut établir, pour ce genre de fonctions, la formule (8). C'est à cette circonstance que tient le succès de la méthode employée par M. Blanchet, dans un récent Mémoire, où il applique le calcul des résidus à la recherche d'une limite extérieure des ondes dont j'avais donné la limite intérieure en 1830.

En terminant cette Note, nous avons encore à faire une remarque importante. La formule (5) suppose que les valeurs de t en x, tirées de l'équation caractéristique, restent fonctions continues de la variable x entre les limites de cette variable représentées par ξ et x; et que réciproquement les valeurs de x en t, tirées de l'équation caractéristique, restent fonctions continues de la variable t, entre les limites de cette variable représentées par τ et t. C'est ce qui aura effectivement lieu si la variable t est toujours croissante, ou bien toujours décroissante, tandis que l'autre variable passe de la limite ξ à la limite x. Mais cette même condition n'est plus rigoureusement nécessaire à l'existence de la formule (8); et si, pour fixer les idées, on suppose

$$t > \tau,$$

alors, pour que la formule (8) subsiste, il suffira évidemment que les diverses fonctions de x, propres à représenter les diverses racines de l'équation caractéristique, résolue par rapport à t, soient toujours croissantes et renfermées entre les limites τ et t, tandis que l'on fera passer x, par degrés insensibles, de la limite a à la limite b. D'ailleurs, pour que ces racines croissent toujours dans l'intervalle dont il s'agit, il sera nécessaire et il suffira que les valeurs de $D_x t$ tirées de l'équation caractéristique, c'est-à-dire, les valeurs du rapport

$$-\frac{D_x F(x, t)}{D_t F(x, t)},$$

se réduisent, pour une valeur quelconque de x comprise entre a et b, à une quantité affectée du même signe que la différence $b - a$.

136.

PHYSIQUE MATHÉMATIQUE. — *Mémoire sur la surface caractéristique correspondante à un système d'équations linéaires aux dérivées partielles, et sur la surface des ondes.*

C. R., T. XIII, p. 184 (26 juillet 1841).

Ce Mémoire, qui sera inséré en entier dans les *Exercices d'Analyse et de Physique mathématique* (¹), est relatif à deux surfaces qui jouent un grand rôle dans les questions de Physique ou de Mécanique dont la solution dépend d'un système d'équations linéaires aux dérivées partielles et à coefficients constants.

(¹) *Œuvres de Cauchy*, S. II, T. XII.

La première surface, que je nomme la *surface caractéristique*, est celle qui se trouve représentée par l'équation caractéristique elle-même, quand on y remplace les dérivées partielles des divers ordres, relatives aux variables indépendantes x, y, z, t, par les puissances des divers ordres de ces mêmes variables considérées comme représentant trois coordonnées rectangulaires et le temps.

La seconde surface est celle que l'on nomme la *surface des ondes*, et qui, dans un mouvement simple, persistant, où les durées des vibrations moléculaires demeurent constantes, touche, au bout d'un temps quelconque t, des ondes planes, infiniment minces, diversement inclinées sur trois plans rectangulaires, mais parties au premier instant d'un même centre pris pour origine des coordonnées.

Je donne, dans le paragraphe premier de ce Mémoire, les moyens d'obtenir généralement l'équation de la surface des ondes.

Je montre dans le second paragraphe les relations dignes de remarque qui existent entre la surface caractéristique et la surface des ondes, et j'établis en particulier les propositions suivantes ([1]).

Théorème I. — *Si la surface des ondes correspondante à une équation homogène se change en surface caractéristique, réciproquement la surface caractéristique se changera en surface des ondes.*

Il résulte immédiatement de ce théorème que, l'équation de la surface des ondes étant donnée, on peut en déduire l'équation caractéristique, moyennant une élimination semblable à celle par laquelle on passe de la seconde équation à la première.

Théorème II. — *Lorsque l'équation caractéristique est homogène, les rayons* $\mathfrak{r}$, r, *menés de l'origine, au bout du temps* t, *à deux points correspondants de la surface caractéristique et de la surface des ondes, jouissent de cette propriété, que chacun d'eux, multiplié par la projection de l'autre sur lui-même, fournit un produit constant égal au carré de* t.

([1]) Les théorèmes que nous énonçons ici se déduisent assez facilement de formules déjà connues, et spécialement de celles que j'ai données dans le *Bulletin* de M. de Férussac (avril 1830). Cette remarque, à ce qu'il paraît, avait déjà été faite par quelques personnes, et en particulier par M. Blanchet; mais elle ne se trouve énoncée nulle part.

Il résulte de ce théorème que les quatre points qui représentent les extrémités des deux rayons vecteurs et les projections de l'extrémité de l'un sur l'autre se trouvent placés sur une même circonférence de cercle.

Théorème III. — *Étant donné un système d'équations aux dérivées partielles qui conduit à une équation caractéristique homogène, pour déduire la surface des ondes de la surface caractéristique, ou réciproquement, il suffit de porter, sur chaque rayon vecteur mené de l'origine à l'une des deux surfaces, une longueur représentée par le rapport entre le carré du temps et ce même rayon vecteur; puis de faire passer par l'extrémité de cette longueur un plan perpendiculaire à ce rayon. L'autre surface sera celle que le plan dont il s'agit touchera constamment dans les diverses positions qu'il peut acquérir.*

Je joins ici quelques-unes des formules établies dans les deux paragraphes du Mémoire.

Analyse.

§ I. — *Considérations générales.*

Soit

$$F(D_x, D_y, D_z, D_t)\varpi = 0 \tag{1}$$

l'équation caractéristique donnée, x, y, z, t désignant trois coordonnées rectangulaires et le temps. L'équation de la surface caractéristique sera

$$F(x, y, z, t) = 0, \tag{2}$$

et, pour obtenir l'équation de la surface des ondes, il suffira d'éliminer

$$u, \quad v, \quad w$$

entre les formules

$$S = 0, \tag{3}$$

$$ux + vy + wz + st = 0, \tag{4}$$

$$\frac{x}{D_u S} = \frac{y}{D_v S} = \frac{z}{D_w S}, \tag{5}$$

la valeur de S étant

$$S = F(u, v, w, s). \tag{6}$$

et les rapports

$$\frac{u}{s}, \quad \frac{v}{s}, \quad \frac{w}{s}$$

étant supposés réels, dans le cas même où u, v, w, s deviennent imaginaires. Lorsque la fonction $F(x, y, z, t)$ n'est pas homogène, s reste dans l'équation de la surface des ondes, et les dimensions de cette surface varient généralement avec s.

Lorsque la fonction $F(x, y, z, t)$ devient homogène, s se trouve éliminée avec u, v, w, et disparaît de l'équation de la surface des ondes. On peut donc alors donner à s une valeur arbitraire, et, en posant

$$s = t,$$

on peut remplacer u, v, w par les coordonnées d'un point situé sur la surface caractéristique. Si l'on nomme

$$\mathrm{x}, \quad \mathrm{y}, \quad \mathrm{z}$$

ces coordonnées, afin de les distinguer des coordonnées x, y, z d'un point situé sur la surface des ondes, on verra les équations (3), (4), (5) se réduire à

$$(7) \qquad \begin{cases} \mathrm{S} = 0, \\ \mathrm{x}x + \mathrm{y}y + \mathrm{z}z + t^2 = 0, \\ \dfrac{x}{\mathrm{D_x S}} = \dfrac{y}{\mathrm{D_y S}} = \dfrac{z}{\mathrm{D_z S}}, \end{cases}$$

la valeur de S étant

$$(8) \qquad \mathrm{S} = \mathrm{F}(\mathrm{x}, \mathrm{y}, \mathrm{z}, t).$$

§ II. — *Rapports qui existent entre la surface caractéristique et la surface des ondes, dans le cas où l'équation caractéristique devient homogène.*

Soient, dans le cas que l'on considère,

$$(1) \qquad \mathrm{S} = 0 \quad \text{et} \quad s = 0$$

les équations de la surface caractéristique et de la surface des ondes: alors

$$\mathrm{S} = \mathrm{F}(\mathrm{x}, \mathrm{y}, \mathrm{z}, t) \quad \text{et} \quad s = \mathfrak{F}(x, y, z, t)$$

seront deux fonctions homogènes de t et des coordonnées

$$\text{x}, \quad \text{y}, \quad \text{z}, \qquad \text{ou} \qquad x, \quad y, \quad z.$$

Alors aussi les coordonnées, relatives à deux points correspondants des deux surfaces, seront liées entre elles par les équations

$$(2) \qquad \text{x}x + \text{y}y + \text{z}z = t^2,$$

$$(3) \qquad \frac{x}{D_{\text{x}}S} = \frac{y}{D_{\text{y}}S} = \frac{z}{D_{\text{z}}S}, \qquad \frac{\text{x}}{D_x \mathcal{S}} = \frac{\text{y}}{D_y \mathcal{S}} = \frac{\text{z}}{D_z \mathcal{S}}.$$

Soient maintenant r, r les rayons vecteurs menés de l'origine aux points (x, y, z) et (x, y, z) des deux surfaces, et δ l'angle aigu compris entre ces rayons vecteurs. L'équation (2) donnera

$$(4) \qquad r\text{r} \cos\delta = t^2,$$

et, en vertu des formules (3), le plan tangent mené à l'une des surfaces par l'extrémité de l'un de ces rayons vecteurs sera perpendiculaire à l'autre rayon.

Ces remarques entraînent les théorèmes précédemment énoncés.

Ajoutons que, si l'on considère t comme une fonction de x, y, z déterminée par l'équation $S = 0$, ou

$$F(\text{x}, \text{y}, \text{z}, t) = 0,$$

cette fonction vérifiera l'équation aux différences partielles

$$\mathcal{F}(D_{\text{x}}t, D_{\text{y}}t, D_{\text{z}}t, -1) = 0.$$

137.

Physique mathématique. — *Mémoire sur l'emploi des fonctions principales, représentées par des intégrales définies doubles, dans la recherche de la forme des ondes sonores, lumineuses, etc.*

C. R., T. XIII, p. 188 (26 juillet 1841).

Les intégrales que j'ai données, dans la dernière séance, pour les systèmes d'équations aux différences partielles, sont éminemment propres à faire connaître les diverses circonstances des mouvements que ces équations peuvent représenter dans un problème de Physique ou de Mécanique. Je montrerai, dans une suite de Mémoires, comment on peut déduire de ces mêmes intégrales les lois d'un grand nombre de phénomènes que j'ai analysés d'une autre manière à diverses époques, et en particulier les lois de la polarisation, de la dispersion, de la diffraction, dans la théorie de la lumière. Je me bornerai aujourd'hui à la détermination générale de la forme des ondes qui se propagent dans l'espace, quand la fonction principale doit vérifier une équation caractéristique homogène. J'avais prouvé, en 1830, que cette fonction principale peut être réduite à une intégrale quadruple. J'ai obtenu, dans la dernière séance, une réduction nouvelle, en supposant la valeur initiale de la fonction principale décomposée en plusieurs parties, dont chacune dépend uniquement de la distance à un centre fixe; et j'ai donné en outre un moyen de trouver directement l'intégrale double à laquelle cette supposition m'a conduit. On verra, dans ce nouveau Mémoire, avec quelle facilité l'intégrale double dont il s'agit fournit d'une part la limite intérieure des ondes telle que je l'avais déterminée en 1830, et d'autre part une limite extérieure du genre de celle qu'a obtenue dernièrement M. Blanchet.

Analyse.

§ I. — *Limite intérieure des ondes représentées par une équation caractéristique.*

Prenons pour variables indépendantes trois coordonnées rectangulaires x, y, z et le temps t. Soit d'ailleurs

$$F(x, y, z, t)$$

une fonction de ces variables indépendantes, entière, homogène, et du degré n. Enfin, soient

$$r = \sqrt{x^2 + y^2 + z^2}$$

la distance du point (x, y, z) à l'origine, et ϖ une fonction principale assujettie : 1° à vérifier, quel que soit t, l'équation caractéristique

$$F(D_x, D_y, D_z, D_t)\varpi = 0; \tag{1}$$

2° à vérifier, pour $t = 0$, les conditions

$$\varpi = 0, \quad D_t\varpi = 0, \quad \ldots, \quad D_t^{n-2}\varpi = 0, \quad D_t^{n-1}\varpi = \Pi(r). \tag{2}$$

On aura, comme nous l'avons prouvé dans la dernière séance,

$$\varpi = \frac{D_t^{2-n}}{4\pi}\int_0^{2\pi}\int_0^{\pi} \mathcal{E}\frac{\omega^{n-2}(\varsigma+\omega t)\Pi(\varsigma+\omega t)}{[F(u, v, w, \omega)]_\omega}\sin p\,dq\,dp, \tag{3}$$

les valeurs de u, v, w, ς étant

$$u = \cos p, \qquad v = \sin p\cos q, \qquad w = \sin p\sin q, \tag{4}$$

$$\varsigma = ux + vy + wz. \tag{5}$$

Donc la valeur générale de $D_t^{n-1}\varpi$ sera

$$D_t^{n-1}\varpi = \frac{1}{4\pi}D_t\int_0^{2\pi}\int_0^{\pi} \mathcal{E}\frac{\omega^{n-2}(\varsigma+\omega t)\Pi(\varsigma+\omega t)}{[F(u, v, w, \omega)]_\omega}\sin p\,dq\,dp, \tag{6}$$

et il est aisé de s'assurer que cette valeur générale remplit, comme cela devait être, la condition de se réduire à $\Pi(r)$ pour une valeur nulle de t.

Supposons maintenant que la valeur initiale de $D_t^{n-1}\varpi$, représentée par $\Pi(r)$, n'ait de valeur sensible que dans le voisinage de l'origine des coordonnées, en sorte qu'elle s'évanouisse constamment quand la valeur numérique de r n'est pas très petite. L'intégrale double qui, en vertu de la formule (6), représente, au bout du temps t, la valeur de $D_t^{n-1}\varpi$, et même celle qui représentera la valeur de $D_t^{n-2}\varpi$, se réduiront évidemment à zéro si les valeurs de x, y, z sont sensiblement différentes de celles qui permettent de vérifier l'équation

$$\varsigma + \omega t = 0, \tag{7}$$

ou

$$ux + vy + wz + \omega t = 0. \tag{8}$$

Or cette dernière équation représente un plan dont la position varie dans l'espace avec les valeurs des coefficients u, v, w; et la surface, que touche ce plan dans toutes les positions qu'il peut acquérir au bout du temps t, est précisément celle que nous avons nommée *surface des ondes*. On peut donc énoncer la proposition suivante :

THÉORÈME I. — *Si le phénomène qui dépend de la valeur de* $D_t^{n-1}\varpi$, *et paraît ou disparaît avec elle, n'est primitivement sensible que dans un espace infiniment petit, qui renferme l'origine des coordonnées, il ne sera sensible au bout du temps t que dans l'intérieur de la surface des ondes.*

Si l'espace, dans lequel le même phénomène était primitivement sensible, cessait d'être infiniment petit et se trouvait renfermé dans une certaine enveloppe, alors, pour obtenir la surface dans l'intérieur de laquelle il disparaîtrait au bout du temps t, il suffirait de décomposer la valeur initiale de $D_t^{n-1}\varpi$ en parties dont chacune serait uniquement sensible dans l'intérieur d'une sphère infiniment petite, et représentée par une fonction de la distance au centre de la sphère. Cette décomposition pouvant toujours s'effectuer en vertu des formules que j'ai données dans les séances précédentes, on déduira immédiatement du théorème I la proposition suivante :

THÉORÈME II. — *Si le phénomène qui dépend de la valeur de* $D_t^{n-1}\varpi$, *et paraît ou disparaît avec elle, n'est primitivement sensible que dans un volume fini terminé par une certaine enveloppe, pour obtenir la surface dans l'intérieur de laquelle ce même phénomène disparaîtra, au bout du temps t, il suffira de transporter cette enveloppe dans l'espace, de manière que chacun de ses points décrive une droite égale et parallèle au rayon vecteur* OA *mené de l'origine* O *des coordonnées à un point quelconque* A *de la surface des ondes qui aurait cette origine pour centre. La surface cherchée sera la moins étendue de celles que limitera de toutes parts l'enveloppe ainsi transportée, dans les diverses positions qu'elle pourra prendre, eu égard aux diverses positions du point* A.

§ II. — *Limite extérieure des ondes représentées par une équation caractéristique homogène.*

Considérons de nouveau la fonction principale ϖ déterminée par la formule (3) du § I, c'est-à-dire, par l'équation

$$(1)\qquad \varpi = \frac{D_t^{2-n}}{4\pi}\int_0^{2\pi}\int_0^{\pi}\frac{\omega^{n-2}(\varsigma+\omega t)\,\Pi(\varsigma+\omega t)}{[F(u,v,w,\omega)]_\omega}\sin p\,dq\,dp,$$

dans laquelle on a

$$(2)\qquad u=\cos p,\qquad v=\sin p\cos q,\qquad w=\sin p\sin q,$$

$$(3)\qquad \varsigma = ux+vy+wz.$$

Si l'on pose, pour abréger,

$$(4)\qquad s=\varsigma+\omega t,$$

alors, aux diverses valeurs de ω considéré comme racine de l'équation

$$(5)\qquad F(u,v,w,\omega)=0,$$

correspondront autant de valeurs de s qui vérifieront la formule

$$(6)\qquad F(ut,vt,wt,s-\varsigma)=0,$$

et l'équation (5) pourra s'écrire comme il suit

$$(7)\qquad \varpi = \frac{1}{4\pi}D_t^{2-n}\int_0^{2\pi}\int_0^{\pi}\mathcal{E}\frac{s\,\Pi(s)}{((S))_s}\,t\sin p\,dq\,dp,$$

la valeur de $\frac{1}{S}$ étant

$$(8)\qquad \frac{1}{S}=\frac{(s-\varsigma)^{n-2}}{F(ut,vt,wt,s-\varsigma)}.$$

Comme on aura d'ailleurs généralement

$$\int_0^{2\pi} f(v,w)\,dq = \int_0^{2\pi} f(-v,-w)\,dq,$$

attendu que v, w changent de signe avec $\sin q$ et $\cos q$ quand on fait croître ou diminuer l'angle q de la demi-circonférence π, il est clair que, dans la formule (8), on pourra changer les signes de v, w, et supposer en conséquence

$$\frac{1}{\mathrm{S}} = \frac{(s-\varsigma_{,})^{n-2}}{\mathrm{F}(ut, -vt, -wt, s-\varsigma_{,})}, \tag{9}$$

la valeur $\varsigma_{,}$ étant

$$\varsigma_{,} = ux - vy - wz. \tag{10}$$

Il y a plus : on pourra substituer dans la formule (7), non seulement l'une quelconque des valeurs de $\frac{1}{\mathrm{S}}$ fournies par les équations (8) ou (9), mais aussi la moyenne entre ces deux valeurs, savoir

$$\frac{1}{\mathrm{S}} = \frac{1}{2}\left[\frac{(s-\varsigma)^{n-2}}{\mathrm{F}(ut, vt, wt, s-\varsigma)} + \frac{(s-\varsigma_{,})^{n-2}}{\mathrm{F}(ut, -vt, -wt, s-\varsigma_{,})}\right]. \tag{11}$$

Or cette dernière valeur de $\frac{1}{\mathrm{S}}$ sera une fonction rationnelle de u, v, w qui ne sera point altérée quand on y remplacera v par $-v$, et w par $-w$; et puisque, en vertu des formules (2), on aura

$$v = (1-u^2)^{\frac{1}{2}}\cos q, \qquad w = (1-u^2)^{\frac{1}{2}}\sin q, \tag{12}$$

il est clair que le second membre de la formule (11), considéré comme fonction de u et de l'angle q, sera une fonction rationnelle de u. On peut même observer que ce second membre, après la réduction des deux fractions qu'il renferme au même dénominateur, sera représenté par une fraction nouvelle dont le dénominateur et le numérateur seront, eu égard aux formules (12), le premier du degré $2n$, et le second du degré $2n-2$ par rapport à la variable u. Il suit immédiatement de cette observation que la valeur de $\frac{1}{\mathrm{S}}$, déterminée par la formule (11) et les équations (12), vérifiera la condition

$$\mathcal{E}\frac{1}{((\mathrm{S}))_u} = 0. \tag{13}$$

Remarquons d'ailleurs que la formule (7) pourra s'écrire comme il suit

$$\varpi = \frac{1}{4\pi}\mathrm{D}_t^{n-2}\int_0^{2\pi}\int_{-1}^{1}\mathcal{E}\frac{s\,\Pi(s)}{((\mathrm{S}))_s}\,t\,dp\,du. \tag{14}$$

Soit maintenant r le rayon vecteur mené de l'origine au point A qui a pour coordonnées rectangulaires x, y, z. On aura

$$r = \sqrt{x^2 + y^2 + z^2}.$$

De plus, on pourra considérer les quantités p, q comme représentant deux des coordonnées polaires d'un autre point B situé, à l'unité de distance de l'origine, sur un rayon vecteur qui formerait avec le demi-axe des x positives l'angle p, et dans un plan qui, passant par ce rayon vecteur, formerait avec le plan des x, y l'angle q. Cela posé, nommons δ l'angle compris entre les rayons vecteurs OA, OB. On trouvera

$$(15) \qquad \varsigma = r \cos\delta;$$

et par suite l'équation (4) donnera

$$(16) \qquad s = r \cos\delta + \omega t.$$

Enfin, si l'on nomme φ l'angle formé par le rayon vecteur r avec l'axe des x, et $q + \iota$ l'angle formé par le plan qui renferme cet axe et ce rayon avec le plan des x, y, on aura évidemment

$$x = r \cos\varphi, \qquad y = r \sin\varphi \cos(q + \iota), \qquad z = r \sin\varphi \sin(q + \iota),$$

et par suite la formule (3) donnera

$$\varsigma = r(\cos\varphi \cos p + \sin\varphi \cos\iota \sin p),$$

puis on conclura de cette dernière, comparée à l'équation (15),

$$(17) \qquad \cos\delta = \cos\varphi \cos p + \sin\varphi \cos\iota \sin p.$$

Supposons à présent : 1° que la fonction $\Pi(s)$ soit toujours nulle, excepté entre les limites

$$s = -\varepsilon, \qquad s = \varepsilon,$$

ε désignant un nombre très petit; 2° que l'on attribue à la variable x une valeur positive très considérable. Alors la fonction $\Pi(s)$ s'évanouira toujours quand la valeur numérique de s ne sera pas très petite. D'ailleurs, r étant très grand avec x, la valeur de s déterminée par l'équation (16), et que l'on peut mettre sous la forme

$$r\left(\cos\delta + \frac{\omega t}{r}\right),$$

ne pourra devenir très petite qu'avec le binôme

$$\cos\delta + \frac{\omega t}{r},$$

et par conséquent avec $\cos\delta$, puisque, r étant très grand, $\frac{\omega t}{r}$ sera très voisin de zéro. Ainsi, dans l'hypothèse admise, lorsque la valeur de s donnée par l'équation (16) fournira une valeur de $\Pi(s)$ différente de zéro, on aura sensiblement

$$(18) \qquad \cos\delta = 0,$$

et, en vertu de la formule (17),

$$(19) \qquad \frac{\cos p}{-\sin\varphi\cos\iota} = \frac{\sin p}{\cos\varphi} = \frac{1}{(\cos^2\varphi + \sin^2\varphi\cos^2\iota)^{\frac{1}{2}}},$$

attendu que $\sin p$ et $\cos\varphi$ seront positifs. Il est aisé d'en conclure que cette valeur de s sera généralement croissante avec la variable

$$u = \cos p.$$

En effet, on tirera des formules (16) et (17)

$$D_p s = r(-\cos\varphi\sin p + \sin\varphi\cos\iota\cos p) + t\,D_p\omega,$$

ou à très peu près, eu égard à la formule (19),

$$(20) \qquad D_p s = -r\left[(\cos^2\varphi + \sin^2\varphi\cos^2\iota)^{\frac{1}{2}} - \frac{t}{r}D_p\omega\right];$$

et, comme la valeur précédente de $D_p s$ sera évidemment négative pour de très grandes valeurs de r, si $D_p\omega$ conserve toujours une valeur finie, il en résulte que la valeur correspondante de

$$(21) \qquad D_u s = -\sin p\,D_p s$$

sera généralement positive. Cette conclusion subsistant dans le cas même où v, w changent de signe, et où ς se trouve remplacé par $\varsigma_{,}$, on peut affirmer que, pour de très grandes valeurs positives de x, les valeurs de s, pour lesquelles $\Pi(s)$ ne s'évanouira pas, croîtront, dans la formule (14), avec la variable u. Donc alors, en substituant à la variable u la variable s, on aura, en vertu de la formule (8) de la page 262,

(22) $$\varpi = -\frac{D_t^{2-n}}{4\pi}\int_0^{2\pi}\int_{-\varepsilon}^{\varepsilon} \mathcal{E} \frac{s\Pi(s)}{((s))_u}\, t\, dp\, ds,$$

puis, eu égard à l'équation (13),

(23) $$\varpi = 0.$$

Ajoutons que l'équation (23) continuera de subsister tant que la valeur de $D_u s$ sera positive entre les limites

(24) $$s = -\varepsilon, \qquad s = \varepsilon.$$

Donc, si ε, comme on le suppose, est sensiblement nul, la fonction principale ϖ s'évanouira au bout du temps t, tant que la valeur positive de x ne sera pas assez petite pour que l'on ait simultanément

(25) $$s = 0, \qquad D_u s = 0.$$

La première des équations (25) qui, en vertu des formules (3) et (4), se réduit à

(26) $$ux + vy + wz + \omega t = 0,$$

est précisément l'équation en x, y, z qui représente, au bout du temps t, un plan tangent à la surface des ondes, et perpendiculaire à la droite dont chaque point répond aux deux coordonnées polaires p et q. Cela posé, l'équation en x, y, z, t, produite par l'élimination de x entre les formules (25), représentera évidemment, pour une valeur donnée de l'angle q, la surface cylindrique circonscrite à la surface des ondes, et dont la génératrice sera parallèle au plan qui, passant par l'axe des x, formerait l'angle q avec le plan des x, y. Il en résulte que la plus grande des valeurs positives de x, qui permettront aux formules (25) de subsister simultanément, sera l'abscisse du plan perpendiculaire à l'axe des x, et qui touchera les diverses surfaces cylindriques de ce genre, correspondantes aux diverses valeurs de l'angle q. En d'autres termes, cette plus grande valeur de x sera l'abscisse du point de la surface des ondes le plus éloigné du plan des y, z, dans le sens des x positives. D'ailleurs, la surface des ondes, correspondante à une équation caractéristique homogène, présente, comme il est facile de s'en assurer, une forme et des dimensions indépendantes des directions attribuées aux axes rectangulaires des x, y, z. Donc, relativement à cette surface, le demi-axe des x positives peut avoir une direction quelconque; et ce que nous avons dit suffit pour démontrer que les deux plans qui, étant parallèles à un plan donné arbitrairement, limiteront, au bout du temps t, la surface des ondes de part et d'autre de l'origine, limiteront aussi, à la même époque, l'espace en dehors duquel la fonction principale ϖ sera constamment nulle. Donc la fonction principale ϖ s'évanouira toujours en dehors de la plus grande nappe de la surface des ondes, si cette plus grande nappe est une surface convexe. Si le contraire arrive, on pourra du moins affirmer que la fonction principale ϖ s'évanouira en dehors de la surface qu'on obtiendrait en conservant les portions saillantes de la surface des ondes, et substituant aux portions rentrantes de cette même surface des portions de surface développables dont chaque génératrice, extérieure à la surface des ondes, la toucherait en deux points différents. Ces conclusions s'accordent avec celles qu'a obtenues M. Blanchet en appliquant le calcul des résidus à la détermination des intégrales triples auxquelles il avait réduit les intégrales quadruples que nous avons citées dans un précédent Mémoire.

Nous avons supposé, dans ce qui précède, que la valeur de $D_p\omega$, tirée de l'équation (5), restait toujours finie. Pour étendre les conclusions que nous avons obtenues au cas où cette condition n'est pas satisfaite, on pourra recourir à la théorie des intégrales singulières. C'est ce que nous montrerons dans un autre Article, où nous rechercherons aussi ce que devient la fonction principale, quand la nappe extérieure des ondes n'est pas convexe, entre les portions rentrantes de cette nappe et les portions de surfaces développables dont nous avons parlé.

L'enveloppe de l'espace en dehors duquel s'évanouit, au bout du temps t, une fonction principale, dont la valeur n'était primitivement sensible que dans le voisinage d'un point, est ce qu'on peut nommer la surface extérieure d'une onde primitivement concentrée en ce point. Cette surface étant connue, on en déduira la surface extérieure d'une onde primitivement renfermée dans un volume fini, à l'aide de la construction géométrique indiquée dans le théorème II du § I.

138.

Calcul des résidus. — *Rapport sur un Mémoire de* M. Oltramare, *relatif au calcul des résidus.*

C. R., t. XIII, p. 296 (2 août 1841).

L'Académie nous a chargés, M. Sturm et moi, de lui rendre compte d'un Mémoire présenté par M. Oltramare, et qui a pour titre : *Recherches sur le calcul des résidus*. On sait que les principes de ce nouveau calcul, développés par l'un de nous en 1826, ont été, depuis cette époque, appliqués, non seulement à l'intégration des équations linéaires et à la solution des problèmes de Physique mathématique, mais encore à la détermination des intégrales définies et à diverses questions d'Analyse, soit par l'auteur lui-même, soit par d'autres géomètres, parmi lesquels on doit distinguer MM. Tortolini, Richelot, Ostrogradsky et Bouniakowski. Les recherches de M. Oltramare sont principalement relatives aux propriétés dont jouissent, dans le calcul des résidus, deux fonctions *inverses* l'une de l'autre, c'est-à-dire deux variables dont chacune est déterminée en fonction de l'autre par une équation algébrique ou même transcendante. Parmi les théorèmes qu'établit M. Oltramare, nous en citerons d'abord un qui se rapporte au cas où l'équation donnée est algébrique, et qui se trouve énoncé dans les termes suivants :

Si $\varphi(z)$ est une fonction quelconque de la variable z, uniforme ou multiforme, donnée par une équation algébrique, et qui, pour des valeurs infinies réelles ou imaginaires de z, conserve une valeur finie, le résidu intégral de la somme des valeurs de cette fonction sera précisément égal au résidu intégral de la somme des valeurs de sa fonction inverse.

M. Oltramare observe avec raison que le théorème s'étend au cas même où l'on remplacerait la fonction inverse de $\varphi(z)$ par ce qu'il nomme la fonction *inverse de seconde espèce,* c'est-à-dire, pour parler exactement, par la fonction inverse de la somme des valeurs de $\varphi(z)$.

La démonstration que donne M. Oltramare du théorème énoncé se déduit rigoureusement de la règle établie pour la détermination du résidu intégral d'une fonction, à la page 134 du premier Volume des *Exercices de Mathématiques* [1]. On pourrait même simplifier cette démonstration, comme nous allons le faire voir.

Considérons une équation algébrique entre x et y, dont le premier membre soit une fonction entière du degré m par rapport à x, du degré n par rapport à y et du degré $m+n$ par rapport au système des deux variables; ce qui exige que le coefficient du terme proportionnel à x^m et à y^n ne s'évanouisse pas. En vertu de la règle que je rappelais tout à l'heure, le résidu intégral de la somme des valeurs de x considéré comme fonction de t et le résidu intégral de la somme des valeurs de t considéré comme fonction de x, dépendront uniquement l'un et l'autre des coefficients des quatre termes qui renfermeront les puissances x^m ou x^{m-1} de x, et y^n ou y^{n-1} de y. Donc, quels que soient les nombres m et n, ces résidus conserveront les valeurs qu'ils prendraient si les coefficients de ces quatre termes subsistaient seuls, tous les autres coefficients étant nuls; ce qui permettrait de réduire l'équation donnée à une équation du premier degré en x et y, ou de la forme

$$Axy + Bx + Cy + D = 0.$$

(1) *Œuvres de Cauchy*, S. II, T. VI, p. 169.

Mais alors chacun des deux résidus dont il s'agit se réduirait au rapport

$$\frac{BC - AD}{A^2}.$$

On peut donc énoncer la proposition suivante :

Deux variables x, y étant déterminées, l'une en fonction de l'autre, par une équation algébrique, dans laquelle un même terme renferme à la fois la puissance la plus élevée de x et la puissance la plus élevée de y, le résidu intégral de la somme des valeurs de x, et le résidu intégral de la somme des valeurs de y, seront égaux entre eux, et dépendront des coefficients des quatre termes qui renfermeront la puissance x^m ou x^{m-1} de x avec la puissance y^n ou y^{n-1} de y. Ils resteront donc invariables, si, sans altérer ces quatre coefficients, on fait varier tous les autres ou même les nombres entiers m et n.

Les théorèmes démontrés par M. Oltramare, pour les fonctions qui représentent des racines d'équations algébriques, ne peuvent pas être étendus sans restriction aux diverses fonctions transcendantes. Aussi l'auteur s'est-il borné à les établir pour certaines fonctions de cette espèce. D'ailleurs, dans les derniers paragraphes de son Mémoire, il a déduit, des formules rappelées ou établies dans les premiers, des sommations et des transformations de séries qui paraissent dignes de remarque, et propres à intéresser les géomètres.

En résumé, les Commissaires pensent que le Mémoire de M. Oltramare est digne d'être approuvé par l'Académie et inséré, avec une réduction à laquelle l'auteur a consenti, dans le Recueil des *Savants étrangers*.

Nota. — Pour obtenir le résidu de x considéré comme fonction de y, et le résidu de y considéré comme fonction de x, quand les variables x, y sont liées entre elles par l'équation

$$(1) \qquad Axy + Bx + Cy + D = 0,$$

il suffit d'observer que ces résidus ne varieront pas si l'on remplace

$$x \text{ par } x + \alpha, \qquad y \text{ par } y + 6,$$

en choisissant α, $\mathit{6}$ de manière à faire disparaître les termes du premier degré. Mais alors l'équation deviendra

$$\mathrm{A}xy + \mathrm{D}' = 0,$$

la valeur de D′ étant $\mathrm{D} - \frac{\mathrm{BC}}{\mathrm{A}}$. Donc, par suite, chacun des deux résidus sera égal à

$$-\frac{\mathrm{D}'}{\mathrm{A}} = \frac{\mathrm{BC} - \mathrm{AD}}{\mathrm{A}^2}.$$

139.

Mécanique céleste. — *Méthode nouvelle pour le calcul des inégalités des mouvements planétaires, et en particulier des inégalités à longues périodes.*

C. R., t. XIII, p. 317 (9 août 1841).

Le calcul des inégalités séculaires et périodiques des mouvements planétaires dépend surtout du développement de la fonction perturbatrice en série de termes proportionnels aux diverses puissances entières, positives, nulles, ou négatives, d'exponentielles trigonométriques, dont les arguments sont les anomalies moyennes des mouvements dont il s'agit. Le coefficient de chacun de ces termes doit se réduire à une fonction des éléments elliptiques de deux planètes, et le coefficient du terme général de la série varie, d'une part avec ces éléments, d'autre part avec les exposants n, n' des puissances auxquelles on élève les deux exponentielles trigonométriques correspondantes aux deux planètes que l'on considère. Dans les Traités d'Astronomie, les coefficients des divers termes se trouvent, pour l'ordinaire, successivement déduits les uns des autres, ce qui entraîne de longs calculs, et ne permet pas de reconnaître facilement les erreurs que l'on aurait pu commettre. Pour remédier à ces inconvénients, j'ai donné, dans mes Mémoires sur la Mécanique céleste, des formules qui offrent le moyen de calculer directement le coefficient de chaque terme. Ces formules sont particulièrement utiles lorsque les exposants n, n' sont peu considérables. Mais, dans le cas contraire, elles n'abrègent pas assez les calculs pour qu'ils ne soient encore très pénibles; et l'on n'a jusqu'ici trouvé aucune méthode à l'aide de laquelle on puisse déterminer facilement la valeur très approchée d'un coefficient correspondant à de grandes valeurs de n, n'. Le besoin urgent que l'on aurait d'une semblable méthode en Astronomie m'était encore représenté dernièrement par M. Le Verrier, qui vient de terminer, à l'aide de ses formules d'interpolation, un grand et difficile travail sur la planète Pallas. Cédant aux instances de ce jeune savant, j'ai dirigé mes recherches vers un problème dont la solution peut épargner aux astronomes tant de fatigues et tant de veilles. J'ai été assez heureux pour atteindre le but de mes efforts. Me proposant de publier successivement dans les *Exercices d'Analyse et de Physique mathématique* les résultats de ces nouvelles recherches, j'en donnerai seulement de courts extraits dans les *Comptes rendus des séances de l'Académie des Sciences*. Je me bornerai pour aujourd'hui à indiquer les principes généraux sur lesquels s'appuie la nouvelle méthode. D'autres articles en offriront l'application au calcul des mouvements des corps célestes.

Le présent Mémoire est divisé en deux paragraphes.

Le premier paragraphe est relatif à certaines propriétés des fonctions entières et réelles des sinus et des cosinus d'un même angle. Il est aisé de voir qu'une semblable fonction peut toujours être transformée en une fonction rationnelle d'une seule variable, savoir de la tangente trigonométrique de la moitié de cet angle. J'en conclus que si, après avoir égalé à zéro une semblable fonction, on résout l'équation ainsi formée, par rapport à l'exponentielle trigonométrique dont l'argument est l'angle ci-dessus mentionné, on obtiendra des racines qui, prises deux à deux, offriront pour modules deux nombres inverses l'un de l'autre. D'ailleurs des formules, que j'ai données dans les *Exercices de Mathématiques*, fournissent divers moyens de décomposer l'équation dont il s'agit en deux autres qui offrent, la première, toutes les racines dont les modules sont inférieurs à l'unité, la seconde, toutes les racines dont les modules surpassent l'unité.

Le deuxième paragraphe est relatif au calcul du terme général, dans le développement d'une fonction en série de termes proportionnels aux diverses puissances entières, positives, nulle, ou négatives, d'une exponentielle trigonométrique. On prouve aisément que le coefficient du terme général peut être représenté par une intégrale relative à l'angle qui sert d'argument à l'exponentielle, la différence entre les valeurs extrêmes de cet angle étant la circonférence même. Considérons, en particulier, le cas où cette intégrale représente le coefficient de la $n^{\text{ième}}$ puissance de l'exponentielle trigonométrique, la valeur numérique de n étant un nombre très considérable; et supposons d'ailleurs que la fonction donnée offre pour facteur une puissance négative, entière ou fractionnaire, d'une fonction réelle et entière du sinus et du cosinus de l'argument. Si l'équation auxiliaire que l'on obtiendra en égalant cette fonction à zéro est résolue par rapport à l'exponentielle trigonométrique, on pourra, sous certaines conditions que le calcul indique (¹), déduire de cette résolution la valeur de l'intégrale exprimée à l'aide d'une série très convergente; et même, pour obtenir le premier terme de la série, il ne sera pas nécessaire de chercher toutes les racines de l'équation formée comme on vient de le dire. Ce premier terme, qu'on pourra se contenter de calculer seul, quand la valeur numérique de n deviendra très grande, dépendra uniquement de la racine qui offrira le module le plus voisin de l'unité, ce module étant d'ailleurs compris entre les limites 0 et 1. Cette remarque fournit, dans la Mécanique céleste, le moyen d'obtenir très promptement celles des inégalités périodiques dont le calcul offrait jusqu'à présent les plus grandes difficultés.

Au reste, les intégrales relatives à des angles dont les valeurs extrêmes diffèrent entre elles d'une circonférence entière ne se ren-

(¹) Les conditions dont il s'agit sont que les modules de toutes les racines diffèrent de l'unité; que, parmi les modules supérieurs à l'unité, le plus petit surpasse $\sqrt{2}$; enfin que le double de celui-ci soit inférieur à chacun des suivants diminué de l'unité.

contrent pas seulement dans les problèmes d'Astronomie, mais aussi dans une multitude d'autres, par exemple, dans la théorie des transcendantes elliptiques et dans les questions de Physique mathématique. Mes nouvelles formules pourront donc être utiles dans les questions de ce genre; ce que j'expliquerai plus en détail dans un autre Article.

140.

PHYSIQUE MATHÉMATIQUE. — *Note sur la surface des ondes lumineuses dans les cristaux à deux axes optiques.*

C. R., t. XIII, p. 319 (9 août 1841).

En partant des formules que j'ai données dans la séance du 26 juillet, et en ayant recours à un artifice de calcul que j'ai indiqué dans les préliminaires des applications du Calcul infinitésimal à la Géométrie, on passe très facilement de l'équation que Fresnel a obtenue pour représenter, dans les cristaux à deux axes optiques, la surface des ondes lumineuses, à l'équation caractéristique correspondante, et réciproquement. Je joins ici ce calcul, qui peut intéresser à la fois les physiciens et les géomètres.

Sous certaines conditions que j'ai données dans un Mémoire présenté à l'Académie le 20 mai 1839, et qui paraissent remplies lorsque l'éther se propage dans un cristal à deux axes optiques, la détermination des mouvements infiniment petits des molécules éthérées se ramène à l'intégration d'une équation caractéristique qui, lorsqu'on néglige la dispersion, se réduit sensiblement à la suivante

$$\begin{aligned} &D_t^4\varpi - [(\mathrm{b}+\mathrm{c})D_x^2 + (\mathrm{c}+\mathrm{a})D_y^2 + (\mathrm{a}+\mathrm{b})D_z^2]D_t^2\varpi \\ &\quad + (\mathrm{bc}\,D_x^2 + \mathrm{ca}\,D_y^2 + \mathrm{ab}\,D_z^2)(D_x^2 + D_y^2 + D_z^2)\varpi = 0, \end{aligned}$$

ϖ désignant la fonction principale, x, y, z trois coordonnées rectangulaires, t le temps, et a, b, c des constantes positives. Donc alors la surface caractéristique est représentée par l'équation

$$t^4-[(\mathrm{b}+\mathrm{c})\mathrm{x}^2+(\mathrm{c}+\mathrm{a})\mathrm{y}^2+(\mathrm{a}+\mathrm{b})\mathrm{z}^2]t^2$$
$$+[\mathrm{bc}\mathrm{x}^2+\mathrm{ca}\mathrm{y}^2+\mathrm{ab}\mathrm{z}^2](\mathrm{x}^2+\mathrm{y}^2+\mathrm{z}^2)=0,$$

ou, ce qui revient au même, par la suivante

$$(1)\qquad \frac{\mathrm{x}^2}{t^2-\mathrm{a}\iota^2}+\frac{\mathrm{y}^2}{t^2-\mathrm{b}\iota^2}+\frac{\mathrm{z}^2}{t^2-\mathrm{c}\iota^2}=0,$$

x, y, z désignant les coordonnées rectangulaires d'un point de cette surface, et le rayon vecteur ι, mené de l'origine au point (x, y, z), étant lui-même déterminé par la formule

$$\iota^2=\mathrm{x}^2+\mathrm{y}^2+\mathrm{z}^2.$$

Désignons maintenant par S le premier membre de l'équation (1). Pour passer du point (x, y, z) de la surface caractéristique au point correspondant (x, y, z) de la surface des ondes lumineuses, il suffira (*voir* la page 267) d'éliminer x, y, z entre les formules

$$(2)\qquad x\mathrm{x}+y\mathrm{y}+z\mathrm{z}+t^2=0$$

et

$$(3)\qquad \frac{x}{\mathrm{D_x S}}=\frac{y}{\mathrm{D_y S}}=\frac{z}{\mathrm{D_z S}}.$$

Or, si l'on pose, pour abréger,

$$(4)\qquad \Theta=\frac{\mathrm{a}\mathrm{x}^2}{(t^2-\mathrm{a}\iota^2)^2}+\frac{\mathrm{b}\mathrm{y}^2}{(t^2-\mathrm{b}\iota^2)^2}+\frac{\mathrm{c}\mathrm{z}^2}{(t^2-\mathrm{c}\iota^2)^2},$$

la formule (3) deviendra

$$(5)\qquad \frac{x}{\mathrm{x}\left(\Theta+\frac{1}{t^2-\mathrm{a}\iota^2}\right)}=\frac{y}{\mathrm{y}\left(\Theta+\frac{1}{t^2-\mathrm{b}\iota^2}\right)}=\frac{z}{\mathrm{z}\left(\Theta+\frac{1}{t^2-\mathrm{c}\iota^2}\right)}.$$

Si, dans cette dernière, on combine par voie d'addition les termes correspondants des trois rapports, après avoir multiplié respectivement ces termes par les facteurs

$$\frac{\mathrm{a}\mathrm{x}}{t^2-\mathrm{a}\iota^2},\quad \frac{\mathrm{b}\mathrm{y}}{t^2-\mathrm{b}\iota^2},\quad \frac{\mathrm{c}\mathrm{z}}{t^2-\mathrm{c}\iota^2};$$

alors, en ayant égard à l'équation (1) présentée sous la forme

$$\frac{\mathrm{a}\mathrm{x}^2}{t^2-\mathrm{a}\iota^2}+\frac{\mathrm{b}\mathrm{y}^2}{t^2-\mathrm{b}\iota^2}+\frac{\mathrm{c}\mathrm{z}^2}{t^2-\mathrm{c}\iota^2}=-1,$$

on obtiendra un nouveau rapport dont le dénominateur sera nul; et comme ce nouveau rapport devra être équivalent aux trois premiers, son numérateur devra encore s'évanouir. On trouvera ainsi

$$\frac{\mathrm{a}x\mathrm{x}}{t^2-\mathrm{a}\iota^2}+\frac{\mathrm{b}y\mathrm{y}}{t^2-\mathrm{b}\iota^2}+\frac{\mathrm{c}z\mathrm{z}}{t^2-\mathrm{c}\iota^2}=0; \tag{6}$$

ou, ce qui revient au même,

$$\frac{x\mathrm{x}}{t^2-\mathrm{a}\iota^2}+\frac{y\mathrm{y}}{t^2-\mathrm{b}\iota^2}+\frac{z\mathrm{z}}{t^2-\mathrm{c}\iota^2}=-1. \tag{7}$$

Si, en revenant à la formule (5), on y combine, par voie d'addition, les termes des trois rapports qu'elle contient, après avoir respectivement multiplié ces termes : 1° par les facteurs

$$\mathrm{x},\quad \mathrm{y},\quad \mathrm{z};$$

2° par les facteurs

$$x,\quad y,\quad z;$$

alors, en nommant r le rayon vecteur mené de l'origine au point (x, y, z), ou, ce qui revient au même, en posant, pour abréger,

$$r^2=x^2+y^2+z^2,$$

et ayant égard aux équations (1), (2), (7), on trouvera

$$\frac{t^2}{\Theta\iota^2}=\frac{r^2}{1+\Theta t^2},$$

par conséquent

$$\Theta=\frac{t^2}{r^2\iota^2-t^4}. \tag{8}$$

Enfin, si l'on substitue la valeur précédente de Θ dans la formule (5), cette formule deviendra

$$(9)\qquad \frac{\dfrac{x}{r^2 - \mathrm{a}\,t^2}}{\dfrac{\mathrm{x}}{t^2 - \mathrm{a}\,\iota^2}} = \frac{\dfrac{y}{r^2 - \mathrm{b}\,t^2}}{\dfrac{\mathrm{y}}{t^2 - \mathrm{b}\,\iota^2}} = \frac{\dfrac{z}{r^2 - \mathrm{c}\,t^2}}{\dfrac{\mathrm{z}}{t^2 - \mathrm{c}\,\iota^2}}.$$

Or il résulte évidemment de cette dernière que, sans altérer l'équation (6), on peut y remplacer les trois quantités

$$\frac{\mathrm{x}}{t^2 - \mathrm{a}\,\iota^2},\quad \frac{\mathrm{y}}{t^2 - \mathrm{b}\,\iota^2},\quad \frac{\mathrm{z}}{t^2 - \mathrm{c}\,\iota^2}$$

par les trois autres quantités

$$\frac{x}{r^2 - \mathrm{a}\,t^2},\quad \frac{y}{r^2 - \mathrm{b}\,t^2},\quad \frac{z}{r^2 - \mathrm{c}\,t^2},$$

qui sont respectivement proportionnelles aux trois premières. En opérant ainsi, l'on verra l'équation (6) se réduire à la formule

$$(10)\qquad \frac{\mathrm{a}\,x^2}{r^2 - \mathrm{a}\,t^2} + \frac{\mathrm{b}\,y^2}{r^2 - \mathrm{b}\,t^2} + \frac{\mathrm{c}\,z^2}{r^2 - \mathrm{c}\,t^2} = 0.$$

Cette dernière est précisément l'équation de la surface des ondes obtenue par Fresnel, et présentée sous la forme la plus simple. Elle pourrait encore s'écrire comme il suit :

$$(11)\qquad \frac{x^2}{r^2 - \mathrm{a}\,t^2} + \frac{y^2}{r^2 - \mathrm{b}\,t^2} + \frac{z^2}{r^2 - \mathrm{c}\,t^2} = 1.$$

Ajoutons que, si l'on posait

$$\frac{1}{\mathrm{a}} = a,\qquad \frac{1}{\mathrm{b}} = b,\qquad \frac{1}{\mathrm{c}} = c,$$

l'équation (10) deviendrait

$$(12)\qquad \frac{x^2}{t^2 - ar^2} + \frac{y^2}{t^2 - br^2} + \frac{z^2}{t^2 - cr^2} = 0.$$

Donc, la surface caractéristique étant représentée par l'équation (1), il suffira, pour obtenir la surface des ondes, de remplacer dans cette équation (1) les nombres

$$\mathrm{a}, \quad \mathrm{b}, \quad \mathrm{c}$$

par les nombres inverses

$$a = \frac{1}{\mathrm{a}}, \qquad b = \frac{1}{\mathrm{b}}, \qquad c = \frac{1}{\mathrm{c}}.$$

Réciproquement, la surface des ondes étant celle que représente l'équation (12), la surface caractéristique sera nécessairement celle que représente la formule (1); et par suite, si, en admettant pour surface des ondes lumineuses celle que Fresnel a donnée, on cherche l'équation caractéristique propre à représenter les lois des vibrations de l'éther dans les cristaux à deux axes optiques, on trouvera que cette équation caractéristique est précisément celle de laquelle nous sommes partis, c'est-à-dire qu'elle est de la forme

$$\begin{aligned} &\mathrm{D}_t^4 \varpi - [(\mathrm{b}+\mathrm{c})\,\mathrm{D}_x^2 + (\mathrm{c}+\mathrm{a})\,\mathrm{D}_y^2 + (\mathrm{a}+\mathrm{b})\,\mathrm{D}_z^2]\,\mathrm{D}_t^2 \varpi \\ &\quad + (\mathrm{bc}\,\mathrm{D}_x^2 + \mathrm{ca}\,\mathrm{D}_y^2 + \mathrm{ab}\,\mathrm{D}_z^2)(\mathrm{D}_x^2 + \mathrm{D}_y^2 + \mathrm{D}_z^2)\varpi = 0. \end{aligned}$$

141.

Calcul intégral. — *Note sur l'intégrale définie double qui sert à l'intégration d'une équation caractéristique homogène.*

C. R., t. XIII, p. 365 (16 août 1841).

L'auteur annonce une réduction nouvelle de l'intégrale double à l'aide de laquelle il est parvenu à représenter la fonction principale ϖ correspondante à une équation caractéristique homogène de l'ordre n, dans le cas où la valeur initiale de $\mathrm{D}_t^{n-1}\varpi$ dépend seulement en chaque point de la distance r à un centre fixe. Il se propose de développer dans un prochain Article cette réduction nouvelle, et les conséquences remarquables qui s'en déduisent.

142.

Calcul intégral. — *Sur la réduction nouvelle de la fonction principale qui vérifie une équation caractéristique homogène, et sur les conséquences qu'entraîne cette réduction.*

C. R., t. XIII, p. 397 (23 août 1841).

Dans le dernier *Compte rendu*, j'ai annoncé une réduction nouvelle de la fonction principale qui vérifie une équation caractéristique homogène d'un ordre donné n. Pour obtenir cette réduction, et la déduire de l'intégrale double à l'aide de laquelle j'ai précédemment représenté cette fonction, il suffit de supposer infiniment petit le rayon ε de la sphère dans laquelle se trouve renfermé l'état initial, et en dehors de laquelle s'évanouit la valeur initiale de la dérivée de la fonction principale de l'ordre $n-1$. Si l'on nomme *surface des ondes* celle que j'ai désignée sous ce nom en 1830, il suffira de promener sur cette surface le centre d'une sphère dont le rayon serait ε, pour que cette sphère engendre une onde qui aura partout la même épaisseur égale au diamètre de la sphère. Or, de la réduction que j'ai obtenue, il résulte que la dérivée de la fonction principale de l'ordre $n-1$ se réduit, pour les points situés dans l'intérieur de cette onde, à une quantité infiniment petite, et, pour les points situés hors de cette même onde, à une quantité infiniment petite d'un ordre plus élevé. Mais, cette dernière pouvant toujours être négligée par rapport à une quantité infiniment petite d'ordre moindre, on doit en conclure que la dérivée de l'ordre $n-1$ de la fonction principale s'évanouit toujours hors de l'onde dont nous avons parlé, quelle que soit sa forme, et même entre les diverses nappes de cette onde; par conséquent elle s'évanouit, dans l'hypothèse admise, pour tous les points qui ne sont pas infiniment rapprochés de la surface des ondes, telle que je l'ai définie dans le *Bulletin de M. de Férussac* du mois d'avril 1830.

La fonction principale étant déterminée comme je viens de le dire, dans le cas où le rayon ε est infiniment petit, pour étendre cette détermination et les conclusions précédemment obtenues au cas où l'état initial est quelconque, il suffit de recourir aux formules de transformation que j'ai données dans une des précédentes séances.

Le Mémoire où ces divers résultats seront exposés en détail devant être publié en entier dans les *Exercices d'Analyse et de Physique mathématique*, je me contenterai d'indiquer ici brièvement les formules auxquelles je parviens et les théorèmes qui s'en déduisent.

ANALYSE.

PREMIÈRE PARTIE. — PRÉLIMINAIRES.

§ Ier. — *Théorème d'Analyse et de Géométrie.*

Soient

$$x, \quad y, \quad z$$

trois coordonnées rectangulaires, liées aux trois coordonnées polaires

$$p, \quad q, \quad r$$

par les équations connues

$$x = ur, \qquad y = vr, \qquad z = wr,$$

dans lesquelles on a

$$(1) \qquad u = \cos p, \qquad v = \sin p \cos q, \qquad w = \sin p \sin q.$$

Soient de plus

$$\mathcal{S} = \mathcal{F}(x, y, z)$$

une certaine fonction des coordonnées rectangulaires x, y, z, et $\mathcal{R}$ la racine positive de l'équation

$$(2) \qquad \mathcal{R}^2 = (D_x \mathcal{S})^2 + (D_y \mathcal{S})^2 + (D_z \mathcal{S})^2.$$

La formule

$$(3) \qquad \mathcal{S} = 0$$

représentera une certaine surface courbe LMN; et si, les valeurs des coordonnées polaires p, q sont précisément celles qui déterminent la direction de la normale menée à la surface courbe LMN par le point (x, y, z), on aura

$$(4) \qquad \frac{u}{D_x S} = \frac{v}{D_y S} = \frac{w}{D_z S} = \pm \frac{1}{\mathfrak{R}}.$$

Enfin, si l'on nomme x, y, z les coordonnées courantes du plan tangent mené à la surface courbe par le point (x, y, z), l'équation de ce plan sera

$$(5) \qquad u(\mathrm{x} - x) + v(\mathrm{y} - y) + w(\mathrm{z} - z) = 0,$$

et pourra être présentée sous la forme

$$(6) \qquad u\mathrm{x} + v\mathrm{y} + w\mathrm{z} = \theta,$$

θ désignant une fonction déterminée des angles p, q, savoir, celle à laquelle on parvient quand on élimine x, y, z de l'expression

$$ux + vy + wz$$

à l'aide des formules (3) et (4). Ajoutons que, pour retrouver l'équation (3), il suffira d'éliminer p, q entre l'équation

$$(7) \qquad ux + vy + wz = \theta$$

et les dérivées de cette dernière différentiée successivement par rapport à p et par rapport à q. Cela posé, on établira sans peine, soit à l'aide de l'Analyse seule, soit à l'aide de la Géométrie et de l'Analyse combinées ensemble, les propositions suivantes :

THÉORÈME I. — *Si le point (x, y, z) est situé, non plus sur la surface* LMN *représentée par l'équation* (3), *mais à une très petite distance de cette surface,* S *cessera de s'évanouir; et, si l'on nomme* ρ *la distance dont il s'agit, on aura sensiblement*

$$(8) \qquad \rho = \pm \frac{S}{\mathfrak{R}},$$

la valeur de $\mathfrak{R}$ *étant tirée de la formule* (2).

THÉORÈME II. — *Si, le point* (x, y, z) *étant situé sur la surface* LMN, *le plan tangent mené à cette surface ne la traverse pas, l'aire de la section faite dans la surface par un plan parallèle mené à la distance* ρ *du premier sera sensiblement proportionnelle à cette distance quand celle-ci deviendra très petite. Alors, en effet, cette même aire sera sensiblement égale au produit*

$$\Theta\rho,$$

Θ *désignant l'aire de l'ellipse dont les coordonnées courantes*

$$\mathrm{x}, \quad \mathrm{y}, \quad \mathrm{z}$$

vérifieront le système des deux équations

$$(9)\quad \begin{cases} \mathrm{x}^2 D_x^2 \mathcal{S} + \mathrm{y}^2 D_y^2 \mathcal{S} + \mathrm{z}^2 D_z^2 \mathcal{S} + 2\mathrm{yz}\, D_y D_z \mathcal{S} + 2\mathrm{zx}\, D_z D_x \mathcal{S} + 2\mathrm{xy}\, D_x D_y \mathcal{S} = \pm 2\mathcal{R}, \\ \mathrm{x}\, D_x \mathcal{S} + \mathrm{y}\, D_y \mathcal{S} + \mathrm{z}\, D_z \mathcal{S} = 0. \end{cases}$$

On peut observer que l'ellipse dont il s'agit ici est précisément celle qui a été nommée *indicatrice* par M. Charles Dupin, et que, des équations (9), la première représente la surface d'un ellipsoïde, la seconde un plan diamétral de ce même ellipsoïde.

Observons encore que la valeur de Θ, telle qu'elle se trouve définie dans le théorème précédent, se réduit à une fonction de x, y, z qui est complètement déterminée quand la fonction $\mathcal{F}(x, y, z)$ est connue. On pourra donc calculer la fonction de x, y, z représentée par Θ, non seulement pour un point situé sur la surface LMN, mais encore pour un point situé hors de cette surface.

THÉORÈME III. — *Si le point* (x, y, z) *est situé hors de la surface* LMN, *mais à une très petite distance* ρ *de cette surface, et de manière à pouvoir devenir le sommet d'un cône à base finie circonscrit à la surface* LMN, *la courbe de contact de cette surface et de la surface conique sera généralement très peu différente d'une ellipse, et l'aire de cette ellipse sera sensiblement égale au produit*

$$\Theta\rho.$$

THÉORÈME IV. — *Si l'on promène sur la surface* LMN *le centre d'une sphère dont le rayon soit s, l'espace traversé par cette sphère sera limité par deux enveloppes, l'une intérieure, l'autre extérieure, et la normale menée par un point quelconque à la surface* LMN *sera en même temps normale aux deux enveloppes, qu'elle traversera en deux points dont la distance sera le diamètre* $2s$ *de la sphère génératrice. L'espace dont il s'agit sera donc une espèce d'*onde *qui offrira partout la même épaisseur. Ajoutons que, pour obtenir l'enveloppe extérieure ou intérieure de cette onde, il suffira de promener dans l'espace le plan représenté, non plus par l'équation* (7), *mais par la suivante*

$$ux + vy + wz = \theta \pm s, \tag{10}$$

c'est-à-dire, d'éliminer les angles p, q *entre cette équation et ses deux dérivées relatives à ces angles. L'équation* (10) *elle-même sera celle d'un plan tangent à l'enveloppe extérieure ou intérieure de l'onde, et séparé, par la distance* s, *du plan parallèle et tangent à la surface* LMN.

THÉORÈME V. — *Les mêmes choses étant posées que dans les théorèmes III et IV, et la distance* s *étant très petite, ainsi que* ρ, *si le point* (x, y, z) *devient le sommet d'un cône à base finie, circonscrit, non plus à la surface* LMN, *mais à l'enveloppe extérieure de l'onde, dont l'épaisseur est* $2s$, *l'aire de contact de cette enveloppe et de la surface conique se réduira sensiblement à une ellipse, et l'aire de cette ellipse sera sensiblement égale au produit*

$$\Theta(\rho - s),$$

ρ *désignant toujours la distance du point* (x, y, z) *à la surface* LMN.

§ II. — *Théorèmes de Calcul intégral.*

Considérons l'intégrale définie

$$\int_{\xi}^{X} f(x, t)\, dx, \tag{1}$$

dans laquelle

$$\xi, \quad X$$

désignent deux valeurs réelles de la variable x, et $f(x, t)$ une fonction réelle des deux variables x, t liées entre elles par une certaine équation caractéristique

$$F(x, t) = 0. \tag{2}$$

Soient d'ailleurs

$$\tau, \quad \mathrm{t}$$

les valeurs particulières de la variable t correspondantes aux valeurs particulières

$$\xi, \quad \mathrm{x}$$

de la variable x; et supposons, pour fixer les idées, que dans l'intégrale (1) la seconde limite surpasse la première, en sorte qu'on ait

$$\mathrm{x} > \xi.$$

Si, tandis que x varie et croît en passant de la limite ξ à la limite x, la variable t est toujours croissante ou toujours décroissante, chacune des dérivées

$$D_t x, \quad D_x t$$

sera toujours positive dans le premier cas, toujours négative dans le second, entre les limites des intégrations, et l'on aura

$$\int_\xi^{\mathrm{x}} f(x, t)\, dx = \int_\tau^{\mathrm{t}} f(x, t)\, D_t x\, dt, \tag{3}$$

ou, ce qui revient au même,

$$\int_\xi^{\mathrm{x}} f(x, t)\, dx = \int_\tau^{\mathrm{t}} \frac{f(x, t)}{D_x t}\, dt. \tag{4}$$

Or on conclut de cette dernière formule : 1° lorsqu'on a $\mathrm{t} > \tau$, et, par suite, $D_x t > 0$,

$$\int_\xi^{\mathrm{x}} f(x, t)\, dx = \int_\tau^{\mathrm{t}} \frac{f(x, t)}{\sqrt{(D_x t)^2}}\, dt;$$

2° lorsqu'on a $\mathrm{t} < \tau$, et, par suite, $D_x t < 0$,

$$\int_\xi^{\mathrm{x}} f(x, t)\, dx = \int_{\mathrm{t}}^\tau \frac{f(x, t)}{\sqrt{(D_x t)^2}}\, dt.$$

Si l'on nomme a la plus petite et b la plus grande des deux valeurs extrêmes τ, t de la nouvelle variable t, on aura dans les deux cas

$$\int_{\xi}^{\mathrm{x}} \mathrm{f}(x, t)\, dx = \int_{a}^{b} \frac{\mathrm{f}(x, t)}{\sqrt{(\mathrm{D}_x t)^2}}\, dt.$$

On peut donc énoncer la proposition suivante :

THÉORÈME I. — *Soient x, t deux variables réelles liées entre elles par une certaine équation caractéristique,* $\mathrm{f}(x, t)$ *une fonction réelle de ces mêmes variables, et*

$$\xi, \quad \mathrm{x}$$

deux valeurs particulières de x, dont la seconde surpasse la première, en sorte qu'on ait

$$\mathrm{x} > \xi.$$

Supposons d'ailleurs que la variable t, considérée comme fonction de x, soit toujours croissante ou toujours décroissante, tandis que l'on fait croître x entre les limites

$$x = \xi, \qquad x = \mathrm{x}.$$

Enfin nommons a la plus petite et b la plus grande des valeurs extrêmes de la variable t, correspondantes aux valeurs extrêmes ξ et x *de la variable x, de sorte qu'on ait encore*

$$b > a.$$

On trouvera

$$\int_{\xi}^{\mathrm{x}} \mathrm{f}(x, t)\, dx = \int_{a}^{b} \frac{\mathrm{f}(x, t)}{\sqrt{(\mathrm{D}_x t)^2}}\, dt. \tag{5}$$

Corollaire. — Si la fonction $\mathrm{f}(x, t)$ était du nombre de celles que l'on rencontre souvent dans les questions de Physique mathématique, et s'évanouissait toujours, pour des valeurs de t situées hors de certaines limites

$$t = \alpha, \qquad t = 6 > \alpha,$$

alors, en vertu de l'équation (5), on aurait premièrement

$$\int_{\xi}^{\mathrm{x}} \mathrm{f}(x, t)\, dx = 0, \tag{6}$$

si α et 6 étaient situés hors des limites a, b; secondement

$$(7)\qquad \int_{\xi}^{x} f(x,t)\,dx = \int_{\alpha}^{b} \frac{f(x,t)}{\sqrt{(D_x t)^2}}\,dt,$$

si α seul était compris entre les limites a, b; troisièmement

$$(8)\qquad \int_{\xi}^{x} f(x,t)\,dx = \int_{a}^{6} \frac{f(x,t)}{\sqrt{(D_x t)^2}}\,dt,$$

si 6 seul était compris entre les limites a, b; enfin, quatrièmement,

$$(9)\qquad \int_{\xi}^{x} f(x,t)\,dx = \int_{\alpha}^{6} \frac{f(x,t)}{\sqrt{(D_x t)^2}}\,dt,$$

si α, 6 étaient tous deux compris entre les limites a et b.

Jusqu'ici nous avons supposé que la variable t, considérée comme fonction de x, en vertu de l'équation caractéristique, était toujours croissante ou toujours décroissante, tandis que la variable x croissait en passant de la limite ξ à la limite x. Considérons maintenant le cas où cette condition ne serait pas remplie, et où, en passant de la limite ξ à la limite x, la variable x acquerrait successivement diverses valeurs

$$\xi_1,\quad \xi_2,\quad \xi_3,\quad \ldots,\quad \xi_n$$

correspondantes à des valeurs maxima ou minima

$$\tau_1,\quad \tau_2,\quad \tau_3,\quad \ldots,\quad \tau_n$$

de la variable t. Alors chacune des fonctions dérivées

$$D_t x,\quad D_x t$$

conserverait le même signe, tandis que x varierait entre deux limites représentées par deux termes consécutifs de la suite

$$\xi,\quad \xi_1,\quad \xi_2,\quad \xi_3,\quad \ldots,\quad \xi_n,\quad x;$$

et, après avoir décomposé l'intégrale (1) en plusieurs parties à l'aide de la formule

$$(10)\qquad \int_{\xi}^{x} f(x,t)\,dx = \int_{\xi}^{\xi_1} f(x,t)\,dx + \int_{\xi_1}^{\xi_2} f(x,t)\,dx + \ldots + \int_{\xi_n}^{x} f(x,t)\,dx,$$

on pourrait appliquer à chacune de ces parties le théorème I. On se trouvera ainsi conduit à cet autre théorème.

Théorème II. — *Soient x, t deux variables réelles liées entre elles par une certaine équation caractéristique,* $\mathrm{f}(x, t)$ *une fonction réelle de ces mêmes variables, et*

$$\xi, \quad \mathrm{x}$$

deux valeurs particulières de x dont la seconde surpasse la première, en sorte qu'on ait

$$\mathrm{x} > \xi.$$

Soient d'ailleurs, entre les limites ξ et x,

$$\xi_1, \quad \xi_2, \quad \ldots, \quad \xi_n$$

les valeurs successives de x pour lesquelles t, considérée comme fonction de x, devient un maximum ou un minimum; enfin soient

$$\tau_1, \quad \tau_2, \quad \ldots, \quad \tau_n$$

les valeurs correspondantes de y, propres à représenter des maxima ou minima de la variable t. Si l'on nomme

$$a, \quad b$$

deux termes consécutifs de la suite

$$\tau, \quad \tau_1, \quad \tau_2, \quad \ldots, \quad \tau_n, \quad t, \tag{11}$$

a étant le plus petit de ces deux termes, et b le plus grand, on aura

$$\int_{\xi}^{\mathrm{x}} \mathrm{f}(x, t)\, dt = \sum \int_a^b \frac{\mathrm{f}(x, t)}{\sqrt{(\mathrm{D}_x t)^2}}\, dt, \tag{12}$$

le signe $\sum$ indiquant une somme d'intégrales correspondantes aux divers systèmes de valeurs de a et de b.

Corollaire I. — Supposons, par exemple, que, n étant égal à 2, la variable t, considérée comme fonction de x, devienne un maximum pour $x = \xi_1$, et un minimum pour $x = \xi_2$; alors la formule (12) donnera

$$\int_{\xi}^{\mathrm{x}} \mathrm{f}(x, t)\, dx = \int_{\tau}^{\tau_1} \frac{\mathrm{f}(x, t)}{\sqrt{(\mathrm{D}_x t)^2}}\, dt + \int_{\tau_2}^{\tau_1} \frac{\mathrm{f}(x, t)}{\sqrt{(\mathrm{D}_x t)^2}}\, dt + \int_{\tau_2}^{t} \frac{\mathrm{f}(x, t)^2}{\sqrt{(\mathrm{D}_x t)^2}}\, dt.$$

Corollaire II. — Si la fonction $f(x, t)$ était du nombre de celles que l'on rencontre souvent dans les questions de Physique mathématique, et s'évanouissait hors de certaines limites

$$t = \alpha, \qquad t = 6 > \alpha,$$

alors, dans le second membre de la formule (12), chaque intégrale de la forme

$$\int_a^b \frac{f(x, t)}{\sqrt{(D_x t)^2}} dt$$

pourrait être remplacée par zéro, lorsque α, 6 seraient situés hors des limites a, b; par une intégrale de la forme

$$\int_\alpha^b \frac{f(x, t)}{\sqrt{(D_x t)^2}} dt \quad \text{ou} \quad \int_a^6 \frac{f(x, t)}{\sqrt{(D_x t)^2}} dt,$$

si α seul ou 6 seul était renfermé entre les limites a, b; enfin par l'intégrale

$$\int_\alpha^6 \frac{f(x, t)}{\sqrt{(D_x t)^2}} dt,$$

si α et 6 étaient renfermés tous deux entre ces limites.

Corollaire III. — Les mêmes choses étant posées que dans le théorème II, si le facteur $f(x, t)$ s'évanouit pour une valeur quelconque de t, renfermée entre la plus petite et la plus grande des quantités

$$\tau, \quad \tau_1, \quad \tau_2, \quad \ldots, \quad \tau_n, \quad \mathrm{T},$$

on aura

$$\int_\xi^X f(x, t)\, dx = 0. \tag{13}$$

Corollaire IV. — Les mêmes choses étant posées que dans le théorème II, si la fonction $f(x, t)$ s'évanouit hors des limites

$$t = \alpha, \qquad t = 6 > \alpha,$$

et si ces limites sont renfermées entre deux termes consécutifs quelconques de la suite

$$\tau,\quad \tau_1,\quad \tau_2,\quad \ldots,\quad \tau_n,\quad t,$$

on aura

$$\int_{\xi}^{x} f(x, t)\, dx = \sum \int_{\alpha}^{\beta} \frac{f(x, t)}{\sqrt{(D_x t)^2}}\, dt. \tag{14}$$

Il est important d'observer que, dans les diverses intégrales définies dont la somme composera le second membre de l'équation précédente, la fonction sous le signe $\int$ prendra généralement diverses formes, eu égard aux diverses valeurs de la variable x, considérée comme fonction de la variable t.

DEUXIÈME PARTIE. — DÉTERMINATION DE LA FONCTION PRINCIPALE CORRESPONDANTE A UNE CARACTÉRISTIQUE HOMOGÈNE.

§ Ier. — *Considérations générales.*

Prenons pour variables indépendantes trois coordonnées rectangulaires x, y, z et le temps t. Soit d'ailleurs

$$F(x, y, z, t)$$

une fonction de ces variables indépendantes, entière, homogène, du degré n et dans laquelle le coefficient de t^n se réduise à l'unité. Enfin, soient

$$r = \sqrt{x^2 + y^2 + z^2}$$

la distance du point (x, y, z) à l'origine des coordonnées, et ϖ une fonction principale assujettie : 1° à vérifier, quel que soit t, l'équation caractéristique homogène

$$F(D_x, D_y, D_z, D_t)\varpi = 0; \tag{1}$$

2° à vérifier, pour $t = 0$, les conditions

$$\varpi = 0, \qquad D_t\varpi = 0, \qquad \ldots, \qquad D_t^{n-2}\varpi = 0, \qquad D_t^{n-1}\varpi = \Pi(r). \tag{2}$$

On pourra d'ailleurs supposer que $\Pi(r)$ représente une fonction paire de r, en sorte que l'on ait

$$\Pi(-r) = \Pi(r); \tag{3}$$

et alors on trouvera, comme nous l'avons montré dans une précédente séance,

$$(4)\qquad \varpi = \frac{D_t^{2-n}}{4\pi}\int_0^{2\pi}\int_0^{\pi} \mathcal{E}\frac{\omega^{n-2}(\varsigma+\omega t)\Pi(\varsigma+\omega t)}{(F(u,v,w,\omega))_\omega}\sin p\,dq\,dp,$$

les valeurs de u, v, w, ς étant

$$(5)\qquad u = \cos p,\qquad v = \sin p\cos q,\qquad w = \sin p\sin q,$$

$$(6)\qquad \varsigma = ux + vy + wz.$$

D'autre part, comme on a généralement

$$\mathcal{E}\,(f(\omega))_\omega = -\,\mathcal{E}\,(f(-\omega))_\omega,$$

il en résulte qu'à la formule (4) on pourra encore substituer la suivante

$$(7)\qquad \varpi = -\frac{D_t^{2-n}}{4\pi}\int_0^{2\pi}\int_0^{\pi} \mathcal{E}\frac{\omega^{n-2}(\varsigma-\omega t)\Pi(\varsigma-\omega t)}{(F(u,v,w,-\omega))_\omega}\sin p\,dq\,dp.$$

Supposons maintenant que $F(x, y, z, t)$ soit, comme il arrive ordinairement dans les problèmes de Mécanique, une fonction paire de t, c'est-à-dire une fonction entière de t^2. On aura

$$F(u, v, w, -\omega) = F(u, v, w, \omega).$$

Par conséquent, la formule (7) donnera

$$(8)\qquad \varpi = -\frac{D_t^{2-n}}{4\pi}\int_0^{2\pi}\int_0^{\pi} \mathcal{E}\frac{\omega^{n-2}(\varsigma-\omega t)\Pi(\varsigma-\omega t)}{(F(u,v,w,\omega))_\omega}\sin p\,dq\,dp.$$

Alors aussi l'équation

$$(9)\qquad F(u, v, w, \omega) = 0,$$

résolue par rapport à ω, fournira des racines égales deux à deux au signe près, mais affectées de signes contraires; et, en supposant toutes ces racines réelles, on reconnaîtra aisément que, dans le second membre de la formule (8), la partie correspondante aux racines positives de l'équation (9) ne diffère pas de la partie correspondante aux racines négatives. On pourra donc supposer le signe $\mathcal{E}$ relatif aux seules racines positives, pourvu que l'on double le résultat ainsi obtenu. Donc, si l'on pose, pour abréger,

$$\Phi(u, v, w, \omega) = D_\omega F(u, v, w, \omega) \tag{10}$$

et

$$\varsigma - \omega t = s, \tag{11}$$

la formule (8) donnera

$$\varpi = -\frac{D_t^{2-n}}{2\pi} \sum \int_0^{2\pi} \int_0^{\pi} \frac{\omega^{n-2} s \Pi(s)}{\Phi(u, v, w, \omega)} \sin p \, dq \, dp, \tag{12}$$

le signe $\sum$ indiquant une somme de termes semblables et correspondants aux diverses racines positives de l'équation (9). Donc si, en prenant pour ω l'une de ces racines, on nomme Q la fonction de l'angle q déterminée par l'équation

$$Q = -\int_0^{\pi} \frac{\omega^{n-2} s \Pi(s)}{\Phi(u, v, w, \omega)} \sin p \, dp, \tag{13}$$

on aura simplement

$$\varpi = \frac{D_t^{2-n}}{2\pi} \sum \int_0^{2\pi} Q \, dq. \tag{14}$$

Lorsque dans la formule (11) on substitue la valeur de ς tirée de l'équation (6), on obtient la suivante

$$ux + vy + wz = \omega t + s, \tag{15}$$

qui représente, quand on y considère x, y, z comme variables, un plan perpendiculaire à la droite dont la direction est déterminée par les angles polaires p, q. Si, en attribuant au paramètre s une valeur constante, on attribue successivement aux angles p, q des valeurs diverses, le plan dont il s'agit prendra successivement diverses positions dans l'espace, de manière à toucher constamment une certaine surface LMN. Pour obtenir l'équation de cette même surface, que nous représenterons par

$$\mathcal{F}(x, y, z, t, s) = 0, \tag{16}$$

il suffira d'éliminer s entre l'équation (15) et ses dérivées relatives aux angles p, q, dont u, v, w, ω sont des fonctions en vertu des formules (5) et (9). Donc, en considérant s comme une fonction de p, q, déterminée par la formule (15), il suffira d'éliminer p, q entre cette formule et les deux suivantes :

$$\text{(17)} \qquad \mathrm{D}_p s = 0, \qquad \mathrm{D}_q s = 0.$$

Si, s étant réduit à zéro, l'on écrit pour abréger $\mathcal{F}(x, y, z, t)$ au lieu de $\mathcal{F}(x, y, z, t, 0)$, l'équation (16), réduite à la forme

$$\text{(18)} \qquad \mathcal{F}(x, y, z, t) = 0,$$

sera celle de la surface que nous avons appelée surface des ondes, et qui est constamment touchée par le plan dont l'équation est

$$\text{(19)} \qquad ux + vy + wz = \omega t.$$

D'ailleurs si, dans la formule (16), on attribue successivement à s deux valeurs égales au signe près, mais affectées de signes contraires, par exemple, $s = -\varepsilon$, et $s = \varepsilon$, les deux équations ainsi obtenues, savoir,

$$\text{(20)} \qquad \mathcal{F}(x, y, z, t, -\varepsilon) = 0, \qquad \mathcal{F}(x, y, z, t, \varepsilon) = 0,$$

représenteront les deux enveloppes intérieure et extérieure d'une onde qui offrirait l'épaisseur constante 2ε, et qui serait engendrée par une sphère d'un rayon égal à ε, le centre de la sphère étant assujetti à parcourir la surface des ondes représentée par la formule (18). Observons encore : 1° que les équations (17) réunies représenteront une droite normale à la surface des ondes ainsi qu'aux enveloppes extérieure et intérieure de l'onde dont nous venons de parler; 2° que la première des équations (17), réunie à l'équation (15), représentera une droite tangente à la surface LMN et parallèle au plan des yz; 3° que la seconde des équations (17), réunie à l'équation (15), représentera une droite tangente à la surface LMN et en même temps comprise dans le plan normal perpendiculaire au plan des yz.

A l'aide des remarques que nous venons de faire, et des théorèmes établis dans la première Partie de ce Mémoire, on parviendra aisément à la valeur de l'intégrale double

$$\int_0^{2\pi}\int_0^{\pi} \frac{\omega^{n-2} s\,\Pi(s)}{\Phi(u, v, w, \omega)} \sin p\, dq\, dp \tag{21}$$

comprise dans le second membre de la formule (12), par conséquent à la valeur de la fonction principale ϖ, et aux lois des mouvements représentés par une équation caractéristique homogène, si la valeur initiale de $D_t^{n-1}\varpi$ s'évanouit au dehors de la sphère qui a pour centre l'origine et pour rayon une longueur infiniment petite ε; c'est-à-dire, en d'autres termes, si la fonction paire de s représentée par $\Pi(s)$ s'évanouit hors des limites

$$s = -\varepsilon, \qquad s = \varepsilon.$$

Ainsi, par exemple, en considérant ε comme une quantité infiniment petite du premier ordre, et supposant d'abord le point (x, y, z) situé, au bout du temps t, hors de l'onde comprise entre les surfaces représentées par les équations (20), on reconnaîtra que la valeur de Q, déterminée par la formule (13), se réduit généralement à une quantité infiniment petite du troisième ordre. On devra seulement excepter le cas où l'angle q acquerra une valeur telle que la première des équations (17) soit sensiblement vérifiée, c'est-à-dire, une valeur telle qu'une tangente menée à la surface des ondes, parallèlement au plan des y, z, et par le point (x, y, z), vienne toucher cette surface en un point où la direction de la normale corresponde sensiblement à cette même valeur de q. On en conclura que, dans l'hypothèse admise, et quand le point (x, y, z) sera situé hors de l'onde infiniment mince, comprise entre les surfaces représentées par l'équation (20), l'intégrale

$$\int_0^{2\pi} Q\, dq,$$

et par suite la partie de la fonction principale ϖ correspondante à cette intégrale, ou, ce qui revient au même, à l'intégrale (21), se réduiront simplement à zéro, ou du moins à des quantités infiniment petites du troisième ordre. D'ailleurs il est aisé de s'assurer qu'il n'en sera plus ainsi quand le point (x, y, z) sera compris entre les surfaces représentées par les équations (20), et qu'alors l'intégrale (21) deviendra seulement, avec le carré de s, une quantité infiniment petite du deuxième ordre. On se trouvera donc ramené par les considérations précédentes aux conclusions énoncées dans le préambule du présent Mémoire.

Au reste, ces considérations seront développées dans les paragraphes suivants, qui renfermeront en outre la détermination de l'intégrale (21), et par suite la détermination de la fonction principale ϖ, non seulement dans le cas où la valeur initiale de $D_t^{n-1}\varpi$ ne diffère de zéro que pour les points situés dans l'intérieur d'une sphère infiniment petite, mais encore dans le cas général où cette condition n'est pas remplie, et où la valeur initiale de $D_t^{n-1}\varpi$ se trouve représentée, entre certaines limites finies, par une fonction connue $\dot{\varpi}(x, y, z)$ des trois coordonnées x, y, z.

143.

Calcul intégral. — *Sur la réduction nouvelle de la fonction principale qui vérifie une équation caractéristique homogène, et sur les conséquences qu'entraîne cette réduction.*

C. R., T. XIII, p. 455, 30 août 1841.

DEUXIÈME PARTIE. — DÉTERMINATION DE LA FONCTION PRINCIPALE CORRESPONDANTE A UNE ÉQUATION CARACTÉRISTIQUE HOMOGÈNE.

§ II. — *Sections infiniment petites faites dans la surface des ondes et dans la surface caractéristique par les plans correspondants.*

Les mêmes choses étant posées que dans le § Ier, considérons, au bout du temps t, deux points correspondants

$$C, \quad D$$

situés, le premier, sur la surface caractéristique, le second, sur la surface des ondes; et soient

$$x, \quad y, \quad z$$

les coordonnées rectangulaires du premier point,

$$x,\ y,\ z$$

celles du second. Non seulement ces coordonnées vérifieront respectivement les équations des deux surfaces, savoir

$$\text{(1)}\qquad \mathrm{F}(\mathrm{x}, \mathrm{y}, \mathrm{z}, t) = 0,$$

$$\text{(2)}\qquad \mathcal{F}(x, y, z, t) = 0;$$

mais, de plus, si l'on pose, pour abréger,

$$\mathrm{S} = \mathrm{F}(\mathrm{x}, \mathrm{y}, \mathrm{z}, t), \qquad s = \mathcal{F}(x, y, z, t),$$

on aura encore (*voir* la page 267)

$$\text{(3)}\qquad \mathrm{x}x + \mathrm{y}y + \mathrm{z}z + t^2 = 0$$

et

$$\text{(4)}\qquad \frac{x}{\mathrm{D_x S}} = \frac{y}{\mathrm{D_y S}} = \frac{z}{\mathrm{D_z S}},$$

$$\text{(5)}\qquad \frac{\mathrm{x}}{\mathrm{D}_x s} = \frac{\mathrm{y}}{\mathrm{D}_y s} = \frac{\mathrm{z}}{\mathrm{D}_z s}.$$

Si d'ailleurs, comme il arrive ordinairement dans les problèmes de Mécanique, $\mathrm{F}(x, y, z, t)$ est une fonction entière de t^2, on aura

$$\mathrm{F}(\mathrm{x}, \mathrm{y}, \mathrm{z}, t) = \mathrm{F}(\mathrm{x}, \mathrm{y}, \mathrm{z}, -t) = \mathrm{F}(-\mathrm{x}, -\mathrm{y}, -\mathrm{z}, t) = \mathrm{F}(-\mathrm{x}, -\mathrm{y}, -\mathrm{z}, -t),$$

et, par suite,

$$\mathcal{F}(x, y, z, t) = \mathcal{F}(x, y, z, -t) = \mathcal{F}(-x, -y, -z, t) = \mathcal{F}(-x, -y, -z, -t).$$

Donc alors toute droite menée par l'origine O des coordonnées sera un diamètre de la surface caractéristique et de la surface des ondes, et ces deux surfaces auront pour centre commun l'origine elle-même.

Soient maintenant

$$\text{(6)}\qquad \mathrm{r} = \sqrt{\mathrm{x}^2 + \mathrm{y}^2 + \mathrm{z}^2}, \qquad r = \sqrt{x^2 + y^2 + z^2}$$

les deux rayons vecteurs OC, OD menés de l'origine aux points correspondants C, D; et δ l'angle compris entre les rayons vecteurs. On aura

$$(7)\qquad \mathrm{x}x + \mathrm{y}y + \mathrm{z}z = \mathrm{r}r\cos\delta,$$

et de l'équation (2), réduite à

$$(8)\qquad \mathrm{r}r\cos\delta = -t^2,$$

on conclura que δ est un angle obtus. Mais, si le point D, situé sur la surface des ondes à l'extrémité d'un certain diamètre, est transporté à l'autre extrémité de ce même diamètre, les coordonnées

$$x,\quad y,\quad z$$

changeront de signes, c'est-à-dire que l'on devra remplacer

$$x,\quad y,\quad z \quad \text{par} \quad -x,\quad -y,\quad -z.$$

Or, après ce changement de signe, qui n'altérera point les formules (2), (4), (5), la formule (3) se trouvera remplacée par la suivante

$$(9)\qquad \mathrm{x}x + \mathrm{y}y + \mathrm{z}z = t^2;$$

et alors, comme on se trouvera conduit, non plus à l'équation (7), mais à celle-ci

$$(10)\qquad \mathrm{r}r\cos\delta = t^2,$$

les points correspondants C, D de la surface caractéristique et de la surface des ondes seront évidemment situés de manière que l'angle δ, compris entre les rayons vecteurs OC, OD, se réduise à un angle aigu.

Nommons à présent p, q les angles polaires qui déterminent la direction de la normale menée par le point D à la surface des ondes, cette normale étant prolongée dans un sens tel qu'elle forme avec le prolongement du rayon vecteur r un angle aigu; et faisons

$$(11)\qquad u = \cos p,\qquad v = \sin p\cos q,\qquad w = \sin p\sin q.$$

Le cosinus de l'angle aigu dont il s'agit sera

$$(12)\qquad \frac{ux + vy + wz}{r},$$

et, par suite, le trinôme

$$ux + vy + wz$$

sera une quantité positive. Si d'ailleurs on pose, pour abréger,

$$(13)\qquad R = [(D_x S)^2 + (D_y S)^2 + (D_z S)^2]^{\frac{1}{2}},$$

$$(14)\qquad \mathcal{R} = [(D_x \mathcal{S})^2 + (D_y \mathcal{S})^2 + (D_z \mathcal{S})^2]^{\frac{1}{2}},$$

on aura

$$(15)\qquad \frac{u}{D_x \mathcal{S}} = \frac{v}{D_y \mathcal{S}} = \frac{w}{D_z \mathcal{S}} = \pm \frac{1}{\mathcal{R}},$$

et, de la formule (15) combinée avec l'équation (5), on tirera

$$\frac{u}{x} = \frac{v}{y} = \frac{w}{z} = \pm \frac{1}{r}.$$

On devra même, dans la dernière formule, réduire le double signe au signe $+$, attendu que, les trois rapports

$$\frac{u}{x}, \quad \frac{v}{y}, \quad \frac{w}{z}$$

étant égaux, chacun d'eux sera encore égal à la fraction

$$\frac{ux + vy + wz}{xx + yy + zz} = \frac{ux + vy + wz}{r r \cos \delta},$$

dont les deux termes seront positifs. On aura donc

$$(16)\qquad \frac{u}{x} = \frac{v}{y} = \frac{w}{z} = \frac{ux + vy + wz}{r r \cos \delta} = \frac{1}{r},$$

et, par suite,

$$(17)\qquad \frac{ux + vy + wz}{r} = \cos \delta.$$

Le premier membre de la formule (17) étant précisément l'expression (12), il en résulte que l'angle aigu δ, compris entre les rayons vecteurs correspondants r, r, est en même temps l'angle aigu compris entre le rayon vecteur r, ou OD, et la normale menée par le point D à la surface des ondes. Au reste, cette conclusion pouvait être facilement prévue, puisqu'en vertu d'un théorème énoncé dans un précédent Mémoire (*voir* le théorème III de la page 265), le plan tangent au point D à la surface des ondes sera perpendiculaire au rayon vecteur r.

On tire de la formule (16)

$$(18)\qquad \mathrm{x} = u\,\mathrm{r},\qquad \mathrm{y} = v\,\mathrm{r},\qquad \mathrm{z} = w\,\mathrm{r}.$$

Si l'on substitue ces valeurs de x, y, z dans l'équation caractéristique

$$\mathrm{F}(\mathrm{x}, \mathrm{y}, \mathrm{z}, t) = 0,$$

elle donnera

$$\mathrm{F}(u\,\mathrm{r}, v\,\mathrm{r}, w\,\mathrm{r}, t) = 0,$$

ou, ce qui revient au même,

$$\mathrm{F}\left(u, v, w, \frac{t}{\mathrm{r}}\right) = 0;$$

et, par suite,

$$\frac{t}{\mathrm{r}} = \omega,$$

ou

$$(19)\qquad \mathrm{r} = \frac{t}{\omega},$$

ω désignant une racine positive de l'équation

$$(20)\qquad \mathrm{F}(u, v, w, \omega) = 0.$$

Or, en vertu des formules (18), (19), l'équation (9) deviendra

$$(21)\qquad ux + vy + wz = \omega t.$$

Cette dernière, lorsqu'on y considère x, y, z comme variables, représente évidemment un plan qui, passant par le point D, coupe à angles droits la normale menée par ce point à la surface des ondes. Ce plan est donc précisément le plan tangent à la surface des ondes. Donc les coordonnées x, y, z du point D vérifieront, non seulement l'équation (21), mais encore ses dérivées relatives aux angles p, q; ou, ce qui revient au même, eu égard à la condition

$$u^2 + v^2 + w^2 = 1 \tag{22}$$

à laquelle sont assujettis u, v, w, elles vérifieront la formule

$$\frac{x - t\mathrm{D}_u\omega}{u} = \frac{y - t\mathrm{D}_v\omega}{v} = \frac{z - t\mathrm{D}_w\omega}{w}, \tag{23}$$

où l'on considère ω comme une fonction de u, v, w déterminée par l'équation (20). D'ailleurs, comme, en vertu de l'équation (20), ω sera une fonction de u, v, w, homogène et du premier degré, on aura

$$u\mathrm{D}_u\omega + v\mathrm{D}_v\omega + w\mathrm{D}_w\omega = \omega,$$

et, par suite, on tirera des formules (21), (22), (23)

$$\frac{x - t\mathrm{D}_u\omega}{u} = \frac{y - t\mathrm{D}_v\omega}{v} = \frac{z - t\mathrm{D}_w\omega}{w} = 0,$$

$$\frac{x}{\mathrm{D}_u\omega} = \frac{y}{\mathrm{D}_v\omega} = \frac{z}{\mathrm{D}_w\omega} = t = \frac{r}{[(\mathrm{D}_u\omega)^2 + (\mathrm{D}_v\omega)^2 + (\mathrm{D}_w\omega)^2]^{\frac{1}{2}}}; \tag{24}$$

puis, de celle-ci, combinée avec la formule (17),

$$\cos\delta = \frac{\omega}{[(\mathrm{D}_u\omega)^2 + (\mathrm{D}_v\omega)^2 + (\mathrm{D}_w\omega)^2]^{\frac{1}{2}}}. \tag{25}$$

Telle sera l'équation à l'aide de laquelle on pourra déterminer $\cos\delta$ en fonction de u, v, w, ou, ce qui revient au même, en fonction des angles p, q.

Passons maintenant du point D, ou (x, y, z), situé sur la surface des ondes, au point C, ou $(\mathrm{x}, \mathrm{y}, \mathrm{z})$, situé sur la surface caractéristique ; et nommons

$$\mathrm{u}, \quad \mathrm{v}, \quad \mathrm{w}$$

ce que deviennent dans ce passage les trois quantités u, v, w. Il est clair qu'à la place des formules (15), (16), (17) et (18) on obtiendra les suivantes

$$\frac{\mathrm{u}}{\mathrm{D_x S}} = \frac{\mathrm{v}}{\mathrm{D_y S}} = \frac{\mathrm{w}}{\mathrm{D_z S}} = \pm\frac{1}{\mathrm{R}}, \tag{26}$$

et

$$\frac{\mathrm{u}}{x}=\frac{\mathrm{v}}{y}=\frac{\mathrm{w}}{z}=\frac{\mathrm{ux}+\mathrm{vy}+\mathrm{wz}}{\mathrm{r}r\cos\delta}=\frac{1}{r},\tag{27}$$

$$\frac{\mathrm{ux}+\mathrm{vy}+\mathrm{wz}}{\mathrm{r}}=\cos\delta,\tag{28}$$

$$x=\mathrm{u}r,\qquad y=\mathrm{v}r,\qquad z=\mathrm{w}r.\tag{29}$$

La formule (28) montre que l'angle aigu δ, compris entre les rayons vecteurs r, r, est en même temps l'angle aigu compris entre le rayon vecteur r ou OC et la normale menée par le point C à la surface caractéristique. Cette conclusion pourrait encore se déduire du théorème III de la page 265.

Concevons à présent qu'aux points correspondants

C et D

on substitue deux autres points correspondants

G et H

situés, le premier sur la surface caractéristique tout près du point C, le second sur la surface des ondes tout près du point D. Soient d'ailleurs

$$\mathrm{x}_1,\quad \mathrm{y}_1,\quad \mathrm{z}_1$$

les coordonnées du point G, et

$$x_{\prime},\quad y_{\prime},\quad z_{\prime}$$

les coordonnées du point H. Les formules (1), (2), (3), (4) et (5) continueront de subsister quand on y remplacera x, y, z par $x_{\prime}, y_{\prime}, z_{\prime}$, et x, y, z par $\mathrm{x}_{\prime}$, $\mathrm{y}_{\prime}$, $\mathrm{z}_{\prime}$, c'est-à-dire, en d'autres termes, quand on attribuera aux variables

$$x,\quad y,\quad z,\qquad \mathrm{x},\quad \mathrm{y},\quad \mathrm{z}$$

les accroissements très petits

$$x_{\prime}-x,\quad y_{\prime}-y,\quad z_{\prime}-z,\qquad \mathrm{x}_{\prime}-\mathrm{x},\quad \mathrm{y}_{\prime}-\mathrm{y},\quad \mathrm{z}_{\prime}-\mathrm{z}.$$

Or, si l'on développe, suivant les puissances ascendantes de ces accroissements, les variations que subiront les quantités

$$\mathrm{S},\quad \mathrm{D_x S},\quad \mathrm{D_y S},\quad \mathrm{D_z S},$$

et si, dans les développements obtenus, on néglige les infiniment petits d'un ordre supérieur au second, alors on tirera de l'équation (1)

$$(30)\quad \left\{\begin{aligned} &(\mathrm{x}_{,}-\mathrm{x})\mathrm{D_x S}+(\mathrm{y}_{,}-\mathrm{y})\mathrm{D_y S}+(\mathrm{z}_{,}-\mathrm{z})\mathrm{D_z S}\\ &\quad+\tfrac{1}{2}[(\mathrm{x}_{,}-\mathrm{x})^2\mathrm{D_x^2 S}+(\mathrm{y}_{,}-\mathrm{y})^2\mathrm{D_y^2 S}+\ldots+2(\mathrm{y}_{,}-\mathrm{y})(\mathrm{z}_{,}-\mathrm{z})\mathrm{D_y D_z S}+\ldots]=0,\end{aligned}\right.$$

et la formule (4), que l'on peut écrire comme il suit

$$(31)\qquad \frac{\mathrm{D_x S}}{x}=\frac{\mathrm{D_y S}}{y}=\frac{\mathrm{D_z S}}{z}=\pm\frac{\mathrm{R}}{r},$$

entraînera cette autre formule

$$(32)\quad \left\{\begin{aligned} &\frac{(x_{,}-x)\dfrac{\mathrm{D_x S}}{x}-(\mathrm{x}_{,}-\mathrm{x})\mathrm{D_x^2 S}-(\mathrm{y}_{,}-\mathrm{y})\mathrm{D_x D_y S}-(\mathrm{z}_{,}-\mathrm{z})\mathrm{D_x D_z S}}{x_{,}}\\ &=\frac{(y_{,}-y)\dfrac{\mathrm{D_y S}}{y}-(\mathrm{x}_{,}-\mathrm{x})\mathrm{D_x D_y S}-(\mathrm{y}_{,}-\mathrm{y})\mathrm{D_y^2 S}-(\mathrm{z}_{,}-\mathrm{z})\mathrm{D_y D_z S}}{y_{,}}\\ &=\frac{(z_{,}-z)\dfrac{\mathrm{D_z S}}{z}-(\mathrm{x}_{,}-\mathrm{x})\mathrm{D_x D_z S}-(\mathrm{y}_{,}-\mathrm{y})\mathrm{D_y D_z S}-(\mathrm{z}_{,}-\mathrm{z})\mathrm{D_z^2 S}}{z_{,}}.\end{aligned}\right.$$

Enfin l'on tirera de la formule (9)

$$(33)\qquad \mathrm{x}_{,}x_{,}+\mathrm{y}_{,}y_{,}+\mathrm{z}_{,}z_{,}=\mathrm{x}x+\mathrm{y}y+\mathrm{z}z.$$

Soit maintenant s la distance du point H au plan tangent mené par le point D à la surface des ondes, ou, ce qui revient au même, la projection de la distance DH sur la normale menée par le point D à cette surface; on aura

$$(34)\qquad s=u(x-x_{,})+v(y-y_{,})+w(z-z_{,}).$$

Pareillement, si l'on nomme s la distance du point G au plan tangent mené par le point C à la surface caractéristique, on aura

$$(35)\qquad \mathrm{s}=\mathrm{u}(\mathrm{x}-\mathrm{x}_{,})+\mathrm{v}(\mathrm{y}-\mathrm{y}_{,})+\mathrm{w}(\mathrm{z}-\mathrm{z}_{,});$$

et des formules (34), (35) on tirera, eu égard aux équations (18) et (29),

$$(36) \qquad \mathrm{r}s - r\mathrm{s} = \mathrm{x}_{\prime}x + \mathrm{y}_{\prime}y + \mathrm{z}_{\prime}z - \mathrm{x}x_{\prime} - \mathrm{y}y_{\prime} - \mathrm{z}z_{\prime}.$$

Cela posé, imaginons que l'on ajoute d'une part les numérateurs, d'autre part les dénominateurs des trois fractions comprises dans la formule (32), après les avoir respectivement multipliés par les facteurs

$$\mathrm{x}_{\prime} - \mathrm{x}, \quad \mathrm{y}_{\prime} - \mathrm{y}, \quad \mathrm{z}_{\prime} - \mathrm{z};$$

alors, eu égard aux équations (30), (31), (33) et (36), on obtiendra pour résultat la fraction

$$(37) \qquad \pm \frac{\mathrm{r}s - r\mathrm{s}}{x_{\prime}(\mathrm{x}_{\prime} - \mathrm{x}) + y_{\prime}(\mathrm{y}_{\prime} - \mathrm{y}) + z_{\prime}(\mathrm{z}_{\prime} - \mathrm{z})} \frac{\mathrm{R}}{r},$$

qui devra être égale à chacune des trois autres, et par conséquent très petite en même temps que les différences

$$x_{\prime} - x, \quad y_{\prime} - y, \quad z_{\prime} - z, \quad \mathrm{x}_{\prime} - \mathrm{x}, \quad \mathrm{y}_{\prime} - \mathrm{y}, \quad \mathrm{z}_{\prime} - \mathrm{z}.$$

Donc, la valeur de R étant généralement différente de zéro, le rapport

$$(38) \qquad \frac{\mathrm{r}s - r\mathrm{s}}{x_{\prime}(\mathrm{x}_{\prime} - \mathrm{x}) + y_{\prime}(\mathrm{y}_{\prime} - \mathrm{y}) + z_{\prime}(\mathrm{z}_{\prime} - \mathrm{z})}$$

devra lui-même être petit. Mais, eu égard aux formules (33), (18) et (34), on aura

$$\begin{aligned} & x_{\prime}(\mathrm{x}_{\prime} - \mathrm{x}) + y_{\prime}(\mathrm{y}_{\prime} - \mathrm{y}) + z_{\prime}(\mathrm{z}_{\prime} - \mathrm{z}) \\ & \quad = \mathrm{x}(x - x_{\prime}) + \mathrm{y}(y - y_{\prime}) + \mathrm{z}(z - z_{\prime}) \\ & \quad = [u(x - x_{\prime}) + v(y - y_{\prime}) + w(z - z_{\prime})]\,\mathrm{r} = \mathrm{r}s. \end{aligned}$$

Donc le rapport (38) se réduira simplement à

$$1 - \frac{r}{s}\frac{\mathrm{s}}{\mathrm{r}};$$

et, pour que ce rapport soit très petit, il faudra que l'on ait sensiblement

$$(39) \qquad \frac{\mathrm{s}}{\mathrm{r}} = \frac{s}{r},$$

ou, ce qui revient au même,

$$(40) \qquad \mathrm{s} = \frac{\mathrm{r}}{r} s.$$

En vertu de cette dernière équation, la distance s du point G au plan tangent, mené par le point C à la surface caractéristique, dépend uniquement du rapport $\frac{\mathrm{r}}{r}$ et de la distance s du point H au plan tangent mené par le point D à la surface des ondes. Donc, si le point H, très rapproché du point D, varie sur la surface des ondes en restant toujours à la même distance du plan qui la touche en D, le point correspondant G variera sur la surface caractéristique de manière à rester toujours à la même distance du plan tangent qui la touche en C. Donc, si l'on nomme H, H′, H″, ... les diverses positions que prendra successivement le point D sur la surface des ondes, et G, G′, G″, ... les positions correspondantes du point G sur la surface caractéristique, les deux courbes

$$\mathrm{HH'H''}\ldots \quad \text{et} \quad \mathrm{GG'G''}\ldots,$$

tracées sur les deux surfaces, seront les contours de deux sections planes et très petites, faites dans les deux surfaces par des plans correspondants qui seront parallèles aux deux plans tangents menés par les points D et C.

Comme nous l'avons remarqué dans les préliminaires, si, après avoir mené à une surface courbe, en un point donné, un plan tangent qui ne la traverse pas, on coupe cette surface par un second plan parallèle au premier, et séparé de celui-ci par une très petite distance s, l'aire de la section ainsi obtenue sera sensiblement proportionnelle à s. On peut même observer qu'elle sera sensiblement égale au produit de s par la circonférence d'un cercle qui aurait pour rayon la moyenne géométrique entre les rayons de plus grande et de moindre courbure de la surface au point donné. Cette moyenne géométrique est ce que nous appellerons le *rayon de moyenne courbure*. Supposons en particulier que l'on détermine les rayons de moyenne courbure pour le point D de la surface des ondes, et pour le point correspondant C de la surface caractéristique. Si, le temps t venant à varier, le point D se meut sur une certaine droite OD menée par l'origine O, le point C se mouvra lui-même sur une droite correspondante OC; et, non seulement les coordonnées

$$x,\quad y,\quad z;\quad \mathrm{x},\quad \mathrm{y},\quad \mathrm{z}$$

des points D et C varieront proportionnellement à t, mais on pourra encore en dire autant des rayons de moyenne courbure des deux surfaces en ces deux points, attendu que les deux surfaces, représentées par les équations homogènes (1) et (2), resteront toujours, comme on sait, semblables à elles-mêmes. D'ailleurs, les rayons vecteurs

$$r,\quad \mathrm{r},$$

mesurés constamment dans les mêmes directions OD, OC, croîtront aussi proportionnellement au temps. Donc les rayons de moyenne courbure des deux surfaces aux points D et C croîtront dans le même rapport que les rayons vecteurs

$$r,\quad \mathrm{r},$$

et pourront être représentés le premier par kr, le second par kr, les coefficients

$$k,\quad \mathrm{k}$$

étant déterminés pour chaque direction du rayon vecteur r, ou r. Il est en effet aisé de s'assurer que les coefficients k, k seront seulement fonctions des rapports

$$\frac{x}{r},\quad \frac{y}{r},\quad \frac{z}{r},$$

ou, ce qui revient au même, des rapports

$$\frac{\mathrm{x}}{\mathrm{r}},\quad \frac{\mathrm{y}}{\mathrm{r}},\quad \frac{\mathrm{z}}{\mathrm{r}}.$$

Les trois derniers rapports se réduisant précisément aux trois quantités ci-dessus représentées par

$$u,\quad v,\quad w,$$

on peut dire encore que les deux coefficients k, k se réduiront toujours à des fonctions déterminées de u, v, w. D'ailleurs, les rayons de courbure moyenne qui correspondront aux points D et C étant représentés par les produits

$$kr \quad \text{et} \quad \mathrm{kr},$$

si par ces points on mène : 1° deux plans tangents, l'un à la surface des ondes, l'autre à la surface caractéristique; 2° des plans sécants, parallèles aux plans tangents, et séparés de ceux-ci par la très petite distance

$$s \quad \text{ou} \quad \mathrm{s},$$

les deux aires des deux sections obtenues

$$\mathrm{HH'H''}\ldots, \quad \mathrm{GG'G''}\ldots$$

se trouveront sensiblement représentées par les produits

$$(41) \qquad 2\pi krs, \quad 2\pi\mathrm{krs}.$$

Concevons maintenant qu'à l'aide de rayons vecteurs menés des points H, H', H'', ..., ou G, G', G'', ... à l'origine des coordonnées, on projette les deux aires dont il s'agit : 1° sur les surfaces des sphères qui ont cette origine pour centre et pour rayons les rayons vecteurs r et r; 2° sur la surface de la sphère qui a pour centre l'origine et pour rayon l'unité. Puisque les rayons vecteurs r et r, qui aboutissent aux points D et C, forment, en ces mêmes points, des angles égaux à δ avec les normales menées à la surface des ondes ou à la surface caractéristique, les projections des aires

$$2\pi krs, \quad 2\pi\mathrm{krs},$$

sur les surfaces sphériques dont les rayons sont r et r, se réduiront évidemment aux deux produits

$$(42) \qquad 2\pi krs\cos\delta, \quad 2\pi\mathrm{krs}\cos\delta.$$

Ajoutons qu'il suffira de diviser ces produits par les carrés de r et de r, pour obtenir les projections des mêmes aires sur la surface sphérique dont le rayon est l'unité. Ces dernières projections seront donc

$$(43) \qquad 2\pi k\frac{s}{r}\cos\delta, \quad 2\pi\mathrm{k}\frac{\mathrm{s}}{\mathrm{r}}\cos\delta;$$

et, eu égard à la formule (39), la seconde pourra être réduite à

$$(14)\qquad 2\pi \mathrm{k}\frac{s}{r}\cos\delta;$$

en sorte que, pour l'obtenir, il suffira de remplacer dans la première le facteur k par le facteur k. On peut remarquer d'ailleurs que chacun des facteurs

$$k,\quad \mathrm{k}$$

représente précisément ce que deviendrait le rayon de moyenne courbure de la surface des ondes ou de la surface caractéristique, correspondant au point D ou C, si, les dimensions de ces surfaces venant à décroître, le point D ou C se rapprochait de l'origine des coordonnées, en restant toujours situé sur la même droite OD ou OC, de manière que la distance OD ou OC se trouvât réduite à l'unité.

144.

Calcul intégral. — *Sur la réduction nouvelle de la fonction principale qui vérifie une équation caractéristique homogène.*

C. R., t. XIII, p. 487 (6 septembre 1841).

DEUXIÈME PARTIE. — DÉTERMINATION DE LA FONCTION PRINCIPALE CORRESPONDANTE A UNE ÉQUATION CARACTÉRISTIQUE HOMOGÈNE.

§ III. — *Propagation des ondes dont l'épaisseur est très petite.*

Concevons toujours que, x, y, z étant trois coordonnées rectangulaires, la fonction principale ϖ doive vérifier, quel que soit le temps t, l'équation caractéristique homogène

$$(1)\qquad F(D_x, D_y, D_z, D_t)\varpi = 0,$$

et, pour $t = 0$, les formules

$$(2)\qquad \varpi = 0,\qquad D_t\varpi = 0,\qquad \ldots,\qquad D_t^{n-2}\varpi = 0,\qquad D_t^{n-1}\varpi = \Pi(r),$$

dans lesquelles n désigne le degré de la fonction entière $F(x, y, z, t)$, et

$$r = \sqrt{x^2 + y^2 + z^2} \tag{3}$$

la distance du point (x, y, z) à l'origine des coordonnées. Si d'ailleurs on suppose que, dans la fonction $F(x, y, z, t)$, le coefficient de t^n se réduise à l'unité, et si l'on considère, ce qui est permis, $\Pi(s)$ comme une fonction paire de s, propre à vérifier la condition

$$\Pi(s) = \Pi(-s),$$

on trouvera

$$\varpi = \frac{D_t^{2-n}}{4\pi} \int_0^{2\pi} \int_0^{\pi} \mathcal{E} \frac{\omega^{n-2} s \Pi(s)}{(F(u, v, w, \omega))_\omega} \sin p \, dq \, dp \tag{4}$$

et, par suite,

$$D_t^{n-2} \varpi = \frac{1}{4\pi} \int_0^{2\pi} \int_0^{\pi} \mathcal{E} \frac{\omega^{n-2} s \Pi(s)}{(F(u, v, w, \omega))_\omega} \sin p \, dq \, dp, \tag{5}$$

les valeurs de

$$u, \quad v, \quad w, \quad \omega, \quad s$$

étant déterminées par le système des formules

$$u = \cos p, \qquad v = \sin p \cos q, \qquad w = \sin p \sin q, \tag{6}$$

$$F(u, v, w, \omega) = 0, \tag{7}$$

$$s = ux + vy + wz + \omega t, \tag{8}$$

dont la dernière peut être remplacée par les deux suivantes :

$$s = \varsigma + \omega t, \tag{9}$$

$$\varsigma = ux + vy + wz. \tag{10}$$

Il est bon d'observer que l'intégrale double, comprise dans le second membre de la formule (5), se compose de divers termes relatifs aux diverses racines de l'équation (7), et par conséquent aux diverses nappes de la surface caractéristique représentée par l'équation

$$F(x, y, z, t) = 0. \tag{11}$$

A ces diverses nappes correspondent aussi diverses nappes de la surface des ondes dont l'équation

(12) $$\mathcal{F}(x, y, z, t) = 0$$

est produite par l'élimination de

$$u, \quad v, \quad w, \quad \omega$$

entre la formule (7) et les suivantes :

(13) $$ux + vy + wz + \omega t = 0,$$

(14) $$\frac{x}{D_u \omega} = \frac{y}{D_v \omega} = \frac{z}{D_w \omega} = -t.$$

D'ailleurs l'équation (13) est celle d'un plan qui touche la surface des ondes en un point où la direction de la normale est déterminée par les angles polaires p, q.

Lorsque l'équation (7), comme nous le supposerons ici, a toutes ses racines réelles, il est facile de voir ce que représente l'intégrale double comprise dans le second membre de la formule (5). En effet, concevons que l'origine O des coordonnées devienne le centre d'une sphère dont le rayon soit l'unité. Les angles p, q étant censés représenter des coordonnées polaires liées à x, y, z par les formules connues

$$x = r\cos p, \qquad y = r\sin p \cos q, \qquad z = r\sin p \sin q.$$

à chaque point I de la surface de la sphère correspondront des valeurs déterminées de p, q; et le produit

$$\sin p \, dp \, dq$$

pourra être censé représenter un élément infiniment petit de la surface sphérique, dans lequel le point I soit renfermé. Nommons θ cet élément, et Θ la partie du résidu intégral

$$\mathcal{E} \frac{\omega^{n-2} s \Pi(s)}{(\mathrm{F}(u, v, w, \omega))_\omega}$$

qui correspond, non seulement aux coordonnées polaires p,q du point I.

mais encore à une racine déterminée de l'équation (7). On aura

$$\int_0^{2\pi}\int_0^{\pi} \mathcal{E} \frac{\omega^{n-2} s \Pi(s)}{[F(u, v, w, \omega)]_\omega} \sin p \, dq \, dp = \Sigma \Theta \theta,$$

la valeur de Θ étant généralement

$$\Theta = \frac{\omega^{n-2}}{D_\omega F(u, v, w, \omega)} s \Pi(s),$$

et, par suite,

$$D_t^{n-2} \varpi = \frac{1}{4\pi} \Sigma \Theta \theta, \tag{15}$$

la sommation que le signe Σ indique s'étendant, non seulement aux diverses valeurs de θ, mais encore aux diverses valeurs positives ou négatives de ω considéré comme racine de l'équation (7), c'est-à-dire aux diverses nappes de la surface des ondes, et la valeur de s étant toujours donnée par la formule (8). D'ailleurs, la valeur de $D_t^{n-2} \varpi$, déterminée, soit par la formule (5), soit par la formule (15), variera ainsi que s, non seulement avec le temps t, mais aussi avec la position du point A dont les coordonnées rectangulaires sont représentées par x, y, z.

Parmi les divers éléments

$$\theta, \quad \theta', \quad \theta'', \quad \ldots$$

de la surface sphérique, il importe de rechercher ceux qui répondent à une même valeur de s. Or, lorsque, dans l'équation (8), on considère s comme constante, et x, y, z comme variables, cette équation représente un plan perpendiculaire au rayon vecteur OI dont la direction est déterminée par les angles polaires p, q. Si ces angles viennent à varier, la valeur de s demeurant constante, ce plan changera de position dans l'espace, de manière à toucher constamment une certaine surface LMN. Soit

$$\mathcal{F}(x, y, z, t, s) = 0 \tag{16}$$

l'équation de cette surface. Si l'on pose $s = 0$, la formule (16) se réduira simplement à l'équation (12) qui représente la surface des ondes, et les deux surfaces représentées par les deux équations

$$(17) \qquad \mathcal{F}(x, y, z, t, -s) = 0, \qquad \mathcal{F}(x, y, z, t, s) = 0$$

seront précisément les enveloppes intérieure et extérieure de l'espace traversé par une sphère mobile dont le rayon serait représenté par la valeur numérique de s, et dont le centre se promènerait sur la surface des ondes. Ajoutons que l'équation (8), quand on y considérera x, y, z comme variables, sera précisément celle d'un plan perpendiculaire au rayon vecteur OI et tangent à la surface LMN représentée par l'équation (16). Soit T le point de contact de cette surface et du plan dont il s'agit. La parallèle menée par le point T au rayon OI sera normale, non seulement à la surface LMN, mais aussi à la surface des ondes qu'elle rencontrera en un certain point D; et la distance TD sera précisément la valeur numérique de s. Cela posé, pour obtenir, au bout du temps t, les diverses positions du point T correspondantes à des valeurs données de

$$x, \quad y, \quad z \quad \text{et} \quad s,$$

il faudra évidemment circonscrire à la surface LMN un cône qui ait pour sommet le point donné A dont les coordonnées sont x, y, z. Le point T pourra être l'un quelconque de ceux qui appartiendront à la courbe de contact

$$\mathrm{TT'T''}\ldots$$

de la surface LMN avec la surface conique circonscrite. Si d'ailleurs on mène : 1° par les divers points

$$\mathrm{T}, \quad \mathrm{T'}, \quad \mathrm{T''}, \quad \ldots$$

des normales à la surface LMN; 2° par l'origine des coordonnées, des rayons vecteurs

$$\mathrm{OI}, \quad \mathrm{OI'}, \quad \mathrm{OI''}, \quad \ldots$$

parallèles à ces normales, les points

$$\mathrm{I}, \quad \mathrm{I'}, \quad \mathrm{I''}, \quad \ldots,$$

situés sur ces rayons vecteurs à l'unité de distance de l'origine, indiqueront, sur la surface sphérique qui a pour rayon l'unité, les éléments

$$\theta,\quad \theta',\quad \theta'',\quad \ldots$$

correspondants à la valeur donnée de s.

Lorsque la fonction $F(x, y, z, t)$, comme il arrive d'ordinaire dans les problèmes de Mécanique, et comme nous le supposerons dans ce qui va suivre, est une fonction paire de t, c'est-à-dire une fonction entière de t^2, l'équation (7), résolue par rapport à ω, fournit des racines deux à deux égales, au signe près, mais affectées de signes contraires. Alors la surface des ondes et la surface caractéristique ont pour centre commun l'origine des coordonnées. Alors aussi Θ reprend la même valeur sans changer de signe, quand on remplace

$$u,\quad v,\quad w,\quad \omega$$

par

$$-u,\quad -v,\quad -w,\quad -\omega;$$

et en conséquence la somme $\Sigma\Theta\theta$, que renferme la valeur de $D_t^{n-2}\varpi$, se compose d'éléments qui, pris deux à deux, sont égaux et affectés du même signe. Donc alors on pourra se borner à calculer ceux de ces éléments qui correspondront à des valeurs positives du trinôme

$$ux + vy + wz,$$

c'est-à-dire à des valeurs de u, v, w propres à vérifier la condition

$$ux + vy + wz > 0, \tag{18}$$

sauf à doubler ensuite la somme obtenue; et, si l'on nomme $\mathfrak{P}$ la partie de ϖ relative à une racine déterminée de l'équation (7), on pourra supposer

$$\mathfrak{P} = \frac{1}{4\pi}\Sigma\Theta\theta, \tag{19}$$

pourvu que la sommation indiquée par le signe Σ cesse d'embrasser diverses valeurs de ω, et s'étende, non plus à tous les éléments θ, θ', θ'', ... de la surface sphérique, mais seulement à ceux qui correspondront à des valeurs de p et de q pour lesquelles la condition (18) se trouvera vérifiée.

Supposons maintenant que la valeur initiale de $D_t^{n-2}\varpi$ soit seulement sensible dans l'intérieur d'une sphère très petite dont le rayon soit ε, le centre de cette sphère étant l'origine des coordonnées. En d'autres termes, supposons que la fonction paire de s, représentée par $\Pi(s)$, s'évanouisse hors des limites

$$s = -\varepsilon, \qquad s = \varepsilon,$$

ε désignant un nombre très petit. Alors, dans la somme

$$\Sigma\Theta\theta,$$

que renferme l'équation (19), on pourra tenir seulement compte de ceux des éléments θ, θ', θ'', ... qui répondront à des valeurs de s renfermées entre les limites très resserrées

$$s = -\varepsilon, \qquad s = \varepsilon;$$

et cette circonstance permettra, en général, de calculer aisément cette somme, comme nous allons le faire voir.

Si dans l'équation (16) on pose successivement

$$s = -\varepsilon, \qquad s = \varepsilon,$$

on obtiendra les deux équations

$$(20) \qquad \mathfrak{F}(x, y, z, t, -\varepsilon) = 0, \qquad \mathfrak{F}(x, y, z, t, \varepsilon) = 0,$$

qui seront semblables aux formules (17), et qui représenteront les enveloppes intérieure et extérieure d'une certaine onde dont l'épaisseur sera 2ε. Cette onde sera précisément celle qu'engendre une surface sphérique dont le centre se promène sur la surface des ondes, et dont le rayon est l'unité. Cela posé, il est clair que, dans l'hypothèse admise, on pourra tenir seulement compte de ceux des éléments θ pour lesquels le point, ci-dessus désigné par la lettre T, se trouvera renfermé dans l'épaisseur de l'onde. Pour plus de simplicité, nous commencerons par supposer que le plan tangent, mené à une nappe quelconque de la surface des ondes par un point quelconque de cette surface, ne la traverse pas. Alors, dans le calcul de la somme $\Sigma\Theta\theta$, que renferme l'équation (19), et qui se rapporte à une nappe déterminée de la surface des ondes, on pourra distinguer trois cas différents, suivant que le point A, dont les coordonnées sont représentées par x, y, z, se trouvera lui-même renfermé dans l'épaisseur de l'onde, ou compris dans son enveloppe intérieure, ou situé hors de son enveloppe extérieure.

Or, si l'on suppose d'abord le point A compris dans l'enveloppe intérieure de l'onde dont l'épaisseur est 2ε, ce point ne pourra devenir le sommet d'un cône circonscrit à la surface LMN, pour des valeurs de s comprises entre les limites $-\varepsilon$, ε. Donc alors tous les éléments de la somme $\Sigma\Theta\theta$ s'évanouiront, et l'on pourra en dire autant de la somme elle-même.

Supposons en second lieu que le point A se trouve renfermé dans l'épaisseur de l'onde comprise entre les surfaces que représentent les formules (20), c'est-à-dire entre les deux enveloppes de l'onde, ou même situé hors de l'enveloppe extérieure, mais très rapproché de cette enveloppe. Soit d'ailleurs ρ la distance du point A à la surface des ondes représentée par la formule (12). La courbe de contact

$$\mathrm{TT'T''}\ldots$$

de la surface LMN, représentée par l'équation (16), avec le cône qui, ayant pour sommet le point A, sera circonscrit à cette surface, conservera de très petites dimensions, pour toutes les valeurs de s comprises entre les limites $-\varepsilon$, ε, ...; et cette courbe, qui se réduira simplement au point A si l'on prend

$$s = \rho,$$

acquerra généralement la plus grande étendue possible quand on posera

$$s = -\varepsilon.$$

Désignons maintenant par $\mathfrak{A}$ l'aire comprise sur la surface LMN dans l'intérieur de la courbe

$$\mathrm{TT'T''}\ldots,$$

et par K l'aire mesurée dans l'intérieur de la courbe correspondante

$$II'I''\ldots$$

sur la surface de la sphère qui a pour rayon l'unité, en sorte que I, I', I'', ... représentent, sur la surface sphérique, les extrémités de rayons vecteurs OI, OI', OI'', ..., respectivement parallèles aux normales menées par les points T, T', T'', ... à la surface LMN. En vertu des principes établis dans les précédentes séances, on aura sensiblement

$$\mathrm{K} = 2\pi \mathrm{k}\frac{\rho - s}{r}\cos\delta, \tag{21}$$

pourvu que, en attribuant aux angles polaires p, q les valeurs qui déterminent la direction de la normale menée à la surface des ondes par le point D où cette surface coupe le rayon vecteur OA, on nomme k le rayon de moyenne courbure de la surface caractéristique à l'extrémité d'un rayon vecteur parallèle à cette normale et réduit à l'unité. Quant à la lettre δ, elle représentera simplement, dans la formule (21), l'angle aigu formé au point D par la normale à la surface des ondes avec le rayon vecteur OA, de sorte que, en supposant remplie la condition (18), on aura

$$\cos\delta = \frac{ux + vy + wz}{r}. \tag{22}$$

D'autre part, si, en supposant la valeur de $\mathfrak{P}$ déterminée par la formule (19), on nomme P la somme de ceux des éléments de $\mathfrak{P}$ qui répondent à des valeurs des angles p, q propres à représenter les coordonnées polaires de points situés dans l'intérieur de la courbe II'I''... sur la sphère dont le rayon est l'unité, la valeur de P sera évidemment déterminée, non plus par la formule (19), mais par la suivante

$$\mathrm{D}_s\mathrm{P} = \frac{1}{4\pi}\Theta\mathrm{D}_s\mathrm{K},$$

ou, ce qui revient au même, eu égard à la formule (21),

$$\mathrm{D}_s\mathrm{P} = -\frac{\mathrm{k}}{2r}\Theta\cos\delta; \tag{23}$$

et comme P devra s'évanouir avec K, pour $s=\rho$, on tirera de la formule (23)

$$P=-\int_{\rho}^{s}\frac{k}{2r}\Theta\cos\delta\,ds.$$

Pour déduire de cette dernière équation la valeur de P, il suffira d'y poser $s=-\varepsilon$. On aura donc

$$(24)\qquad \mathfrak{P}=\int_{-\varepsilon}^{\rho}\frac{k}{2r}\Theta\cos\delta\,ds;$$

puis, en remettant pour Θ sa valeur, et faisant passer hors du signe $\int$ tous les facteurs distincts de s et de $\Pi(s)$, c'est-à-dire tous les facteurs qui resteront sensiblement constants entre les limites $s=-\varepsilon$, $s=\rho$, on trouvera définitivement

$$(25)\qquad \mathfrak{P}=\frac{\omega^{n-2}}{D_\omega F(u,v,w,\omega)}\frac{k}{2r}\cos\delta\int_{-\varepsilon}^{\rho}s\,\Pi(s)\,ds.$$

Il est important d'observer que, dans la formule (25), la quantité ρ, ou la distance du point A à la surface des ondes, est précisément ce que devient la valeur de s donnée par l'équation (8) ou (9), quand on prend pour x, y, z les coordonnées du point A. Ajoutons que si l'on considère les quantités ρ et s comme infiniment petites du premier ordre, la valeur de $\mathfrak{P}$, donnée par la formule (25), sera généralement du même ordre que le produit de $\Pi(s)$ par l'intégrale

$$\int_{-\varepsilon}^{\rho}s\,ds=\frac{1}{2}(\rho^2-\varepsilon^2),$$

qui est elle-même une quantité infiniment petite du second ordre.

Lorsque le point A est situé au bout de temps t sur l'enveloppe extérieure de l'onde dont l'épaisseur est 2ε, ou en dehors de cette enveloppe, on a

$$\rho=\varepsilon \quad \text{ou} \quad \rho>\varepsilon;$$

et, dans l'un ou l'autre cas, l'intégrale que renferme la formule (25) se réduit à

$$\int_{-\varepsilon}^{\varepsilon}s\,\Pi(s)\,ds,$$

c'est-à-dire à zéro, attendu que $\Pi(s)$ est une fonction paire de s. Donc, lorsque le point A, étant très voisin de la surface des ondes, reste extérieur à l'onde dont l'épaisseur est 2ε, la quantité $\mathfrak{P}$, ou plutôt sa valeur approchée, s'évanouit; c'est-à-dire que $\mathfrak{P}$ acquiert alors, ou une valeur réelle ou une valeur nulle, ou du moins une valeur infiniment petite d'un ordre supérieur à celle qu'il acquerrait dans le cas contraire. Au reste, on peut arriver directement à la même conclusion, non seulement pour un point très voisin de l'enveloppe extérieure de l'onde, mais encore pour tout point qui ne se trouve pas compris dans l'épaisseur de cette onde, en substituant, dans le second membre de la formule (5), s considéré comme variable à la variable p, et déterminant alors la valeur approchée de $\mathfrak{P}$ à l'aide des principes exposés dans les divers paragraphes de ce Mémoire. Il y a plus, la conclusion dont il s'agit se trouve alors établie, quelle que soit la forme de la surface des ondes, et dans le cas même où les plans tangents, menés en certains points à cette surface, la traverseraient. Donc il ne sera jamais nécessaire de calculer la valeur de $\mathfrak{P}$ que dans le cas où le point A sera l'un des points appartenant à l'onde dont nous avons parlé. Si d'ailleurs le plan tangent à la surface des ondes ne la traverse pas dans le voisinage du point A, la valeur de $\mathfrak{P}$ sera déterminée par la formule (25), dans laquelle on pourra successivement attribuer à ω les diverses valeurs positives et négatives qui représentent les diverses racines de l'équation (7), attendu que le second membre de l'équation (25) se réduit de lui-même à zéro toutes les fois que la valeur de $\mathfrak{P}$ doit s'évanouir. Donc, en réunissant les diverses valeurs de $\mathfrak{P}$ correspondantes aux diverses valeurs de ω et doublant la somme obtenue, on aura, sous la condition que nous venons d'indiquer,

$$(26) \qquad \mathrm{D}_t^{n-2}\varpi = \mathcal{E}\frac{\omega^{n-2}}{(\mathrm{F}(u, v, w, \omega))_\omega}\,\frac{\mathrm{k}\cos\delta}{r}\int_{-\varepsilon}^{\rho} s\,\Pi(s)\,ds.$$

Pour ne pas trop allonger cet article, nous renverrons à d'autres *Comptes rendus* les conséquences nombreuses et importantes qui se déduisent de la formule (26), et l'examen des modifications que cette formule doit subir quand le plan tangent à la surface des ondes traverse cette surface dans le voisinage du point A dont les coordonnées sont représentées par x, y, z.

145.

Calcul intégral. — *Mémoire sur l'intégration des équations homogènes en termes finis.*

C. R., t. XIII, p. 564 (13 septembre 1841).

Étant donnée une équation caractéristique homogène et du degré n, dans laquelle les variables principales sont trois coordonnées rectangulaires x, y, z et le temps t, on peut exprimer en termes finis, sinon la fonction principale, au moins sa dérivée de l'ordre $n-1$, prise par rapport au temps, dans le cas particulier où la valeur initiale de cette dérivée dépend d'une fonction linéaire des coordonnées, c'est-à-dire de la distance à un point fixe. C'est même cette circonstance qui, en réduisant le calcul des phénomènes à la discussion d'une intégrale en termes finis, permet d'établir très facilement les lois de la propagation des mouvements simples d'un système de molécules, ou, en d'autres termes, les lois des mouvements à ondes planes. Les calculs semblent au premier abord devoir être beaucoup plus difficiles dans le cas général où la dérivée, de l'ordre $n-1$, de la fonction principale a pour valeur initiale une fonction quelconque des coordonnées. Toutefois on peut, comme nous l'avons expliqué, ramener le cas général au cas particulier où la valeur initiale dont il s'agit dépend de la distance à un point fixe, et s'évanouit dès que cette distance cesse d'être très petite. De plus, on pourra, dans ce dernier cas, à l'aide des principes établis dans le précédent Mémoire, réduire la dérivée de l'ordre $n-2$ de la fonction principale à une intégrale simple. Il est aisé d'en conclure que la dérivée de l'ordre $n-1$ pourra être alors exprimée en termes finis.

C'est ce que je me propose maintenant de faire voir. Je montrerai dans un autre Article que cette circonstance permet d'établir très facilement les lois de propagation des ondes d'épaisseur constante.

Analyse.

§ Ier. — *Considérations générales.*

Prenons pour variables indépendantes le temps t et les trois coordonnées rectangulaires x, y, z d'un point mobile dont la distance à l'origine sera

$$r = \sqrt{x^2 + y^2 + z^2}.$$

Nommons

$$F(x, y, z, t)$$

une fonction de ces variables, entière, homogène, du degré n, et dans laquelle le coefficient de t^n se réduise à l'unité. Enfin supposons la fonction principale ϖ assujettie à la double condition de vérifier, quel que soit t, l'équation aux différences partielles

$$(1) \qquad F(D_x, D_y, D_z, D_t)\varpi = 0,$$

et, pour $t = 0$, les conditions

$$(2) \quad \varpi = 0, \qquad D_t\varpi = 0, \qquad \ldots, \qquad D_t^{n-2}\varpi = 0, \qquad D_t^{n-1}\varpi = \varpi(x, y, z).$$

Si l'on pose, pour abréger,

$$(3) \qquad 8 = D_t^{n-1}\varpi,$$

l'inconnue 8 vérifiera elle-même l'équation caractéristique

$$(4) \qquad F(D_x, D_y, D_z, D_t)8 = 0.$$

Elle sera donc une intégrale de cette équation; et elle en sera même une intégrale en termes finis dans deux cas dignes de remarque, et que nous allons successivement considérer.

Soient p, q les angles polaires formés : 1° par le rayon vecteur r avec l'axe des x; 2° par le plan qui renferme ce rayon et cet axe avec le plan des x, y; en sorte que p, q, r représentent les coordonnées polaires liées aux coordonnées rectangulaires x, y, z par les équations connues

$$x = r\cos p, \qquad y = r\sin p\cos q, \qquad z = r\sin p\sin q.$$

Si l'on nomme u, v, w les cosinus des angles formés par le rayon vecteur r avec les demi-axes des coordonnées positives, on aura

$$(5) \qquad u = \cos p, \qquad v = \sin p\cos q, \qquad w = \sin p\sin q,$$

et l'équation du plan mené perpendiculairement à ce rayon vecteur par l'origine des coordonnées sera

$$ux + vy + wz = 0.$$

Ajoutons que, si un point (x, y, z) est situé hors de ce plan, sa distance au plan sera la valeur numérique de la quantité ς déterminée par la formule

$$(6) \qquad \varsigma = ux + vy + wz.$$

Cela posé, concevons d'abord que la valeur initiale de 8, représentée généralement par $\varpi(x, y, z)$, se réduise à une fonction de ς, en sorte qu'on ait, pour $t = 0$,

$$8 = \Pi(\varsigma).$$

En vertu de la formule (20) de la page 250 ([1]), la valeur générale de 8 sera

$$(7) \qquad 8 = \mathcal{E}\frac{\omega^{n-1}}{((\mathrm{F}(u, v, w, \omega)))_\omega}\Pi(\varsigma + \omega t),$$

ou, ce qui revient au même,

$$(8) \qquad 8 = \mathcal{E}\frac{\omega^{n-1}}{((\mathrm{F}(u, v, w, \omega)))_\omega}\Pi(s),$$

la valeur de s étant

$$(9) \qquad s = \varsigma + \omega t,$$

et le signe $\mathcal{E}$ s'étendant à toutes les racines de l'équation

$$(10) \qquad \mathrm{F}(u, v, w, \omega) = 0.$$

Concevons à présent que la valeur initiale de $\mathfrak{s}$ se réduise à une fonction de la distance r qui représente le rayon vecteur mené de l'origine au point (x, y, z); en sorte qu'on ait, pour $t = 0$,

$$\mathfrak{s} = \Pi(r).$$

Alors, en supposant toujours les valeurs de ω et de s déterminées par le moyen des équations (9) et (10), jointes aux formules (5) et (6), on aura, en vertu de la formule (4) de la page 299,

$$(11) \qquad \mathfrak{s} = \frac{D_t}{4\pi} \int_0^{2\pi} \int_0^{\pi} \mathcal{E} \frac{\omega^{n-2} s \Pi(s)}{((F(u, v, w, \omega)))_\omega} \sin p \, dq \, dp,$$

$\Pi(s)$ devant être considéré comme une fonction paire de s. Donc, en posant, pour abréger,

$$s \Pi(s) = f(s),$$

et ayant égard à la formule (9), de laquelle on tire

$$ds = \omega \, dt,$$

par conséquent

$$D_t f(s) = \omega f'(s),$$

on trouvera

$$(12) \qquad \mathfrak{s} = \frac{1}{4\pi} \int_0^{2\pi} \int_0^{\pi} \mathcal{E} \frac{\omega^{n-1} f'(s)}{((F(u, v, w, \omega)))_\omega} \sin p \, dq \, dp.$$

Si maintenant on suppose, d'une part, que $F(x, y, z, t)$ soit une fonction paire de t, d'autre part, que $\Pi(s)$, et par suite $f(s)$, s'évanouissent hors des limites

$$(13) \qquad s = -\varepsilon, \qquad s = \varepsilon,$$

ε désignant un nombre très petit; alors, en appliquant à l'équation (12) les principes de réduction développés dans le précédent Mémoire, on verra la valeur de $\mathfrak{s}$ se réduire à celle que donne la formule

$$(14) \qquad \mathfrak{s} = \mathcal{E} \frac{\omega^{n-1}}{((F(u, v, w, \omega)))_\omega} \frac{k \cos \delta}{r} \int_{-\varepsilon}^{\varepsilon + \omega t} f'(s) \, ds.$$

Dans cette dernière formule, après l'extraction des résidus, on doit prendre pour valeurs de u, v, w des fonctions déterminées de x, y, z, savoir, celles qui représentent les cosinus des angles formés par les demi-axes des coordonnées positives avec la normale menée à la surface des ondes par le point D où cette normale coupe le rayon vecteur r. Si l'on représente par

$$(15) \qquad s = 0$$

la surface des ondes, s étant fonction de x, y, z, t, les valeurs de u, v, w seront précisément celles que l'on déduira des formules

$$(16) \qquad \frac{u}{D_x s} = \frac{v}{D_y s} = \frac{w}{D_z s}, \qquad u^2 + v^2 + w^2 = 1,$$

jointes à l'équation (15), à l'aide de laquelle on peut toujours éliminer t. Ajoutons que les signes de u, v, w devront être choisis de manière à vérifier la condition

$$(17) \qquad ux + vy + wz > 0.$$

Quant aux quantités δ et k, elles représenteront, d'une part l'angle formé par le rayon vecteur r avec la normale menée par le point D à la surface des ondes, et d'autre part ce que devient le rayon de moyenne courbure de la surface caractéristique, pour le point C de cette dernière surface qui correspond au point D de la surface des ondes, dans le cas particulier où le rayon vecteur OC se réduit à l'unité. Il est aisé d'en conclure : 1° que l'on aura

$$(18) \qquad \cos\delta = \frac{ux + vy + wz}{r} = \frac{\varsigma}{r};$$

2° que, si l'on pose, pour abréger,

$$\mathrm{F}(u, v, w, \omega) = \mathrm{A},$$

k sera le produit des deux axes de l'ellipse représentée par le système des deux équations

$$(19) \quad \begin{cases} x^2 D_u^2 A + y^2 D_v^2 A + z^2 D_w^2 A + 2yz\, D_v D_w A + 2zx\, D_w D_u A + 2xy\, D_u D_v A \\ \qquad = \pm [(D_u A)^2 + (D_v A)^2 + (D_w A)^2]^{\frac{1}{2}}, \\ x\, D_u A + y\, D_v A + z\, D_w A = 0. \end{cases}$$

Il est généralement facile d'obtenir en termes finis la valeur de la seule intégrale que renferme la formule (14). En effet, on a généralement

$$\int_{-\varepsilon}^{\varsigma+\omega t} \mathfrak{f}'(s)\,ds = \mathfrak{f}(\varsigma+\omega t) - \mathfrak{f}(-\varepsilon).$$

D'ailleurs, lorsque la fonction $\mathfrak{f}(s)$, qui s'évanouit hors des limites

$$s = -\varepsilon, \qquad s = \varepsilon,$$

reste continue dans le voisinage de la valeur particulière $s = -\varepsilon$, on a certainement

$$\mathfrak{f}(-\varepsilon) = 0,$$

et, par suite,

$$\int_{-\varepsilon}^{\varsigma+\omega t} \mathfrak{f}'(s)\,ds = \mathfrak{f}(\varsigma+\omega t) = (\varsigma+\omega t)\,\Pi(\varsigma+\omega t),$$

ce qui réduit la formule (14) à

$$(20) \qquad \aleph = \mathcal{E}\,\frac{\omega^{n-1}}{((\mathbf{F}(u, v, w, \omega)))_\omega}\,\frac{\mathrm{k}\cos\delta}{r}\,s\,\Pi(s),$$

la valeur de s étant donnée par l'équation (9), ou, ce qui revient au même, par la suivante :

$$(21) \qquad s = ux + vy + wz + \omega t.$$

Il semble, au premier abord, que l'on pourrait conserver des doutes sur l'exactitude de la formule (20), dans le cas où la fonction $\Pi(s)$, passant brusquement d'une valeur différente de zéro à une valeur nulle, offrirait une solution de continuité pour $s = -\varepsilon$, ce qui nous obligerait à regarder les valeurs $\Pi(-\varepsilon)$ et $\mathfrak{f}(-\varepsilon)$ de $\Pi(s)$ et de $\mathfrak{f}(s)$ comme indéterminées. Mais on peut lever ces doutes en considérant une fonction qui passe brusquement d'une valeur différente de zéro à une valeur nulle comme la limite d'une fonction dont la valeur numérique décroît très rapidement; ou, mieux encore, en appliquant directement à la détermination de $\aleph$, dans le cas dont il s'agit, les principes exposés dans le précédent Mémoire. En effet, posons alors, pour abréger,

$$\Theta = \frac{\omega^{n-2}}{D_\omega F(u, v, w, \omega)} s \Pi(s),$$

et nommons θ un élément de la surface sphérique qui a l'origine pour centre et pour rayon l'unité. Dans l'intégrale double

$$(22) \qquad \frac{1}{4\pi} \int_0^{2\pi} \int_0^{\pi} \mathcal{E} \frac{\omega^{n-2} s \Pi(s)}{[F(u, v, w, \omega)]_\omega} \sin p \, dq \, dp,$$

que renferme la formule (11), la partie φ, correspondante à une racine déterminée de l'équation (10) et à des valeurs de u, v, w assujetties à vérifier la condition (17), sera, comme nous l'avons remarqué dans le précédent Mémoire,

$$(23) \qquad \varphi = \frac{1}{4\pi} \Sigma \Theta \theta.$$

D'ailleurs la valeur de φ, déterminée par l'équation (23), s'évanouira généralement quand le point (x, y, z) ne sera pas très voisin de la nappe qui, dans la surface des ondes, correspond à la racine que l'on considère. Au contraire, φ cessera de s'évanouir si le point (x, y, z) est compris dans l'épaisseur de l'onde engendrée par une sphère dont le rayon serait ε, et dont le centre se promènerait sur la nappe dont il s'agit. Alors aussi, dans le second membre de la formule (23), la sommation indiquée par le signe Σ pourra être restreinte aux seuls éléments θ, θ', θ'', ... de l'aire

$$K = 2\pi k \frac{\varsigma + \omega t - s}{r} \cos \delta,$$

mesurée sur la surface sphérique qui a pour rayon l'unité, dans l'intérieur d'une certaine courbe II'I''... dont les dimensions seront très petites; et Θ pourra être censé dépendre de la seule variable s. Soit d'ailleurs E la valeur, différente de zéro, acquise par la fonction

$$f(s) = s \Pi(s)$$

au moment où la variable s s'approche de la limite $-\varepsilon$ qui rend cette fonction discontinue. Si le temps t vient à varier, et à recevoir un accroissement infiniment petit Δt, la valeur de $\mathfrak{T}$, déterminée par l'équation (23), variera pour deux raisons, savoir : 1° parce que le coefficient Θ, variable avec s, recevra, pour une valeur de s donnée par la formule (21), l'accroissement infiniment petit

$$D_s\Theta . \Delta s = D_s\Theta . \omega \Delta t;$$

2° parce que la plus grande des valeurs de K, c'est-à-dire la valeur de K correspondante à $s = -\varepsilon$, et représentée par le produit

$$2\pi k \frac{\varsigma + \omega t + \varepsilon}{r} \cos\delta,$$

perdra quelques éléments

$$\theta, \quad \theta', \quad \theta'', \quad \ldots$$

dont la somme sera la valeur numérique du produit

$$2\pi k \frac{\omega}{r} \cos\delta . \Delta t.$$

On trouvera en conséquence

$$(24) \qquad D_t\mathfrak{T} = \frac{1}{4\pi} \sum \omega\theta\, D_s\Theta + \frac{1}{2}\omega\Theta \frac{K}{r} \cos\delta,$$

s devant être réduit à $-\varepsilon$, et $f(s)$ à E, dans la valeur de Θ qui deviendra ainsi

$$\frac{\omega^{n-2}}{D_\omega F(u, v, w, \omega)} E.$$

Comme d'autre part les principes exposés dans le précédent Mémoire réduisent la quantité

$$\frac{1}{4\pi} \sum \omega\theta\, D_s\Theta$$

au produit

$$\frac{1}{2} \frac{\omega^{n-1}}{D_\omega F(u, v, w, \omega)} \frac{K\cos\delta}{r} \int_{-\varepsilon}^{\varsigma+\omega t} f'(s)\, ds,$$

dans lequel on devra supposer

$$\int_{-\varepsilon}^{\varsigma+\omega t} f'(s)\, ds = f(\varsigma + \omega t) - E,$$

la formule (24) donnera définitivement

$$(25) \qquad D_t \mathfrak{P} = \frac{1}{2} \frac{\omega^{n-1}}{D_\omega F(u, v, w, \omega)} \frac{K \cos\delta}{r} f(\varsigma + \omega t).$$

Pour déduire de cette formule la valeur de 8, il suffira de réunir les diverses valeurs de $D_t \mathfrak{P}$ correspondantes aux diverses valeurs de ω et de doubler ensuite la somme obtenue. Or, en opérant ainsi et ayant égard à la formule

$$f(s) = s\,\Pi(s),$$

on retrouvera précisément l'équation (20).

En résumant ce qui a été dit dans ce paragraphe, on obtient les conclusions suivantes.

Soient ϖ la fonction principale qui vérifie l'équation (1), et 8 la dérivée de l'ordre $n-1$ de cette fonction principale. Si la valeur initiale de 8 dépend seulement d'une fonction linéaire ς des coordonnées x, y, z, c'est-à-dire de la distance du point (x, y, z) à un plan fixe, la valeur générale de 8 s'exprimera en termes finis à l'aide de l'équation (8). De plus, si la valeur de 8 dépend seulement du rayon vecteur r, c'est-à-dire de la distance du point (x, y, z) à un centre fixe, la valeur générale de 8 s'exprimera en termes finis à l'aide de la formule (20), avec une approximation d'autant plus grande que la sphère, en dehors de laquelle la valeur initiale de 8 s'évanouit, sera plus petite. Dans tous les cas, la valeur générale de 8 vérifiera l'équation caractéristique, et par conséquent la formule (8) ou (20) offrira une intégrale de cette équation en termes finis.

Si l'on voulait obtenir la valeur générale, non plus de la fonction

$$8 = D_t^{n-1} \varpi,$$

mais de

$$\square\, \varpi,$$

$\square$ désignant une fonction entière quelconque des lettres caractéristiques

$$D_x, \quad D_y, \quad D_z, \quad D_t;$$

alors, à la place des équations (8) et (11), on obtiendrait les suivantes

(26) $$\square\varpi = \square D_t^{1-n} \mathcal{L} \frac{\omega^{n-1}}{((F(u, v, w, \omega)))_\omega} \Pi(s),$$

(27) $$\square\varpi = \frac{1}{4\pi} \square D_t^{2-n} \int_0^{2\pi} \int_0^{\pi} \mathcal{L} \frac{\omega^{n-2} s \Pi(s)}{((F(u, v, w, \omega)))_\omega} \sin p \, dq \, dp,$$

dont la première pourra être généralement réduite à la formule

(28) $$\square\varpi = \mathcal{L} \frac{\omega^{n-1}}{((F(u, v, w, \omega)))_\omega} \square D_t^{1-n} \Pi(s).$$

Il y a plus : la formule (27) pourra elle-même, dans beaucoup de cas, être réduite, sans erreur sensible, à la suivante :

(29) $$\square\varpi = \frac{D_t}{4\pi} \int_0^{2\pi} \int_0^{\pi} \mathcal{L} \frac{\omega^{n-2} \sin p}{((F(u, v, w, \omega)))_\omega} \square D_t^{1-n} s \, \Pi(s) \, dq \, dp.$$

Si l'on applique au second membre de celle-ci la méthode de réduction ci-dessus appliquée au second membre de la formule (11), on parviendra, non plus à l'équation (20), mais à la suivante :

(30) $$\square\varpi = \mathcal{L} \frac{\omega^{n-1}}{((F(u, v, w, \omega)))_\omega} \frac{k \cos\delta}{r} \square D_t^{1-n} s \, \Pi(s).$$

Dans ces diverses formules, la valeur de s est toujours celle que fournit l'équation (21).

La formule (30), comparée à la formule (28), fournit le moyen de reconnaître les rapports qui existent entre les lois de propagation et de polarisation relatives, d'une part aux ondes planes, d'autre part aux ondes courbes dont l'épaisseur est infiniment petite. C'est, au reste, ce que nous expliquerons plus en détail dans un autre Article.

§ II. — *Extension des formules établies dans le premier paragraphe.*

La formule (11) du paragraphe précédent se rapporte au cas où la valeur initiale de ϖ est représentée par une fonction paire du rayon vecteur r, ou, ce qui revient au même, par une fonction de

$$r^2 = x^2 + y^2 + z^2.$$

Pour plus de généralité, on pourrait supposer que la valeur initiale de ϑ est de la forme

$$\vartheta = \Pi(\iota),$$

la lettre Π indiquant toujours une fonction paire, et la lettre ι désignant la racine carrée positive d'une fonction de x, y, z, entière et homogène, mais du second degré. Soit, en conséquence,

$$\iota = (ax^2 + by^2 + cz^2 + 2dyz + 2ezx + 2fxy)^{\frac{1}{2}},$$

a, b, c, d, e, f désignant des coefficients constants, tellement choisis que la valeur de ι soit constamment réelle, et différente de zéro. Concevons d'ailleurs que les équations

$$ax + fy + ez = \mathrm{x},$$
$$fx + by + dz = \mathrm{y},$$
$$ex + dy + cz = \mathrm{z},$$

résolues par rapport à x, y, z, donnent

$$x = \mathrm{a}\mathrm{x} + \mathrm{f}\mathrm{y} + \mathrm{e}\mathrm{z},$$
$$y = \mathrm{f}\mathrm{x} + \mathrm{b}\mathrm{y} + \mathrm{d}\mathrm{z},$$
$$z = \mathrm{e}\mathrm{x} + \mathrm{d}\mathrm{y} + \mathrm{c}\mathrm{z};$$

enfin nommons υ et V les volumes des deux ellipsoïdes représentés par les deux équations

$$ax^2 + by^2 + cz^2 + 2dyz + 2ezx + 2fxy = 1,$$
$$\mathrm{a}\mathrm{x}^2 + \mathrm{b}\mathrm{y}^2 + \mathrm{c}\mathrm{z}^2 + 2\,\mathrm{d}\mathrm{y}\mathrm{z} + 2\,\mathrm{e}\mathrm{z}\mathrm{x} + 2\,\mathrm{f}\mathrm{x}\mathrm{y} = 1;$$

on aura, non seulement

$$abc - ad^2 - be^2 - cf^2 + 2def = \frac{1}{\upsilon^2},$$

$$\mathrm{abc} - \mathrm{ad}^2 - \mathrm{be}^2 - \mathrm{cf}^2 + 2\,\mathrm{def} = \frac{1}{\mathrm{V}^2},$$

mais encore

$$\mathrm{V}^2 \mathfrak{V}^2 = 1, \qquad \mathrm{V} \mathfrak{V} = 1;$$

soient de plus, comme dans le § I,

$$u = \cos p, \qquad v = \sin p \cos q, \qquad w = \sin p \sin q,$$
$$\varsigma = ux + vy + wz,$$

et posons

$$\mathrm{Q} = (\mathrm{a}u^2 + \mathrm{b}v^2 + \mathrm{c}w^2 + 2\,\mathrm{d}vw + 2\,\mathrm{e}wu + 2\,\mathrm{f}uv)^{\frac{1}{2}}.$$

Si l'on représente par $\mathrm{f}(\mathfrak{r})$ une fonction impaire de $\mathfrak{r}$, on aura, en vertu de la formule (27) de la page 237,

$$(1) \qquad \frac{\mathrm{f}(\mathfrak{r})}{\mathfrak{r}} = \frac{\mathfrak{V}}{4\pi} \int_0^{2\pi} \int_0^{\pi} \mathrm{f}'\left(\frac{\varsigma}{\mathrm{Q}}\right) \frac{\sin p \, dq \, dp}{\mathrm{Q}^3}.$$

Si l'on pose en particulier

$$a = b = c = 1, \qquad d = e = f = 0,$$

on aura, par suite,

$$\mathrm{a} = \mathrm{b} = \mathrm{c} = 1, \qquad \mathrm{d} = \mathrm{e} = \mathrm{f} = 0,$$
$$\mathrm{V} = \mathfrak{V} = 1, \qquad \mathrm{Q} = 1,$$
$$\mathfrak{r} = r,$$

et la formule (1) donnera simplement

$$(2) \qquad \frac{\mathrm{f}(r)}{r} = \frac{1}{4\pi} \int_0^{2\pi} \int_0^{\pi} \mathrm{f}'(\varsigma) \sin p \, dq \, dp.$$

L'équation (2) est précisément celle que nous a fournie la valeur de $\mathfrak{z}$ que présente la formule (11) du § I. Mais, si, dans la recherche de la valeur de $\mathfrak{z}$, on substitue l'équation (1) à l'équation (2), alors, au lieu de la formule (11) du § I, on obtiendra la suivante

$$(3) \qquad \mathfrak{z} = \mathfrak{V} \frac{\mathrm{D}_t}{4\pi} \int_0^{2\pi} \int_0^{\pi} \mathcal{E} \frac{\omega^{n-2}}{((\mathrm{F}(u, v, w, \omega)))_\omega} s\,\Pi\left(\frac{s}{\mathrm{Q}}\right) \frac{\sin p \, dq \, dp}{\mathrm{Q}^3},$$

la valeur de s étant toujours

$$s = \varsigma + \omega t.$$

Si maintenant on applique à la formule (3) la méthode de réduction précédemment appliquée à la formule (11) du § I, on obtiendra l'équation suivante

$$(4)\qquad 8 = \wp \mathcal{E} \frac{\omega^{n-1}}{[F(u, v, w, \omega)]_{\omega}} \frac{k \cos \delta}{Q^3 r} \varsigma\, \Pi\left(\frac{s}{Q}\right),$$

les valeurs de

$$u, \quad v, \quad w, \quad k, \quad \delta$$

étant précisément les mêmes que dans les formules (20) et (30) du premier paragraphe.

§ III. — *Application des formules établies dans les deux premiers paragraphes au cas où l'équation caractéristique est du second degré seulement.*

Considérons en particulier le cas où l'équation caractéristique est du second degré; et supposons d'abord que l'on ait

$$(1)\qquad F(x, y, z, t) = t^2 - \Omega^2(x^2 + y^2 + z^2).$$

Ω désignant une constante positive. Alors, l'équation de la surface caractéristique étant

$$x^2 + y^2 + z^2 = \frac{t^2}{\Omega^2},$$

celle de la surface des ondes sera

$$x^2 + y^2 + z^2 = \Omega^2 t^2,$$

et les formules (16), (17), (18) du § I donneront

$$\frac{u}{x} = \frac{v}{y} = \frac{w}{z} = \frac{1}{r} = \frac{\cos\delta}{r} = \frac{\varsigma}{r^2},$$

$$\cos\delta = 1, \qquad \varsigma = r.$$

De plus, les formules (19) du § I, étant réduites aux suivantes

$$x^2 + y^2 + z^2 = 1, \qquad ux + vy + wz = 0,$$

représenteront un grand cercle de la sphère dont le rayon est l'unité. On aura donc encore

$$k = 1,$$

et la formule (20) du § I donnera

$$8 = \mathcal{L} \frac{\omega}{((\omega^2 - \Omega^2))_\omega} \frac{(\varsigma + \omega t)\,\Pi(\varsigma + \omega t)}{r},$$

ou, ce qui revient au même,

$$(2) \qquad 8 = \frac{(r + \Omega t)\,\Pi(r + \Omega t) + (r - \Omega t)\,\Pi(r - \Omega t)}{2r}.$$

Il est aisé de s'assurer directement que cette valeur de 8 vérifie en effet l'équation caractéristique

$$[D_t^2 - \Omega^2 (D_x^2 + D_y^2 + D_z^2)]\, 8 = 0.$$

Il est clair d'ailleurs qu'elle se réduit à $\Pi(r)$, pour $t = 0$.

Supposons en second lieu

$$(3) \qquad F(x, y, z, t) = t^2 - (\mathrm{a}x^2 + \mathrm{b}y^2 + \mathrm{c}z^2 + 2\,\mathrm{d}yz + 2\,\mathrm{e}zx + 2\,\mathrm{f}xy).$$

Alors, l'équation de la surface caractéristique étant

$$\mathrm{a}x^2 + \mathrm{b}y^2 + \mathrm{c}z^2 + 2\,\mathrm{d}yz + 2\,\mathrm{e}zx + 2\,\mathrm{f}xy = t^2,$$

l'équation de la surface des ondes sera de la forme

$$ax^2 + by^2 + cz^2 + 2dyz + 2ezx + 2fxy = t^2,$$

les relations entre les deux systèmes de coefficients

$$\mathrm{a}, \ \mathrm{b}, \ \mathrm{c}, \ \mathrm{d}, \ \mathrm{e}, \ \mathrm{f}; \qquad a, \ b, \ c, \ d, \ e, \ f$$

étant les mêmes que dans le second paragraphe; et, si l'on pose, pour abréger,

$$\Omega = (\mathrm{a}u^2 + \mathrm{b}v^2 + \mathrm{c}w^2 + 2\,\mathrm{d}vw + 2\,\mathrm{e}wu + 2\,\mathrm{f}uv)^{\frac{1}{2}},$$

$$\iota = (ax^2 + by^2 + cz^2 + 2dyz + 2ezx + 2fxy)^{\frac{1}{2}},$$

les formules (16) et (17) du § I, jointes à l'équation (6) du même paragraphe, donneront

$$(4) \quad \left\{ \begin{aligned} & \frac{u}{ax + fy + ez} = \frac{v}{fx + by + dz} = \frac{w}{ex + dy + cz} = \frac{\varsigma}{\iota^2} \\ & = \frac{\mathrm{a}u + \mathrm{f}v + \mathrm{e}w}{x} = \frac{\mathrm{f}u + \mathrm{b}v + \mathrm{d}w}{y} = \frac{\mathrm{e}u + \mathrm{d}v + \mathrm{c}w}{z} = \frac{\Omega^2}{\varsigma}. \end{aligned} \right.$$

On aura par suite

$$(5) \qquad \varsigma^2 = \Omega^2 \iota^2, \qquad \varsigma = \Omega\iota.$$

Faisons d'ailleurs, pour abréger,

$$R = [(au + fv + ew)^2 + (fu + bv + dw)^2 + (eu + dv + cw)^2]^{\frac{1}{2}}.$$

On tirera encore de la formule (4)

$$\frac{R}{r} = \frac{\Omega^2}{\varsigma}, \qquad R = \Omega^2 \frac{r}{\varsigma},$$

par conséquent, eu égard à la formule (18) du § I,

$$(6) \qquad R = \frac{\Omega^2}{\cos\delta};$$

et les équations (19) du § I, jointes à la formule (4), donneront

$$(7) \quad ax^2 + by^2 + cz^2 + 2dyz + 2ezx + 2fxy = R, \qquad xx + yy + zz = 0.$$

Dans l'ellipse que représentent les deux dernières équations, quand on y considère x, y, z comme seules variables, le produit k des deux demi-axes est déterminé par la formule

$$k = \frac{1}{\varphi} \frac{r}{\iota} R,$$

et de celle-ci, jointe à l'équation (6), on tire

$$\frac{k\cos\delta}{r} = \frac{1}{\varphi} \frac{\Omega^2}{\iota},$$

la valeur de φ étant la même que dans le § II. Cela posé, comme la quantité ici désignée par Ω ne diffère pas de celle qui, dans la formule (4) du second paragraphe, se trouve représentée par la lettre Q, cette même formule, jointe à l'équation

$$s = \varsigma + \omega t = \Omega\iota + \omega t,$$

donnera

$$\aleph = \mathcal{E} \frac{\omega}{((\omega^2 - \Omega^2))_\omega} \frac{1}{\iota} \left(\iota + \frac{\omega}{\Omega} t\right) \Pi\left(\iota + \frac{\omega}{\Omega} t\right).$$

ou, ce qui revient au même,

$$(8)\qquad \text{8} = \frac{(\mathfrak{r}+t)\,\Pi(\mathfrak{r}+t)+(\mathfrak{r}-t)\,\Pi(\mathfrak{r}-t)}{2\mathfrak{r}}.$$

Il est aisé de s'assurer directement que la valeur de 8, donnée par l'équation (8), vérifie en effet l'équation caractéristique

$$[D_t^2 - (aD_x^2 + bD_y^2 + cD_z^2 + 2dD_yD_z + 2eD_zD_x + 2fD_xD_y)]\,8 = 0.$$

Il est clair d'ailleurs qu'elle se réduit à $\Pi(\mathfrak{r})$ pour $t = 0$.

146.

Mécanique céleste. — *Note sur une transcendante que renferme le développement de la fonction perturbatrice relative au système planétaire.*

C. R., T. XIII, p. 682 (4 octobre 1841).

§ I. — *Considérations générales.*

Soient, pour la planète m et au bout du temps t,

r la distance au Soleil;
p la longitude;
ψ l'anomalie excentrique;
T l'anomalie moyenne.

Soient encore

a le demi grand axe de l'orbite décrite par la planète m;
ι l'inclinaison de cette orbite;
ε l'excentricité;
ϖ la longitude du périhélie;
φ la longitude du nœud ascendant.

Enfin nommons

$$r', \quad p', \quad \psi'; \quad T', \quad a', \quad \iota', \quad \varepsilon', \quad \varpi', \quad \varphi'$$

ce que deviennent

$$r,\quad p,\quad \psi,\quad T,\quad a,\quad \iota,\quad \varepsilon,\quad \varpi,\quad \varphi$$

quand on passe de la planète m à la planète m'; $\imath$ la distance réelle des planètes m, m' au bout du temps t, et δ leur distance apparente. La fonction perturbatrice R sera, comme l'on sait,

$$(1)\qquad R = \frac{m'r}{r'^2}\cos\delta + \ldots - \frac{m'}{\imath} - \ldots,$$

la valeur de $\imath$ étant

$$(2)\qquad \imath = (r^2 - 2rr'\cos\delta + r'^2)^{\frac{1}{2}}.$$

D'ailleurs, en nommant η la tangente de la moitié de l'angle dont le sinus est ε, on a, pour chaque planète m, non seulement

$$(3)\qquad r = a(1 - \varepsilon\cos\psi),\qquad T = \psi - \varepsilon\sin\psi,$$

mais encore

$$(4)\qquad \left\{\begin{aligned} 1 - e\cos\psi &= \left(\frac{\varepsilon}{2\eta}\right)\left(1 - \eta e^{\psi\sqrt{-1}}\right)\left(1 - \eta e^{-\psi\sqrt{-1}}\right),\\ e^{(p-\varpi)\sqrt{-1}} &= e^{\psi\sqrt{-1}}\,\frac{1 - \eta e^{-\psi\sqrt{-1}}}{1 - \eta e^{\psi\sqrt{-1}}},\\ e^{-(p-\varpi)\sqrt{-1}} &= e^{-\psi\sqrt{-1}}\,\frac{1 - \eta e^{\psi\sqrt{-1}}}{1 - \eta e^{-\psi\sqrt{-1}}},\end{aligned}\right.$$

et, pour les deux planètes m, m',

$$(5)\qquad \cos\delta = \mu\cos(p' - p + \Pi) + \nu\cos(p' - p + \Phi),$$

μ, ν, Π, Φ désignant quatre constantes dont les deux premières sont liées à l'inclinaison mutuelle I des orbites par les deux équations

$$(6)\qquad \nu = \sin^2\frac{I}{2},\qquad \mu = \cos^2\frac{I}{2} = 1 - \nu,$$

tandis que les deux dernières vérifient les formules

$$(7)\qquad \sin\Pi = \frac{\cos\iota' + \cos\iota}{2\mu}\sin(\varphi' - \varphi),\qquad \sin\Phi = \frac{\cos\iota' - \cos\iota}{2\nu}\sin(\varphi' - \varphi).$$

Si l'on développe R suivant les puissances entières des exponentielles trigonométriques

$$e^{T\sqrt{-1}}, \quad e^{T'\sqrt{-1}},$$

on obtiendra une équation de la forme

$$(8) \qquad R = \Sigma(m, m')_{n,n'} e^{nT\sqrt{-1}} e^{n'T'\sqrt{-1}},$$

le signe Σ s'étendant d'une part à toutes les valeurs entières positives, nulles ou négatives de n, n'; d'autre part, à toutes les combinaisons que l'on peut former avec les planètes m, m', ... prises deux à deux, et la valeur du coefficient $(m, m')_{n,n'}$ étant fournie par les équations

$$(9) \qquad (m, m')_{n,n'} = A_{n,n'} - B_{n,n'},$$

$$(10) \qquad \begin{cases} A_{n,n'} = \dfrac{m'}{4\pi^2} \displaystyle\int_0^{2\pi} \int_0^{2\pi} \dfrac{r}{r'^2} e^{-(nT+n'T')\sqrt{-1}} \cos\delta \, dT\, dT', \\ B_{n,n'} = \dfrac{m'}{4\pi^2} \displaystyle\int_0^{2\pi} \int_0^{2\pi} \dfrac{1}{v} e^{-(nT+n'T')\sqrt{-1}} \, dT\, dT'. \end{cases}$$

Or on peut ramener le calcul du développement de R au calcul de deux espèces d'intégrales définies, savoir, de celle que renferme le développement de la fonction

$$(11) \qquad \Lambda = [\lambda - \mu \cos(p' - p + \varpi)]^{-\frac{1}{2}}$$

suivant les puissances entières de l'exponentielle trigonométrique

$$e^{(p'-p+\varpi)\sqrt{-1}},$$

la valeur de λ étant

$$\lambda = \frac{1}{2}\left(\frac{a}{a'} + \frac{a'}{a}\right),$$

et de celles qui naissent du développement de la fonction

$$e^{n\varepsilon \sin\psi \sqrt{-1}}$$

suivant les puissances entières de l'exponentielle

$$e^{\psi\sqrt{-1}};$$

c'est ce que l'on verra dans les paragraphes suivants.

§ II. — *Valeur de* $A_{n,n'}$.

Comme nous l'avons prouvé dans un précédent Mémoire, on a

$$A_{n,n'} = m'\Sigma P_{h,h'} Q_{-h,-h'} e^{(h\varpi+h'\varpi')\sqrt{-1}}, \tag{1}$$

la valeur de $P_{h,h'}$ étant nulle lorsque les valeurs numériques de h, h' diffèrent de l'unité, et la valeur de $Q_{h,h'}$ étant de la forme

$$Q_{h,h'} = q_h q'_{h'}. \tag{2}$$

Comme on a d'ailleurs

$$\begin{aligned} P_{1,1} &= \tfrac{1}{2}\nu\, e^{\Phi\sqrt{-1}}, & P_{-1,-1} &= \tfrac{1}{2}\nu\, e^{-\Phi\sqrt{-1}},\\ P_{-1,1} &= \tfrac{1}{2}\mu e^{\Pi\sqrt{-1}}, & P_{1,-1} &= \tfrac{1}{2}\mu e^{-\Pi\sqrt{-1}}, \end{aligned}$$

l'équation (1) peut être réduite à

$$\left\{\begin{aligned} A_{n,n'} = \frac{m'}{2}\nu\left(q_{-1}q'_{-1}e^{(\varpi+\varpi'+\Phi)\sqrt{-1}} + q_1\, q'_1 e^{-(\varpi+\varpi'+\Phi)\sqrt{-1}}\right)\\ + \frac{m'}{2}\mu\left(q_1\, q'_{-1}e^{(\varpi'-\varpi+\Pi)\sqrt{-1}} + q_{-1}q'_1 e^{-(\varpi'-\varpi+\Pi)\sqrt{-1}}\right). \end{aligned}\right. \tag{3}$$

Quant aux valeurs de

$$q_1, \quad q'_1,$$

elles sont données, sous forme d'intégrales définies, par les équations

$$q_1 = a\left(\frac{\varepsilon}{2\eta}\right)^2 \frac{1}{2\pi}\int_0^{2\pi} \left(1-\eta e^{\psi\sqrt{-1}}\right)^3 \left(1-\eta e^{-\psi\sqrt{-1}}\right) e^{-(\psi+nT)\sqrt{-1}}\,d\psi, \tag{4}$$

$$q'_1 = a'^{-2}\left(\frac{\varepsilon'}{2\eta'}\right)^{-1} \frac{1}{2\pi}\int_0^{2\pi} e^{-n'T'\sqrt{-1}}\frac{e^{-\psi'\sqrt{-1}}}{\left(1-\eta' e^{-\psi'\sqrt{-1}}\right)^2}\,d\psi'; \tag{5}$$

et, pour déduire de ces formules les valeurs de

$$q_{-1}, \quad q'_{-1},$$

il suffira d'y changer, dans les exponentielles, le signe de ψ ou de ψ'. D'ailleurs, comme on a

$$dT' = (1-\varepsilon'\cos\psi')\,d\psi' = \left(\frac{\varepsilon'}{2\eta'}\right)\left(1-\eta e^{\psi'\sqrt{-1}}\right)\left(1-\eta' e^{-\psi'\sqrt{-1}}\right),$$

une seule intégration par parties, appliquée à la formule (5), donnera

$$(6)\qquad q'_1 = -a'^{-2}\frac{n'}{\eta'}\frac{1}{2\pi}\int_0^{2\pi}\left(1-\eta' e^{\psi'\sqrt{-1}}\right)e^{-n'T\sqrt{-1}}\,d\psi.$$

Si, dans les formules (4) et (5), on substitue pour T, T' leurs valeurs tirées des équations

$$T = \psi - \varepsilon\sin\psi, \qquad T' = \psi' - \varepsilon'\sin\psi',$$

alors, en posant, pour abréger,

$$(7)\qquad \mathcal{E}_k = \frac{1}{2\pi}\int_0^{2\pi} e^{-k\psi\sqrt{-1}}\,e^{n\varepsilon\sin\psi\sqrt{-1}}\,d\psi,$$

on trouvera

$$(8)\quad \begin{cases} q_1 = a\left(\dfrac{\varepsilon}{2\eta}\right)^2[(1+3\eta^2)\mathcal{E}_{n+1} - \eta\mathcal{E}_{n+2} - 3(\eta+\eta^3)\mathcal{E}_n + (3\eta^2+\eta^4)\mathcal{E}_{n-1} - \eta^3\mathcal{E}_{n-2}], \\ q_{-1} = a\left(\dfrac{\varepsilon}{2\eta}\right)^2[(1+3\eta^2)\mathcal{E}_{n-1} - \eta\mathcal{E}_{n-2} - 3(\eta+\eta^3)\mathcal{E}_n + (3\eta^2+\eta^4)\mathcal{E}_{n+1} - \eta^3\mathcal{E}_{n+2}]; \end{cases}$$

puis, en nommant $\mathcal{E}'_k$ ce que devient $\mathcal{E}_k$ quand on remplace ε par ε' et n par n', on trouvera encore

$$(9)\quad \begin{cases} q'_1 = -n'a'^{-2}\left(\dfrac{1}{\eta'}\mathcal{E}'_{n'} - \mathcal{E}'_{n'-1}\right), \\ q'_{-1} = n'a'^{-2}\left(\dfrac{1}{\eta'}\mathcal{E}'_{n'} - \mathcal{E}'_{n'+1}\right). \end{cases}$$

Ainsi, chacun des quatre coefficients

$$q_1,\quad q_{-1},\quad q'_1,\quad q'_{-1}$$

se trouve exprimé à l'aide d'un petit nombre de valeurs de la transcendante

$$\mathcal{E}_k \quad \text{ou} \quad \mathcal{E}'_k,$$

dont la forme est donnée par l'équation (7). On peut tirer d'ailleurs facilement de l'équation (7) la valeur de la transcendante dont il s'agit, développée en série convergente. En effet, comme on a

$$e^{n\varepsilon\sin\psi\sqrt{-1}} = e^{\frac{n\varepsilon}{2}e^{\psi\sqrt{-1}}}\,e^{-\frac{n\varepsilon}{2}e^{-\psi\sqrt{-1}}},$$

il suffira de développer chacune des exponentielles

$$e^{\frac{n\varepsilon}{2}e^{\psi\sqrt{-1}}}, \quad e^{-\frac{n\varepsilon}{2}e^{-\psi\sqrt{-1}}}$$

suivant les puissances ascendantes de ε, pour en conclure que la valeur $\mathcal{E}_k$, ou le coefficient de

$$e^{k\psi\sqrt{-1}}$$

dans le développement de la fonction

$$e^{n\varepsilon\sin\psi\sqrt{-1}},$$

se réduit, quand k est positif, à

$$(10)\quad \mathcal{E}_k = \frac{(\frac{1}{2}n\varepsilon)^k}{1.2\ldots k}\left[1 - \frac{1}{k+1}\frac{(\frac{1}{2}n\varepsilon)^2}{1} + \frac{1}{(k+1)(k+2)}\frac{(\frac{1}{2}n\varepsilon)^4}{1.2} - \ldots\right] = (-1)^k\mathcal{E}_{-k}.$$

Cette dernière équation fournit, en général, le moyen de calculer facilement la quantité $\mathcal{E}_k$. La valeur qu'elle donne pour $\mathcal{E}_k$ est évidemment positive et inférieure à l'unité quand on a

$$\tfrac{1}{2}n\varepsilon \leqq \sqrt{k+1}.$$

Pour de grandes valeurs de k, on aura sensiblement

$$\frac{1.2.3\ldots k}{k^k} = (2\pi k)^{\frac{1}{2}}e^{-k},$$

$$1 - \frac{1}{k+1}\frac{(\frac{1}{2}n\varepsilon)^2}{1} + \frac{1}{(k+1)(k+2)}\frac{(\frac{1}{2}n\varepsilon)^4}{1.2} - \ldots = e^{-\frac{(\frac{1}{2}n\varepsilon)^2}{k+1}},$$

et, par suite,

$$(11)\quad \mathcal{E}_k = \left(\frac{\frac{1}{2}n\varepsilon}{k}\right)^k (2\pi k)^{-\frac{1}{2}} e^k e^{-\frac{(\frac{1}{2}n\varepsilon)^2}{k+1}}$$

Les formules qui précèdent fournissent le moyen de calculer très facilement le coefficient $A_{n,n'}$, surtout lorsque n, n' sont de très grands nombres. Dans un prochain article, je donnerai l'application des mêmes formules à la détermination du coefficient $B_{n,n'}$.

147.

Analyse mathématique. — *Sur le développement du reste qui complète la série de Taylor en une série nouvelle.*

C. R., T. XIII, p. 842 (25 octbre 1841).

J'ai donné dans un précédent Mémoire les règles de la convergence des séries qui naissent du développement des fonctions explicites ou implicites, et prouvé que ces séries restent généralement convergentes tant que les fonctions et leurs dérivées du premier ordre restent continues. D'ailleurs les principes, desquels j'ai déduit cette proposition dans le Mémoire de 1831, fournissent eux-mêmes les développements d'un grand nombre de fonctions en série, et en particulier les séries de Lagrange, de Taylor et de Maclaurin. Je vais aujourd'hui déduire des mêmes principes une formule nouvelle qui peut être employée avec avantage dans la solution de divers problèmes. Cette nouvelle formule sert à convertir le reste, qui complète la série de Taylor, en une autre série dont les divers termes sont respectivement proportionnels, non plus aux dérivées de divers ordres de la fonction que l'on considère, mais aux dérivées de même ordre de cette fonction et de plusieurs autres qui forment avec elle une progression géométrique dont la raison est la variable même. D'ailleurs la nouvelle série jouit, comme la série de Taylor, de cette propriété remarquable que, si on l'arrête à un terme donné, il sera facile de calculer une limite de l'erreur commise en vertu de l'omission des termes suivants. Dans plusieurs cas, par exemple, quand la fonction donnée se réduit à une puissance d'un binôme, la nouvelle série peut converger très rapidement dans ses premiers termes, et elle fournit alors le moyen de calculer sans peine, avec une grande approximation, le reste propre à compléter la série de Newton. Ce n'est pas tout; les développements de diverses fonctions transcendantes peuvent être complétés de la même manière par des séries qui, étant très convergentes dans leurs premiers termes, permettent d'évaluer avec facilité les restes de ces développements. Parmi ces fonctions, on doit distinguer les logarithmes, les arcs de cercle correspondants à une tangente ou à un sinus donné, diverses intégrales définies, etc.

Je viens d'indiquer les principaux résultats auxquels conduisent les formules que renferme le présent Mémoire. Dans un second article, je montrerai la grande utilité de ces formules appliquées à la Mécanique céleste, et en particulier au développement de la fonction perturbatrice.

Analyse.

§ Ier. — *Considérations générales.*

Soient $\mathrm{f}(x)$ une fonction de la variable x, et

$$\zeta = z e^{p\sqrt{-1}}$$

une variable imaginaire dont le module z soit supérieur à x. Si la fonction $\mathrm{f}(x)$ et sa dérivée du premier ordre restent finies et continues pour un module de x inférieur à z, on aura

$$\mathrm{f}(x) = \frac{1}{2\pi}\int_0^{2\pi} \frac{\zeta\,\mathrm{f}(\zeta)}{\zeta - x}\,dp. \tag{1}$$

Donc, si l'on attribue à la variable x un certain accroissement h, tellement choisi que le module de la somme $x + h$ reste inférieur à z, on aura encore

$$\mathrm{f}(x+h) = \frac{1}{2\pi}\int_0^{2\pi} \frac{\zeta\,\mathrm{f}(\zeta)}{\zeta - x - h}\,dp. \tag{2}$$

D'ailleurs, l'équation (1), différentiée n fois de suite par rapport à x, donnera généralement

$$\frac{1}{1.2\ldots n}\,\mathrm{D}_x^n\,\mathrm{f}(x) = \frac{1}{2\pi}\int_0^{2\pi} \frac{\zeta\,\mathrm{f}(\zeta)}{(\zeta - x)^{n+1}}\,dp. \tag{3}$$

Si maintenant on développe, dans la formule (2), le rapport

$$\frac{1}{\zeta - x - h}$$

en une progression géométrique ordonnée suivant les puissances ascendantes de h, on trouvera

$$(4)\quad \frac{1}{\zeta - x - h} = \frac{1}{\zeta - x} + \frac{h}{(\zeta - x)^2} + \ldots + \frac{h^{n-1}}{(\zeta - x)^n} + \frac{h^n}{(\zeta - x)^n (\zeta - x - h)},$$

et, eu égard à l'équation (3), la formule (2) donnera

$$(5)\quad \begin{cases} f(x+h) = f(x) + \dfrac{h}{1} D_x f(x) + \dfrac{h^2}{1.2} D_x^2 f(x) + \ldots \\ \qquad + \dfrac{h^{n-1}}{1.2\ldots(n-1)} D_x^{n-1} f(x) + r_n, \end{cases}$$

la valeur de r_n étant

$$(6)\quad r_n = \frac{h^n}{2\pi} \int_0^{2\pi} \frac{\zeta f(\zeta)}{(\zeta - x)^n (\zeta - x - h)} dp.$$

La formule (5), qui fournit la valeur de $f(x+h)$, offre pour second membre la série de Taylor avec le reste r_n qui complète cette série arrêtée après le $n^{\text{ième}}$ terme. On sait d'ailleurs que ce reste peut encore être présenté sous la forme

$$(7)\quad r_n = \frac{1}{1.2\ldots(n-1)} \int_0^h z^{n-1} D_x^n f(x+h-z)\, dz.$$

On a donc identiquement

$$(8)\quad \frac{h^n}{2\pi} \int_0^{2\pi} \frac{\zeta f(\zeta)}{(\zeta - x)^n (\zeta - x - h)} dp = \int_0^h \frac{z^{n-1}}{1.2\ldots(n-1)} D_x^n f(x+h-z)\, dz.$$

Concevons maintenant que, dans l'équation (6), on développe le rapport

$$\frac{1}{\zeta - x - h},$$

suivant les puissances ascendantes de ζ à l'aide de la formule

$$(9)\quad \frac{1}{\zeta - x - h} = -\left[\frac{1}{x+h} + \frac{\zeta}{(x+h)^2} + \ldots + \frac{\zeta^{m-1}}{(x+h)^m}\right] + \frac{\zeta^m}{(x+h)^m (\zeta - x - h)}.$$

On en conclura, eu égard à la formule (3),

$$(10)\quad r_n = -\frac{h^n}{1.2\ldots(n-1)}\left\{\begin{array}{l}\frac{1}{x+h}D_x^{n-1}f(x) + \frac{1}{(x+h)^2}D_x^{n-1}[x\,f(x)] + \ldots \\ \qquad + \frac{1}{(x+h)^m}D_x^{n-1}[x^{m-1}f(x)]\end{array}\right\} + \iota_m,$$

la valeur de ι_m étant

$$(11)\quad \iota_m = \frac{h^n}{(x+h)^m}\frac{1}{2\pi}\int_0^{2\pi}\frac{\zeta^{m+1}f(\zeta)}{(\zeta-x)^n(\zeta-x-h)}\,dp,$$

ou, ce qui revient au même, en vertu de l'équation (8),

$$(12)\quad \iota_m = \frac{1}{(x+h)^m}\int_0^h\frac{z^{n-1}}{1.2\ldots(n-1)}D_x^n[(x+h-z)^m f(x+h-z)]\,dz.$$

Lorsque, x et h étant réels, la fonction $f(z)$ est elle-même réelle, et reste continue avec sa dérivée entre les limites $z=0$, $z=x+h$, on tire des formules (7) et (12)

$$(13)\quad r_n = \frac{h_n}{1.2\ldots n}D_x^n f(x+\theta h),$$

et

$$(14)\quad \iota_m = \frac{h^n}{1.2\ldots n}\frac{1}{(x+h)^m}D_x^n[(x+\theta h)f(x+\theta h)],$$

θ désignant un nombre compris entre les limites 0, 1, et dont la valeur, variable avec x, ne doit être substituée dans les formules (13) et (14) qu'après que l'on aura effectué les différentiations relatives à x, en considérant le produit θh comme constant.

Quoique le second membre de la formule (9) offre une progression géométrique divergente, il arrivera souvent que la série comprise dans le second membre de l'équation (10) commencera par converger très rapidement. Alors on pourra se servir de cette série pour calculer avec une grande approximation le reste r_n de la série de Taylor. L'équation (14), ou les équations du même genre que l'on pourrait déduire de la formule (12), si la quantité h et la fonction $f(z)$ devenaient imaginaires, serviront à fixer les limites de l'erreur commise dans l'évaluation approximative du reste r_n.

Si, dans les formules (5), (10), (12) et (14), on remplace x par zéro, et h par x, on obtiendra d'autres formules dont on pourra souvent faire usage pour déterminer, avec une grande approximation, le reste qui complète la série de Maclaurin, et pour fixer les limites des erreurs commises dans l'évaluation de ce même reste.

§ II. — *Développement d'une puissance d'un binôme.*

Lorsque, dans les formules (5), (10), (12) et (14) du § Ier, on pose

$$f(x) = x^s,$$

s désignant une quantité réelle, on obtient des équations qui fournissent, non seulement le développement connu de

$$(x+h)^s$$

en une série ordonnée suivant les puissances ascendantes de h, mais encore le reste r_n de cette série, développé lui-même en une seconde série qui converge très rapidement dans ses premiers termes, quand le nombre n devient très grand, et qui jouit, comme la première, de cette propriété remarquable, qu'on peut, en l'arrêtant à un terme quelconque, déterminer facilement une limite de l'erreur commise en vertu de l'omission des termes suivants. En effet, dans cette hypothèse et en posant, pour abréger,

$$\frac{s(s-1)\dots(s-n+1)}{1.2\dots n} = (s)_n,$$

on trouvera

$$(1)\quad (x+h)^s = x^s + (s)_1 h x^{s-1} + (s)_2 h^2 x^{s-2} + \dots + (s)_{n-1} h^{n-1} x^{s-n+1} + r_n,$$

$$(2)\quad r_n = -h^n x^{s-n+1}\left[\frac{(s)_{n-1}}{x+h} + \frac{(s+1)_{n-1}}{(x+h)^2} + \dots + \frac{(s+m-1)_{n-1}}{(x+h)^m}\right] + \imath_m,$$

$$(3)\quad \imath_m = (s+m)_n \frac{nh^n}{(x+h)^m}\int_0^h z^{n-1}(x+h-z)^{s+m-n}\,dz,$$

$$(4)\quad \imath_m = (s+m)_n \frac{h^n}{(x+h)^m}(x+\theta h)^{s+m-n},$$

θ désignant un nombre renfermé entre les limites 0, 1. Or, d'une part, lorsque n devient très grand, la série que renferme l'équation (2) converge très rapidement dans ses premiers termes, dont la somme est

$$\frac{(s)_{n-1}}{x+h}+\frac{(s+1)_{n-1}}{(x+h)^2}+\frac{(s+2)_{n-1}}{(x+h)^3}+\ldots$$
$$=\frac{(s)_{n-1}}{x+h}\left[1+\frac{s+1}{s-n+2}\frac{1}{x+h}+\frac{(s+1)(s+2)}{(s-n+2)(s-n+3)}\frac{1}{(x+h)^2}+\ldots\right];$$

et, d'autre part, la formule (4), ou les formules analogues que l'on déduirait de l'équation (3), si h ou x devenait imaginaire, fournissent immédiatement une limite du reste qui complète la seconde série arrêtée après le terme dont le rang est m.

Si, dans les formules précédentes, on remplace x par l'unité, et h par x, elles donneront

$$(5)\qquad (1+x)^s = x+(s)_1 x+(s)_2 x^2+\ldots+(s)_{n-1}x^{n-1}+r_n,$$

$$(6)\qquad r_n=-x^n\left[\frac{(s)_{n-1}}{1+x}+\frac{(s+1)_{n-1}}{(1+x)^2}+\ldots+\frac{(s+m-1)_{n-1}}{(1+x)^m}\right]+\iota_m,$$

$$(7)\qquad \iota_m=(s+m)_n\frac{nx^n}{(1+x)^m}\int_0^x z^{n-1}(1+x-z)^{s+m-n}\,dz,$$

$$(8)\qquad \iota_m=(s+m)_n\frac{x^n}{(1+x)^m}(1+\theta x)^{s+m-n}.$$

Enfin, si, dans ces dernières équations, on remplace x par $-x$, et s par $-s$, alors, en posant, pour abréger,

$$\frac{s(s+1)\ldots(s+n-1)}{1.2\ldots n}=[s]_n,$$

on trouvera

$$(9)\qquad (1-x)^{-s}=1+[s]_1 x+[s]_2 x^2+\ldots+[s]_{n-1}x^{n-1}+r_n,$$

$$(10)\qquad r_n=x^n\left(\frac{[s]_{n-1}}{1-x}+\frac{[s-1]_{n-1}}{(1-x)^2}+\ldots+\frac{[s-m+1]_{n-1}}{(1-x)^m}\right)+\iota_m,$$

$$(11)\qquad \iota_m=[s-m]_n\frac{nx^n}{(1-x)^m}\int_0^x z^{n-1}(1-x-z)^{m-s-n}\,dz,$$

$$(12)\qquad \iota_m=[s-m]_n\frac{x^n}{(1-x)^m}(1-\theta x)^{m-s-n}.$$

Si l'on divise par s les deux membres de chacune des équations (5), (6), (7), (8); si d'ailleurs, après avoir écrit, pour abréger,

$$r_n \quad \text{et} \quad \varepsilon_m$$

au lieu de

$$\frac{r_n}{s} \quad \text{et} \quad \frac{\varepsilon_m}{s},$$

on réduit s à zéro, alors on verra le rapport

$$\frac{(1+x)^s - 1}{s}$$

se réduire simplement à

$$\mathrm{l}(1+x),$$

et l'on trouvera

$$(13) \qquad \mathrm{l}(1+x) = x - \frac{x^2}{2} + \frac{x^3}{3} - \ldots + (-1)^n \frac{x^{n-1}}{n-1} + r_n,$$

$$(14) \quad r_n = \frac{(-1)^{n+1} x^n}{n-1} \left[\begin{array}{l} \frac{1}{1+x} - \frac{1}{n-2} \frac{1}{(1+x)^2} + \frac{1.2}{(n-2)(n-3)} \frac{1}{(1+x)^3} - \ldots \\ + (-1)^{m+1} \frac{1.2\ldots(m-1)}{(n-2)\ldots(n-m)} \frac{1}{(1+x)^m} \end{array} \right] + \varepsilon_m,$$

$$(15) \quad \varepsilon_m = (-1)^{m+n+1} \frac{1.2.3\ldots m}{(n-1)(n-2)\ldots(n-m)} \frac{x^n}{(1+x)^m} \int_0^x z^{n-1}(1+x-z)^{m-n} dz,$$

$$(16) \quad \varepsilon_m = (-1)^{m+n+1} \frac{1.2.3\ldots m}{n(n-1)\ldots(n-m)} \frac{x^n}{(1+x)^m} (1+\theta x)^{m-n}.$$

Aux applications que nous venons de faire, des formules établies dans le § I, on pourrait en joindre beaucoup d'autres. Nous nous bornerons ici à en indiquer quelques-unes.

Si dans les formules (13), (14), (15) on remplace x par $x\sqrt{-1}$, celles que l'on obtiendra fourniront, non seulement le développement connu de $\operatorname{arc\,tang} x$, mais encore le reste qui le complète, développé lui-même en une série qui sera très convergente dans ses premiers termes quand n aura une grande valeur.

Si dans l'intégrale

$$\int_0^x (1-x^2)^{-\frac{1}{2}} dx = \operatorname{arc\,sin} x$$

on substitue pour $(1-x^2)^{-\frac{1}{2}}$ sa valeur tirée des formules (9) et (10), on obtiendra, non seulement le développement connu de la fonction arc sin$x$, mais encore le reste qui le complète, développé lui-même en une série qui sera très convergente dans ses premiers termes, quand n sera très grand. Des remarques semblables sont applicables aux intégrales de la forme

$$\int_0^x (1-x^2)^{-s}\,dx,$$

ainsi qu'à une multitude d'autres, et en particulier à certaines intégrales que l'on rencontre dans la Mécanique céleste, comme nous l'expliquerons plus en détail dans un autre Article.

En terminant ce Mémoire, nous observerons que les formules (1), (2), (3), (4) peuvent se déduire, non seulement des principes établis dans le § I, mais aussi de l'équation

$$\int_0^\infty \frac{z^{-s}\,dz}{1+z} = \frac{\pi}{\sin \pi s},$$

qui subsiste pour des valeurs de s comprises entre les limites 0, 1, ou plutôt de la formule

$$(x+h)^{-s} = \frac{\sin \pi s}{\pi} \int_0^\infty \frac{z^{-s}\,dz}{x+h+z},$$

que l'on tire de l'équation précédente, en y remplaçant z par $\dfrac{z}{x+h}$.

148.

Mécanique céleste. — *Note sur la substitution des anomalies excentriques aux anomalies moyennes, dans le développement de la fonction perturbatrice.*

C. R., t. XIII, p. 850 (25 octobre 1841).

Le calcul des perturbations des mouvements planétaires exige le développement de la fonction perturbatrice en une série de termes proportionnels aux puissances entières des exponentielles trigonométriques qui offrent pour arguments les anomalies moyennes. Or ce développement peut être déduit de celui dans lequel les exponentielles trigonométriques offriraient pour arguments, non plus les anomalies moyennes, mais les anomalies excentriques. Il y a plus; on passera très facilement du second développement au premier, si l'on a commencé par former pour chaque planète une Table qui présente les diverses valeurs d'une certaine transcendante dont M. Bessel s'est occupé dans un beau Mémoire, présenté à l'Académie de Berlin en 1824, et sur laquelle j'ai rappelé dernièrement l'attention des géomètres. Dans la précédente Note, je me suis proposé, comme M. Bessel, de montrer les avantages que présente l'emploi de cette transcendante dans le développement de la première partie de la fonction perturbatrice. Je vais montrer aujourd'hui comment la même transcendante peut servir au développement de la seconde partie de la même fonction, je veux dire, de la partie dépendante de l'action mutuelle de deux planètes.

Analyse.

Conservons les mêmes notations que dans la Note du 4 octobre, et soit toujours

$$\text{(1)} \qquad R = \frac{m'r}{r'^2}\cos\delta + \ldots - \frac{m'}{\iota} - \ldots$$

la fonction perturbatrice. On aura

$$\text{(2)} \qquad R = \Sigma(m, m')_{n,n'}\, e^{(nT+n'T')\sqrt{-1}},$$

$$\text{(3)} \qquad (m, m')_{n,n'} = A_{n,n'} - B_{n,n'},$$

$A_{n,n'}$ et $B_{n,n'}$ étant les coefficients du produit

$$e^{nT\sqrt{-1}}\, e^{n'T'\sqrt{-1}},$$

dans les développements des termes $\frac{m'r}{r'^2}\cos\delta$ et $\frac{m'}{\iota}$. On aura d'ailleurs, comme nous l'avons remarqué,

$$(4)\quad \begin{cases} \mathrm{A}_{n,n'} = \dfrac{m'}{2}\nu\left[q_{-1}q'_{-1}\,e^{(\varpi'+\varpi+\Phi)\sqrt{-1}} + q_1\,q'_1\,e^{-(\varpi'+\varpi+\Phi)\sqrt{-1}}\right] \\ \qquad + \dfrac{m'}{2}\mu\left[q_1\,q'_{-1}\,e^{(\varpi'-\varpi+\Pi)\sqrt{-1}} + q_{-1}q'_1\,e^{-(\varpi'-\varpi+\Pi)\sqrt{-1}}\right], \end{cases}$$

les valeurs de q_1, q'_1 étant fournies par les équations

$$(5)\quad \begin{cases} q_1 = \left(\dfrac{\varepsilon}{2\eta}\right)\dfrac{1}{2\pi}\displaystyle\int_0^{2\pi}\left(1-\eta e^{\psi\sqrt{-1}}\right)^2 r e^{-(\psi+nT)\sqrt{-1}}\,d\psi, \\ q'_1 = -a'^{-2}\dfrac{n'}{\eta'}\,\dfrac{1}{2\pi}\displaystyle\int_0^{2\pi}\left(1-\eta' e^{\psi'\sqrt{-1}}\right)e^{-n'T\sqrt{-1}}\,d\psi'. \end{cases}$$

et les valeurs de r, T étant

$$(6)\qquad r = a(1-\varepsilon\cos\psi), \qquad T = \psi - \varepsilon\sin\psi.$$

Par suite, si l'on pose

$$(7)\qquad \mathcal{E}_k = \frac{1}{2\pi}\int_0^{2\pi} e^{-k\psi\sqrt{-1}}\,e^{n\varepsilon\sin\psi\sqrt{-1}}\,d\psi,$$

et si l'on nomme $\mathcal{E}'_k$ ce que devient $\mathcal{E}_k$ quand on passe de la planète m à la planète m', les valeurs de

$$q_1, \quad q'_1$$

se déduiront aisément de celles de la transcendante $\mathcal{E}_k$ supposées connues, à l'aide des formules (8) et (9) de la page 345. Ajoutons que, si l'on nomme $\mathfrak{D}_k$ une seconde transcendante déterminée par la formule

$$(8)\quad \mathfrak{D}_k = \frac{1}{2\pi}\int_0^{2\pi} e^{(n-k)\psi\sqrt{-1}}\,e^{-nT\sqrt{-1}}\,dT = \frac{n-k}{2\pi n}\int_0^{2\pi} e^{(n-k)\psi\sqrt{-1}}\,e^{-nT\sqrt{-1}}\,d\psi,$$

ou, ce qui revient au même, par l'équation

$$(9)\qquad \mathfrak{D}_k = \mathcal{E}_k - \frac{\varepsilon}{2}\left(\mathcal{E}_{k+1} + \mathcal{E}_{k-1}\right) = \frac{n-k}{n}\mathcal{E}_k,$$

on pourra, aux formules (8) de la page 345, substituer les suivantes

$$(10)\quad \begin{cases} q_1 = a\left(\dfrac{\varepsilon}{2\eta}\right)(\mathfrak{D}_{n+1} - 2\eta\,\mathfrak{D}_n + \eta^2\,\mathfrak{D}_{n-1}), \\ q_{-1} = a\left(\dfrac{\varepsilon}{2\eta}\right)(\mathfrak{D}_{n-1} - 2\eta\,\mathfrak{D}_n + \eta^2\,\mathfrak{D}_{n+1}). \end{cases}$$

Quant aux valeurs de q'_1, q'_{-1}, elles seront toujours

$$(11)\quad \begin{cases} q'_1 = -n'a'^{-2}\left(\dfrac{1}{\eta'}\mathcal{E}'_{n'} - \mathcal{E}'_{n'-1}\right), \\ q'_{-1} = n'a'^{-2}\left(\dfrac{1}{\eta'}\mathcal{E}'_{n'} - \mathcal{E}'_{n'+1}\right). \end{cases}$$

Cherchons maintenant la valeur de $B_{n,n'}$, et concevons que l'on commence par développer $\dfrac{m'}{\iota}$ suivant les puissances entières des exponentielles trigonométriques

$$e^{\psi\sqrt{-1}},\quad e^{\psi'\sqrt{-1}}.$$

On obtiendra ainsi une équation de la forme

$$(12)\qquad \frac{m'}{\iota} = \sum C_{l,l'}\, e^{l\psi\sqrt{-1}}\, e^{l'\psi'\sqrt{-1}},$$

le signe $\sum$ s'étendant à toutes les valeurs entières positives, nulles ou négatives de l, l'. Cela posé, en représentant toujours par

$$B_{n,n'}$$

le coefficient du produit

$$e^{nT\sqrt{-1}}\, e^{n'T'\sqrt{-1}},$$

dans le développement de $\dfrac{m'}{\iota}$, on tirera de la formule (12)

$$(13)\qquad B_{n,n'} = \sum C_{l,l'}\,\frac{1}{4\pi^2}\int_0^{2\pi}\!\!\int_0^{2\pi} e^{(l\psi+l'\psi')\sqrt{-1}}\, e^{-(nT+n'T')\sqrt{-1}}\, dT\, dT'.$$

D'ailleurs, en vertu de l'équation

$$T = \psi - \varepsilon \sin\psi,$$

on trouvera

$$\frac{1}{2\pi}\int_0^{2\pi} e^{-l\psi\sqrt{-1}}\, e^{-nT\sqrt{-1}}\, dT = \mathbb{D}_{n-l}.$$

Donc la formule (13) donne simplement

$$(14)\qquad \mathrm{B}_{n,n'} = \Sigma\, \mathrm{C}_{l,l'}\, \mathbb{D}_{n-l}\, \mathbb{D}'_{n'-l'} = \Sigma \frac{ll'}{nn'}\, \mathrm{C}_{l,l'}\, \mathcal{E}_{n-l}\, \mathcal{E}_{n'-l'},$$

le signe Σ s'étendant aux diverses valeurs positives, nulles ou négatives de l, l'. Les formules (10), (11) et (14) suffisent pour montrer combien il est utile de construire, ainsi que l'a fait M. Bessel, une Table propre à fournir les diverses valeurs de la transcendante $\mathcal{E}_k$, de laquelle $\mathbb{D}_k$ se déduit aisément à l'aide de l'équation (9). Cette Table étant construite, la détermination de $\mathrm{B}_{n,n'}$ se trouve réduite au développement de $\frac{1}{\iota}$ suivant les puissances entières des exponentielles

$$e^{\psi\sqrt{-1}},\quad e^{\psi'\sqrt{-1}}.$$

Au reste, la même conclusion se déduirait des deux formules que M. Jacobi a données dans le *Journal de M. Crelle* (XVe Volume, 1836), pour la détermination des coefficients de $\cos nT$ et de $\sin nT$, dans les développements de $\cos l\psi$ et de $\sin l\psi$, et qui se trouvent comprises l'une et l'autre dans la formule (9).

Nous ferons, en terminant cette Note, une remarque essentielle. Quoique la sommation indiquée par le signe Σ dans la formule (14) embrasse, à la rigueur, un nombre infini de valeurs de l, l', cependant le nombre de celles dont on devra tenir compte pour obtenir en nombres la valeur de $\mathrm{B}_{n,n'}$ sera fini et souvent peu considérable, attendu que, pour de grandes valeurs numériques de k, la valeur de $\mathcal{E}_k$, et par suite la valeur de $\mathbb{D}_k$ donnée par la formule (9), seront généralement très petites. En effet, nous avons déjà reconnu, dans la Note précédente, que l'on a, pour des valeurs positives de k,

$$(15)\qquad \mathcal{E}_k = \frac{(\frac{1}{2}n\varepsilon)^k}{1.2\ldots k}\left[1 - \frac{1}{k+1}\,\frac{(\frac{1}{2}n\varepsilon)^2}{1} + \ldots\right] = (-1)^k\,\mathcal{E}_{-k},$$

et nous en avons conclu que, pour de grandes valeurs positives de k, on a sensiblement

$$(16) \qquad \mathcal{E}_k = \left(\frac{\frac{1}{2}n\varepsilon}{k}\right)^k (2\pi k)^{-\frac{1}{2}} e^{-\frac{(\frac{1}{2}n\varepsilon)^2}{k+1}}$$

Or, comme chacun des facteurs renfermés dans le second membre de la formule (16) devient très petit pour de très grandes valeurs numériques de k, il en résulte que la transcendante $\mathcal{E}_k$ offre alors elle-même une très petite valeur numérique. Il suit d'ailleurs de la formule (7) que, dans tous les cas possibles, cette valeur numérique est rigoureusement inférieure au module du produit

$$e^{-k\psi\sqrt{-1}}\, e^{n\varepsilon\sin\psi\sqrt{-1}},$$

c'est-à-dire à l'unité. Remarquons encore que, dans le cas où l'on a

$$\tfrac{1}{2}n\varepsilon < \sqrt{k+1},$$

la série comprise entre parenthèses dans le second membre de la formule (15) est elle-même une quantité positive inférieure à l'unité.

149.

Analyse mathématique. — *Note sur le développement des fonctions en séries.*

C. R., t. XIII, p. 910 (8 novembre 1841).

Une fonction d'une ou de plusieurs variables peut être développée, dans beaucoup de cas, en une série convergente, simple ou multiple, dont les divers termes présentent une forme donnée. Ainsi, par exemple, une fonction d'une seule variable peut souvent être développée en une série dont les divers termes soient respectivement proportionnels aux puissances entières positives ou négatives de cette variable. Or, la forme du développement étant donnée, il est très important de savoir si l'on peut obtenir ou un seul ou plusieurs développements de la même forme. La question est facile à résoudre, lorsque les divers termes doivent être proportionnels aux seules puissances entières et positives de la variable. Alors on prouve aisément que le développement est unique; mais la preuve fournie dans cette hypothèse n'est plus applicable au cas où le développement renfermerait à la fois des puissances positives et des puissances négatives de la variable. Il paraissait donc nécessaire d'examiner de nouveau la question, même pour les développements en séries ordonnées suivant les puissances entières des variables. En m'occupant de cet objet, je suis parvenu à établir divers théorèmes généraux relatifs à des développements de forme donnée. Je me bornerai aujourd'hui à énoncer quelques-uns d'entre eux, me réservant d'en développer les démonstrations et de traiter la même matière avec plus d'étendue dans les *Exercices d'Analyse et de Physique mathématique*.

Il est facile d'établir les deux propositions suivantes :

THÉORÈME I. — *Si une série ordonnée suivant les puissances entières et positives d'une variable réelle ou imaginaire offre une somme nulle, tant qu'elle demeure convergente, chaque terme sera séparément nul.*

THÉORÈME II. — *Si une série convergente, et composée de termes proportionnels, les uns aux puissances entières positives, les autres aux puissances entières négatives d'une variable réelle ou imaginaire, offre une somme nulle, pour un module donné de cette variable, quelle que soit d'ailleurs la valeur de l'argument, chaque terme sera séparément nul.*

De ces deux propositions on déduit immédiatement les suivantes, dont la première était déjà connue.

THÉORÈME III. — *Une fonction continue d'une variable ne peut être développée que d'une seule manière en une série convergente ordonnée suivant les puissances ascendantes et entières de cette variable.*

THÉORÈME IV. — *Une fonction continue de la variable x ne peut être développée que d'une seule manière en une série convergente qui se com-*

pose de termes proportionnels aux puissances entières positives, nulle et négatives de cette variable, et dont la somme représente constamment cette fonction pour un module donné de la variable, quelle que soit d'ailleurs la valeur de l'argument.

Le théorème IV cesserait d'être exact, si, pour le module donné de la variable, la fonction développée en une série convergente se trouvait représentée par la somme de cette série, non pour toutes les valeurs de l'argument, mais seulement pour celles qui seraient comprises entre des limites données.

On peut du théorème IV déduire un grand nombre de conséquences dignes de remarque. Pour en donner une idée, considérons une fonction rationnelle quelconque de la variable x. Cette fonction rationnelle pourra être regardée comme formée par l'addition d'une fonction entière et de diverses fractions simples dont chacune sera proportionnelle à une puissance négative d'un binôme. Or, une telle puissance étant toujours développable, ou suivant les puissances ascendantes, ou suivant les puissances descendantes de la variable, suivant que le module de cette variable est inférieur ou supérieur au module du terme constant du binôme, on doit en conclure qu'une fonction rationnelle de la variable x sera, pour un module donné de x, toujours développable en une série convergente dont les divers termes seront proportionnels, les uns aux puissances entières positives, les autres aux puissances entières négatives de la variable, et dont la somme représentera cette fonction, quel que soit l'argument de la variable. Cela posé, concevons que, par un moyen quelconque, on soit parvenu à déduire immédiatement une semblable série de la fonction rationnelle donnée, sans recourir à la décomposition de la même fonction rationnelle en fractions simples. Cette nouvelle série devra, en vertu du théorème IV, se confondre avec la première. A l'aide de cette seule observation, on peut facilement établir, non seulement les formules connues qui servent à déterminer les sommes des fonctions semblables des racines d'une équation algébrique donnée, mais encore une multitude d'autres formules, par exemple, celles qu'ont obtenues Lagrange, Laplace et Paoli pour le développement en série d'une fonction de la racine la plus rapprochée de zéro, ou de la somme des fonctions semblables de plusieurs racines. On peut même, à l'aide du théorème IV, prouver que ces diverses formules sont applicables, non seulement aux racines des équations algébriques, mais encore, sous certaines conditions, aux racines des équations transcendantes.

ANALYSE.

Si une équation de la forme

$$a_0 + a_1 x + a_2 x^2 + \ldots = 0$$

subsiste, pour tout module de la variable x inférieur à une certaine limite, il suffira de réduire x à zéro dans cette équation, multipliée par un terme de la progression géométrique

$$1, \quad \frac{1}{x}, \quad \frac{1}{x^2}, \quad \ldots,$$

pour obtenir successivement les formules

$$a_0 = 0, \qquad a_1 = 0, \qquad a_2 = 0, \qquad \ldots.$$

Cette démonstration très simple du théorème I peut être étendue, comme l'on sait, au théorème III. (*Voir l'Analyse algébrique,* Chap. VI.)

Concevons maintenant que le module de la variable réelle ou imaginaire x soit représenté par X, et l'argument de la même variable par p, en sorte qu'on ait

$$x = \mathrm{X} e^{p\sqrt{-1}}. \tag{1}$$

Si, pour une valeur donnée du module X, une équation de la forme

$$a_0 + a_1 x + a_2 x^2 + \ldots + a_{-1} x^{-1} + a_{-2} x^{-2} + \ldots = 0 \tag{2}$$

se vérifie, quelle que soit la valeur de l'argument p, il suffira d'intégrer par rapport à p, et entre les limites

$$p = 0, \qquad p = 2\pi,$$

les deux membres de la formule (2), multipliés par

$$e^{np\sqrt{-1}}\,dp,$$

pour obtenir l'équation

$$(3) \qquad a_n = 0,$$

n étant une quantité entière quelconque positive, nulle ou négative. Donc alors la formule (2) entraînera les équations

$$(4) \quad a_0 = 0, \quad a_1 = 0, \quad a_2 = 0, \quad \ldots, \quad a_{-1} = 0, \quad a_{-2} = 0, \quad \ldots.$$

Cette démonstration très simple du théorème II est fondée sur un artifice de calcul analogue à celui dont Euler a fait usage pour développer une fonction en série de termes proportionnels aux cosinus des multiples d'un même arc. D'ailleurs le théorème II, une fois établi, entraîne immédiatement le théorème IV, et toutes les conséquences qui dérivent de celui-ci.

Il importe d'observer que, si l'équation (2) était seulement établie pour des valeurs de l'argument p comprises entre certaines limites, elle n'entraînerait plus nécessairement les formules (4). A l'appui de cette observation, nous pouvons citer la formule

$$(5) \qquad \frac{\pi}{2} - x + \frac{1}{3}x^3 - \frac{1}{5}x^5 + \ldots - x^{-1} + \frac{1}{3}x^{-3} - \frac{1}{5}x^{-5} + \ldots = 0,$$

qui subsiste, quand on y pose

$$x = e^{p\sqrt{-1}},$$

non pour toutes les valeurs possibles de l'argument p, mais seulement pour des valeurs de p comprises entre les limites

$$p = -\frac{\pi}{2}, \qquad p = \frac{\pi}{2}.$$

Observons encore qu'à l'aide d'intégrations définies on peut réduire des séries de diverses formes à des séries ordonnées suivant les puissances entières positives ou négatives de certaines quantités. Ainsi, en particulier, de ce qu'on a, pour des valeurs réelles et positives de r et de n,

$$\int_0^\infty \frac{r}{r^2+p^2}\cos np\,dp = \frac{\pi}{2}e^{-nr},$$

il résulte qu'une équation de la forme

$$\mathrm{f}(p) = a_0 + a_1\cos p + a_2\cos 2p + \ldots, \tag{6}$$

quand elle subsiste, quel que soit l'angle p, entraîne la suivante :

$$\frac{2}{\pi}\int_0^\infty \frac{r}{r^2+p^2}\mathrm{f}(p)\,dp = a_0 + a_1 e^{-r} + a_2 e^{-2r} + \ldots. \tag{7}$$

Pareillement, de ce qu'on a, pour des valeurs réelles et positives de r et de n,

$$\int_0^\infty \frac{p}{r^2+p^2}\sin np\,dp = \frac{\pi}{2}e^{-nr},$$

il résulte qu'une équation de la forme

$$\mathrm{f}(p) = a_1\sin p + a_2\sin 2p + \ldots \tag{8}$$

entraîne la suivante :

$$\frac{2}{\pi}\int_0^\infty \frac{p}{r^2+p^2}\mathrm{f}(p)\,dp = a_1 e^{-r} + a_2 e^{-2r} + \ldots. \tag{9}$$

On a encore

$$\int_0^\infty \frac{p}{r^2+p^2}\sin p\,dp = \frac{\pi}{2}e^{-r},$$

d'où l'on tire

$$\int_0^\infty \frac{p}{n^2r^2+p^2}\sin p\,dp = \frac{\pi}{2}e^{-nr};$$

de sorte que, si l'on pose

$$\mathrm{f}(p) = a_0\frac{1}{p} + a_1\frac{p}{r^2+p^2} + a_2\frac{p}{4r^2+p^2} + \ldots, \tag{10}$$

on conclura la formule

$$\frac{2}{\pi}\int_0^\infty \mathrm{f}(p)\sin p\,dp = a_0 + a_1 e^{-r} + a_2 e^{-2r} + \ldots. \tag{11}$$

Il suit de ces remarques que le développement d'une fonction $f(p)$ en une série semblable à celle que renferme l'une des formules (6), (8), (10) peut être réduit au développement d'une certaine intégrale définie en une série ordonnée suivant les puissances ascendantes et entières de la quantité e^{-r}. Les mêmes remarques permettent aussi d'établir divers théorèmes analogues aux théorèmes I, II, III, IV, et il en résulte, par exemple, que le second membre de chacune des formules (6), (8), (10) ne peut s'évanouir, quel que soit p, sans que chacun de ses termes se réduise séparément à zéro. Ainsi encore, une fonction $f(p)$ de l'angle p ne pourra être développée que d'une seule manière en une série convergente de la forme de celle que renferme l'équation (10), si la somme de cette série doit représenter la fonction, quel que soit p. Si, pour fixer les idées, on suppose la fonction $f(p)$ réduite à

$$\frac{\pi}{2r}\,\frac{e^{\frac{\pi p}{r}}+e^{-\frac{\pi p}{r}}}{e^{\frac{\pi p}{r}}-e^{-\frac{\pi p}{r}}},$$

la série dont il s'agit sera nécessairement

$$\frac{1}{2}\,\frac{1}{p}+\frac{p}{r^2+p^2}+\frac{p}{4r^2+p^2}+\ldots.$$

150.

Calcul intégral. — *Note sur les fonctions alternées et sur les sommes alternées.*

C. R., t. XIII, p. 939 (15 novembre 1841).

Cette Note, qui sera publiée en entier dans les *Exercices de Mathématiques*, a pour objet la démonstration de diverses propriétés des fonctions et des sommes alternées. Je remarque, entre autres choses, que si, la fonction $f(x, y, z, \ldots)$ étant rationnelle par rapport aux variables $x, y, z, \ldots$, on pose

$$s = \mathrm{S}[\pm f(x, y, z, \ldots)],$$

la somme alternée s sera de la forme

$$\mathrm{P}\frac{\mathrm{W}}{\mathrm{V}},$$

P, V, W désignant des fonctions entières de $x, y, z, \ldots$, et P étant de la forme

$$\mathrm{P} = (x-y)(x-z)\ldots(y-z);$$

puis, en partant de cette remarque, j'établis la formule

$$\mathrm{S}\left[\pm\frac{1}{(x-a)(y-b)(z-c)\ldots}\right] = (-1)^{\frac{n(n-1)}{2}}\frac{\mathrm{P}\mathfrak{P}}{\mathrm{V}},$$

n étant le nombre des variables $x, y, z, \ldots$, ou des constantes $a, b, c, \ldots$, $\mathfrak{P}$ désignant ce que devient le produit P quand on y remplace ces variables par ces constantes, et la valeur de la fonction V étant déterminée par la formule

$$\mathrm{V} = (x-a)(x-b)(x-c)\ldots(y-a)(y-b)(y-c)\ldots(z-a)(z-b)(z-c)\ldots.$$

Si, pour fixer les idées, on pose $n = 2$, on obtiendra la formule

$$\frac{1}{(x-a)(y-b)} - \frac{1}{(x-b)(y-a)} = -\frac{(a-b)(x-y)}{(x-a)(x-b)(y-a)(y-b)}.$$

Si l'on pose $n = 3$, on obtiendra la formule

$$\begin{aligned}&\frac{1}{(x-a)(y-b)(z-c)} + \frac{1}{(x-b)(y-c)(z-a)} + \frac{1}{(x-c)(y-a)(z-b)}\\ &-\frac{1}{(x-a)(y-c)(z-b)} - \frac{1}{(x-b)(y-a)(z-c)} - \frac{1}{(x-c)(y-b)(z-a)}\\ &= -\frac{(a-b)(a-c)(b-c)(x-y)(x-z)(y-z)}{(x-a)(x-b)(x-c)(y-a)(y-b)(y-c)(z-a)(z-b)(z-c)}.\end{aligned}$$

151.

Observations relatives à une Note présentée par M. Blanchet ([1]).

C. R., T. XIII, p. 960 (15 novembre 1841).

La Note que M. Blanchet vient d'ajouter aux beaux Mémoires qu'il a présentés à l'Académie traite une question importante dans la théorie des ondulations, la question de savoir ce que deviennent les valeurs

([1]) **Mécanique.** — *Note sur les mouvements très petits qui subsistent entre les différentes nappes de l'onde, dans la propagation d'un ébranlement central;* par **M. P.-H. Blanchet.**

Dans le préambule d'un Mémoire inséré au n° 8 du tome XIII des *Comptes rendus* ([a]), M. Cauchy dit que la dérivée de l'ordre $n-1$ de sa fonction principale s'évanouit toujours pour tous les points qui ne sont pas infiniment rapprochés de la surface de l'onde. Il étend ces conclusions au cas où l'état initial est quelconque. A la page 412 ([b]), qui termine le Mémoire, les mêmes conclusions sont reproduites.

Il suivrait de là qu'il n'y aurait rigoureusement rien entre les différentes nappes de l'onde. Cependant les formules que j'ai données dans mon dernier Mémoire conduisent à des conséquences contraires.

Les intégrales triples, que j'avais négligé d'écrire dans le troisième Mémoire, peuvent être présentées sous la forme

$$(1)\quad \left\{\begin{aligned} &-\frac{1}{8\pi^2}\int_{N''t}^{N't}\int_0^{\pi}\int_0^{2\pi}\chi(s)\,\varphi''_2(t,s)\frac{ds}{s}\sin\varpi\,d\varpi\,d\theta,\\ &-\frac{1}{8\pi^2}\int_{N'''t}^{N't}\int_0^{\pi}\int_0^{2\pi}\chi(s)\,\varphi''_3(t,s)\frac{ds}{s}\sin\varpi\,d\varpi\,d\theta,\end{aligned}\right.$$

comme on peut le voir dans le quatrième.

s a remplacé ρ, et l'on a fait les transformations

$$(2)\quad \left\{\begin{aligned} x-\lambda&=\alpha\rho, & \alpha&=\cos\varpi,\\ y-\mu&=6\rho, & 6&=\sin\varpi\cos\theta,\\ z-\nu&=\gamma\rho, & \gamma&=\sin\varpi\sin\theta;\end{aligned}\right.$$

$$(3)\quad f(\lambda,\mu,\nu)=f(x-\alpha\rho,\,y-6\rho,\,z-\gamma\rho)=\chi(\rho).$$

La fonction $\chi(\rho)$ s'évanouit pour les valeurs de ϖ, θ et ρ, qui ne répondent pas à quelqu'un des points de l'espace primitivement ébranlés. Si donc les limites $N't$ et $N''t$ de la première des intégrales (1) sont, l'une au delà, l'autre en deçà des valeurs de ρ pour lesquelles la fonction χ ne s'évanouit pas, on pourra prendre, pour limites de l'intégration

([a]) *OEuvres de Cauchy*, S. I, T. VI, p. 288 (Extrait n° 142).

([b]) *OEuvres de Cauchy*, S. I, T. VI, p. 302 et 303 (Extrait n° 142).

des inconnues entre les diverses nappes de la surface des ondes. M. Blanchet ayant cité un passage de l'un de mes Mémoires, je demanderai d'abord la permission de relire le commencement de ce passage. Voici ce que je disais dans le *Compte rendu* de la séance du 23 août dernier.

relative à s, o et $+\infty$; car au fond la triple intégration se rapportera à toute la portion de l'espace primitivement ébranlée.

Si l'on fait, dans la première des intégrales (1), la transformation inverse de la transformation (2), on trouvera

$$(4)\qquad -\frac{1}{8\pi^2}\iiint f(\lambda,\mu,\nu)\varphi''_2\left[t,\sqrt{(x-\lambda)^2+(y-\mu)^2+(z-\nu)^2}\right]\frac{d\lambda\, d\mu\, d\nu}{\left[\sqrt{(x-\lambda)^2+(y-\mu)^2+(z-\nu)^2}\right]^3},$$

et les limites des λ, μ, ν seront $-\infty$ et $+\infty$, ou, si l'on veut, les limites de l'ébranlement primitif.

La seconde des intégrales (1) donnera un résultat semblable; φ''_2 sera remplacé par φ''_3.

Le radical

$$(5)\qquad \sqrt{(x-\lambda)^2+(y-\mu)^2+(z-\nu)^2}$$

est du même ordre de grandeur que t, car il est compris entre des quantités de la forme Nt. D'ailleurs les fonctions φ''_2 et φ''_3 sont homogènes de l'ordre -1. Ainsi, en général, les intégrales de la forme (4) seront de même ordre que le volume de l'ébranlement primitif divisé par la quatrième puissance du radical (5).

Il faudrait donc que les fonctions φ_2 et φ_3 présentassent des particularités bien extraordinaires pour que les intégrales (1) fussent rigoureusement nulles.

Il est évident qu'on peut arriver à un résultat analogue dans le cas où la plus grande nappe n'enveloppe pas toutes les autres. Il suffit de substituer à la surface qui limiterait naturellement l'onde extérieure une certaine portion de surface développable au delà de laquelle il n'y a rigoureusement rien ([a]).

Cela posé, dans les valeurs générales des déplacements ξ, η, ζ, les fonctions qui expriment les déplacements à l'origine du mouvement produiront des termes de la forme des intégrales (1). Les fonctions qui expriment les vitesses initiales produiront des termes de même forme; seulement, au lieu des fonctions φ''_2, φ''_3, on aura des fonctions Φ'_2, Φ'_3.

Dans les valeurs de $\frac{d\xi}{dt}$, $\frac{d\eta}{dt}$, $\frac{d\zeta}{dt}$, on aura encore des termes de même forme. Mais les déplacements primitifs amèneront dans les intégrales φ'''_2, φ'''_3, tandis que les vitesses initiales y donneront Φ''_2, Φ''_3.

Ainsi, il y aura des déplacements et des vitesses entre les nappes de l'onde. Toutefois ces déplacements et ces vitesses seront très petits par rapport à ceux qui auront lieu dans les nappes mêmes de l'onde, quand les dimensions de cette onde seront devenues très considérables par rapport aux dimensions de la portion de l'espace primitivement ébranlée. Si l'onde produit un phénomène sensible, ce phénomène pourra disparaître entre les nappes de l'onde à une assez grande distance de l'ébranlement primitif. Jamais il ne sera rigoureusement nul.

Ces conclusions s'accordent d'ailleurs avec les résultats obtenus par M. Poisson dans le cas de la propagation sphérique (t. X des *Mémoires de l'Académie*).

([a]) Voir *Comptes rendus des séances de l'Académie des Sciences*, t. XIII, p. 197 et 339.

De la réduction que j'ai obtenue, il résulte que la dérivée de la fonction principale de l'ordre n — 1 se réduit, pour les points situés dans l'intérieur de l'onde, à une quantité infiniment petite, et, pour les points situés hors de cette même onde, à une quantité infiniment petite d'un ordre plus élevé. Jusque-là les calculs de M. Blanchet et les miens se trouvent complètement d'accord. Seulement, après avoir donné mes calculs, contre lesquels aucune objection ne s'est élevée jusqu'à ce jour, j'ai observé que des infiniment petits d'ordres supérieurs peuvent toujours être négligés relativement à des infiniment petits d'ordre moindre; et j'ai cru pouvoir conclure de cette observation qu'il n'existe rien entre les diverses nappes. M. Blanchet, sans attaquer mes formules, a déduit des siennes une conclusion contraire. Mais il reste ici une difficulté à résoudre; car on ne voit pas comment il arriverait que les conclusions auxquelles j'étais parvenu ne pussent se déduire de l'observation sur laquelle elles sont fondées. D'ailleurs la solution de la question agitée en ce moment repose sur des considérations tellement délicates que, avant de prononcer définitivement s'il existe quelque chose, ou s'il n'existe rien entre les nappes, il me paraît nécessaire de revoir tous les calculs, et de comparer entre elles les diverses formules. C'est ce que je me propose de faire. La Note de M. Blanchet sera un document nouveau qui pourra servir à éclaircir la question; et, si M. Blanchet a raison dans cette Note, je serai certainement le premier à lui rendre justice.

152.

ANALYSE MATHÉMATIQUE. — *Note sur divers théorèmes relatifs à la rectification des courbes, et à la quadrature des surfaces.*

C. R., T. XIII, p. 1060 (6 décembre 1841).

Dans un Mémoire lithographié en 1832, j'ai donné les propositions suivantes :

THÉORÈME I. — *p désignant l'angle polaire que forme une droite* OO' *tracée à volonté dans un plan avec un axe fixe; S le système d'une ou de plusieurs longueurs mesurées sur une ou plusieurs lignes droites ou courbes, fermées ou non fermées; A la somme des projections absolues des divers éléments de S sur la droite* OO', *et* π *le rapport de la circonférence au diamètre, on aura*

$$S = \frac{1}{4}\int_{-\pi}^{\pi} A\,dp. \tag{1}$$

Théorème II. — *p désignant l'angle formé par une droite quelconque* OO' *avec un axe fixe* OP; *q l'angle formé par le plan des deux droites* OP, OO' *avec un plan fixe qui renferme la première; S le système d'une ou de plusieurs surfaces planes ou courbes, et A la somme des projections absolues des divers éléments de S sur un plan* HIK *perpendiculaire à la droite* OO'; *on aura*

$$S = \frac{1}{2\pi}\int_{-\pi}^{\pi}\int_{0}^{\pi} A \sin p\,dq\,dp. \tag{2}$$

Ces théorèmes entraînent évidemment les suivants :

Théorème III. — *Le périmètre d'un polygone ou d'une courbe est toujours égal ou inférieur à la circonférence d'un cercle qui aurait pour rayon le quart de la plus grande somme que puissent fournir les projections des diverses parties de ce périmètre sur un axe quelconque.*

Théorème IV. — *L'aire d'un polyèdre ou d'une surface courbe est toujours égale ou inférieure au double de la plus grande somme que puissent fournir les projections des diverses parties de cette aire sur un plan quelconque.*

D'autres théorèmes qui se rapportent aux quadratures et aux cubatures, et qui seront développés dans les *Exercices d'Analyse et de Physique mathématique*, se déduisent aisément des principes exposés dans mes Leçons orales à l'École Polytechnique. Je me bornerai à énoncer le suivant :

Théorème V. — *Supposons qu'une aire plane, renfermée dans le périmètre S d'un polygone convexe ou d'une courbe convexe, ait été partagée* *en rectangles égaux et très petits par deux systèmes de droites parallèles à deux axes donnés. Soient h, k les dimensions de chaque rectangle, mesurées parallèlement au premier et au second axe. Soient encore H et K les projections du contour S sur le premier ou sur le second axe. Si l'on prend pour valeur approchée de l'aire A la somme des rectangles qui sont entièrement renfermés dans cette aire, sans être traversés par le contour S, l'erreur commise sera inférieure au double de la somme*

$$hK + kH.$$

Considérons maintenant une aire plane A renfermée entre les périmètres de deux polygones construits de manière que les côtés du second polygone, parallèles à ceux du premier, en soient constamment séparés par la distance h. L'aire A, composée de trapèzes dont les hauteurs seront égales à h, aura évidemment pour mesure le produit de la distance h par la demi-somme des périmètres des deux polygones donnés, ou, ce qui revient au même, par le périmètre d'un troisième polygone dont chaque côté divisera la distance h en parties égales. Or, il suffira de transformer ce troisième polygone en une courbe plane dont le rayon de courbure surpasse constamment la distance $k = \frac{1}{2}h$, pour obtenir la proposition suivante :

THÉORÈME VI. — *Supposons que le centre d'un cercle, dont le diamètre est $2k$, se meuve, dans un plan donné, sur une courbe fermée, dont le rayon de courbure surpasse constamment le rayon k. L'aire comprise entre les deux enveloppes intérieure et extérieure de l'espace parcouru par le cercle aura pour mesure le produit*

$$2kS,$$

S désignant le périmètre de la courbe.

Le théorème précédent fournit un moyen facile de trouver la limite de l'erreur commise, quand on substitue à l'aire d'une courbe plane l'aire d'un polygone inscrit ou circonscrit à cette courbe.

Il peut aussi fournir des relations entre des intégrales définies. Pour donner un exemple de ces relations, supposons que la courbe sur laquelle se meut le centre du cercle se confonde avec une ellipse dont les demi-axes soient

$$a \quad \text{et} \quad b < a.$$

Si l'on nomme x, y les coordonnées courantes de cette ellipse, on aura

$$(3) \qquad \frac{\mathrm{x}^2}{a^2} + \frac{\mathrm{y}^2}{b^2} = 1.$$

Si l'on nomme au contraire x, y les coordonnées courantes de la circonférence de cercle dont le rayon est k, et dont le centre se promène sur le périmètre de l'ellipse, on aura

$$(4) \qquad (x - \mathrm{x})^2 + (y - \mathrm{y})^2 = k^2.$$

Ajoutons : 1° que l'excentricité ε de l'ellipse sera liée aux demi-axes a et b par les formules

$$\varepsilon = \left(1 - \frac{b^2}{a^2}\right)^{\frac{1}{2}}, \qquad \text{ou} \qquad b = a(1 - \varepsilon^2)^{\frac{1}{2}};$$

2° que le rayon k surpassera constamment le rayon de courbure ρ de l'ellipse, s'il est supérieur à la valeur minimum de ρ, c'est-à-dire au rapport

$$\frac{b^2}{a} = a(1 - \varepsilon^2).$$

Cela posé, cherchons d'abord, dans le plan des x, y, les enveloppes intérieure et extérieure de l'espace que traverse le cercle représenté par la formule (4). Pour obtenir les équations de ces enveloppes, il suffira de joindre aux formules (3) et (4) celle que produit l'élimination de $d\mathrm{x}$ et de $d\mathrm{y}$ entre les mêmes formules différentiées par rapport à x et à y, savoir la formule

$$(5) \qquad a^2 \frac{x - \mathrm{x}}{\mathrm{x}} = b^2 \frac{y - \mathrm{y}}{\mathrm{y}},$$

puis d'éliminer x, y entre les formules (3), (4) et (5). Si, pour abréger, on représente par θ la valeur commune des deux membres de l'équation (5), on aura

$$\mathrm{x} = \frac{a^2 x}{\theta + a^2}, \qquad \mathrm{y} = \frac{b^2 x}{\theta + b^2},$$

en sorte que les formules (3), (4) donneront

$$(6)\qquad \begin{cases} \dfrac{a^2x^2}{(\theta+a^2)^2}+\dfrac{b^2y^2}{(\theta+b^2)^2}=1, \\ \dfrac{\theta^2x^2}{(\theta+a^2)^2}+\dfrac{\theta^2y^2}{(\theta+b^2)^2}=k^2; \end{cases}$$

et les enveloppes dont nous avons parlé seront les deux courbes représentées par l'équation en x et y que produira l'élimination de θ entre les formules (6). Si aux coordonnées rectangulaires x, y on substitue des coordonnées polaires r, p, liées aux premières par les équations

$$x=r\cos p, \qquad y=r\sin p,$$

on tirera des formules (6)

$$(7)\qquad r^2=\left[\frac{a^2}{(\theta+a^2)^2}\cos^2 p+\frac{b^2}{(\theta+a^2)^2}\sin^2 p\right]^{-1},$$

θ désignant une racine de l'équation du quatrième degré

$$(8)\qquad (\theta^2-a^2k^2)(\theta+b^2)^2\cos^2 p+(\theta^2-b^2k^2)(\theta+a^2)^2\sin^2 p=0.$$

Il est bon d'observer qu'en vertu de cette dernière équation le second membre de la formule (7) pourrait être réduit à une fonction entière de θ, et même à une fonction entière du troisième degré.

Soient maintenant

$$\theta_{\prime}, \quad \theta_{\prime\prime}$$

les deux racines réelles de l'équation (8), relatives aux deux enveloppes; soient encore

$$r_{\prime}^2, \quad r_{\prime\prime}^2$$

les valeurs correspondantes de r^2 tirées de la formule (7), et A l'aire comprise entre les deux enveloppes. On aura, en supposant $r_{\prime}^2 < r_{\prime\prime}^2$,

$$(9)\qquad A=\frac{1}{2}\int_{-\pi}^{\pi}(r_{\prime\prime}^2-r_{\prime}^2)\,dp.$$

D'autre part, le périmètre S de l'ellipse sera, comme l'on sait, déterminé par la formule

$$(10)\qquad S=a\int_{-\pi}^{\pi}\sqrt{1-\varepsilon^2\cos^2\varphi}\,d\varphi.$$

Donc, en vertu du théorème VI, on aura

$$(11)\qquad \int_{-\pi}^{\pi}(r_{\prime\prime}^2 - r_{\prime}^2)\,dp = 4ak\int_{-\pi}^{\pi}\sqrt{1-\varepsilon^2\cos^2\varphi}\,d\varphi.$$

Ainsi se trouve établie une relation entre deux intégrales définies, dont la première a cela de remarquable que la fonction sous le signe $\int$ dépend uniquement de deux racines réelles d'une équation du quatrième degré.

La formule (11) peut être aisément vérifiée dans des cas particuliers; et d'abord, si l'on suppose $b = a$, ou, ce qui revient au même, $\varepsilon = 0$, les formules (8) et (7) donneront

$$\theta^2 = a^2k^2, \qquad \theta = \pm ak, \qquad r^2 = (a \pm k)^2.$$

On aura donc alors

$$r_{\prime\prime}^2 - r_{\prime}^2 = (a+k)^2 - (a-k)^2 = 4ak,$$

et, par suite,

$$\int_{-\pi}^{\pi}(r_{\prime\prime}^2 - r_{\prime}^2)\,dp = 8ak\pi,$$

comme le donnerait la formule (11).

En second lieu, si l'on suppose k très petit, la formule (8) donnera sensiblement

$$(12)\qquad \theta^2 = k^2\,\frac{\dfrac{\cos^2 p}{a^2} + \dfrac{\sin^2 p}{b^2}}{\dfrac{\cos^2 p}{a^4} + \dfrac{\sin^2 p}{b^4}};$$

et, en nommant Θ la valeur positive de θ fournie par l'équation (12), on aura encore, à très peu près,

$$r_{\prime\prime}^2 - r_{\prime}^2 = \frac{4k^2}{\Theta}\left(\frac{\cos^2 p}{a^2} + \frac{\sin^2 p}{b^2}\right)^{-1}.$$

Cela posé, on tirera de la formule (11)

$$\int_{-\pi}^{\pi}\frac{\left(\dfrac{\cos^2 p}{a^4} + \dfrac{\sin^2 p}{b^4}\right)^{\frac{1}{2}}}{\left(\dfrac{\cos^2 p}{a^2} + \dfrac{\sin^2 p}{b^2}\right)^{\frac{3}{2}}}\,dp = a\int_{-\pi}^{\pi}\sqrt{1-\varepsilon^2\cos^2\varphi}\,d\varphi,$$

ou, ce qui revient au même,

$$\int_{-\pi}^{\pi} \frac{\left(\frac{\cos^2 p}{a^4} + \frac{\sin^2 p}{b^4}\right)^{\frac{1}{2}}}{\left(\frac{\cos^2 p}{a^2} + \frac{\sin^2 p}{b^2}\right)^{\frac{3}{2}}} dp = ab \int_{-\pi}^{\pi} \left(\frac{\cos^2 \varphi}{a^2} + \frac{\sin^2 \varphi}{b^2}\right)^{\frac{1}{2}} d\varphi.$$

Or, pour obtenir directement cette dernière formule, il suffit de prendre

$$a \cos\varphi = \cos p \left(\frac{\cos^2 p}{a^2} + \frac{\sin^2 p}{b^2}\right)^{-\frac{1}{2}}.$$

153.

Calcul intégral. — *Note sur quelques théorèmes de Calcul intégral.*

C. R., T. XIII, p. 1087 (13 décembre 1841).

Je donne dans cette Note un théorème de Calcul intégral qui comprend comme cas particulier le théorème déjà connu à l'aide duquel on transforme en intégrale simple une intégrale multiple, produite par plusieurs intégrations relatives à une même variable. Je remarque, en outre, que ce dernier théorème peut être utilement appliqué à la détermination de la fonction principale qui vérifie une équation caractéristique homogène. Enfin je me sers des formules ainsi obtenues pour éclaircir une difficulté qui a été soulevée dans la séance du 15 novembre, et que je vais rappeler en peu de mots.

Dans le préambule du Mémoire inséré au n° 8 du Tome XIII des *Comptes rendus* ([1]), j'ai considéré une fonction principale, propre à vérifier une équation caractéristique homogène de l'ordre n, entre trois coordonnées et le temps t; puis, en supposant que la valeur initiale de la dérivée de cette fonction, différentiée $n - 1$ fois par rapport à t, dépendait de la distance à un centre fixe, et s'évanouissait toujours en

([1]) *Œuvres de Cauchy*, S. I, T. VI, p. 288.

dehors d'une sphère décrite du même centre avec un rayon très petit, j'ai dit que *cette dérivée se réduisait, pour les points situés dans l'intérieur de chaque onde, à une quantité infiniment petite, et, pour les points situés au dehors, à une quantité infiniment petite d'un ordre plus élevé.* J'ai cru pouvoir en conclure que la même dérivée *s'évanouit, dans l'hypothèse admise, pour tous les points qui ne sont pas infiniment rapprochés de la surface des ondes.* D'un autre côté, M. Blanchet, après avoir rappelé le passage que je viens de citer, a conclu de ses formules qu'*il y a des déplacements et des vitesses entre les différentes nappes de la surface des ondes;* et il a observé qu'il se trouvait en cela d'accord avec les résultats que M. Poisson a déduits des intégrales relatives aux ondes sphériques. Or, quoique ces diverses conclusions puissent paraître contradictoires au premier abord, cependant un examen attentif m'a conduit à reconnaître que la contradiction est seulement apparente. Ainsi, par exemple, en appliquant mes formules à des équations homogènes qui comprennent comme cas particulier celle dont M. Poisson s'est occupé, j'ai vu que, du moins pour ces équations, la dérivée de l'ordre $n-1$ de la fonction principale est effectivement nulle dans tous les points situés hors des diverses nappes, ou entre ces mêmes nappes, tandis que la fonction principale elle-même s'évanouit en dehors de la plus grande nappe, sans devenir nulle, ni entre les diverses nappes, ni en dedans de la plus petite. Ainsi, jusqu'à présent, rien n'infirme le théorème que j'avais énoncé. D'ailleurs les méthodes que j'ai données dans les précédents Mémoires, jointes à la remarque présentée au commencement de cette Note, fournissent les moyens de parvenir avec beaucoup de facilité à la valeur définitive de la fonction principale.

Analyse.

§ I. — Théorèmes de Calcul intégral.

Théorème Ier. — *Soient*

$$u, \quad v$$

deux fonctions données d'une même variable s.

$$s = \tau, \qquad s = t$$

deux valeurs particulières de s, et supposons que la fonction v s'évanouisse pour $s=\tau$, avec ses dérivées d'un ordre inférieur à n. Si l'on pose

$$(1) \qquad \mathrm{U}=\int_t^s\int_t^s\cdots\int_t^s u\,ds^n, \qquad \mathrm{V}=\mathrm{D}_s^n v,$$

on aura

$$(2) \qquad \int_\tau^t uv\,ds=(-1)^n\int_\tau^t \mathrm{UV}\,ds.$$

Démonstration. — Pour établir la formule (2), il suffira évidemment d'appliquer n fois de suite l'intégration par parties à la transformation de l'intégrale

$$\int_\tau^t uv\,ds,$$

en faisant porter les différentiations sur le facteur v et sur les dérivées de ce facteur.

Corollaire I. — Si l'on suppose $\tau=0$, et si l'on indique à l'aide de la caractéristique

$$\mathrm{D}_s^{-n}$$

n intégrations effectuées par rapport à la variable s, et à partir de $s=0$, la formule (2) pourra s'écrire comme il suit

$$(3) \qquad \int_0^t uv\,ds=\int_0^t \mathrm{D}_s^{-n}u\,.\,\mathrm{D}_s^n v\,ds.$$

Corollaire II. — Si, dans la formule (2), on pose

$$u=(t-s)^m,$$

m désignant une quantité positive, on trouvera

$$(4) \qquad \int_\tau^t (t-s)^m v\,ds=\int_\tau^t \frac{(t-s)^{m+n}}{(m+1)\ldots(m+n)}\mathrm{D}_s^n v\,ds.$$

Dans cette dernière formule, comme dans l'équation (2), la fonction v est assujettie à la condition de s'évanouir avec ses dérivées d'un ordre égal ou inférieur à n, pour $s=\tau$. Or cette condition sera évidemment remplie si l'on prend

$$v = \int_\tau^s \int_\tau^s \cdots \int_\tau^s \mathrm{f}(s)\, ds^n,$$

et alors la formule (4) donnera

$$(5)\quad \int_\tau^t (t-s)^m \int_\tau^s \int_\tau^s \cdots \int_\tau^s \mathrm{f}(s)\, ds^{n+1} = \int_\tau^t \frac{(t-s)^{m+n}}{(m+1)\ldots(m+n)} \mathrm{f}(s)\, ds.$$

Si dans la formule (5) on pose $m = 0$, et si en même temps on y remplace n par $n - 1$, on obtiendra une équation qui pourra s'écrire comme il suit

$$(6)\qquad \int_\tau^t \int_\tau^t \cdots \int_\tau^t \mathrm{f}(t)\, dt^{n+1} = \int_\tau^t \frac{(t-s)^n}{1.2\ldots n} \mathrm{f}(s)\, ds.$$

Or l'équation (6), dans laquelle nous pouvons remplacer n par $n - 1$, renferme un théorème déjà connu [*voir* le *Résumé des Leçons sur le Calcul infinitésimal*, p. 140 (1)], et dont voici l'énoncé :

Théorème II. — *L'intégrale multiple qui résulte de n intégrations effectuées par rapport à une même variable t, et à partir de l'origine t = τ, sur une fonction donnée f(t), peut être transformée en intégrale simple par l'équation*

$$(7)\qquad \int_\tau^t \int_\tau^t \cdots \int_\tau^t \mathrm{f}(t)\, dt^n = \int_\tau^t \frac{(t-s)^{n-1}}{1.2\ldots(n-1)} \mathrm{f}(s)\, ds.$$

§ II. — *Transformation de la fonction principale qui vérifie une équation linéaire aux différences partielles.*

Soit

$$\mathrm{F}(x, y, z, \ldots, t)$$

une fonction de plusieurs variables $x, y, z, \ldots, t$, entière, du degré n, et dans laquelle le coefficient de t^n se réduise à l'unité. Supposons d'ailleurs, pour fixer les idées, que les variables

$$x,\quad y,\quad z,\quad t,$$

(1) *OEuvres de Cauchy*, S. II, T. IV.

réduites à quatre, représentent trois coordonnées rectangulaires et le temps. Enfin soit ϖ une fonction principale, assujettie à vérifier, quel que soit t, l'équation caractéristique

$$(1)\qquad F(D_x, D_y, D_z, D_t)\varpi = 0,$$

et, pour $t = 0$, les conditions

$$(2)\qquad \varpi = 0, \quad D_t\varpi = 0, \quad \ldots, \quad D_t^{n-2}\varpi = 0, \quad D_t^{n-1}\varpi = \varpi(x, y, z).$$

Les méthodes exposées dans les précédents Mémoires fourniront toujours, et dans beaucoup de cas avec une grande facilité, la valeur générale de

$$D_t^{n-1}\varpi,$$

c'est-à-dire la dérivée de l'ordre $n - 1$ de la fonction principale. Or, pour revenir de cette dérivée à la fonction elle-même, il suffira évidemment d'effectuer n intégrations successives, par rapport à la seule variable t, et à partir de $t = 0$. On y parviendra sans peine à l'aide de la formule (7) du § Ier. En effet, si l'on désigne par

$$f(t)$$

la valeur de $D_t^{n-1}\varpi$ considérée comme fonction de t, on aura, en vertu de cette formule,

$$(3)\qquad \varpi = \int_0^t \frac{(t-s)^{n-2}}{1.2\ldots(n-2)} f(s)\,ds.$$

Pour montrer une application de la formule (3), prenons

$$(4)\qquad \varpi(x, y, z) = \Pi(r) = \Pi(-r),$$

la valeur de r étant

$$r = \sqrt{x^2 + y^2 + z^2},$$

et supposons en outre que la fonction $F(x, y, z, t)$ se réduise à une fonction homogène de r et de t. Alors, en vertu d'une formule que j'ai donnée dans le *Compte rendu* de la séance du 19 juillet dernier [p. 119 ([1])], on aura

$$(5)\quad D_t^{n-1}\varpi = \mathcal{L}\frac{\omega^{n-1}}{((F(u,v,w,\omega)))_\omega}\,\frac{(r+\omega t)\,\Pi(r+\omega t)+(r-\omega t)\,\Pi(r-\omega t)}{2r},$$

u, v, w étant assujettis à vérifier la condition

$$u^2+v^2+w^2=1.$$

Si d'ailleurs $F(x,y,z,t)$ est une fonction paire de t, les diverses valeurs de ω propres à vérifier l'équation

$$(6)\qquad F(u,v,w,\omega)=0$$

seront, deux à deux, égales aux signes près, mais affectées de signes contraires; et, par suite, la formule (5) pourra être réduite à

$$(7)\qquad D_t^{n-1}\varpi = \mathcal{L}\frac{\omega^{n-1}}{((F(u,v,w,\omega)))_\omega}\,\frac{(r-\omega t)\,\Pi(r-\omega t)}{r}.$$

Cela posé, concevons qu'à l'origine du mouvement la valeur de $D_t^{n-1}\varpi$, représentée par $\Pi(r)$, soit toujours nulle hors des limites très rapprochées

$$r=-\varepsilon,\qquad r=\varepsilon.$$

La valeur générale de $D_t^{n-1}\varpi$ s'évanouira évidemment, au bout du temps t, pour tous les points qui ne se trouveront pas renfermés dans l'épaisseur d'une onde comprise entre deux surfaces sphériques dont les équations seront de la forme

$$r=\omega t-\varepsilon,\qquad r=\omega t+\varepsilon;$$

elle s'évanouira donc, pour tous les points situés, par exemple, entre deux ondes de cette espèce, ou en dedans de l'onde la plus petite. Mais on ne pourra, en général, en dire autant de la valeur de ϖ, qui, en vertu des formules (4) et (7), sera

$$(8)\quad \varpi = \mathcal{L}\frac{\omega^{n-1}}{((F(u,v,w,\omega)))_\omega}\int_0^t \frac{(t-s)^{n-2}}{1.2\ldots(n-2)}\,\frac{(r-\omega s)\,\Pi(r-\omega s)}{r}\,ds,$$

([1]) *Œuvres de Cauchy*, Série I, Tome IV, p. 253; Extrait n° 134.

ou, ce qui revient au même,

$$(9)\qquad \varpi = (-1)^{n-2} \mathcal{E} \frac{\left(\frac{1}{r}\right)}{[\mathrm{F}(u, v, w, \omega)]_\omega} \int_{r-\omega t}^{r} \frac{(r-s-\omega t)^{n-2}}{1.2\ldots(n-2)} s\,\Pi(s)\,ds.$$

Si de cette dernière formule on veut, en particulier, déduire la valeur de ϖ correspondante : 1° à un point situé en dehors de toutes les ondes; 2° à un point situé en dedans de la plus petite, on trouvera, dans le premier cas,

$$(10)\qquad \varpi = 0,$$

et, dans le second cas,

$$(11)\qquad \varpi = (-1)^{n-2} \mathcal{E} \frac{\left(\frac{1}{r}\right)}{[\mathrm{F}(u, v, w, \omega)]_\omega} \int_{-\varepsilon}^{\varepsilon} \frac{(r-s-\omega t)^{n-2}}{1.2\ldots(n-2)} s\,\Pi(s)\,ds.$$

Si l'équation caractéristique donnée se rapporte au mouvement d'un système isotrope, la fonction

$$\mathrm{F}(x, y, z, t)$$

pourra être réduite à la forme

$$\mathrm{F}(x, y, z, t) = [t^2 - \Omega^2(x^2+y^2+z^2)]\,[t^2 - \Omega'^2(x^2+y^2+z^2)],$$

Ω, Ω' désignant les vitesses de propagation des vibrations transversales et longitudinales. Alors l'équation (7) donnera

$$(12)\qquad \begin{cases} \mathrm{D}_t^3 \varpi = \mu \dfrac{(r-\Omega t)\,\Pi(r-\Omega t) + (r+\Omega t)\,\Pi(r+\Omega t)}{2r} \\[2ex] \qquad + \nu \dfrac{(r-\Omega' t)\,\Pi(r-\Omega' t) + (r+\Omega' t)\,\Pi(r+\Omega' t)}{2r}, \end{cases}$$

les valeurs de μ, ν étant

$$(13)\qquad \mu = \frac{\Omega^2}{\Omega^2 - \Omega'^2}, \qquad \nu = \frac{\Omega'^2}{\Omega'^2 - \Omega^2}.$$

Cela posé, supposons que la valeur initiale $\Pi(r)$ de $\mathrm{D}_t^3\varpi$ s'évanouisse pour une valeur numérique de r supérieure à ε. Alors, en supposant

$$r > \varepsilon,$$

on verra la formule (12) se réduire à

$$(14)\qquad D_t^3\varpi = \mu\frac{(r-\Omega t)\,\Pi(r-\Omega t)}{2r} + \nu\frac{(r-\Omega' t)\,\Pi(r-\Omega' t)}{2r},$$

et la formule (9) donnera

$$(15)\qquad \left\{\begin{aligned} \varpi &= \frac{\mu}{4\Omega^3 r}\int_{r-\Omega t}^{r}(r-s-\Omega t)^2 s\,\Pi(s)\,ds \\ &+ \frac{\nu}{4\Omega'^3 r}\int_{r-\Omega' t}^{r}(r-s-\Omega' t)^2 s\,\Pi(s)\,ds. \end{aligned}\right.$$

Alors aussi la propagation du mouvement donnera naissance à deux ondes comprises, au bout du temps t, la première entre les surfaces sphériques représentées par les équations

$$r=\Omega t-\varepsilon,\qquad r=\Omega t+\varepsilon,$$

la seconde entre les surfaces sphériques représentées par les équations

$$r=\Omega' t-\varepsilon,\qquad r=\Omega' t+\varepsilon.$$

Or si, pour fixer les idées, on suppose

$$\Omega'>\Omega,$$

on tirera de la formule (15) : 1° pour un point situé en dehors des deux ondes

$$(16)\qquad \varpi=0;$$

2° pour un point compris entre les deux ondes

$$(17)\qquad \varpi=-\frac{\nu}{2\Omega'^3 r}(r-\Omega' t)\int_{-\varepsilon}^{\varepsilon}s^2\,\Pi(s)\,ds;$$

3° pour un point situé en dedans des deux ondes

$$\varpi=-\frac{1}{2r}\left(\mu\frac{r-\Omega t}{\Omega^3}+\nu\frac{r-\Omega' t}{\Omega'^3}\right)\int_{-\varepsilon}^{\varepsilon}s^2\,\Pi(s)\,ds,$$

ou, ce qui revient au même, eu égard aux formules (13),

$$(18) \qquad \varpi = \frac{1}{2\Omega\Omega'(\Omega+\Omega')} \int_{-\varepsilon}^{\varepsilon} s^2\,\Pi(s)\,ds.$$

Si l'on supposait en particulier $\Pi(s)$ réduit à une constante h, on aurait, dans les formules (17), (18),

$$\int_{-\varepsilon}^{\varepsilon} s^2\,\Pi(s)\,ds = \tfrac{2}{3} h\varepsilon^3.$$

Il suit d'ailleurs de ces formules que, dans le mouvement d'un système isotrope de molécules, et dans le cas où l'équation caractéristique devient homogène, la fonction principale ϖ, toujours nulle en dehors des deux ondes, cesse de s'évanouir entre ces ondes et en dedans de la plus petite. Ces conclusions s'étendent au cas même où les valeurs initiales de ϖ seraient représentées, non plus par $\Pi(r)$, mais par $\varpi(x, y, z)$. Dans ce dernier cas, la valeur générale de ϖ se déduira aisément des formules que nous venons d'établir, jointes à l'une de celles que renferme le *Compte rendu* de la séance du 5 juillet dernier [*voir* la formule (14), p. 9 (1)]. C'est ce que nous expliquerons plus en détail dans les *Exercices d'Analyse et de Physique mathématique*.

Dans un nouvel Article, nous généraliserons les résultats auxquels nous venons de parvenir, et nous donnerons d'autres applications de la formule (3).

154.

Calcul intégral. — *Note sur la réduction de la fonction principale qui vérifie une équation caractéristique homogène.*

C. R., t. XIII, p. 1127 (20 décembre 1841).

Prenons pour variables indépendantes trois coordonnées rectangulaires x, y, z et le temps t. Soit d'ailleurs $F(x, y, z, t)$ une fonction de

(1) *Œuvres de Cauchy*, S. I, T. VI, p. 210. Extrait n° 129.

ces variables, entière, homogène, du degré n, et dans laquelle le coefficient de t^n se réduise à l'unité. Enfin supposons que, $F(x, y, z, t)$ étant une fonction paire de t, l'on nomme ϖ une fonction principale assujettie : 1° à vérifier, quel que soit t, l'équation caractéristique homogène

$$F(D_x, D_y, D_z, D_t)\varpi = 0; \tag{1}$$

2° à vérifier, pour $t = 0$, les conditions

$$\varpi = 0, \quad D_t\varpi = 0, \quad \ldots, \quad D_t^{n-2}\varpi = 0, \quad D_t^{n-1}\varpi = \Pi(r), \tag{2}$$

la valeur de r étant donnée par la formule

$$r = (x^2 + y^2 + z^2)^{\frac{1}{2}},$$

et la fonction $\Pi(r)$ étant telle que l'on ait

$$\Pi(-r) = \Pi(r).$$

D'après ce qui a été dit dans le *Compte rendu* de la séance du 23 août dernier [page 408, formule (8)] (¹), on aura

$$\varpi = -\frac{D_t^{2-n}}{4\pi}\int_0^{2\pi}\int_0^{\pi} \mathcal{E}\frac{\omega^{n-2} s\,\Pi(s)}{(F(u, v, w, \omega))_\omega}\sin p\,dq\,dp, \tag{3}$$

les valeurs de u, v, w, ω, s étant déterminées par les formules

$$u = \cos p, \quad v = \sin p \cos q, \quad w = \sin p \sin q, \tag{4}$$

$$F(u, v, w, \omega) = 0, \tag{5}$$

$$s = ux + vy + wz - \omega t. \tag{6}$$

Si d'ailleurs la fonction

$$\Pi(r)$$

s'évanouit hors des limites

$$r = -\varepsilon, \qquad r = \varepsilon,$$

ε désignant un nombre très petit, il importera surtout de calculer la partie de ϖ correspondante à une nappe de la surface des ondes, dans

(¹) *Œuvres de Cauchy*, S. I, T. VI, p. 299. Extrait n° 142.

le cas où le point (x, y, z) sera très rapproché de cette nappe. Or une nappe déterminée de la surface des ondes correspond à une racine déterminée de l'équation (5). De plus, l'équation (6), lorsqu'on y considère ω comme une fonction déterminée de u, v, w, établit une relation entre les angles polaires p, q; et par suite représente un cône qui coupe suivant une certaine courbe la sphère décrite de l'origine comme centre, avec un rayon égal à l'unité de longueur. Nommons K l'aire mesurée sur la surface sphérique dans l'intérieur de cette courbe, en supposant que le point (x, y, z) soit très rapproché de la surface des ondes, ou plutôt d'une nappe de cette surface, et qu'un plan tangent mené à la surface dans le voisinage du point (x, y, z) ne la traverse pas. Il est aisé de s'assurer que, pour des valeurs finies de r, la partie de ϖ correspondante à la nappe que l'on considère se réduira sensiblement à la partie qui répond à cette nappe dans l'expression

$$(7)\qquad -\frac{D_t^{2-n}}{2\pi}\int_{-\rho}^{\rho} \mathcal{E}\frac{\omega^{n-2}}{[F(u, v, w, \omega))]_\omega} s\,H(s)\,D_s K\,ds,$$

les valeurs de u, v, w étant déterminées en fonction des coordonnées x, y, z, ou, ce qui revient au même, en fonction des rapports

$$\frac{x}{r},\quad \frac{y}{r},\quad \frac{z}{r},$$

par la formule (5) jointe aux suivantes

$$(8)\qquad \begin{cases} ux + vy + wz = \omega t > 0, \\ \dfrac{x}{D_u\omega} = \dfrac{y}{D_v\omega} = \dfrac{z}{D_w\omega} = t, \end{cases}$$

et ρ désignant la plus grande valeur que s puisse acquérir.

Exemple. — Supposons que la surface caractéristique, c'est-à-dire la surface généralement représentée par la formule

$$F(x, y, z, t) = 0,$$

se réduise à la sphère dont l'équation est

$$t^2 = \Omega^2(x^2 + y^2 + z^2),$$

Ω désignant une quantité positive. Alors la valeur de ω, qui doit rester positive, en vertu de la première des formules (8), sera simplement

$$\omega = \Omega;$$

et si, dans l'équation (6) réduite à

$$ux + vy + wz = s + \Omega t,$$

on considère u, v, w comme représentant des coordonnées variables et rectangulaires, cette équation sera celle d'un plan dont la distance à l'origine se trouvera exprimée par le rapport

$$\frac{\Omega t + s}{r}.$$

L'aire K du segment intercepté par ce plan sur la surface de la sphère dont l'équation est

$$u^2 + v^2 + w^2 = 1$$

aura évidemment la valeur que détermine la formule

$$K = 2\pi\left(1 - \frac{\Omega t + s}{r}\right).$$

On aura donc, dans le cas présent,

$$D_s K = -\frac{2\pi}{r}.$$

De plus, r étant la valeur maximum de $ux + vy + wz$, la plus grande valeur que puisse acquérir la quantité

$$s = ux + vy + wz - \Omega t$$

sera $r - \Omega t$. On aura donc

$$\rho = r - \Omega t,$$

et la partie de l'expression (7) correspondante à $\omega = \Omega$ sera

$$-\frac{1}{2\Omega r}\int_{-\varepsilon}^{r-\Omega t} s\,\Pi(s)\,ds.$$

Or, dans l'exemple que l'on considère, l'expression précédente représentera précisément la valeur générale de ϖ, en sorte qu'on aura, pour des valeurs finies de r,

$$\varpi = -\frac{1}{2\Omega r}\int_{-\varepsilon}^{r-\Omega t} s\,\Pi(s)\,ds,$$

$$D_t\varpi = \frac{(r-\Omega t)\,\Pi(r-\Omega t)}{2r}.$$

Ces conclusions s'accordent avec celles que nous avons obtenues dans la précédente Note.

Dans un autre Article, nous montrerons comment on peut généralement calculer l'aire ci-dessus représentée par la lettre K.

155.

Calcul intégral. — *Addition à la Note insérée dans le* Compte rendu *de la précédente séance.*

C. R., t. XIII, p. 1130 (20 décembre 1841).

Lorsque, pour un système isotrope de molécules, les équations du mouvement deviennent homogènes, les déplacements

$$\xi, \quad \eta, \quad \zeta$$

d'une molécule, mesurés parallèlement aux axes, se déduisent de la fonction principale ϖ à l'aide des formules que j'ai données dans la 7e et la 8e livraison des *Exercices d'Analyse et de Physique mathématique*. Or, de ces formules combinées avec les équations (16), (17), (18) de la page 1094 (¹), il résulte que, dans le mouvement dont il s'agit, les déplacements, et par suite les vitesses des molécules s'évanouissent, en dedans et en dehors des deux ondes propagées, et même entre ces deux ondes. Quant à la fonction principale, dont la dérivée du troisième

(¹) *Œuvres de Cauchy*, S. I, T. VI, p. 382, 383. Extrait n° 153.

ordre est constamment nulle, pour les points non situés dans l'épaisseur de l'une des ondes, si elle cesse de s'évanouir au bout du temps t, pour un point situé entre les deux ondes, ou en dedans de la plus petite, cela tient évidemment à ce qu'un tel point a dû certainement, avant la fin du temps t, se trouver renfermé dans l'épaisseur de l'onde la plus grande, ou même successivement dans l'épaisseur de l'onde la plus grande, et dans l'épaisseur de la plus petite. Observons encore que, dans la formule (15) de la page 1093 [1], on peut remplacer la seconde limite r de chacune des intégrales que renferme le second membre par la limite ε.

Observons enfin que, si l'on combine la formule (5) de la page 1091 [2] avec la formule (14) de la page 9 [3], on retrouvera l'équation (15) de la page 123 [4], les valeurs λ, μ, ν étant données par les formules (12) de la page 122 [5], dans lesquelles on devra poser

$$\rho = \omega t.$$

Si le premier membre $F(x, y, z, t)$ de l'équation caractéristique était fonction, non plus de t et du rayon vecteur r, mais de t et de $\mathfrak{r}$, le carré de $\mathfrak{r}$ étant une fonction homogène du second degré en x, y, z, la valeur générale de $D_t^{n-2}\varpi$ se trouverait encore exprimée par une intégrale double, en vertu d'une formule qu'il est facile d'obtenir. Cette dernière formule, analogue à l'équation (15) de la page 123, comprendrait comme cas particulier la formule (20) de la page 206 du Tome Ier des *Exercices* [6].

Nous remarquerons en finissant que, dans la formule (14) de la page 119 [7], on doit remplacer évidemment le produit ωt par le rapport $\frac{\omega t}{Q}$, la valeur de Q étant celle que donne l'équation (3) de la

(1) *OEuvres de Cauchy*, S. I, T. VI, p. 382. Extrait n° 153.
(2) *Id.* Id. p. 380. » n° 153.
(3) *Id.* Id. p. 210. » n° 129.
(4) *Id.* Id. p. 258. » n° 134.
(5) *Id.* Id. p. 257. » n° 134.
(6) *Id.* S. II, T. XI. *Nouveaux Exercices*.
(7) *Id.* S. I, T. VI, p. 254. Extrait n° 134.

page 98 ([1]). C'est ce que l'on reconnaîtra sans peine en effectuant le calcul indiqué à la page 118 ([2]).

156.

Calcul intégral. — *Note sur diverses transformations de la fonction principale qui vérifie une équation caractéristique homogène.*

C. R., t. XIV, p. 2 (3 janvier 1842).

Les mêmes choses étant posées que dans le *Compte rendu* de la séance du 20 décembre dernier, considérons de nouveau la fonction principale ϖ déterminée par la formule

$$\varpi = -\frac{\mathrm{D}_t^{2-n}}{4\pi}\int_0^{2\pi}\int_0^{\pi} \mathcal{E}\frac{\omega^{n-2} s\,\Pi(s)}{[\mathrm{F}(u, v, w, \omega)]_\omega}\sin p\,dq\,dp, \tag{1}$$

les valeurs de u, v, w, s étant

$$u = \cos p, \qquad v = \sin p \cos q, \qquad w = \sin p \sin q, \tag{2}$$

$$s = ux + vy + wz - \omega t. \tag{3}$$

L'équation (1) pourra s'écrire comme il suit

$$\varpi = -\frac{\mathrm{D}_t^{2-n}}{4\pi}\int_0^{2\pi}\int_0^{\pi} \mathcal{E}\frac{(s-\varsigma)^{n-2} s\,\Pi(s)}{[\mathrm{F}(ut, vt, wt, s-\varsigma)]_s}\,t\sin p\,dq\,dp, \tag{4}$$

la valeur de ς étant

$$\varsigma = ux + vy + wz, \tag{5}$$

et l'on pourra d'ailleurs considérer u, v, w comme représentant les coordonnées rectangulaires d'un point situé à l'unité de distance de

([1]) *Œuvres de Cauchy*, S. I, T. VI, p. 233. Extrait n° 133.
([2]) *Id.* Id. p. 253. » n° 134.

l'origine des coordonnées. Concevons maintenant que, cette origine restant la même, on transforme les coordonnées rectangulaires

$$u,\quad v,\quad w$$

en d'autres coordonnées rectangulaires

$$\mathrm{u},\quad \mathrm{v},\quad \mathrm{w}.$$

Les équations de transformation seront de la forme

$$(6)\qquad \begin{cases} u = \alpha\,\mathrm{u} + \alpha'\,\mathrm{v} + \alpha''\,\mathrm{w}, \\ v = \beta\,\mathrm{u} + \beta'\,\mathrm{v} + \beta''\,\mathrm{w}, \\ w = \gamma\,\mathrm{u} + \gamma'\,\mathrm{v} + \gamma''\,\mathrm{w}, \end{cases}$$

les coefficients

$$\alpha,\quad \beta,\quad \gamma,\qquad \alpha',\quad \beta',\quad \gamma',\qquad \alpha'',\quad \beta'',\quad \gamma''$$

étant propres à vérifier les formules

$$(7)\qquad \begin{cases} \alpha^2 + \beta^2 + \gamma^2 = 1, & \alpha'^2 + \beta'^2 + \gamma'^2 = 1, & \alpha''^2 + \beta''^2 + \gamma''^2 = 1, \\ \alpha'\alpha'' + \beta'\beta'' + \gamma'\gamma'' = 0, & \alpha''\alpha + \beta''\beta + \gamma''\gamma = 0, & \alpha\alpha' + \beta\beta' + \gamma\gamma' = 0; \end{cases}$$

et aussi les suivantes :

$$(8)\qquad \begin{cases} \alpha^2 + \alpha'^2 + \alpha''^2 = 1, & \beta^2 + \beta'^2 + \beta''^2 = 1, & \gamma^2 + \gamma'^2 + \gamma''^2 = 1, \\ \beta\gamma + \beta'\gamma' + \beta''\gamma'' = 0, & \gamma\alpha + \gamma'\alpha' + \gamma''\alpha'' = 0, & \alpha\beta + \alpha'\beta' + \alpha''\beta'' = 0. \end{cases}$$

De plus, en posant, pour abréger,

$$(9)\qquad \alpha x + \beta y + \gamma z = \mathfrak{X},\qquad \alpha' x + \beta' y + \gamma' z = \mathfrak{Y},\qquad \alpha'' x + \beta'' y + \gamma'' z = \mathfrak{Z},$$

on tirera de la formule (5)

$$(10)\qquad \varsigma = \mathfrak{X}\,\mathrm{u} + \mathfrak{Y}\,\mathrm{v} + \mathfrak{Z}\,\mathrm{w}.$$

Enfin, en posant

$$(11)\qquad \mathrm{u} = \cos\mathrm{p},\qquad \mathrm{v} = \sin\mathrm{p}\cos\mathrm{q},\qquad \mathrm{w} = \sin\mathrm{p}\sin\mathrm{q},$$

on pourra, dans la formule (1) ou (4), remplacer le produit

$$\sin p\,dq\,dp \quad \text{par} \quad \sin\mathrm{p}\,d\mathrm{q}\,d\mathrm{p},$$

et l'on aura, par suite,

$$(12)\qquad \varpi = -\frac{D_t^{2-n}}{4\pi}\int_0^{2\pi}\int_0^{\pi} \mathcal{E}\frac{(s-\varsigma)^{n-2}s\,\Pi(s)}{((F(ut, vt, wt, s-\varsigma)))_s}\,t\sin p\,dq\,dp,$$

les valeurs de u, v, w, ς étant déterminées en fonction des angles polaires p, q par les équations (6) et (10) jointes aux formules (11).

Si, pour plus de simplicité, on prend

$$(13)\qquad \frac{1}{S} = \frac{(s-\varsigma)^{n-2}}{F(ut, vt, wt, s-\varsigma)},$$

la formule (12) deviendra

$$(14)\qquad \varpi = -\frac{D_t^{2-n}}{4\pi}\int_0^{2\pi}\int_0^{\pi} \mathcal{E}\frac{s\,\Pi(s)}{((S))_s}\,t\sin p\,dq\,dp.$$

Ajoutons que, si l'on nomme

$$u_{\prime},\quad v_{\prime},\quad w_{\prime},\quad \varsigma_{\prime}$$

ce que deviennent

$$u,\quad v,\quad w,\quad \varsigma$$

quand on y remplace v par $-$v et w par $-$w, on pourra, dans la formule (14), supposer S déterminée, ou par l'équation (13), ou par la suivante :

$$(15)\qquad \frac{1}{S} = \frac{1}{2}\left[\frac{(s-\varsigma)^{n-2}}{F(ut, vt, wt, s-\varsigma)} + \frac{(s-\varsigma_{\prime})^{n-2}}{F(u_{\prime}t, v_{\prime}t, w_{\prime}t, s-\varsigma_{\prime})}\right].$$

Revenons maintenant à la formule (12). On peut l'écrire comme il suit

$$(16)\qquad \varpi = -\sum\frac{D_t^{2-n}}{4\pi}\int_0^{2\pi}\int_0^{\pi}\frac{(s-\varsigma)^{n-2}s\,\Pi(s)}{D_s F(ut, vt, wt, s-\varsigma)}\,t\sin p\,dq\,dp,$$

le signe Σ s'étendant à toutes les racines de l'équation

$$(17)\qquad F(ut, vt, wt, s-\varsigma) = 0$$

résolue par rapport à s. Cela posé, concevons que l'on désigne par

$$\alpha,\quad \beta,\quad \gamma,\quad \theta,\quad \rho$$

les valeurs de

$$u, \quad v, \quad w, \quad \omega, \quad s$$

fournies par le système des formules

$$\text{(18)} \qquad F(u, v, w, \omega) = 0,$$

$$\text{(19)} \qquad \frac{x - t D_u \omega}{u} = \frac{y - t D_v \omega}{v} = \frac{z - t D_w \omega}{w} = \varsigma - \omega t,$$

$$\text{(20)} \qquad u^2 + v^2 + w^2 = 1,$$

jointes à la condition $ux + vy + wz > 0$. α, 6, γ, θ, ρ seront des fonctions déterminées de x, y, z, t. De plus, après avoir remplacé la variable p par la variable s, on pourra dans le second membre de la formule (16) développer, sous le signe $\int$, le coefficient de $s\,\Pi(s)$ en une série de termes qui aient pour facteurs les puissances ascendantes de $s - \rho$, et alors on obtiendra pour développement de ϖ une série qui ne renfermera plus que des intégrales relatives à s, attendu que les intégrations relatives à la variable q pourront s'effectuer à l'aide de formules tirées du calcul des résidus. C'est ce que j'expliquerai plus en détail dans un nouvel article.

P. S. — Si, dans l'équation (1), on pose pour abréger

$$\text{(21)} \qquad s\,\Pi(s) = \mathrm{f}(s),$$

elle donnera

$$\text{(22)} \qquad D_t^{n-2}\varpi = -\frac{1}{4\pi}\int_0^{2\pi}\int_0^{\pi} \mathcal{E}\frac{\omega^{n-2}\,\mathrm{f}(s)}{((F(u, v, w, \omega)))_\omega} \sin p\, dq\, dp.$$

Si d'ailleurs,

$$f(x, y, z, t)$$

désignant une fonction de x, y, z, t, entière, homogène et du degré m, on nomme

$$\square \quad \text{et} \quad \mathcal{K}$$

ce que devient cette fonction quand on y remplace les variables

$$x, \quad y, \quad z, \quad t$$

par

$$D_x, \quad D_y, \quad D_z, \quad D_t$$

ou par

$$u, \quad v, \quad w, \quad -\omega,$$

on tirera de la formule (22)

$$(23) \qquad D_t^{n-2} \square \varpi = -\frac{1}{4\pi}\int_0^{2\pi}\int_0^{\pi} \mathcal{E} \frac{\omega^{n-2} f^{(m)}(s)}{[F(u, v, w, \omega)]_\omega} \mathcal{H} \sin p \, dq \, dp;$$

puis, en supposant que $\square \varpi$ ne renferme point de dérivées de ϖ relatives à t, et d'un ordre supérieur à $n-2$, on conclura de l'équation (23)

$$(24) \qquad \square \varpi = -\frac{D_t^{2-n}}{4\pi}\int_0^{2\pi}\int_0^{\pi} \mathcal{E} \frac{\omega^{n-2} f^{(m)}(s)}{[F(u, v, w, \omega)]_\omega} \mathcal{H} \sin p \, dq \, dp.$$

On pourra d'ailleurs faire subir au second membre de l'équation (23) ou (24) des transformations analogues à celles que nous avons ci-dessus effectuées sur le second membre de l'équation (1). Les formules (23), (24), et celles qui s'en déduisent, fournissent le moyen d'obtenir avec une grande facilité les valeurs des inconnues qui vérifient un système d'équations linéaires aux différences partielles, lorsque l'équation caractéristique correspondante à ce système est une équation homogène dans laquelle les dérivées relatives à t sont d'ordre pair.

Si l'on prend en particulier $\square = D_t$, la formule (23) donnera

$$(25) \qquad D_t^{n-1} \varpi = \frac{1}{4\pi}\int_0^{2\pi}\int_0^{\pi} \mathcal{E} \frac{\omega^{n-1} f'(s)}{[F(u, v, w, \omega)]_\omega} \sin p \, dq \, dp.$$

Appliquons cette dernière formule à un exemple très simple et supposons

$$F(x, y, z, t) = t^2 - \Omega^2\left(\frac{x^2}{a} + \frac{y^2}{b} + \frac{z^2}{c}\right),$$

a, b, c, Ω désignant des quantités positives. L'équation (25) pourra être réduite à

$$(26) \qquad D_t \varpi = \frac{1}{4\pi}\int_0^{2\pi}\int_0^{\pi} f'(s) \sin p \, dq \, dp,$$

les valeurs de s et de ω étant déterminées par l'équation (3) jointe à la formule

$$\omega = \Omega\left(\frac{u^2}{a} + \frac{v^2}{b} + \frac{w^2}{c}\right)^{\frac{1}{2}}. \tag{27}$$

D'ailleurs les formules (18), (19), (20), jointes à la condition $\omega > 0$, donneront

$$\left\{\begin{aligned} &\theta = \Omega\left(\frac{\alpha^2}{a} + \frac{\beta^2}{b} + \frac{\gamma^2}{c}\right)^{\frac{1}{2}}, \\ &\frac{x}{\alpha} - \frac{\Omega^2 t}{a\theta} = \frac{y}{\beta} - \frac{\Omega^2 t}{b\theta} = \frac{z}{\gamma} - \frac{\Omega^2 t}{c\theta} = \rho = \text{Ꭓ} - \theta t, \\ &\alpha^2 + \beta^2 + \gamma^2 = 1; \end{aligned}\right. \tag{28}$$

et, en supposant u, v, w déterminés en fonction des angles polaires p, q par le système des formules (6) et (11), on tirera de l'équation (26)

$$D_t \varpi = \frac{1}{4\pi}\int_0^{2\pi}\int_0^{\pi} f'(s) \sin p \, dq \, dp. \tag{29}$$

Si, dans cette dernière équation, on remplace la variable p par la variable s et si l'on développe ensuite le coefficient de $f'(s)$ en une série ordonnée suivant les puissances ascendantes de $s - \rho$, alors, en supposant la valeur de $\Pi(s)$ toujours nulle hors des limites très resserrées

$$-\varepsilon, \quad \varepsilon,$$

on trouvera, au bout d'un temps fini t, et pour un point situé dans l'épaisseur de l'onde propagée,

$$\left\{\begin{aligned} D_t \varpi = {} & A_1 \int_{-\varepsilon}^{\rho} f'(s)\, ds + A_2 \int_{-\varepsilon}^{\rho} (s-\rho) f'(s)\, ds \\ & + A_3 \int_{-\varepsilon}^{\rho} (s-\rho)^2 f'(s)\, ds + \ldots, \end{aligned}\right. \tag{30}$$

ou, ce qui revient au même,

$$D_t \varpi = A_1 f(\rho) - A_2 \int_{-\varepsilon}^{\rho} f(s)\, ds - 2A_3 \int_{-\varepsilon}^{\rho} (s-\rho) f(s)\, ds - \ldots, \tag{31}$$

la valeur de A_n étant donnée par la formule

$$(32) \qquad A_n = -\frac{1}{4\pi}\int_0^{2\pi} \mathcal{E}\frac{\sin \mathrm{p}}{((\mathfrak{V}^n))_{\mathrm{p}}}\,dq,$$

dans laquelle on suppose

$$(33) \qquad \mathfrak{V} = (\mathrm{u}-1)\mathfrak{x} + \mathrm{v}\mathfrak{y} + \mathrm{w}\mathfrak{z} - (\omega - \theta)t,$$

et le signe $\mathcal{E}$ relatif à la seule valeur zéro de la variable p. Sous cette condition et en vertu des formules que fournit le calcul des résidus, A_n se réduira toujours à une fonction déterminée de x, y, z, t. On trouvera, par exemple,

$$A_1 = \frac{1}{2}\left\{\rho^2 - \frac{\Omega^2 t}{\theta}\rho\left[\frac{1}{a}+\frac{1}{b}+\frac{1}{c}-\frac{\Omega^2}{\theta^2}\left(\frac{\alpha^2}{a^2}+\frac{\beta^2}{b^2}+\frac{\gamma^2}{c^2}\right)\right]+\frac{\Omega^6 t^2}{abc\,\theta^4}\right\}^{-\frac{1}{2}}.$$

157.

Calcul intégral. — *Addition aux Notes insérées dans les* Comptes rendus *des séances précédentes.*

C. R., t. XIV, p. 8 (3 janvier 1842).

Dans la Note que renferme le *Compte rendu* de la séance du 13 décembre dernier, j'ai indiqué les moyens d'obtenir, sous une forme très simple, la fonction principale qui vérifie une équation caractéristique homogène; et, après avoir considéré en particulier le cas où l'équation donnée est celle qui représente les mouvements infiniment petits d'un système isotrope, j'ai ajouté, dans la séance du 20 décembre, que, pour déduire de la fonction principale les déplacements d'une molécule mesurés parallèlement aux axes, il suffisait de recourir aux formules établies dans les 7e et 8e livraisons des *Exercices d'Analyse et de Physique mathématique*. Quoique cette déduction ne présente aucune difficulté, elle n'est pas sans intérêt, puisqu'elle permet de suivre avec plus de précision les phénomènes représentés par l'analyse. C'est ce qui me porte à exposer ici les détails des calculs que j'avais seulement indiqués.

Considérons un système isotrope de molécules et supposons que les déplacements d'une molécule, étant mesurés parallèlement à trois axes rectangulaires, soient représentés, au bout du temps t, par ξ, η, ζ pour la molécule dont les coordonnées primitives étaient x, y, z. Les équations des mouvements infiniment petits du système (voir les *Exercices d'Analyse et de Physique mathématique*, t. Ier, p. 208) seront de la forme

$$(1)\qquad (D_t^2 - E)\xi = FD_x\upsilon, \qquad (D_t^2 - E)\eta = FD_y\upsilon, \qquad (D_t^2 - E)\zeta = FD_z\upsilon,$$

E, F étant deux fonctions de

$$D_x^2 + D_y^2 + D_z^2,$$

entières, mais généralement composées d'un nombre infini de termes, et la valeur de υ étant

$$(2)\qquad \upsilon = D_x\xi + D_y\eta + D_z\zeta.$$

Posons, pour abréger,

$$\nabla' = D_t^2 - E, \qquad \nabla'' = D_t^2 - E - (D_x^2 + D_y^2 + D_z^2)F, \qquad \nabla = \nabla'\nabla''.$$

Soit d'ailleurs ϖ la fonction principale assujettie :

1° A vérifier, quel que soit t, l'équation caractéristique

$$(3)\qquad \nabla\varpi = 0;$$

2° A vérifier pour $t = 0$ les conditions

$$\varpi = 0, \qquad D_t\varpi = 0, \qquad D_t^2\varpi = 0, \qquad D_t^3\varpi = \varpi(x, y, z).$$

Enfin désignons par

$$(4)\qquad \varphi(x, y, z), \quad \chi(x, y, z), \quad \psi(x, y, z), \quad \Phi(x, y, z), \quad X(x, y, z), \quad \Psi(x, y, z)$$

les valeurs initiales de

$$\xi, \quad \eta, \quad \zeta, \quad D_t\xi, \quad D_t\eta, \quad D_t\zeta,$$

et par

$$\varphi, \quad \chi, \quad \psi, \quad \Phi, \quad X, \quad \Psi$$

ce que devient la fonction principale ϖ quand on y remplace successivement la fonction arbitraire

$$\varpi(x, y, z)$$

par chacune des fonctions (4). Les valeurs générales de ξ, η, ζ seront

$$(5)\qquad \begin{cases} \xi = \nabla''(\Phi + D_t\varphi) + FD_x 8, \\ \eta = \nabla''(X + D_t\chi) + FD_y 8, \\ \zeta = \nabla''(\Psi + D_t\psi) + FD_z 8, \end{cases}$$

la valeur de 8 étant

$$(6)\qquad 8 = D_x(\Phi + D_t\varphi) + D_y(X + D_t\chi) + D_z(\Psi + D_t\psi).$$

Dans le cas particulier où les équations des mouvements infiniment petits deviennent homogènes, on a

$$E = \Omega^2(D_x^2 + D_y^2 + D_z^2), \qquad F = \Omega'^2 - \Omega^2,$$

Ω, Ω' désignant les vitesses de propagation des vibrations transversales et longitudinales; puis on en conclut

$$\nabla' = D_t^2 - \Omega^2(D_x^2 + D_y^2 + D_z^2), \qquad \nabla'' = D_t^2 - \Omega'^2(D_x^2 + D_y^2 + D_z^2);$$

et par suite

$$\nabla = [D_t^2 - \Omega^2(D_x^2 + D_y^2 + D_z^2)][D_t^2 - \Omega'^2(D_x^2 + D_y^2 + D_z^2)].$$

Donc alors la fonction caractéristique se réduit au produit

$$[t^2 - \Omega^2(x^2 + y^2 + z^2)][t^2 - \Omega'^2(x^2 + y^2 + z^2)],$$

comme on le savait déjà. [*Voir* le *Compte rendu* de la séance du 13 décembre, p. 1093 [1].] Ajoutons que, dans ce cas particulier et en posant, pour abréger,

$$(7)\qquad \mu = \frac{\Omega}{\Omega^2 - \Omega'^2}, \qquad \nu = \frac{\Omega'^2}{\Omega'^2 - \Omega^2},$$

$$(8)\qquad \varpi_1 = \nabla''\varpi, \qquad \varpi_2 = \nabla'\varpi,$$

on aura, en vertu de la formule (6) de la page 210 des *Exercices d'Ana-*

(1) *Œuvres de Cauchy*, S. I, T. VI, p. 381. Extrait n° 153.

lyse et de Physique mathématique, t. Ier,

$$D_t^2 \varpi = \mu \varpi_1 + \nu \varpi_2. \tag{9}$$

Observons enfin que, dans ce même cas, les formules (5) donneront

$$\left\{\begin{aligned} \xi &= [D_t^2 - \Omega'^2(D_x^2 + D_y^2 + D_z^2)](\Phi + D_t\varphi) + (\Omega'^2 - \Omega^2)D_x 8, \\ \eta &= [D_t^2 - \Omega'^2(D_x^2 + D_y^2 + D_z^2)](X + D_t\chi) + (\Omega'^2 - \Omega^2)D_y 8, \\ \zeta &= [D_t^2 - \Omega'^2(D_x^2 + D_y^2 + D_z^2)](\Psi + D_t\psi) + (\Omega'^2 - \Omega^2)D_z 8, \end{aligned}\right. \tag{10}$$

la valeur de 8 étant déterminée par l'équation (6).

Supposons maintenant, pour plus de simplicité, que $\varpi(x, y, z)$ se réduise à une fonction de rayon vecteur

$$r = (x^2 + y^2 + z^2)^{\frac{1}{2}};$$

posons en conséquence

$$\varpi(x, y, z) = \Pi(r)$$

et, de plus,

$$\Pi(-r) = \Pi(r).$$

Alors on aura

$$\left\{\begin{aligned} D_t\varpi_1 &= \frac{(r - \Omega t)\,\Pi(r - \Omega t) + (r + \Omega t)\,\Pi(r + \Omega t)}{2r}, \\ D_t\varpi_2 &= \frac{(r - \Omega' t)\,\Pi(r - \Omega' t) + (r + \Omega' t)\,\Pi(r + \Omega' t)}{2r}, \end{aligned}\right. \tag{11}$$

et, en vertu de la formule (9),

$$D_t^3 \varpi = \mu D_t\varpi_1 + \nu D_t\varpi_2. \tag{12}$$

Cette dernière équation coïncide avec l'équation (12) de la page 1093 du Tome XIII des *Comptes rendus* ([1]). Si d'ailleurs $\Pi(r)$ s'évanouit pour une valeur numérique de r supérieure à ε, alors, en supposant

$$r > \varepsilon, \tag{13}$$

on tirera de la formule (12)

$$D_t^3 \varpi = \mu \frac{(r - \Omega t)\,\Pi(r - \Omega t)}{2r} + \nu \frac{(r - \Omega' t)\,\Pi(r - \Omega' t)}{2r} \tag{14}$$

([1]) *Œuvres de Cauchy*, S. I, T. VI, p. 381.

et, par suite,

$$(15)\quad \varpi = \frac{\mu}{4\Omega^3 r}\int_{r-\Omega t}^{r}(r-s-\Omega t)^2 s\,\Pi(s)\,ds + \frac{\nu}{4\Omega'^3 r}\int_{r-\Omega' t}^{r}(r-s-\Omega' t)^2 s\,\Pi(s)\,ds,$$

ou, ce qui revient au même, r étant supposé $> \varepsilon$,

$$(16)\quad \varpi = \frac{\mu}{4\Omega^3 r}\int_{r-\Omega t}^{\varepsilon}(r-s-\Omega t)^2 s\,\Pi(s)\,ds + \frac{\nu}{4\Omega'^3 r}\int_{r-\Omega' t}^{\varepsilon}(r-s-\Omega' t)^2 s\,\Pi(s)\,ds.$$

Alors aussi la propagation du mouvement donnera naissance à deux ondes comprises, au bout du temps t, la première entre les limites

$$(17)\qquad r = \Omega t - \varepsilon, \qquad r = \Omega t + \varepsilon,$$

la seconde entre les limites

$$(18)\qquad r = \Omega' t - \varepsilon, \qquad r = \Omega' t + \varepsilon.$$

Enfin, si, pour fixer les idées, on suppose

$$(19)\qquad \Omega' > \Omega,$$

c'est-à-dire, si la vitesse de propagation des vibrations longitudinales surpasse la vitesse de propagation des vibrations transversales, comme il arrive dans la théorie de la lumière (*voir* la 9e livraison des *Exercices d'Analyse et de Physique mathématique*, p. 312), les deux ondes seront séparées l'une de l'autre dès que l'on aura

$$(20)\qquad t > \frac{2\varepsilon}{\Omega' - \Omega};$$

et alors on tirera de la formule (16) : 1° pour un point situé en dehors des deux ondes propagées,

$$(21)\qquad \varpi = 0;$$

2° pour un point situé dans l'épaisseur de l'onde la plus rapide,

$$(22)\qquad \varpi = \frac{\nu}{4\Omega'^3 r}\int_{r-\Omega' t}^{\varepsilon}(r-s-\Omega' t)^2 s\,\Pi(s)\,ds;$$

3° pour un point situé entre les deux ondes,

$$(23) \qquad \varpi = -\frac{\nu}{2\Omega'^3}\,\frac{r-\Omega' t}{r}\int_{-\varepsilon}^{\varepsilon} s^2\,\Pi(s)\,ds;$$

4° pour un point situé dans l'épaisseur de l'onde la plus lente,

$$(24) \quad \varpi = \frac{\mu}{4\Omega^3 r}\int_{r-\Omega t}^{\varepsilon}(r-s-\Omega t)^2 s\,\Pi(s)\,ds - \frac{\nu}{2\Omega'^3}\,\frac{r-\Omega' t}{r}\int_{-\varepsilon}^{\varepsilon} s^2\,\Pi(s)\,ds;$$

5° pour un point situé en dedans de l'onde la plus lente,

$$(25) \qquad \varpi = \frac{1}{2\Omega\Omega'(\Omega+\Omega')}\int_{-\varepsilon}^{\varepsilon} s^2\,\Pi(s)\,ds.$$

Comme je l'ai déjà dit (*voir* la séance du 13 décembre dernier), il suit des formules (21), (23), (25) que, dans le mouvement d'un système isotrope de molécules, et dans le cas où l'équation caractéristique devient homogène, la fonction principale ϖ, toujours nulle en dehors des deux ondes proposées, cesse de s'évanouir entre ces ondes et en dedans de la plus petite. Mais, en vertu des mêmes formules, la valeur de $D_t^3\varpi$, et même celle de $D_t^2\varpi$ s'évanouiront pour tout point placé dans l'une des trois positions que nous venons d'indiquer. De plus, eu égard aux formules (10), dans lesquelles on a

$$(26) \qquad 8 = D_t^{-2}\upsilon = \int_0^t\int_0^t \upsilon\,dt^2,$$

les déplacements et, par suite, les vitesses des molécules s'évanouiront pour tous les points situés en dehors ou en dedans des deux ondes propagées. M. Blanchet a remarqué avec justesse qu'on ne pouvait, en général, en dire autant des points situés entre les deux ondes. Toutefois il est bon d'observer que, même en ces derniers points, les déplacements et les vitesses se réduisent à zéro quand on suppose nulle la dilatation du volume représentée par la lettre υ, c'est-à-dire, en d'autres termes, quand les vibrations longitudinales disparaissent ; et comme, dans la théorie de la lumière propagée à travers un milieu isotrope, on fait abstraction des vibrations longitudinales, en se bornant à tenir compte de celles qui ont lieu sans changement de densité, on pourra conclure des formules précédentes, appliquées à cette théorie, que les vibrations lumineuses subsistent seulement dans l'épaisseur de l'onde la plus lente.

Les diverses conclusions auxquelles nous venons de parvenir s'étendent au cas même où la valeur initiale de ϖ serait représentée, non plus par $\Pi(r)$, mais par $\varpi(x, y, z)$. C'est ce que l'on reconnaît sans peine en joignant aux formules précédentes celles que renferme le *Compte rendu* de la séance du 5 juillet 1841 [1].

158.

Physique mathématique. — *Rapport sur deux Mémoires de* M. Blanchet, *relatifs à la propagation du mouvement dans les milieux élastiques cristallisés, et en particulier à la délimitation des ondes.*

C. R., t. XIV, p. 389 (14 mars 1842).

L'Académie nous a chargés, MM. Sturm, Liouville, Duhamel et moi, de lui rendre compte de deux Mémoires de M. Blanchet, relatifs à la propagation du mouvement dans les milieux élastiques cristallisés, et en particulier à la délimitation des ondes dans les mouvements vibratoires. Les équations aux dérivées partielles, que l'auteur a considérées dans ces deux Mémoires, sont semblables pour la forme à celles que fournissent les principes établis par l'un de nous dans le Tome III des *Exercices de Mathématiques*, p. 188 [2], c'est-à-dire à celles qui représentent les mouvements infiniment petits d'un système de molécules agissant les unes sur les autres à de très petites distances, et très peu écartées de leurs positions d'équilibre, dans le cas où l'on rend ces

(1) *OEuvres de Cauchy*, S. I, T. VI, p. 202 et suiv.
(2) *Id.* S. II, T. VIII.

mêmes équations homogènes, en conservant seulement les dérivées du second ordre des trois inconnues différentiées par rapport aux variables indépendantes. C'est en appliquant à la discussion des intégrales générales de ces équations un des premiers théorèmes du calcul des résidus que l'auteur est parvenu à résoudre la question importante qu'il s'était proposée. Entrons à ce sujet dans quelques détails.

L'intégration d'un système d'équations linéaires aux dérivées partielles et à coefficients constants se ramène facilement à l'intégration d'une seule équation linéaire qu'on peut nommer l'équation *caractéristique*. Supposons que ces équations se rapportent à un problème de Physique ou de Mécanique, et que l'espace auquel elles s'étendent reste indéfini. Alors, pour rendre plus facile l'étude des phénomènes qu'elles représentent, il convient d'obtenir les intégrales de ces mêmes équations, et par suite aussi l'intégrale de l'équation caractéristique, sous une forme telle que les fonctions arbitraires expriment les valeurs initiales des inconnues et de leurs dérivées prises par rapport au temps. La solution de ce dernier problème, soit pour les équations qui représentent les mouvements infiniment petits d'un système de molécules, isotrope ou non isotrope, soit même pour une équation caractéristique quelconque, a été mentionnée ou développée dans divers Mémoires dont, pour abréger, nous nous dispenserons de donner ici l'analyse. Le cas où l'équation caractéristique devient homogène est l'objet spécial d'un Mémoire que renferme le *Bulletin des Sciences* de M. de Férussac, pour le mois d'avril 1830. On y démontre que les valeurs des inconnues généralement représentées par des intégrales définies sextuples peuvent être réduites, dans le cas énoncé, à des intégrales quadruples; puis, l'auteur conclut de son analyse que les phénomènes sonores, lumineux, etc., représentés par des équations caractéristiques homogènes, donnent naissance à des ondes qui ne laissent pas de traces de leur passage, et dont les surfaces se trouvent représentées par des équations qu'il apprend à former.

Au reste, le Mémoire que nous venons de rappeler déterminait seulement la limite intérieure des ondes représentées par des équations caractéristiques homogènes. Il restait à déterminer leur limite extérieure. A la vérité, cette limite pouvait se conclure des formules déjà connues, lorsqu'il s'agissait d'un système isotrope; elle pouvait même se conclure, à l'égard des ondes lumineuses propagées dans les cristaux à deux axes, des formules obtenues par l'auteur des *Exercices* dans les Mémoires du 12 janvier et du 7 mars 1830 [1]. Mais il importait de faire ressortir dans tous les cas cette délimitation des formules générales propres à représenter les vibrations d'un milieu élastique. Déjà, dans un précédent Mémoire, approuvé par l'Académie, sur le rapport de MM. Poisson et Sturm, M. Blanchet était parvenu à simplifier les formules dont il s'agit, et avait appliqué les intégrales quadruples présentées sous une forme nouvelle à la recherche des lois de la propagation des ondes curvilignes, après avoir substitué à l'une des variables, dans ces intégrales, l'inconnue de l'équation du troisième degré qui détermine la vitesse de propagation des ondes. En combinant les formules contenues dans le Mémoire que nous venons de rappeler avec les principes du calcul des résidus, et en transformant une somme d'intégrales en une autre somme de même espèce, par une analyse qui a quelque rapport avec celle dont l'un de nous fait usage dans un Mémoire que renferme le *Compte rendu* de la séance du 14 juin dernier, M. Blanchet est parvenu à démontrer que, dans un système moléculaire, dont les mouvements infiniment petits sont représentés par des équations homogènes, la limite extérieure de la portion vibrante est déterminée par la plus grande nappe de la surface des ondes, de même que la limite intérieure est déterminée par la plus petite.

Toutefois, pour arriver à ces conclusions, dans le premier des deux Mémoires dont nous rendons compte à l'Académie, M. Blanchet avait supposé que les diverses nappes de la surface des ondes ne se rencontrent pas. Dans le second Mémoire, l'auteur a examiné le cas où ces nappes se rencontrent; et, en ayant recours à la considération d'intégrales du genre de celles que l'un de nous a nommées *intégrales sin-*

(1) *Œuvres de Cauchy*, S. II, T. IX.

gulières, il est parvenu à fixer encore, dans ce dernier cas, la limite extérieure des ondes propagées.

En terminant le second Mémoire, M. Blanchet indique la possibilité d'appliquer les principes qu'il vient d'exposer aux intégrales données par l'un de nous pour les systèmes d'équations aux dérivées partielles d'un ordre quelconque.

A notre avis, le résultat obtenu par M. Blanchet est l'un des beaux théorèmes que présente l'Analyse appliquée aux questions de Physique mathématique. Nous croyons, en conséquence, que les deux Mémoires de M. Blanchet sont très dignes d'être approuvés par l'Académie, et insérés dans le Recueil des *Savants étrangers*.

159.

Notes ajoutées au Rapport qui précède.

C. R., t. XIV, p. 392 (14 mars 1842).

NOTE PREMIÈRE.

Sur l'intégration des systèmes d'équations linéaires aux dérivées partielles et à coefficients constants.

L'intégration d'un système d'équations linéaires aux dérivées partielles et à coefficients constants peut être ramenée à l'intégration d'une seule équation linéaire que nous désignerons sous le nom d'*équation caractéristique*. On trouve cette remarque spécialement appliquée aux équations qui représentent les mouvements infiniment petits d'un système de molécules, dans un Mémoire sur la théorie de la lumière, présenté à l'Académie des Sciences, par l'auteur des *Exercices de Mathématiques*, le 31 mai 1830, et publié par extrait, vers cette époque, dans le *Bulletin des Sciences* de M. de Férussac, puis dans les *Mémoires de l'Institut*. D'ailleurs ce problème, dans lequel on se propose d'intégrer une seule équation linéaire aux dérivées partielles et à coefficients constants, a été résolu; et les intégrales particulières et générales de semblables équations, exprimées, soit à l'aide de sinus ou de cosinus, soit même par des sommes d'exponentielles réelles ou imaginaires, ont été données depuis longtemps par divers géomètres. On doit surtout remarquer le beau Mémoire d'Euler, lu à l'Académie de Saint-Pétersbourg, le 28 octobre 1779 (1), Mémoire qui a pour titre : *Integratio æquationum differentialium linearium cujuscumque gradus et quotcumque variabiles involventium,* et dans lequel Euler représente par une somme d'exponentielles l'intégrale générale d'une équation linéaire aux dérivées partielles et à coefficients constants d'un ordre quelconque. Ajoutons que les sommes d'exponentielles, quand on les compose d'un nombre infini de termes tellement choisis que deux termes consécutifs diffèrent infiniment peu l'un de l'autre, se transforment en intégrales définies du genre de celles qui ont été indiquées par divers auteurs, et que ces intégrales définies représentent encore les intégrales générales des équations linéaires aux dérivées partielles et à coefficients constants.

Toutefois, présentées sous les formes que nous venons de rappeler, les intégrales générales des équations linéaires ne suffisaient pas encore généralement à la solution des problèmes de Physique mathématique. Il manquait à cette solution la détermination des constantes que renferment en nombre infini les sommes d'exponentielles, ou, ce qui revient au même, la détermination des fonctions arbitraires renfermées sous le signe $\int$ dans les intégrales définies, et introduites par l'intégration. Pour effectuer cette détermination, il était d'abord nécessaire de trouver une formule qui pût servir à transformer une fonction donnée en une somme d'exponentielles composée d'un nombre fini ou infini de termes. La première formule de ce genre a été donnée par Lagrange dans le tome III des anciens Mémoires de Turin, publié en 1776. Cette formule convertit une fonction d'une seule variable en une somme d'exponentielles imaginaires, seulement pour toutes les

(1) Ce Mémoire a été imprimé dans le tome IV des *Acta nova de l'Académie de Saint-Pétersbourg*.

valeurs numériques de cette variable inférieures à une limite représentée par le nombre 1. Mais il suffit de changer l'unité à l'aide de laquelle on suppose les variables exprimées, pour que la limite 1 se trouve remplacée par une limite quelconque, qui peut croître indéfiniment et devenir infinie. A l'aide de cette seule observation, on peut, de la formule de Lagrange et d'une formule analogue donnée par Euler, tirer celles que M. Fourier a obtenues dans son premier Mémoire sur la théorie de la chaleur. D'autres formules du même genre, mais qui, pour la plupart, peuvent aisément se déduire de celles de M. Fourier, ont été successivement établies par les géomètres, et appliquées à diverses questions de Physique mathématique. On peut voir en particulier, à ce sujet, les Mémoires de MM. Poisson et Cauchy sur la théorie des ondes, un Mémoire de M. Fourier sur les vibrations de plaques élastiques, le XIXe Cahier du *Journal de l'École Polytechnique*, divers Articles insérés dans le IIe Volume des *Exercices de Mathématiques*, etc.

Dans les problèmes de Physique et de Mécanique et dans le cas où l'espace auquel s'étendent les équations du mouvement reste indéfini, la question à résoudre était généralement la suivante :

Étant donnée, entre une inconnue et plusieurs variables indépendantes qui ordinairement représentent trois coordonnées et le temps, une équation aux dérivées partielles et à coefficients constants, avec un dernier terme fonction des variables indépendantes, intégrer cette équation, de manière que les valeurs initiales de l'inconnue et de ses dérivées, prises par rapport au temps, se réduisent à des fonctions connues des coordonnées.

Tel est le problème que l'auteur des *Exercices* s'est proposé et a résolu dans ses Mémoires du 8 octobre 1821 et du 16 septembre 1822. (*Voir* le *Bulletin de la Société philomathique* et le XIXe Cahier du *Journal de l'École Polytechnique.*) Il a prouvé, dans ces Mémoires, qu'à l'aide des formules de transformation ci-dessus rappelées, et relatives aux fonctions de plusieurs variables, ou plutôt à l'aide d'une formule du même genre qui renferme sous le signe $\int$ une seule exponentielle trigonométrique, on pouvait ramener la solution du problème général au cas où le temps est la seule variable indépendante, c'est-à-dire au cas où l'équation aux dérivées partielles se trouve remplacée par une simple équation différentielle. La détermination des fonctions arbitraires s'est ainsi trouvée réduite à une détermination de constantes arbitraires qui exigeait quelques artifices de calcul dans le cas où l'équation auxiliaire offrait des racines égales, mais que l'auteur a fini par rendre très facile dans tous les cas et même par supprimer entièrement, à l'aide du calcul des résidus. C'est ainsi qu'en perfectionnant de plus en plus la méthode exposée dans les Mémoires de 1821 et de 1822 l'auteur des *Exercices* est parvenu à une formule très simple et facile à retenir, qui sert à exprimer par une intégrale définie multiple la valeur de l'inconnue propre à vérifier une équation linéaire aux dérivées partielles et à coefficients constants, dans le cas même où cette équation contient un dernier terme fonction des variables indépendantes. (*Voir* le *Mémoire sur l'application du calcul des résidus aux questions de Physique mathématique*, publié en 1827.) La méthode dont il s'agit, appliquée aux équations qui représentent les mouvements infiniment petits d'un système de molécules, fournit les intégrales mentionnées ou développées par l'auteur des *Exercices* dans divers Mémoires présentés à l'Académie en 1829 et 1830 [1], et *ces intégrales*, comme il est dit dans le Mémoire du 12 janvier 1829 (Tome IX des *Mémoires de l'Académie*), *fournissent le moyen d'assigner les lois suivant*

[1] Ces Mémoires sont :

1° Un Mémoire sur le mouvement d'un système de molécules qui s'attirent ou se repoussent à de très petites distances, et sur la théorie de la lumière, présenté à l'Académie le 12 janvier 1829, et inséré par extrait dans le tome IX des *Mémoires de l'Académie*;

2° Un Mémoire sur l'intégration d'une certaine classe d'équations aux différences partielles, et sur les phénomènes dont cette intégration fait connaître les lois dans les questions de Physique mathématique, présenté à l'Académie le 12 avril 1830, et parafé par M. G. Cuvier, secrétaire perpétuel. (Le premier paragraphe de ce Mémoire a été imprimé dans le XXe Cahier du *Journal de l'École Polytechnique*);

3° Divers Mémoires sur la théorie de la lumière, présentés à l'Académie les 17 et 31 mai 1830, parafés par M. G. Cuvier, Secrétaire perpétuel, et publiés par extrait dans le *Bulletin des Sciences* de M. de Férussac, puis dans le tome X des *Mémoires de l'Académie*;

4° Le Mémoire sur la dispersion de la lumière, présenté à l'Académie les 19 juillet et 9 août 1830, parafé par M. Arago, secrétaire perpétuel, et publié d'abord par extrait dans le *Bulletin des Sciences* de M. de Férussac de juillet 1830, puis en totalité dans le format des *Exercices de Physique mathématique*.

lesquelles un ébranlement, primitivement produit en un point donné d'un système de molécules, se propage dans tout le système. On voit, par le texte même du Mémoire de janvier 1829 (*ibid.*), que, dès cette époque, l'auteur avait déjà traité, non seulement *le cas où l'élasticité du système reste la même en tous sens autour d'un point quelconque*, et où le système est en conséquence isotrope, mais aussi *le cas où l'élasticité du système reste la même en tous sens autour de tout axe parallèle à une droite donnée.* Il avait même reconnu que, dans ce dernier cas, *les coefficients* renfermés dans les équations aux dérivées partielles, et *dépendants de la nature du système, peuvent avoir entre eux des relations telles que la propagation d'un ébranlement, primitivement produit en un point du système, donne naissance à trois ondes sphériques ou ellipsoïdales;* puis, *en faisant abstraction de celle des trois ondes qui disparaît avec la dilatation du volume quand l'élasticité du système reste la même en tous sens*, il avait vu *les surfaces des deux ondes restantes se réduire au système d'une surface sphérique et d'un ellipsoïde de révolution, l'ellipsoïde ayant pour axe de révolution le diamètre de la sphère;* et, après avoir constaté *l'accord remarquable de ce résultat avec le théorème d'Huygens sur la double réfraction de la lumière dans les cristaux à un seul axe*, il avait conclu que *les équations du mouvement de la lumière sont comprises dans celles qui expriment le mouvement d'un système de molécules très peu écarté d'une position d'équilibre.*

Au reste, comme on peut le voir dans les 7e et 8e livraisons des *Exercices d'Analyse et de Physique mathématique*, les intégrales que fournit la méthode exposée dans le XIXe Cahier du *Journal de l'École Polytechnique* et dans le Mémoire *Sur l'application du calcul des résidus aux questions de Physique mathématique* coïncident, dans le cas particulier où le système est isotrope, avec les intégrales que renferme un Mémoire de M. Ostrogradsky, lu à l'Académie de Saint-Pétersbourg le 10 juin 1829, cité par M. Poisson en octobre 1830 et publié, en 1831, dans le Tome Ier des Mémoires de cette Académie. Elles sont analogues aux intégrales que renferme un Mémoire présenté par M. Poisson à l'Académie des Sciences le 11 octobre 1830, et même à celles que ce géomètre avait données le 24 novembre 1828, mais dans lesquelles la détermination des fonctions arbitraires était demeurée incomplète.

Dans le cas général où l'élasticité du système n'est pas la même en tous sens, ni autour d'un point quelconque, ni autour de tout axe parallèle à une droite donnée, les valeurs des inconnues, fournies par la méthode générale que nous avons rappelée, se trouvent représentées par des intégrales définies sextuples. Mais on peut, à l'aide d'un changement de variables indépendantes, réduire les intégrales sextuples à des intégrales quadruples, dans le cas où l'équation devient homogène. Cette dernière proposition a été donnée par l'auteur des *Exercices* dans un Mémoire que renferme le *Bulletin des Sciences* (1) de M. de Férussac pour le mois d'avril 1830 (page 273). Dans ce Mémoire, l'auteur conclut de son analyse que les phénomènes sonores, lumineux, etc., représentés par des équations homogènes aux dérivées partielles, donnent naissance à des ondes sonores, lumineuses, etc., qui ne laissent pas de traces de leur passage, et dont les surfaces se trouvent représentées par des équations qu'il apprend à former. D'ailleurs, comme le même auteur l'observe dans le Tome X des *Mémoires de l'Académie* [Mémoires des 31 mai et 7 juin 1830 (2)], les surfaces des ondes ainsi déterminées sont précisément les surfaces courbes qui ont pour enveloppes les ondes planes dont il a donné la théorie dans les *Exercices de Mathématiques*. Ajoutons que, dans le cas particulier où l'on considère un système de molécules dont l'élasticité reste la même en tous sens, les vitesses propres des molécules, mesurées à de grandes distances du centre d'ébranlement, offrent, dans les deux ondes propagées, les mêmes directions qu'elles offriraient si ces deux ondes étaient rigoureusement planes. Ces vitesses sont donc alors dirigées suivant des tangentes ou suivant des normales aux surfaces des ondes. En d'autres termes, les vibrations des molécules, mesurées loin du centre d'ébranlement, sont alors ou *longitudinales* ou *transversales* par rapport aux rayons vecteurs. M. Poisson, qui avait d'abord révoqué en doute les

(1) *OEuvres de Cauchy*, S. II, T. II.
(2) *Id.* S. I, T. II.

vibrations transversales, a fini par les admettre lui-même et par tirer de ses formules la proposition que nous venons d'énoncer. En effet, ces vibrations transversales, admises par Fresnel, puis, données par l'auteur des *Exercices* comme résultat du calcul et spécialement comme une conséquence de la théorie des ondes planes, dans les Mémoires des 31 mai et 7 juin 1830, se trouvent déduites des intégrales générales du mouvement d'un système isotrope, à la fin du Mémoire que M. Poisson a lu à l'Académie des Sciences, le 11 octobre 1830.

NOTE DEUXIÈME.

Intégration d'une équation linéaire aux dérivées partielles et à coefficients constants, avec un dernier terme fonction des variables indépendantes.

Considérons, pour fixer les idées, quatre variables indépendantes

$$x, \quad y, \quad z, \quad t$$

qui pourront être censées représenter trois coordonnées rectangulaires et le temps. Soit

$$\mathrm{F}(x, y, z, t)$$

une fonction de ces variables, entière, du degré n par rapport à t, et dans laquelle, pour plus de simplicité, nous supposerons le coefficient de t^n réduit à l'unité. Supposons d'ailleurs que, ϖ étant une fonction inconnue, et

$$\mathrm{f}(x, y, z, t)$$

une fonction donnée des quatre variables x, y, z, t, on assujettisse l'inconnue ϖ à vérifier : 1° quel que soit t, l'équation aux dérivées partielles

$$\mathrm{F}(\mathrm{D}_x, \mathrm{D}_y, \mathrm{D}_z, \mathrm{D}_t)\varpi = \mathrm{f}(x, y, z, t); \tag{1}$$

2° pour $t = 0$, des conditions de la forme

$$\varpi = \varpi_0(x, y, z), \quad \mathrm{D}_t\varpi = \varpi_1(x, y, z), \quad \ldots, \quad \mathrm{D}_t^{n-1}\varpi = \varpi_{n-1}(x, y, z). \tag{2}$$

Enfin concevons que,

$$\varphi(\alpha, 6, \gamma) \quad \text{et} \quad f(x, y, z)$$

désignant deux fonctions des variables

$$\alpha, \quad 6, \quad \gamma \quad \text{et} \quad x, \quad y, \quad z,$$

on pose, pour abréger, comme dans le deuxième Volume des *Exercices* [page 167 ([1])],

$$(3) \quad \begin{cases} \varphi(\alpha, 6, \gamma) f(\overline{x}, \overline{y}, \overline{z}) \\ = \int_{-\infty}^{\infty}\int_{-\infty}^{\infty}\int_{-\infty}^{\infty}\int_{-\infty}^{\infty}\int_{-\infty}^{\infty}\int_{-\infty}^{\infty} e^{[\alpha(x-\lambda)+6(y-\mu)+\gamma(z-\nu)]\sqrt{-1}} \varphi(\alpha, 6, \gamma) f(\lambda, \mu, \nu) \frac{d\alpha\, d\lambda}{2\varpi} \frac{d6\, d\mu}{2\pi} \frac{d\gamma\, d\nu}{2\pi}. \end{cases}$$

Alors, en vertu de la formule (311) du Mémoire *Sur l'application du calcul des résidus aux questions de Physique mathématique* ([2]), on trouvera

$$(4) \quad \begin{cases} \varpi = \mathcal{E} \frac{e^{st}}{(\mathrm{F}(\alpha\sqrt{-1}, 6\sqrt{-1}, \gamma\sqrt{-1}, s))_s} \frac{\mathrm{F}(\alpha\sqrt{-1}, 6\sqrt{-1}, \gamma\sqrt{-1}, s) - \mathrm{F}[\alpha\sqrt{-1}, 6\sqrt{-1}, \gamma\sqrt{-1}, \varpi(\overline{x}, \overline{y}, \overline{z})]}{s - \varpi(\overline{x}, \overline{y}, \overline{z})} \\ \quad - \int_0^t \mathcal{E} \frac{e^{s(t-\tau)}}{(\mathrm{F}(\alpha\sqrt{-1}, 6\sqrt{-1}, \gamma\sqrt{-1}, s))_s} \mathrm{f}(\overline{x}, \overline{y}, \overline{z}, \tau)\, d\tau. \end{cases}$$

Il est bon d'observer que, dans la formule (4), l'intégrale relative à τ disparaît quand on a

$$\mathrm{f}(x, y, z, t) = 0.$$

Ajoutons qu'après avoir développé, dans le premier des termes que renferme la valeur de ϖ, la fraction qui a pour dénominateur le binôme

$$s - \varpi(\overline{x}, \overline{y}, \overline{z}),$$

on doit avoir soin de remplacer les exposants de ϖ par des indices.

Dans les applications que l'on peut faire de la formule (4), il est bon de se rappeler que, d'après la définition même des fonctions de x, y, z représentées par la notation

$$\varphi(\alpha, 6, \gamma) f(\overline{x}, \overline{y}, \overline{z}),$$

on a généralement (Tome II des *Exercices de Mathématiques*, p. 168)

$$(5) \quad \varphi(\alpha, 6, \gamma)[\chi(\alpha, 6, \gamma) f(\overline{x}, \overline{y}, \overline{z})] = [\varphi(\alpha, 6, \gamma)\chi(\alpha, 6, \gamma)] f(\overline{x}, \overline{y}, \overline{z}).$$

([1]) *OEuvres de Cauchy*, S. II, T. VII.
([2]) *Id.* S. II, T. XV.

Observons encore qu'en vertu d'un théorème donné par M. Poisson dans le Mémoire du 19 juillet 1819, on a généralement

$$(6)\quad \left\{\begin{aligned}&\int_0^t \cos(\alpha^2+6^2+\gamma^2)^{\frac{1}{2}}\Omega t\,\mathrm{f}(\overline{x},\overline{y},\overline{z})\,dt\\ &\quad=\frac{1}{4\pi}\int_0^{2\pi}\int_0^{\pi} t\sin p\,\mathrm{f}(x+\Omega t\cos p,\ y+\Omega t\sin p\cos q,\ z+\Omega t\sin p\sin q)\,dq\,dp.\end{aligned}\right.$$

De plus, on peut de l'équation (6) tirer celles que l'auteur des *Exercices de Mathématiques* a données dans plusieurs Mémoires présentés à l'Académie en 1830, ou, ce qui revient au même, on peut de l'équation (6) déduire la formule

$$(7)\quad \left\{\begin{aligned}&\int_0^t \cos(a\alpha^2+b6^2+c\gamma^2+2d\varepsilon\gamma+2e\gamma\alpha+2f\alpha6)^{\frac{1}{2}}t\,f(\overline{x},\overline{y},\overline{z})\,dt\\ &\quad=\frac{1}{4\pi}\int_0^{2\pi}\int_0^{\pi} t\sin p\,f\left(x+\frac{t\cos p}{\mathfrak{P}},\ y+\frac{t\sin p\cos q}{\mathfrak{P}},\ z+\frac{t\sin p\sin q}{\mathfrak{P}}\right)\frac{dq\,dp}{\mathfrak{P}^3},\end{aligned}\right.$$

dans laquelle on a

$$(8)\qquad \mathfrak{P}^2=\mathfrak{F}(\cos p,\ \sin p\cos q,\ \sin p\sin q),$$

en supposant

$$(9)\qquad \mathfrak{F}(\mathrm{x},\mathrm{y},\mathrm{z})=\mathrm{a}\mathrm{x}^2+\mathrm{b}\mathrm{y}^2+\mathrm{c}\mathrm{z}^2+2\mathrm{d}\mathrm{y}\mathrm{z}+2\mathrm{e}\mathrm{z}\mathrm{x}+2\mathrm{f}\mathrm{x}\mathrm{y},$$

et les constantes

$$\mathrm{a},\ \mathrm{b},\ \mathrm{c},\ \mathrm{d},\ \mathrm{e},\ \mathrm{f}\ \text{ liées aux constantes }\ a,\ b,\ c,\ d,\ e,\ f,$$

de telle sorte que les équations

$$ax+fy+ez=\mathrm{x},\qquad fx+by+dz=\mathrm{y},\qquad ex+dy+cz=\mathrm{z}$$

entraînent les suivantes :

$$\mathrm{a}\mathrm{x}+\mathrm{f}\mathrm{y}+\mathrm{e}\mathrm{z}=x,\qquad \mathrm{f}\mathrm{x}+\mathrm{b}\mathrm{y}+\mathrm{d}\mathrm{z}=y,\qquad \mathrm{e}\mathrm{x}+\mathrm{d}\mathrm{y}+\mathrm{c}\mathrm{z}=z.$$

Pour montrer une application des formules qui précèdent, considérons un cas particulier traité par l'auteur des *Exercices*, non seulement dans le *Bulletin des Sciences* d'avril 1830, mais aussi dans les Mémoires des 12 avril et 17 mai de la même année; et supposons que, le second membre de la formule (1) étant réduit à zéro, on pose, dans cette formule,

$$F(x, y, z, t) = t^2 - (ax^2 + by^2 + cz^2 + 2dyz + 2ezx + 2fxy);$$

cette même formule deviendra

$$(10) \qquad D_t^2 \varpi = (aD_x^2 + bD_y^2 + cD_z^2 + 2dD_yD_z + 2eD_zD_x + 2fD_xD_y)\varpi.$$

Cela posé, si l'on désigne par

$$\varpi(x, y, z) \quad \text{et} \quad \Pi(x, y, z)$$

les valeurs initiales des fonctions

$$\varpi \quad \text{et} \quad D_t\varpi;$$

si d'ailleurs, en attribuant à $\wp$ une valeur positive déterminée par le système des formules (8) et (9), on pose, pour abréger,

$$(11) \qquad \lambda = x + t\frac{\cos p}{\wp}, \qquad \mu = y + t\frac{\sin p \cos q}{\wp}, \qquad \nu = z + t\frac{\sin p \sin q}{\wp},$$

et, de plus,

$$(12) \qquad \Theta = (abc - ad^2 - be^2 - ef^2 + 2def)^{\frac{1}{2}},$$

on trouvera [*Bulletin* d'avril 1830 ([1])]

$$(13) \qquad \left\{ \begin{aligned} \varpi = {} & \frac{1}{4\pi\Theta} \int_0^{2\pi}\int_0^{\pi} t \sin p \, \Pi(\lambda, \mu, \nu) \frac{dq\,dp}{\wp^3} \\ & + \frac{1}{4\pi\Theta} D_t \int_0^{2\pi}\int_0^{\pi} t \sin p \, \varpi(\lambda, \mu, \nu) \frac{dq\,dp}{\wp^3}. \end{aligned} \right.$$

Si les fonctions

$$\varpi(x, y, z), \quad \Pi(x, y, z)$$

n'ont de valeurs sensibles que pour de très petites valeurs numériques de x, y, z, les intégrales définies que renferme le second membre de la formule (13) n'auront de valeurs sensibles que pour des valeurs de

([1]) *Œuvres de Cauchy*, S. II, T. II.

x, y, z, t propres à vérifier sensiblement les formules

$$\lambda = 0, \qquad \mu = 0, \qquad \nu = 0,$$

ou, ce qui revient au même, les formules

$$x + \frac{t \cos p}{\varphi} = 0, \qquad y + \frac{t \sin p \cos q}{\varphi} = 0, \qquad z + \frac{t \sin p \sin q}{\varphi} = 0.$$

Or, de ces dernières, jointes à l'équation (8), on tirera

$$t^2 = \mathfrak{F}(x, y, z),$$

ou, ce qui revient au même,

$$(14) \qquad t^2 = \mathrm{a}x^2 + \mathrm{b}y^2 + \mathrm{c}z^2 + 2\mathrm{d}yz + 2\mathrm{e}zx + 2\mathrm{f}xy.$$

Donc la formule (13) conduira aux conclusions que l'auteur des *Exercices* a énoncées dans le Mémoire du 12 avril 1830 [*voir* le XXe Cahier du *Journal de l'École Polytechnique* (¹)], et que nous allons reproduire.

Supposons que l'équation

$$D_t^2 \varpi = (a D_x^2 + b D_y^2 + c D_z^2 + 2 d D_y D_z + 2 e D_z D_x + 2 f D_x D_y) \varpi$$

se rapporte à une question de Mécanique ou de Physique dans laquelle t représente le temps et x, y, z des coordonnées rectilignes; supposons d'ailleurs que les valeurs initiales de ϖ et de $D_t \varpi$ soient sensiblement nulles pour tous les points situés à une distance sensible de l'origine des coordonnées. Au bout du temps t, la variable ϖ n'aura de valeur sensible que dans le voisinage de la surface du second degré représentée par l'équation (14).

Cela posé, concevons que la quantité ϖ dépende des vibrations très petites d'un corps solide ou d'un fluide pondérable ou impondérable, et que ces vibrations, d'abord produites dans le voisinage de l'origine des coordonnées, se propagent dans l'espace, et donnent ainsi naissance à une onde sonore ou lumineuse. La surface de l'onde coïncidera, au bout du temps t, avec celle de l'ellipsoïde représenté par l'équation (14). *Par suite, la vitesse du son ou de la lumière, mesurée suivant le rayon vecteur r de* cet ellipsoïde, *sera la quantité représentée* par le rapport $\frac{r}{t}$.

(¹) *Œuvres de Cauchy*, S. II, T. I.

NOTE TROISIÈME.

Intégration des équations qui représentent les mouvements infiniment petits d'un système isotrope de molécules.

Soient, dans un système isotrope de molécules,

x, y, z les coordonnées rectangulaires et initiales d'une molécule m, correspondantes à un état d'équilibre;

ξ, η, ζ les déplacements de la même molécule, au bout du temps t, mesurés parallèlement aux axes coordonnés;

$\upsilon = D_x \xi + D_y \eta + D_z \zeta$ la dilatation du volume.

La valeur de υ sera déterminée par une équation de la forme

$$D_t^2 \upsilon = \Omega^2 (D_x^2 + D_y^2 + D_z^2) \upsilon, \tag{1}$$

et les valeurs de ξ, η, ζ par des équations de la forme

$$[D_t^2 - \Omega_1^2 (D_x^2 + D_y^2 + D_z^2)] \xi = (\Omega^2 - \Omega_1^2) D_x \upsilon. \tag{2}$$

[*Voir* les *Exercices de Mathématiques* pour l'année 1828, p. 180 et 211 (¹).] La question se réduira donc à intégrer deux équations aux dérivées partielles et à coefficients constants, dont l'une offrira un second terme représenté par une fonction donnée des variables indépendantes. Si, d'ailleurs, on nomme

$$\varphi(x, y, z), \quad \chi(x, y, z), \quad \psi(x, y, z), \quad \Phi(x, y, z), \quad X(x, y, z), \quad \Psi(x, y, z)$$

les valeurs initiales de

$$\xi, \quad \eta, \quad \zeta, \quad D_t \xi, \quad D_t \eta, \quad D_t \zeta,$$

et si l'on pose, pour abréger,

$$f(x, y, z) = D_x \varphi(x, y, z) + D_y \chi(x, y, z) + D_z \psi(x, y, z),$$
$$\mathcal{F}(x, y, z) = D_x \Phi(x, y, z) + D_y X(x, y, z) + D_z \Psi(x, y, z),$$

les fonctions

$$f(x, y, z), \qquad \mathcal{F}(x, y, z)$$

(¹) *Œuvres de Cauchy*, S. II, T. VIII.

représenteront les valeurs initiales de

$$\upsilon, \quad D_t\upsilon.$$

L'équation (1) est entièrement semblable à celle qui détermine la propagation du son dans l'air. En vertu de la formule (4) de la Note II, elle aura pour intégrale

$$(3)\qquad \left\{\begin{aligned} \upsilon = {} & \cos(\alpha^2+\beta^2+\gamma^2)^{\frac{1}{2}}\Omega t\, f(\overline{x}, \overline{y}, \overline{z}) \\ & + \int_0^t \cos(\alpha^2+\beta^2+\gamma^2)^{\frac{1}{2}}\Omega t\, \mathcal{F}(\overline{x}, \overline{y}, \overline{z})\, dt. \end{aligned}\right.$$

Ajoutons que, en vertu de la même formule, la valeur de ξ déterminée par l'équation (2) sera de la forme

$$(4)\qquad \xi = \Xi + D_x\vartheta,$$

la valeur de Ξ étant

$$(5)\qquad \left\{\begin{aligned} \Xi = {} & \cos(\alpha^2+\beta^2+\gamma^2)^{\frac{1}{2}}\Omega_{,} t\, \varphi(\overline{x}, \overline{y}, \overline{z}) \\ & + \int_0^t \cos(\alpha^2+\beta^2+\gamma^2)^{\frac{1}{2}}\Omega_{,} t\, \Phi(\overline{x}, \overline{y}, \overline{z})\, dt, \end{aligned}\right.$$

et la valeur de ϑ étant assujettie : 1° à vérifier, quel que soit t, l'équation aux dérivées partielles

$$(6)\qquad [D_t^2 - \Omega_{,}^2(D_x^2 + D_y^2 + D_z^2)]\vartheta = (\Omega^2 - \Omega_{,}^2)\upsilon;$$

2° à vérifier, pour $t = 0$, les conditions

$$(7)\qquad \vartheta = 0, \qquad D_t\vartheta = 0.$$

Or, sous ces conditions, la formule (4) de la Note II donnera

$$(8)\qquad \left\{\begin{aligned} D_t\vartheta = {} & (\Omega^2 - \Omega_{,}^2)\int_0^t \cos(\alpha^2+\beta^2+\gamma^2)^{\frac{1}{2}}\Omega_{,}(t-\tau) \times \cos(\alpha^2+\beta^2+\gamma^2)^{\frac{1}{2}}\Omega\tau\, f(\overline{x}, \overline{y}, \overline{z})\, d\tau \\ & + (\Omega^2 - \Omega_{,}^2)\int_0^t \cos(\alpha^2+\beta^2+\gamma^2)^{\frac{1}{2}}\Omega_{,}(t-\tau)\int_0^\tau \cos(\alpha^2+\beta^2+\gamma^2)^{\frac{1}{2}}\Omega\tau\, \mathcal{F}(\overline{x}, \overline{y}, \overline{z})\, d\tau^2. \end{aligned}\right.$$

D'ailleurs, en posant, pour abréger,

$$(\alpha^2+\beta^2+\gamma^2)^{\frac{1}{2}} = \rho,$$

on a identiquement

$$(\Omega^2-\Omega_i^2)\int_0^t \cos\rho\Omega_i(t-\tau) \times \cos\rho\Omega\tau\, d\tau = \frac{\Omega\sin\rho\Omega t - \Omega_i\sin\rho\Omega_i t}{\rho}$$

$$= \int_0^t (\Omega^2\cos\rho\Omega t - \Omega_i^2\cos\rho\Omega_i t)\, dt,$$

$$(\Omega^2-\Omega_i^2)\int_0^t \cos\rho\Omega_i(t-\tau)\int_0^\tau \cos\rho\Omega\tau\, d\tau^2 = \frac{\cos\Omega_i t - \cos\rho\Omega t}{\rho^2}$$

$$= \int_0^t\int_0^t (\Omega^2\cos\rho\Omega t - \Omega_i^2\cos\rho\Omega_i t)\, dt^2.$$

Donc la formule (8) peut s'écrire comme il suit :

$$(9)\quad \begin{cases} D_t 8 = \displaystyle\int_0^t \left[\Omega^2\cos(\alpha^2+6^2+\gamma^2)^{\frac{1}{2}}\Omega t - \Omega_i^2\cos(\alpha^2+6^2+\gamma^2)^{\frac{1}{2}}\Omega_i t\right] f(\overline{x},\overline{y},\overline{z})\, dt \\ \quad + \displaystyle\int_0^t\int_0^t \left[\Omega^2\cos(\alpha^2+6^2+\gamma^2)^{\frac{1}{2}}\Omega t - \Omega_i^2\cos(\alpha^2+6^2+\gamma^2)^{\frac{1}{2}}\Omega_i t\right] \mathcal{F}(\overline{x},\overline{y},\overline{z})\, dt^2. \end{cases}$$

Or, cette dernière, combinée avec la formule trouvée en 1819 par M. Poisson, c'est-à-dire avec la formule (6) de la Note II, donnera

$$(10)\quad \begin{cases} D_t 8 = \dfrac{1}{4\pi}\displaystyle\int_0^{2\pi}\int_0^{\pi} [\Omega^2 f(\lambda,\mu,\nu) - \Omega_i^2 f(\lambda_i,\mu_i,\nu_i)]\, dq\, dp \\ \quad + \dfrac{D_t^{-1}}{4\pi}\displaystyle\int_0^{2\pi}\int_0^{\pi} [\Omega^2\mathcal{F}(\lambda,\mu,\nu) - \Omega_i^2\mathcal{F}(\lambda_i,\mu_i,\nu_i)]\, dq\, dp, \end{cases}$$

le signe D_t^{-1} indiquant une intégration effectuée par rapport à t, à partir de $t = 0$, et les valeurs de λ, μ, ν, λ_i, μ_i, ν_i étant

$$\lambda = x + \Omega t\cos p, \qquad \mu = y + \Omega t\sin p\cos q, \qquad \nu = z + \Omega t\sin p\sin q,$$

$$\lambda_i = x + \Omega_i t\cos p, \qquad \mu_i = y + \Omega_i t\sin p\cos q, \qquad \nu_i = z + \Omega_i t\sin p\sin q.$$

De plus, on tirera immédiatement de l'équation (10), en observant que 8 doit s'évanouir avec t,

$$(11)\quad \begin{cases} 8 = \dfrac{D_t^{-1}}{4\pi}\displaystyle\int_0^{2\pi}\int_0^{\pi} [\Omega^2 f(\lambda,\mu,\nu) - \Omega_i^2 f(\lambda_i,\mu_i,\nu_i)]\, dq\, dp \\ \quad + \dfrac{D_t^{-2}}{4\pi}\displaystyle\int_0^{2\pi}\int_0^{\pi} [\Omega^2\mathcal{F}(\lambda,\mu,\nu) - \Omega_i^2\mathcal{F}(\lambda_i,\mu_i,\nu_i)]\, dq\, dp. \end{cases}$$

Les formules (4), (5) et (11) qu'on obtient, comme on vient de le voir, en combinant avec le théorème de M. Poisson la dernière formule du Mémoire de 1827 sur l'application du calcul des résidus aux questions de Physique mathématique, suffisent pour déterminer les lois de la propagation du mouvement dans les milieux isotropes. Ces formules sont précisément celles que j'ai mentionnées dans les livraisons 7 et 8 des *Exercices d'Analyse*, et que j'avais obtenues à l'époque où je m'occupais de la théorie des corps élastiques. Les manuscrits qui les renferment ne fixent pas avec précision leur date, que divers indices reportent à l'année 1828. Mais ce qui n'est pas douteux, c'est que le Mémoire du 12 janvier 1829 indique des formules tirées du Mémoire de 1827, non seulement comme *offrant, sous le signe $\int$, les fonctions qui expriment, à l'origine du mouvement, les déplacements et les vitesses des molécules, mesurés parallèlement aux axes coordonnés*, mais encore comme *propres à fournir les lois suivant lesquelles un ébranlement produit en un point donné d'un système de molécules se propage dans tout le système.* Ajoutons que le Mémoire du 17 mai 1830 cite précisément le *théorème de M. Poisson* comme fournissant le moyen de réduction des intégrales correspondantes à un système isotrope, et que, relativement à un tel système, le Mémoire de janvier 1829 dit expressément (t. IX des *Mémoires de l'Académie des Sciences*, p. 115) :

Si un système de molécules est tellement constitué que l'élasticité du système soit la même en tous sens, un ébranlement, primitivement produit en un point quelconque, se propagera de manière qu'il en résulte deux ondes sphériques animées de vitesses constantes, mais inégales.

Je rappellerai en finissant que les formules (4), (5) et (11) ne diffèrent pas au fond des intégrales que M. Ostrogradsky a données dans un Mémoire lu à l'Académie de Saint-Pétersbourg, le 10 juin 1829, cité par M. Poisson en octobre 1830, et publié en 1831.

NOTE QUATRIÈME.

Sur l'intégration des équations qui représentent les mouvements infiniment petits d'un système de molécules dont l'élasticité reste la même en tous sens autour d'un axe quelconque parallèle à une droite donnée.

La question dont il s'agit ici, et sur laquelle je reviendrai dans un autre article, a été traitée, non seulement dans le Mémoire du 12 janvier 1829, mais aussi dans le Mémoire présenté à l'Académie des Sciences le 17 mai 1830, et parafé à cette époque par le Secrétaire perpétuel, M. Georges Cuvier.

Les formules qui sont relatives à cette question s'appliquent, à plus forte raison, au cas particulier où le système devient isotrope, et fournissent alors les résultats suivants.

Reprenons les équations (1) et (2) de la Note III, et posons, comme dans le Mémoire lithographié d'août 1836,

$$U = D_z\eta - D_y\zeta, \qquad V = D_x\zeta - D_z\xi, \qquad W = D_y\xi - D_x\eta.$$

On aura

$$(1) \qquad [D_t^2 - \Omega_i^2(D_x^2 + D_y^2 + D_z^2)]U = 0;$$

et l'on pourra encore, dans cette dernière équation, remplacer U par V ou par W. Cela posé, on connaîtra immédiatement, d'une part υ, et d'autre part U, V, W. D'ailleurs,

$$\upsilon, \quad U, \quad V, \quad W$$

étant connus, on connaîtra

$$(D_x^2 + D_y^2 + D_z^2)\xi = D_x\upsilon + D_yW - D_zV,$$

et, par suite,

$$D_t^2\xi.$$

Or, on se trouvera ainsi ramené aux formules (4), (5) et (11) de la Note III qui peuvent, en conséquence, se déduire, non seulement de la dernière formule du Mémoire *Sur l'application du calcul des résidus aux questions de Physique mathématique*, mais encore des formules établies dans le Mémoire du 17 mai 1830.

160.

ANALYSE MATHÉMATIQUE. — *Rapport sur une Note de* M. Passot, *relative à la détermination de la variable indépendante dans l'analyse des courbes.*

C. R., t. XIV, p. 508 (4 avril 1842).

L'Académie nous a chargés, MM. Coriolis, Piobert et moi, de lui rendre compte d'une Note de M. Passot, relative à la détermination de la variable indépendante dans l'analyse des courbes. Avant d'exprimer notre avis au sujet de cette Note, nous pensons qu'il est convenable de rappeler les motifs qui ont engagé son auteur à la produire.

M. Passot a fait précédemment à l'Académie diverses Communications, qui ont été l'objet d'un Rapport lu à la séance du 30 novembre 1840. Il est dit, dans ce Rapport, que les expériences entreprises par M. Passot constatent certains faits que l'on doit considérer comme nouveaux; mais les Commissaires, en admettant ces faits, n'ont point admis les explications que M. Passot en avait données. C'est dans le dessein de faire prévaloir ses opinions théoriques que l'auteur a rédigé la Note dont il s'agit en ce moment. Les propositions nouvelles que cette Note renferme nous ont paru, dès le premier instant, inexactes; et, convaincus de cette inexactitude, nous aurions désiré que l'auteur nous dispensât d'en fournir la preuve. Mais l'insistance avec laquelle il réclame un Rapport nous engage à rompre le silence, et à entrer ici dans quelques détails.

Nous commencerons par convenir franchement et sans détour que, malgré les importants travaux des géomètres modernes, la solution exacte des problèmes de Mécanique rationnelle laisse encore beaucoup à désirer. Ainsi, en particulier, l'application des principes généraux de la Mécanique à la théorie des machines, ou même simplement à la théorie des liquides ou des fluides, présente quelquefois des difficultés réelles, soit parce que les méthodes de calcul ne sont pas encore suffisamment perfectionnées, soit parce que dans chaque question l'on peut craindre d'avoir omis quelques données, soit enfin parce que la loi des actions moléculaires, dans les corps liquides ou fluides, n'est pas connue et définie avec assez de précision et d'exactitude. Mais ces difficultés sont complètement étrangères aux principes généraux de la Mécanique et du Calcul infinitésimal, établis sur des bases solides. En conséquence, elles ne peuvent devenir des motifs d'abandonner ces mêmes principes; et l'on doit même observer que, dans les questions plus simples auxquelles ceux-ci peuvent être appliqués plus facilement et plus rigoureusement, les résultats du calcul sont, pour l'ordinaire, conformes aux résultats de l'expérience.

Les remarques que nous venons de faire nous ramènent tout naturellement à la Note de M. Passot. En effet, les difficultés que peut offrir l'explication de certains phénomènes, dans les machines à réaction, n'ont aucun rapport avec la question agitée dans cette Note, et qui consiste à savoir si, dans les problèmes de Mécanique, il est ou non permis de prendre le temps pour variable indépendante. Ainsi la Note de M. Passot, fût-elle démonstrative à l'égard des propositions qu'elle contient, ne remplirait pas le but que l'auteur s'était proposé. Mais nous allons plus loin, et quelques réflexions bien simples suffiront pour montrer que ces propositions sont inadmissibles.

Lorsque plusieurs variables sont liées entre elles par diverses équations, quelques-unes de ces variables peuvent être considérées comme fonctions des autres qui prennent le nom de *variables indépendantes*. Supposons, en particulier, deux variables liées entre elles par une seule équation, c'est-à-dire, deux variables liées entre elles de telle sorte que, l'une étant donnée, l'autre s'en déduise. L'une des deux variables sera une fonction de l'autre considérée comme variable indépendante. Mais il est clair que le choix de la variable indépendante sera entièrement arbitraire. Ainsi, par exemple, dans la Mécanique, l'espace parcouru par un point matériel qui se meut, et le temps employé à parcourir cet espace, sont deux variables dont l'une dépend de l'autre, et dont l'une quelconque peut être prise pour variable indépendante. Effectivement, on peut demander, à volonté, ou quel sera l'espace parcouru pendant un temps donné, ou quel sera le temps employé à parcourir un espace donné.

Concevons à présent que l'on passe du système de deux ou de plusieurs variables au système de leurs différentielles. Ces différentielles ne seront autre chose que *des quantités dont les rapports seront équivalents aux dernières raisons des accroissements infiniment petits que peuvent prendre simultanément ces mêmes variables*. En vertu de cette définition, les différentielles des fonctions dépendront à la fois des variables indépendantes et des différentielles de ces variables. D'ailleurs, ces dernières différentielles pouvant être choisies arbitrairement, il sera, non pas nécessaire, mais convenable, de les réduire, pour plus de simplicité, à des constantes, c'est-à-dire à des quantités indépendantes des variables dont il s'agit. On admet généralement cette réduction, et nous ne ferons ici aucune difficulté de nous conformer à cet usage.

S'il s'agit de deux variables liées entre elles par une équation, on pourra considérer comme constante la différentielle de l'une ou de l'autre variable, suivant que l'on prendra l'une ou l'autre pour indépendante. Il peut d'ailleurs arriver que, pour une valeur particulière de la variable indépendante, la différentielle de la fonction devienne infiniment petite par rapport à la différentielle de la variable. Mais, dans ce cas même, il faudrait bien se garder d'affirmer que la différentielle de la fonction sera toujours nulle, et d'en conclure que la fonction devra changer de rôle, c'est-à-dire, se transformer en variable indépendante. En effet, non seulement une variable, dont la différentielle s'évanouit toujours, cesse d'être variable, et à plus forte raison variable indépendante; mais en outre la différentielle d'une fonction est généralement une quantité variable, dont les valeurs particulières doivent être soigneusement distinguées de la valeur générale. Si M. Passot n'avait pas omis cette distinction à la page 2 de sa Note, il ne serait pas arrivé aux diverses propositions qu'il a énoncées; par exemple, à cette assertion que, dans les problèmes de Mécanique, *le temps ne peut être pris pour variable indépendante.*

Les Commissaires regrettent que les motifs qu'ils viennent d'expliquer ne leur permettent pas de proposer à l'Académie l'approbation de la Note soumise à leur examen.

161.

Calcul intégral. — *Note sur l'intégration des équations aux dérivées partielles du premier ordre.*

C. R., t. XIV, p. 740 (23 mai 1842).

J'ai montré, dans le *Bulletin de la Société philomathique*, comment on pouvait intégrer une équation aux dérivées partielles du premier ordre, quel que fût le nombre des variables indépendantes x, y, ..., et obtenir directement l'intégrale générale, c'est-à-dire, la valeur générale de l'inconnue assujettie à la double condition de vérifier cette équation aux dérivées partielles, et de se réduire, pour une valeur donnée de la variable x, à une autre fonction donnée des autres variables indépendantes y, ... Comme on le sait d'ailleurs, l'intégrale générale peut aisément se déduire d'une intégrale particulière qui renferme autant de constantes arbitraires qu'il y a de variables indépendantes; et, dans une précédente séance, M. Binet a déduit du calcul des variations une méthode propre à fournir des intégrales particulières de cette espèce. Je vais indiquer aujourd'hui un moyen fort simple de résoudre directement ce dernier problème.

Considérons d'abord, pour fixer les idées, une équation aux dérivées partielles du premier ordre entre deux variables indépendantes x, y, et l'inconnue z. Cette équation sera de la forme

$$F(x, y, z, D_x z, D_y z) = 0; \qquad (1)$$

et si l'on pose, pour abréger,

$$D_x z = p, \qquad D_y z = q,$$

elle deviendra

$$(2) \qquad F(x, y, z, p, q) = 0.$$

Soit maintenant

$$(3) \qquad z = f(x, y, \alpha, 6)$$

une valeur de z qui, renfermant deux constantes arbitraires α, 6, ait la double propriété de vérifier l'équation (1), et de se réduire, pour une valeur donnée ξ de la variable x, à une certaine fonction de y, α, 6 représentée par $\mathrm{f}(y, \alpha, 6)$, en sorte qu'on ait identiquement

$$f(\xi, y, \alpha, 6) = \mathrm{f}(y, \alpha, 6).$$

L'équation (3), différentiée par rapport à y, donnera

$$(4) \qquad q = D_y f(x, y, \alpha, 6).$$

Cela posé, concevons que des équations (3) et (4), résolues par rapport à α, 6, on tire

$$(5) \qquad \alpha = u, \qquad 6 = v,$$

u, v étant des fonctions déterminées de x, y, z, q; et nommons

$$U, \quad V$$

ce que deviennent u et v pour $x = \xi$. Les valeurs de α, 6, tirées des équations

$$(6) \qquad \begin{cases} z = \mathrm{f}(y, \alpha, 6), \\ q = D_y \mathrm{f}(y, \alpha, 6), \end{cases}$$

seront précisément

$$(7) \qquad \alpha = U, \qquad 6 = V.$$

D'ailleurs, en considérant z et q comme des fonctions de x, y, déterminées par les équations (3) et (4), ou, ce qui revient au même, par les formules (5), on tirera de la seule équation

$$\alpha = u,$$

différentiée successivement par rapport à x et par rapport à y,

$$D_x u + D_x z\, D_z u + D_x q\, D_q u = 0,$$
$$D_y u + D_y z\, D_z u + D_y q\, D_q u = 0;$$

puis, en ayant égard aux formules

$$D_x z = p, \qquad D_y z = q, \qquad D_x q = D_y p,$$

on trouvera

$$(8) \qquad \begin{cases} D_x u + p\, D_z u + D_y p\, D_q u = 0, \\ D_y u + q\, D_z u + D_y q\, D_q u = 0. \end{cases}$$

Enfin, si l'on désigne par

$$X, \quad Y, \quad Z, \quad P, \quad Q$$

les dérivées partielles de la fonction

$$F(x, y, z, p, q),$$

différentiée successivement par rapport à

$$x, \quad y, \quad z, \quad p, \quad q,$$

alors, en considérant toujours z, p, q comme fonctions de x, y, on tirera de la formule (2), différentiée par rapport à y,

$$(9) \qquad Y + qZ + P\, D_y p + Q\, D_y q = 0,$$

et de cette dernière, combinée avec les formules (8),

$$(10) \qquad P\, D_x u + Q\, D_y u + (Pp + Qq)\, D_z u - (Y + qZ)\, D_q u = 0.$$

Si l'on suppose que p soit éliminé du premier membre de la formule (10) à l'aide de l'équation (2), ce premier membre se réduira simplement, ou à zéro, ou à une fonction déterminée

$$\mathcal{F}(x, y, z, q)$$

de x, y, z, q. Mais cette dernière hypothèse est inadmissible; car, si elle se réalisait sans que la fonction $\mathcal{F}(x, y, z, q)$ se réduisît identiquement à zéro, l'équation

$$\mathcal{F}(x, y, z, q) = 0$$

établirait entre

$$x, \quad y, \quad z, \quad q$$

une relation qui devrait subsister pour la valeur ξ de x; et par suite l'équation

$$\mathcal{F}(\xi, y, z, q) = 0$$

établirait une relation entre les valeurs de ξ, y, qui peuvent être choisies arbitrairement, et les valeurs de z, q tirées des formules (6). Or, c'est là précisément ce que l'on ne saurait admettre, attendu que les formules (6) peuvent être remplacées par les équations (7), et que celles-ci peuvent être regardées comme propres à fournir les valeurs des constantes arbitraires α, β correspondantes à des valeurs données quelconques de y, z, q. Donc la fonction $\mathcal{F}(x, y, z, q)$ doit se réduire identiquement à zéro; et, lorsqu'à l'aide de la formule (2) on élimine p de l'équation (10), cette dernière devient une équation linéaire aux dérivées partielles, à laquelle doit satisfaire u, considéré comme fonction des variables

$$x, \quad y, \quad z, \quad q.$$

Donc, en définitive, la fonction de x, y, z, q représentée par u est une intégrale particulière de l'équation linéaire aux dérivées partielles

$$\text{(11)} \qquad \mathrm{P}\,\mathrm{D}_x8 + \mathrm{Q}\,\mathrm{D}_y8 + (\mathrm{P}p + \mathrm{Q}q)\,\mathrm{D}_z8 - (\mathrm{Y} + q\mathrm{Z})\,\mathrm{D}_q8 = 0,$$

dans laquelle on suppose p déterminé par la formule (2); et cette intégrale particulière est celle qu'on obtient quand l'inconnue 8 est assujettie à prendre la valeur U pour $x = \xi$. On prouvera de même que la fonction v est encore une intégrale particulière de l'équation linéaire (11), savoir, l'intégrale qu'on obtient quand l'inconnue 8 est assujettie à prendre la valeur V pour $x = \xi$. En conséquence, on peut énoncer la proposition suivante :

Théorème I. — *Supposons que, étant donnée l'équation aux dérivées partielles du premier ordre, et à deux variables indépendantes,*

$$\mathrm{F}(x, y, z, \mathrm{D}_x z, \mathrm{D}_y z) = 0,$$

on cherche l'intégrale particulière qui vérifie, pour $x = \xi$, *la condition*

$$z = \mathrm{f}(y, \alpha, \beta),$$

$\mathrm{f}(y, \alpha, \beta)$ *désignant une certaine fonction de la variable indépendante* y *et des deux constantes arbitraires* α, β. *Soient d'ailleurs*

$$\alpha = \mathrm{U}, \qquad \beta = \mathrm{V}$$

les valeurs de α, β *déduites des équations simultanées*

$$z = \mathrm{f}(y, \alpha, \beta), \qquad q = \mathrm{D}_y \mathrm{f}(y, \alpha, \beta).$$

U, V *seront généralement des fonctions déterminées des trois variables*

$$y, \quad z, \quad q;$$

et, pour résoudre la question proposée, il suffira d'éliminer q *entre les formules*

$$\alpha = u, \qquad \beta = v,$$

dans lesquelles u, v *désigneront deux valeurs particulières de l'inconnue d'une équation linéaire aux dérivées partielles du premier ordre et à quatre variables indépendantes*

$$x, \quad y, \quad z, \quad q.$$

Si l'on représente par

$$\mathrm{Y}, \quad \mathrm{Z}, \quad \mathrm{P}, \quad \mathrm{Q}$$

les dérivées partielles de

$$\mathrm{F}(x, y, z, p, q)$$

prises par rapport à

$$y, \quad z, \quad p, \quad q,$$

l'équation linéaire dont il s'agit sera ce que devient la suivante

$$\mathrm{P}\,\mathrm{D}_x 8 + \mathrm{Q}\,\mathrm{D}_y 8 + (\mathrm{P}p + \mathrm{Q}q)\,\mathrm{D}_z 8 - (\mathrm{Y} + q\mathrm{Z})\,\mathrm{D}_q 8 = 0,$$

quand on élimine p *à l'aide de la formule*

$$\mathrm{F}(x, y, z, p, q) = 0;$$

et les deux valeurs particulières u, v *de l'inconnue* 8 *seront celles qui se réduisent, l'une à* U, *l'autre à* V, *pour* $x = \xi$.

La méthode et les raisonnements, à l'aide desquels nous avons établi le théorème qui précède, peuvent être appliqués dans tous les cas à l'intégration d'une équation aux dérivées partielles du premier ordre, quel que soit d'ailleurs le nombre des variables indépendantes; et l'on se trouve ainsi conduit au théorème général que nous allons énoncer.

THÉORÈME II. — *Soit ϖ une fonction inconnue des n variables indépendantes*

$$x, \quad y, \quad z, \quad \ldots, \quad t,$$

assujettie à la double condition de vérifier : 1° *quel que soit t, l'équation aux dérivées partielles du premier ordre*

$$F(x, y, z, \ldots, t, \varpi, D_x\varpi, D_y\varpi, D_z\varpi, \ldots, D_t\varpi) = 0;$$

2° *pour $t = \tau$, la formule*

$$\varpi = f(x, y, z, \ldots, \alpha, \beta, \gamma, \ldots, \theta),$$

dans laquelle α, β, γ, ..., θ désignent des constantes arbitraires dont le nombre est égal à celui des variables x, y, z, ..., t. Posons d'ailleurs, pour abréger,

$$D_x\varpi = p, \qquad D_y\varpi = q, \qquad D_z\varpi = r, \qquad \ldots, \qquad D_t\varpi = s;$$

et soient

$$\alpha = U, \qquad \beta = V, \qquad \gamma = W, \qquad \ldots$$

les valeurs de α, β, γ, ... tirées des formules

$$\begin{aligned} \varpi &= f(x, y, z, \ldots, \alpha, \beta, \gamma, \ldots, \theta), \\ p &= D_x f(x, y, z, \ldots, \alpha, \beta, \gamma, \ldots, \theta), \\ q &= D_y f(x, y, z, \ldots, \alpha, \beta, \gamma, \ldots, \theta), \\ r &= D_z f(x, y, z, \ldots, \alpha, \beta, \gamma, \ldots, \theta), \\ &\ldots\ldots\ldots\ldots\ldots\ldots\ldots\ldots\ldots\ldots, \end{aligned}$$

U, V, W, ... *représenteront des fonctions déterminées des* $2n-1$ *quantités variables*

$$x, \quad y, \quad z, \quad \ldots, \quad \varpi, \quad p, \quad q, \quad r, \quad \ldots;$$

et, pour résoudre la question proposée, il suffira d'éliminer

$$p, \quad q, \quad r, \quad \ldots$$

entre les formules

$$\alpha = u, \qquad 6 = v, \qquad \gamma = w, \qquad \ldots,$$

dans lesquelles

$$u, \quad v, \quad w, \quad \ldots$$

désigneront n valeurs particulières de l'inconnue d'une équation linéaire. aux dérivées partielles du premier ordre, et à 2n variables indépendantes. Si l'on représente par

$$\text{X}, \quad \text{Y}, \quad \text{Z}, \quad \ldots, \quad \text{T}, \quad \Pi, \quad \text{P}, \quad \text{Q}, \quad \text{R}, \quad \ldots, \quad \text{S}$$

les dérivées partielles de

$$\text{F}(x, y, z, \ldots, t, \varpi, p, q, r, \ldots, s)$$

prises par rapport à

$$x, \quad y, \quad z, \quad \ldots, \quad t, \quad \varpi, \quad p, \quad q, \quad r, \quad \ldots, \quad s,$$

l'équation linéaire dont il s'agit sera ce que devient la suivante

$$\begin{aligned}&\text{P}\,\text{D}_x 8 + \text{Q}\,\text{D}_y 8 + \text{R}\,\text{D}_z 8 + \ldots + \text{S}\,\text{D}_t 8 \\ &\quad - (\text{P}p + \text{Q}q + \text{R}r + \ldots + \text{S}s)\,\text{D}_\varpi 8 \\ &\quad - (\text{X} + p\Pi)\,\text{D}_p 8 - (\text{Y} + q\Pi)\,\text{D}_q 8 - (\text{Z} + r\Pi)\,\text{D}_r 8 - \ldots = 0.\end{aligned}$$

quand on élimine s à l'aide de la formule

$$\text{F}(x, y, z, \ldots, t, \varpi, p, q, r, \ldots, s) = 0;$$

et les n valeurs particulières

$$u, \quad v, \quad w, \quad \ldots$$

de l'inconnue 8 seront celles qui se réduisent respectivement à

$$\text{U}, \quad \text{V}, \quad \text{W}, \quad \ldots,$$

pour $t = \tau$.

Puisque l'intégrale générale d'une équation aux dérivées partielles du premier ordre peut immédiatement se déduire d'une intégrale particulière qui renferme autant de constantes arbitraires qu'il y a de variables indépendantes, le théorème II réduit évidemment l'intégration d'une équation quelconque aux dérivées partielles du premier ordre à l'intégration d'une équation linéaire du même ordre, dans laquelle le nombre des variables indépendantes est doublé. On peut d'ailleurs, comme on sait, réduire l'intégration d'une équation linéaire du premier ordre à l'intégration d'un système d'équations différentielles. Mais cette seconde réduction conduit rarement à des équations différentielles intégrables; et, au lieu de l'opérer, il sera généralement plus avantageux d'appliquer directement à l'intégration de l'équation linéaire les formules générales que j'ai données dans un Mémoire lithographié de 1835. En effet, posons, pour abréger,

$$\square 8 = \frac{P}{S} D_x 8 + \frac{Q}{S} D_y 8 + \frac{R}{S} D_z 8 + \ldots + \left(\frac{Pp + Qq + Rr + \ldots}{S} + s\right) D_\varpi 8$$
$$- \frac{X + p\Pi}{S} D_p 8 - \frac{Y + q\Pi}{S} D_q 8 - \frac{Z + r\Pi}{S} D_r 8 - \ldots$$

et

$$\nabla 8 = -\int_\tau^t \square 8 \, dt.$$

L'équation linéaire, que le théorème II substitue à l'équation proposée, deviendra

$$D_t 8 = -\square 8,$$

et l'on tirera successivement de cette dernière

$$u = U + \nabla U + \nabla^2 U + \ldots,$$
$$v = V + \nabla V + \nabla^2 V + \ldots,$$
$$w = W + \nabla W + \nabla^2 W + \ldots,$$
$$\ldots\ldots\ldots\ldots\ldots\ldots\ldots\ldots$$

On obtiendra ainsi directement les valeurs de

$$u, \quad v, \quad w, \quad \ldots$$

développées en séries qui, dans plusieurs cas, pourront être sommées, et qui d'ailleurs pourront toujours être employées tant que la valeur numérique de la différence $t - \tau$ ne deviendra pas assez grande pour que ces séries cessent d'être convergentes.

Dans d'autres Articles je donnerai de nombreuses applications des principes que je viens d'établir, et je montrerai comment ces principes peuvent être étendus à des équations d'ordre supérieur au premier, ou, ce qui revient au même, à des systèmes d'équations simultanées aux dérivées partielles du premier ordre.

162.

Calcul intégral. — *Sur une intégrale remarquable d'une équation aux dérivées partielles du premier ordre.*

C. R., T. XIV, p. 769 (30 mai 1842).

Considérons une équation aux dérivées partielles du premier ordre entre une inconnue ϖ et n variables indépendantes

$$x, \quad y, \quad z, \quad \ldots, \quad t,$$

dont la dernière t peut être censée représenter le temps, dans les problèmes de Mécanique. L'intégration de cette équation pourra se réduire à l'intégration d'un système d'équations différentielles du premier ordre, ou bien encore, comme je l'ai remarqué dans la séance précédente, à l'intégration d'une seule équation linéaire aux dérivées partielles qui renfermera $2n$ variables indépendantes, et qui ne sera autre chose que l'équation caractéristique correspondante au système dont il s'agit. D'ailleurs, parmi les intégrales de ce système, il en est une qui ne contient d'autres constantes arbitraires que celles qui peuvent être censées désigner les valeurs initiales des variables indépendantes $x, y, z, \ldots$ et de l'inconnue ϖ. Or il est important d'observer que cette intégrale du système d'équations différentielles est en même temps une intégrale de l'équation donnée aux dérivées partielles. Ajoutons qu'elle se déduit immédiatement par élimination de n intégrales particulières de l'équation caractéristique, savoir, de celles qu'on obtient quand on prend successivement pour valeurs initiales de l'inconnue de cette équation caractéristique chacune des quantités variables

$$x,\quad y,\quad z,\quad \ldots,\quad \varpi.$$

Telles sont les propositions principales que je vais établir dans la présente Note.

ANALYSE.

Soit

$$F(x, y, z, \ldots, t, \varpi, p, q, r, \ldots, s) = 0 \tag{1}$$

l'équation donnée aux dérivées partielles, dans laquelle on suppose

$$p = D_x\varpi,\qquad q = D_y\varpi,\qquad r = D_z\varpi\qquad \ldots,\qquad s = D_t\varpi,$$

et nommons

$$X,\ Y,\ Z,\ \ldots,\ T,\ \Pi,\ P,\ Q,\ R,\ \ldots,\ S$$

les dérivées partielles de la fonction

$$F(x, y, z, \ldots, t, \varpi, p, q, r, \ldots, s)$$

différentiée successivement par rapport à chacune des quantités variables

$$x,\quad y,\quad z,\quad \ldots,\quad t,\quad \varpi,\quad p,\quad q,\quad r,\quad \ldots,\quad s.$$

L'intégration de l'équation (1) pourra être réduite, soit à l'intégration des $2n-1$ équations différentielles comprises dans la formule

$$\left\{\begin{aligned} &\frac{dx}{P} = \frac{dy}{Q} = \frac{dz}{R} = \ldots = \frac{dt}{S} = \frac{d\varpi}{Pp + Qq + Rr + \ldots Ss} \\ &= \frac{dp}{-(X + p\Pi)} = \frac{dq}{-(Y + q\Pi)} = \frac{dr}{-(Z + r\Pi)} = \ldots, \end{aligned}\right. \tag{2}$$

s étant déterminé en fonction de

$$x,\quad y,\quad z,\quad \ldots,\quad t,\quad \varpi,\quad p,\quad q,\quad r,\quad \ldots$$

par l'équation (1), soit à l'intégration de l'équation caractéristique

$$\left\{\begin{aligned} &P D_x8 + Q D_y8 + R D_z8 + \ldots + S D_t8 + (Pp + Qq + Rr + \ldots + Ss) D_\varpi 8 \\ &\quad - (X + p\Pi) D_p8 - (Y + q\Pi) D_q8 - (Z + r\Pi) D_r8 - \ldots = 0. \end{aligned}\right. \tag{3}$$

Si, en particulier, on désigne par

$$u, \quad v, \quad w, \quad \ldots$$

n fonctions déterminées de

$$x, \quad y, \quad z, \quad \ldots, \quad t, \quad \varpi, \quad p, \quad q, \quad r, \quad \ldots$$

dont chacune, étant prise pour valeur de 8, vérifie l'équation (3), et par

$$\alpha, \quad 6, \quad \gamma, \quad \ldots, \quad \theta$$

n constantes arbitraires, il suffira, pour obtenir une intégrale de l'équation (1), d'éliminer

$$p, \quad q, \quad r, \quad \ldots$$

entre les formules

$$(4) \qquad \alpha = u, \qquad 6 = v, \qquad \gamma = w, \qquad \ldots,$$

pourvu toutefois que les valeurs de

$$\varpi, \quad p, \quad q, \quad r, \quad \ldots,$$

tirées de ces formules, se réduisent, pour une valeur donnée τ de la variable t, à des expressions de la forme

$$\begin{aligned}
\varpi &= \quad \mathrm{f}(x, y, z, \ldots, \alpha, 6, \gamma, \ldots, \theta), \\
p &= \mathrm{D}_x \mathrm{f}(x, y, z, \ldots, \alpha, 6, \gamma, \ldots, \theta), \\
q &= \mathrm{D}_y \mathrm{f}(x, y, z, \ldots, \alpha, 6, \gamma, \ldots, \theta), \\
r &= \mathrm{D}_z \mathrm{f}(x, y, z, \ldots, \alpha, 6, \gamma, \ldots, \theta). \\
&\ldots\ldots\ldots\ldots\ldots\ldots\ldots\ldots\ldots\ldots
\end{aligned}$$

Or, pour que cette condition soit remplie, il suffit évidemment que les valeurs de

$$\varpi, \quad p, \quad q, \quad r, \quad \ldots,$$

tirées des formules (4), vérifient, pour $t = \tau$, les suivantes

$$(5) \qquad p = \mathrm{D}_x \varpi, \qquad q = \mathrm{D}_y \varpi, \qquad r = \mathrm{D}_z \varpi, \qquad \ldots;$$

et comme, en supposant qu'il en soit ainsi, les formules (4) fourniront, avec une valeur de ϖ propre à représenter une intégrale particulière de l'équation (1), les dérivées p, q, r, ... de cette intégrale prises par rapport à x, y, z, ..., nous devons conclure qu'en vertu des équations (4) les conditions (5) seront vérifiées pour une valeur quelconque de t, si elles se vérifient pour la valeur particulière $t = \tau$.

D'autre part, si l'on regarde les équations (4) comme propres à déterminer

$$\varpi, \quad p, \quad q, \quad r, \quad \ldots$$

en fonction de

$$x, \quad y, \quad z, \quad \ldots, \quad t,$$

on tirera de ces équations, différentiées par rapport à x,

$$\begin{gathered}
D_x u + D_\varpi u \, D_x \varpi + D_p u \, D_x p + D_q u \, D_x q + D_r u \, D_x r + \ldots = 0, \\
D_x v + D_\varpi v \, D_x \varpi + D_p v \, D_x p + D_q v \, D_x q + D_r v \, D_x r + \ldots = 0, \\
D_x w + D_\varpi w \, D_x \varpi + D_p w \, D_x p + D_q w \, D_x q + D_r w \, D_x r + \ldots = 0, \\
\ldots\ldots\ldots\ldots\ldots\ldots\ldots\ldots\ldots\ldots\ldots\ldots,
\end{gathered}$$

et, par suite,

$$D_x \varpi = -\frac{S(\pm D_x u \, D_p v \, D_q w \ldots)}{S(\pm D_\varpi u \, D_p v \, D_q w \ldots)}, \tag{6}$$

chacune des sommes représentées à l'aide du signe S étant une fonction alternée dont les divers termes se déduisent les uns des autres par un ou plusieurs échanges opérés entre les seules lettres u, v, w, ... Comme d'ailleurs l'équation (6) devra continuer de subsister quand on échangera entre elles les lettres

$$x \text{ et } y, \qquad p \text{ et } q, \qquad u \text{ et } v,$$

ou bien les suivantes

$$x \text{ et } z, \qquad p \text{ et } r, \qquad u \text{ et } w,$$

etc., il est clair que les conditions (5) pourront s'écrire comme il suit :

$$\left\{ \begin{aligned}
p &= -\frac{S(\pm D_x u \, D_p v \, D_q w \ldots)}{S(\pm D_\varpi u \, D_p v \, D_q w \ldots)}, \\
q &= -\frac{S(\pm D_y v \, D_q u \, D_p w \ldots)}{S(\pm D_\varpi v \, D_q u \, D_p w \ldots)}, \\
&\ldots\ldots\ldots\ldots\ldots\ldots\ldots\ldots
\end{aligned} \right. \tag{7}$$

Désignons maintenant par

$$\mathfrak{X},\quad \mathfrak{Y},\quad \mathfrak{Z},\quad \ldots,\quad \Omega,\quad \mathfrak{P},\quad \mathfrak{Q},\quad \mathfrak{R},\quad \ldots$$

les valeurs de s qui, étant propres à vérifier l'équation (3), se réduisent respectivement à

$$x,\quad y,\quad z,\quad \ldots,\quad \varpi,\quad p,\quad q,\quad r,\quad \ldots,$$

pour $t=\tau$. Les intégrales des équations (2) seront de la forme

$$(8)\qquad \begin{cases} \xi=\mathfrak{X},\quad \eta=\mathfrak{Y},\quad \zeta=\mathfrak{Z},\quad \ldots,\quad \omega=\Omega,\\ \varphi=\mathfrak{P},\quad \chi=\mathfrak{Q},\quad \psi=\mathfrak{R},\quad \ldots, \end{cases}$$

ξ, η, ζ, ..., ω, φ, χ, ψ, ... étant des constantes arbitraires propres à représenter les valeurs initiales de x, y, z, ..., ϖ, p, q, r, ...; et si, entre les seules équations

$$(9)\qquad \xi=\mathfrak{X},\quad \eta=\mathfrak{Y},\quad \zeta=\mathfrak{Z},\quad \ldots,\quad \omega=\Omega,$$

on élimine p, q, r, ..., on obtiendra une équation résultante

$$(10)\qquad \mathrm{K}=0,$$

dont le premier membre K renfermera uniquement les quantités variables x, y, z, ..., t, ϖ avec les constantes arbitraires

$$\xi,\quad \eta,\quad \zeta,\quad \ldots.$$

Cela posé, pour savoir si l'équation (10) représentera ou non une intégrale particulière de l'équation (1), il suffira, d'après ce qui a été dit ci-dessus, d'examiner si les formules (7) sont ou ne sont pas identiquement vérifiées, lorsqu'on réduit les fonctions

$$u,\quad v,\quad w,\quad \ldots$$

aux fonctions

$$\mathfrak{X},\quad \mathfrak{Y},\quad \mathfrak{Z},\quad \ldots,\quad \Omega;$$

il suffira même d'examiner si, dans ce cas, les équations (7) deviennent ou non identiques pour une valeur particulière de t, par exemple pour la valeur $t=\tau$. Or c'est là en effet ce qui arrivera, comme on peut s'en assurer en attribuant à t, non pas précisément la valeur $t=\tau$, pour laquelle les derniers membres de la formule (7) se présenteront sous la forme $\frac{0}{0}$, mais une valeur très voisine de τ. Entrons à ce sujet dans quelques détails.

Si l'on pose, pour abréger,

$$\Box 8 = \frac{P}{S} D_x 8 + \frac{Q}{S} D_y 8 + \frac{R}{S} D_z 8 + \ldots + \left(\frac{P}{S} p + \frac{Q}{S} q + \frac{R}{S} r + \ldots + s\right) D_\varpi 8$$

$$- \frac{X + p\Pi}{S} D_p 8 - \frac{Y + q\Pi}{S} D_q 8 - \frac{Z + r\Pi}{S} D_r 8 - \ldots,$$

et

$$\nabla 8 = -\int_\tau^t \Box 8 \, dt,$$

alors, en attribuant à la différence $t - \tau$ un module assez petit pour que les séries demeurent convergentes, on aura

$$\begin{aligned} \mathfrak{X} &= x + \nabla x + \nabla^2 x + \ldots, \\ \mathfrak{Y} &= y + \nabla y + \nabla^2 y + \ldots, \\ \mathfrak{Z} &= z + \nabla z + \nabla^2 z + \ldots, \\ &\ldots\ldots\ldots\ldots\ldots\ldots\ldots, \\ \Omega &= \varpi + \nabla \varpi + \nabla^2 \varpi + \ldots. \end{aligned}$$

D'ailleurs, si l'on considère la différence $t - \tau$ comme une quantité très petite du premier ordre, on pourra en dire autant de l'intégrale

$$-\int_\tau^t \Box 8 \, dt = -(t-\tau)\Box 8 + \int_\tau^t (t-\tau) D_t \Box 8 \, dt,$$

qui se réduira sensiblement à

$$-(t-\tau)\Box 8,$$

et les divers termes d'une série de la forme

$$\nabla 8, \quad \nabla^2 8, \quad \nabla^3 8, \quad \ldots$$

seront respectivement des quantités du premier, du second, du troisième, ... ordre. Cela posé, en se bornant à écrire, dans les développements de $\mathfrak{X}$, $\mathfrak{Y}$, $\mathfrak{Z}$, ..., Ω, les termes du premier ordre, on aura

$$\begin{aligned}
\mathfrak{X} &= x - (t-\tau)\,\Box x + \ldots, \\
\mathfrak{Y} &= y - (t-\tau)\,\Box y + \ldots, \\
\mathfrak{Z} &= z - (t-\tau)\,\Box z + \ldots, \\
&\ldots\ldots\ldots\ldots\ldots\ldots \\
\Omega &= \varpi - (t-\tau)\,\Box \varpi + \ldots.
\end{aligned}$$

ou, ce qui revient au même,

$$\begin{aligned}
\mathfrak{X} &= x - \frac{\mathrm{P}}{\mathrm{S}}(t-\tau) + \ldots, \\
\mathfrak{Y} &= y - \frac{\mathrm{Q}}{\mathrm{S}}(t-\tau) + \ldots, \\
\mathfrak{Z} &= z - \frac{\mathrm{R}}{\mathrm{S}}(t-\tau) + \ldots, \\
&\ldots\ldots\ldots\ldots\ldots\ldots, \\
\Omega &= \varpi - \left(\frac{\mathrm{P}}{\mathrm{S}}p + \frac{\mathrm{Q}}{\mathrm{S}}q + \frac{\mathrm{R}}{\mathrm{S}}r + \ldots + s\right)(t-\tau) + \ldots.
\end{aligned}$$

Donc les formules (9) pourront s'écrire ainsi qu'il suit

$$(11)\qquad \left\{\begin{aligned}
\xi &= x - \frac{\mathrm{P}}{\mathrm{S}}(t-\tau) + \ldots, \\
\eta &= y - \frac{\mathrm{Q}}{\mathrm{S}}(t-\tau) + \ldots, \\
\zeta &= z - \frac{\mathrm{R}}{\mathrm{S}}(t-\tau) + \ldots, \\
&\ldots\ldots\ldots\ldots\ldots\ldots, \\
\omega &= \varpi - \left(\frac{\mathrm{P}}{\mathrm{S}}p + \frac{\mathrm{Q}}{\mathrm{S}}q + \frac{\mathrm{R}}{\mathrm{S}}r + \ldots + s\right)(t-\tau) + \ldots.
\end{aligned}\right.$$

Or, en supposant les équations (4) réduites aux formules (11), il suffira, pour obtenir l'équation (6), de tirer la valeur de $\mathrm{D}_x\varpi$ des formules (11) différentiées par rapport à x, en considérant

$$\varpi,\quad p,\quad q,\quad r,\quad \ldots,\quad s$$

et, par suite,

$$\frac{\mathrm{P}}{\mathrm{S}},\quad \frac{\mathrm{Q}}{\mathrm{S}},\quad \frac{\mathrm{R}}{\mathrm{S}},\quad \ldots,$$

comme des fonctions explicites des seules variables $x, y, z, \ldots, t$. Mais, dans ce cas, la première et la dernière des formules (11) donneraient

$$(12)\qquad \left\{\begin{aligned} 1 &= (t-\tau)\,\mathrm{D}_x\left(\frac{\mathrm{P}}{\mathrm{S}}\right)+\ldots,\\ \mathrm{D}_x\varpi &= (t-\tau)\,\mathrm{D}_x\left(\frac{\mathrm{P}}{\mathrm{S}}p+\frac{\mathrm{Q}}{\mathrm{S}}q+\frac{\mathrm{R}}{\mathrm{S}}r+\ldots+s\right)+\ldots,\end{aligned}\right.$$

tandis que l'on tirera des autres

$$(13)\qquad \mathrm{D}_x\left(\frac{\mathrm{Q}}{\mathrm{S}}\right)+\ldots=0,\qquad \mathrm{D}_x\left(\frac{\mathrm{R}}{\mathrm{S}}\right)+\ldots=0,\qquad \ldots.$$

D'ailleurs, on conclura des formules (12)

$$(14)\qquad \mathrm{D}_x\varpi=\frac{\mathrm{D}_x\left(\frac{\mathrm{P}}{\mathrm{S}}p+\frac{\mathrm{Q}}{\mathrm{S}}q+\frac{\mathrm{R}}{\mathrm{S}}r+\ldots+s\right)+\ldots}{\mathrm{D}_x\left(\frac{\mathrm{P}}{\mathrm{S}}\right)+\ldots}.$$

Enfin, en réduisant $t-\tau$ à zéro, on verra les formules (10) et (14) se réduire aux suivantes :

$$(15)\qquad \mathrm{D}_x\left(\frac{\mathrm{Q}}{\mathrm{S}}\right)=0,\qquad \mathrm{D}_x\left(\frac{\mathrm{R}}{\mathrm{S}}\right)=0,\qquad \ldots,$$

$$(16)\qquad \mathrm{D}_x\varpi=\frac{\mathrm{D}_x\left(\frac{\mathrm{P}}{\mathrm{S}}p+\frac{\mathrm{Q}}{\mathrm{S}}q+\frac{\mathrm{R}}{\mathrm{S}}r+\ldots+s\right)}{\mathrm{D}_x\left(\frac{\mathrm{P}}{\mathrm{S}}\right)}.$$

D'autre part, en considérant

$$\varpi,\quad p,\quad q,\quad r,\quad \ldots,\quad s$$

comme fonctions de $x, y, z, \ldots, t$, on tirera de l'équation (1), différentiée par rapport à x,

$$(17)\qquad \mathrm{P}\,\mathrm{D}_x p+\mathrm{Q}\,\mathrm{D}_x q+\mathrm{R}\,\mathrm{D}_x r+\ldots+\mathrm{S}\,\mathrm{D}_x s=0,$$

ou, ce qui revient au même,

$$(18)\qquad \frac{\mathrm{P}}{\mathrm{S}}\mathrm{D}_x p+\frac{\mathrm{Q}}{\mathrm{S}}\mathrm{D}_x q+\frac{\mathrm{R}}{\mathrm{S}}\mathrm{D}_x r+\ldots+\mathrm{D}_x s=0;$$

et, en vertu de cette dernière formule jointe aux équations (15), on aura, pour $t = \tau$,

$$\mathrm{D}_x\left(\frac{\mathrm{P}}{\mathrm{S}}p + \frac{\mathrm{Q}}{\mathrm{S}}q + \frac{\mathrm{R}}{\mathrm{S}}r + \ldots + s\right) = p\,\mathrm{D}_x\frac{\mathrm{P}}{\mathrm{S}}.$$

Donc l'équation (16) donnera simplement

$$\mathrm{D}_x\varpi = p. \tag{19}$$

Donc, dans l'hypothèse admise, et pour $t = \tau$, l'équation (6) se trouvant réduite à la formule (19), la première des formules (7) se réduira elle-même à une équation identique

$$p = p.$$

La même remarque étant applicable à chacune des équations (7), il en résulte que l'équation (10) sera, comme nous l'avions annoncé, une intégrale particulière de l'équation (1).

Il est bon d'observer que, de l'équation (1), jointe à la formule (2), on déduit immédiatement la suivante

$$\left\{\begin{aligned} &\frac{dx}{\mathrm{P}} = \frac{dy}{\mathrm{Q}} = \frac{dz}{\mathrm{R}} = \ldots = \frac{dt}{\mathrm{S}} = \frac{d\varpi}{\mathrm{P}p + \mathrm{Q}q + \mathrm{R}r + \ldots + \mathrm{S}s} \\ &\quad = \frac{dp}{-(\mathrm{X} + p\Pi)} = \frac{dq}{-(\mathrm{Y} + q\Pi)} = \frac{dr}{-(\mathrm{Z} + r\Pi)} = \ldots = \frac{ds}{-(\mathrm{S} + s\Pi)}, \end{aligned}\right. \tag{20}$$

dont les intégrales seront de la forme

$$\left\{\begin{array}{lllll} \xi = \mathfrak{X}, & \eta = \mathfrak{Y}, & \zeta = \mathfrak{Z}, & \ldots, & \omega = \Omega, \\ \varphi = \mathfrak{P}, & \chi = \mathfrak{Q}, & \psi = \mathfrak{R}, & \ldots, & \varsigma = \mathfrak{S}, \end{array}\right. \tag{21}$$

$\mathfrak{X}$, $\mathfrak{Y}$, $\mathfrak{Z}$, ..., Ω, $\mathfrak{P}$, $\mathfrak{Q}$, $\mathfrak{R}$, ..., $\mathfrak{S}$ désignant des fonctions déterminées de x, y, z, ..., t, ϖ, p, q, r, ..., s, et les constantes arbitraires

$$\xi,\quad \eta,\quad \zeta,\quad \ldots,\quad \omega,\quad \varphi,\quad \chi,\quad \psi,\quad \ldots,\quad \varsigma$$

étant liées entre elles par l'équation

$$\mathrm{F}(\xi, \eta, \zeta, \ldots, \tau, \omega, \varphi, \chi, \psi, \ldots, \varsigma) = 0. \tag{22}$$

Si des équations (21) on élimine s et ς, à l'aide des équations (1) et

(22), on retrouvera : 1° les formules (8); 2° une équation qui se déduira de ces mêmes formules. On peut donc aisément revenir des formules (21) aux formules (8), et, par conséquent, à l'équation (10). Il y a plus, pour obtenir cette dernière équation, il suffira toujours d'intégrer les équations différentielles comprises dans la formule (20), de manière que l'on ait, pour $t=\tau$,

$$(23)\quad x=\xi,\quad y=\eta,\quad z=\zeta,\quad \ldots,\quad \varpi=\omega,\quad p=\varphi,\quad q=\chi,\quad r=\psi,\quad \ldots,\quad s=\varsigma,$$

puis d'éliminer

$$p,\quad q,\quad r,\quad \ldots,\quad s,\quad \varphi,\quad \chi,\quad \psi,\quad \ldots,\quad \varsigma$$

entre les intégrales ainsi obtenues, jointes à l'équation (21).

Puisque l'intégrale (10) renferme, avec la constante donnée τ, n constantes arbitraires

$$\xi,\quad \eta,\quad \zeta,\quad \ldots,\quad \omega,$$

elle est, par rapport à l'équation (1), ce que Lagrange appelle une solution *complète*. Pour déduire de cette solution complète l'intégrale générale, il suffira, comme on sait, de poser

$$(24)\qquad \omega=\mathrm{f}(\xi,\eta,\zeta,\ldots),$$

ce qui rendra K fonction des seules constantes arbitraires

$$\zeta,\quad \eta,\quad \zeta,\quad \ldots,$$

puis d'éliminer ces mêmes constantes, devenues variables, entre les équations

$$(25)\qquad K=0,\qquad D_\xi K=0,\qquad D_\eta K=0,\qquad D_\zeta K=0,\qquad \ldots.$$

Alors l'inconnue ϖ aura nécessairement, avec les variables indépendantes

$$x,\quad y,\quad z,\quad \ldots,\quad t,$$

une relation qui dépendra de la forme de la fonction arbitraire représentée par $\mathrm{f}(x,y,z,\ldots)$. D'ailleurs, pour $t=\tau$, les formules (9) coïncideront avec les n premières d'entre les équations (23), c'est-à dire, eu égard à la condition (24), avec les formules

$$(26) \qquad x = \xi, \quad y = \eta, \quad z = \zeta, \quad \ldots, \quad \varpi = \mathrm{f}(\xi, \eta, \zeta, \ldots);$$

et l'élimination de ξ, η, ζ, ... entre ces dernières formules produira la suivante :

$$(27) \qquad \varpi = \mathrm{f}(x, y, z, \ldots).$$

Donc l'équation (10) a cela de remarquable, que, de cette dernière équation, jointe à la formule (24), on tire précisément l'intégrale générale présentée sous une forme telle que la valeur de l'inconnue ϖ, fournie par cette intégrale, se réduit à la fonction $\mathrm{f}(x, y, z, \ldots)$, pour une valeur donnée τ de la variable t.

Appliquons maintenant les principes que nous venons d'établir à quelques exemples.

Supposons d'abord l'équation (1) réduite à la suivante :

$$(28) \qquad pqrs - xyzt = 0.$$

Alors, en multipliant tous les rapports qui composent les divers membres de la formule (20) par le produit

$$(29) \qquad pqrs = xyzt,$$

on verra cette formule se réduire à

$$p\,dx = q\,dy = r\,dz = s\,dt = \tfrac{1}{4}d\varpi = x\,dp = y\,dq = z\,dr = t\,ds;$$

puis on en conclura

$$1^{\circ} \qquad \frac{dp}{p} = \frac{dx}{x}, \quad \frac{dq}{q} = \frac{dy}{y}, \quad \frac{dr}{r} = \frac{dz}{z}, \quad \frac{ds}{s} = \frac{dt}{t},$$

par conséquent

$$(30) \qquad \frac{p}{x} = \frac{\varphi}{\xi}, \quad \frac{q}{y} = \frac{\chi}{\eta}, \quad \frac{r}{z} = \frac{\psi}{\zeta}, \quad \frac{s}{t} = \frac{\varsigma}{\tau};$$

$$2^{\circ} \qquad \frac{1}{4}d\varpi = \frac{\varphi}{\xi}x\,dx = \frac{\chi}{\eta}y\,dy = \frac{\psi}{\zeta}z\,dz = \frac{\varsigma}{\tau}t\,dt;$$

par conséquent

$$(31)\quad \frac{1}{2}(\varpi-\omega)=\frac{\varphi}{\xi}(x^2-\xi^2)=\frac{\chi}{\eta}(y^2-\eta^2)=\frac{\psi}{\zeta}(z^2-\zeta^2)=\frac{\varsigma}{\tau}(t^2-\tau^2).$$

Enfin, en ayant égard à l'équation (22) ou, ce qui revient au même, à la formule

$$(32)\qquad \varphi\chi\psi\varsigma=\xi\eta\zeta\tau,$$

on tirera de la formule (31)

$$(33)\qquad \left(\frac{\varpi-\omega}{2}\right)^4=(x^2-\xi^2)(y^2-\eta^2)(z^2-\zeta^2)(t^2-\tau^2).$$

Or, il est facile de s'assurer que, dans le cas où l'on regarde ξ, η, ζ, ω comme désignant des constantes arbitraires, la formule (33) représente une intégrale de l'équation (28) ou (29). Car on tire de cette formule, en la différentiant par rapport à x, y, z ou t, après avoir pris les logarithmes des deux membres,

$$\frac{2}{\varpi-\omega}p=\frac{x}{x^2-\xi^2},\qquad \frac{2}{\varpi-\omega}q=\frac{y}{y^2-\eta^2},$$

$$\frac{2}{\varpi-\omega}r=\frac{z}{z^2-\zeta^2},\qquad \frac{2}{\varpi-\omega}s=\frac{t}{t^2-\tau^2};$$

par conséquent

$$pqrs=xyzt\,\frac{\left(\frac{\varpi-\omega}{2}\right)^4}{(x^2-\xi^2)(y^2-\eta^2)(z^2-\zeta^2)(t^2-\tau^2)}=xyzt.$$

Si maintenant on veut obtenir l'intégrale générale de l'équation (28), savoir, la valeur de ϖ qui se réduit pour $t=\tau$ à une fonction donnée $\mathrm{f}(x,y,z)$ des trois variables x, y, z, il suffira de poser dans la formule (33)

$$\omega=\mathrm{f}(\xi,\eta,\zeta),$$

puis d'éliminer ξ, η, ζ devenues variables entre l'équation

$$(34)\qquad \left[\frac{\varpi-\mathrm{f}(\xi,\eta,\zeta)}{2}\right]^4=(x^2-\xi^2)(y^2-\eta^2)(z^2-\zeta^2)(t^2-\tau^2)$$

et les trois dérivées de cette équation successivement différentiée par rapport à chacune des trois quantités ξ, η, ζ.

Si l'équation donnée, étant de la forme

$$pqr\ldots s = xyz\ldots t, \tag{35}$$

renfermait n variables indépendantes, alors, en opérant comme dans l'exemple précédent, on verrait l'équation (10) se réduire à

$$\left[\frac{2}{n}(\varpi-\omega)\right]^n = (x^2-\xi^2)(y^2-\eta^2)(z^2-\zeta^2)\ldots(t^2-\tau^2). \tag{36}$$

Si l'équation donnée était de la forme

$$F(p, q, r, \ldots, s) = 0, \tag{37}$$

alors P, Q, R, ..., S seraient seulement fonctions de p, q, r, ..., s, et, de l'équation (20) réduite à

$$\frac{dx}{P} = \frac{dy}{Q} = \frac{dz}{R} = \ldots = \frac{dt}{S} = \frac{dz}{Pp+Qq+Rr+\ldots+Ss}$$
$$= \frac{dp}{0} = \frac{dq}{0} = \frac{dr}{0} = \ldots = \frac{ds}{0},$$

on tirerait

$$p = \varphi, \qquad q = \chi, \qquad r = \psi, \qquad \ldots, \qquad s = \varsigma,$$

$$\frac{x-\xi}{P} = \frac{y-\eta}{Q} = \frac{z-\zeta}{R} = \ldots = \frac{t-\tau}{S} = \frac{\varpi-\omega}{Pp+Qq+Rr+\ldots+Ss}. \tag{38}$$

Alors aussi, pour obtenir l'équation (10), il suffirait d'éliminer p, q, r, ... entre les formules (38) jointes à l'équation (37). Ainsi, par exemple, si l'équation (37) se réduisait à

$$p^2+q^2+r^2+\ldots+s^2 = 1, \tag{39}$$

l'équation (10) deviendrait

$$(\varpi-\omega)^2 = (x-\xi)^2+(y-\eta)^2+(z-\zeta)^2+\ldots+(t-\tau)^2. \tag{40}$$

Dans un autre article, je comparerai les résultats des deux méthodes d'intégration exposées, d'une part, dans cette Note, d'autre part, dans le *Bulletin de la Société philomathique* de 1819. Cette comparaison montre qu'il existe entre les fonctions

$$\mathcal{X},\quad \mathcal{Y},\quad \mathcal{Z},\quad \ldots$$

et les fonctions

$$\mathfrak{P},\quad \mathfrak{Q},\quad \mathfrak{R},\quad \ldots$$

des relations qui pourraient encore se déduire des principes établis dans un Mémoire de M. Jacobi, combinés avec les propositions que nous avons obtenues.

163.

Calcul intégral. — *Addition aux deux Notes sur l'intégration d'une équation aux dérivées partielles du premier ordre.*

C. R., T. XIV, p. 881, 13 juin 1842.

Il ne sera pas sans intérêt de comparer les résultats obtenus dans ces deux Notes avec ceux qu'ont trouvés MM. Jacobi et Binet, ainsi qu'avec ceux que j'avais trouvés moi-même dès l'année 1819, dans le *Bulletin de la Société philomathique* (janvier et février).

Étant donnée une équation aux dérivées partielles du premier ordre, à un nombre quelconque de variables indépendantes, on peut toujours déduire l'intégrale générale d'une quelconque des intégrales particulières, que Lagrange appelle *solutions complètes,* et qui renferment autant de constantes arbitraires qu'il y a de variables indépendantes. Par suite, on peut se proposer, ou de trouver directement l'intégrale générale, ou de trouver directement une solution complète quelconque, ou enfin de trouver directement une certaine solution qui mérite d'être remarquée, et qui renferme seulement les constantes arbitraires propres à représenter les valeurs initiales correspondantes que l'on attribue aux variables indépendantes dans l'intégration du système d'équations différentielles substitué à l'équation proposée. Le premier problème a été complètement résolu dans mon Mémoire de 1819, le second dans une Note du 23 mai dernier; le troisième dans un Mémoire de M. Jacobi, que renferme le Tome III du Journal de M. Liouville; puis dans la Note présentée à l'Académie le 3 mai par M. Binet. La solution complète dont MM. Jacobi et Binet se sont spécialement occupés est aussi celle que, dans la séance du 30 mai, j'ai déduite de la méthode exposée dans la séance précédente, et caractérisée par quelques propriétés importantes. Il y a plus, dès 1819, j'avais déjà constaté l'existence de cette solution complète dans les cas particuliers que j'avais choisis pour exemple, et j'avais donné, dans le Bulletin cité, page 18, certaines formules à l'aide desquelles on peut établir généralement cette existence, comme l'a observé M. Jacobi. J'ajouterai que les formules dont il s'agit, ou plutôt celle qui en dérive, et que M. Binet a déduite du Calcul des variations, peuvent conduire elles-mêmes aux résultats que j'avais obtenus dans le *Bulletin de la Société philomathique*.

ANALYSE.

Intégrer l'équation aux dérivées partielles

$$F(x, y, z, \ldots, t, \varpi, p, q, r, \ldots, s) = 0, \tag{1}$$

dans laquelle

$$p = D_x\varpi, \qquad q = D_y\varpi, \qquad r = D_z\varpi, \qquad \ldots, \qquad s = D_t\varpi, \tag{2}$$

c'est trouver pour

$$\varpi, \quad p, \quad q, \quad r, \quad \ldots, \quad s$$

des fonctions de

$$x, \quad y, \quad z, \quad \ldots, \quad t$$

qui vérifient simultanément la formule (1) et l'équation

$$d\varpi = p\,dx + q\,dy + r\,dz + \ldots + s\,dt. \tag{3}$$

Lorsque les n variables $x, y, z, \ldots, t$ restent indépendantes entre elles, l'équation (3) doit être vérifiée, quelles que soient leurs valeurs. Donc elle doit être vérifiée quand toutes ces valeurs, à l'exception d'une seule, deviennent constantes, c'est-à-dire qu'alors l'équation (3) entraîne les formules (2).

Supposons maintenant que les $n - 1$ variables

$$x, \quad y, \quad z, \quad \ldots$$

deviennent fonctions de t et de constantes arbitraires. Les valeurs de

$$\varpi, \quad p, \quad q, \quad r, \quad \ldots, \quad s,$$

qui vérifient les formules (1) et (3), pourront elles-mêmes être considérées comme des fonctions de t et des constantes arbitraires dont il s'agit. Désignons, dans cette hypothèse, à l'aide de la caractéristique δ, une différentiation relative à une ou à plusieurs de ces constantes arbitraires, devenues variables, mais variant indépendamment de t. On tirera de l'équation (3)

$$d\,\delta\varpi = p\,d\,\delta x + q\,d\,\delta y + \ldots + dx\,\delta p + dy\,\delta q + \ldots + dt\,\delta s,$$

ou, ce qui revient au même,

$$d(\delta\varpi - p\,\delta x - q\,\delta y - \ldots) = dx\,\delta p + dy\,\delta q + \ldots + dt\,\delta s - dp\,\delta x - dq\,\delta y - \ldots.$$

Or cette dernière équation se réduira simplement à une équation différentielle linéaire de la forme

$$(4)\quad d(\delta\varpi - p\,\delta x - q\,\delta y - r\,\delta z - \ldots) = \theta(\delta\varpi - p\,\delta x - q\,\delta y - r\,\delta z - \ldots)\,dt,$$

si l'on choisit le facteur θ, de manière à vérifier la condition

$$(5)\quad \left\{\begin{aligned} &(\theta p\,dt - dp)\,\delta x + (\theta q\,dt - dq)\,\delta y + (\theta r\,dt - dr)\,\delta r + \ldots - \theta\,dt\,\delta\varpi \\ &\qquad + dx\,\delta p + dy\,\delta q + dz\,\delta r + \ldots + dt\,\delta s = 0. \end{aligned}\right.$$

D'ailleurs, si l'on nomme

$$X, \quad Y, \quad Z, \quad \ldots, \quad T, \quad \Pi, \quad P, \quad Q, \quad R, \quad \ldots, \quad S$$

les dérivées partielles de la fonction

$$F(x, y, z, \ldots, t, \varpi, p, q, r, \ldots, s)$$

prises par rapport aux quantités

$$x, \quad y, \quad z, \quad \ldots, \quad t, \quad \varpi, \quad p, \quad q, \quad r, \quad \ldots, \quad s,$$

on tirera de l'équation (1), différentiée par rapport aux constantes arbitraires,

$$(6)\qquad X\,\delta x + Y\,\delta y + Z\,\delta z + \ldots + \Pi\,\delta\varpi + P\,\delta p + Q\,\delta q + R\,\delta r + \ldots + S\,\delta s = 0;$$

et, par suite, pour vérifier l'équation (5), il suffira d'assujettir

$$\theta,\quad x,\quad y,\quad z,\quad \ldots,\quad \varpi,\quad p,\quad q,\quad r,\quad \ldots,\quad s,$$

considérées comme fonctions de t, à vérifier la condition

$$(7)\qquad \left\{\begin{aligned} &\frac{\theta p\,dt - dp}{X} = \frac{\theta q\,dt - dq}{Y} = \frac{\theta r\,dt - dr}{Z} = \ldots = \frac{-\theta\,dt}{\Pi} \\ &= \frac{dx}{P} = \frac{dy}{Q} = \frac{dz}{R} = \ldots = \frac{dt}{S}. \end{aligned}\right.$$

Or on tire de la formule (7)

$$(8)\qquad \theta = -\frac{\Pi}{S},$$

puis de cette même formule, combinée avec l'équation (3),

$$(9)\qquad \left\{\begin{aligned} &\frac{dx}{P} = \frac{dy}{Q} = \frac{dz}{R} = \ldots = \frac{dt}{S} = \frac{d\varpi}{Pp + Qq + Rr + \ldots + Ss} \\ &= \frac{dp}{-(X + p\Pi)} = \frac{dq}{-(Y + q\Pi)} = \frac{dr}{-(Z + r\Pi)} = \ldots. \end{aligned}\right.$$

Pour passer immédiatement de la formule (7) à la formule (9), il suffit d'observer que des fractions égales entre elles sont encore égales à celle qu'on obtient quand on divise la somme des numérateurs de quelques-unes de ces fractions par la somme de leurs dénominateurs, et qu'on peut même, dans ces deux sommes, substituer aux deux termes de chaque fraction le produit de ces deux termes par un facteur arbitrairement choisi.

Concevons à présent que, s étant éliminé de la formule (9) à l'aide de l'équation (1), on intègre les $2n-1$ équations différentielles que comprend la formule (9). Leurs intégrales générales renfermeront $2n-1$ constantes arbitraires

$$\xi,\quad \eta,\quad \zeta,\quad \ldots,\quad \omega,\quad \varphi,\quad \chi,\quad \psi,\quad \ldots,$$

qui pourront être censées représenter des valeurs particulières des variables

$$x,\quad y,\quad z,\quad \ldots,\quad \varpi,\quad p,\quad q,\quad r,\quad \ldots$$

correspondantes à une valeur donnée τ de la variable t; et ces intégrales elles-mêmes pourront être présentées sous les formes

$$(10)\qquad \begin{cases} \mathcal{X}=\xi, & \mathcal{Y}=\eta, & \mathcal{Z}=\zeta, & \ldots, & \Omega=\omega, \\ \mathfrak{P}=\varphi, & \mathfrak{Q}=\chi, & \mathfrak{R}=\psi, & \ldots, & \end{cases}$$

les lettres

$$\mathcal{X},\quad \mathcal{Y},\quad \mathcal{Z},\quad \ldots,\quad \Omega,\quad \mathfrak{P},\quad \mathfrak{Q},\quad \mathfrak{R},\quad \ldots$$

désignant des fonctions déterminées de x, y, z, ..., t, ϖ, p, q, r, ..., qui ne renfermeront aucune des constantes arbitraires, et qui se réduiront respectivement à

$$x,\quad y,\quad z,\quad \ldots,\quad \varpi,\quad p,\quad q,\quad r,\quad \ldots,$$

pour la valeur τ de t, en sorte qu'on aura, pour $t=\tau$,

$$(11)\qquad \begin{cases} x=\xi, & y=\eta, & z=\zeta, & \ldots, & \varpi=\omega, \\ p=\varphi, & q=\chi, & r=\psi, & \ldots. & \end{cases}$$

Lorsque

$$\theta,\quad x,\quad y,\quad z,\quad \ldots,\quad \varpi,\quad p,\quad q,\quad r,\quad \ldots$$

sont déterminés, en fonction de t et des constantes arbitraires, par les formules (8) et (10), alors, en posant, pour abréger,

$$(12)\qquad \Theta = e^{\int_\tau^t \theta\, dt},$$

et intégrant la formule (4) considérée comme une équation différentielle linéaire, on obtient, entre la valeur générale du polynôme

$$\partial\varpi - p\,\partial x - q\,\partial y - r\,\partial z - \ldots$$

et sa valeur initiale

$$\partial\omega - \varphi\,\partial\xi - \chi\,\partial\eta - \psi\,\partial\zeta - \ldots,$$

correspondante à $t=\tau$, une relation exprimée par la formule

$$(13)\qquad \partial\varpi - p\,\partial x - q\,\partial y - r\,\partial z - \ldots = \Theta(\partial\omega - \varphi\,\partial\xi - \chi\,\partial\eta - \psi\,\partial\zeta \ldots).$$

Jusqu'ici nous avons supposé que, dans les formules (10), les constantes arbitraires

$$\xi, \quad \eta, \quad \zeta, \quad \ldots, \quad \omega, \quad \varphi, \quad \chi, \quad \psi, \quad \ldots$$

restaient indépendantes les unes des autres. Supposons maintenant qu'elles se trouvent assujetties à vérifier certaines équations de condition

$$(14) \qquad \lambda = 0, \qquad \mu = 0, \qquad \nu = 0, \qquad \ldots,$$

dont les premiers membres

$$\lambda, \quad \mu, \quad \nu, \quad \ldots$$

représentent des fonctions données de

$$\xi, \quad \eta, \quad \zeta, \quad \ldots, \quad \omega, \quad \varphi, \quad \chi, \quad \psi, \quad \ldots.$$

Si ces équations de condition sont telles que l'on ait

$$(15) \qquad \delta\omega = \varphi\,\delta\xi + \chi\,\delta\eta + \psi\,\delta\zeta + \ldots,$$

la formule (13) donnera généralement

$$(16) \qquad \delta\varpi = p\,\delta x + q\,\delta y + r\,\delta z + \ldots;$$

en d'autres termes, pour que la différence

$$\delta\varpi - p\,\delta x - q\,\delta y - r\,\delta z - \ldots$$

s'évanouisse, il suffira généralement que la différence

$$\delta\omega - \varphi\,\delta\xi - \chi\,\delta\eta - \psi\,\delta\zeta - \ldots$$

se réduise à zéro. Observons d'ailleurs que, chacune des équations (14) étant de la forme

$$f(\xi, \eta, \zeta, \ldots, \omega, \varphi, \chi, \psi, \ldots) = 0,$$

si l'on en élimine les constantes arbitraires à l'aide des formules (10), on obtiendra une autre équation de la forme

$$f(\mathfrak{X}, \mathfrak{Y}, \mathfrak{Z}, \ldots, \Omega, \mathfrak{P}, \mathfrak{Q}, \mathfrak{R}, \ldots) = 0,$$

qui établira une relation entre les quantités variables

$$x, \quad y, \quad z, \quad \ldots, \quad \varpi, \quad p, \quad q, \quad r, \quad \ldots.$$

Concevons à présent que les équations de condition, c'est-à-dire les formules (14), soient en nombre égal à n. Si l'on en élimine

$$\xi, \quad \eta, \quad \zeta, \quad \ldots, \quad \omega, \quad \varphi, \quad \chi, \quad \psi, \quad \ldots,$$

à l'aide des formules (10), elles se transformeront en n autres équations

$$(17) \qquad \mathfrak{L} = 0, \qquad \mathfrak{M} = 0, \qquad \mathfrak{N} = 0, \qquad \ldots,$$

qui ne renfermeront plus que

$$x, \quad y, \quad z, \quad \ldots, \quad t, \quad \varpi, \quad p, \quad q, \quad r, \quad \ldots,$$

et pourront servir à déterminer

$$\varpi, \quad p, \quad q, \quad r, \quad \ldots$$

en fonction de

$$x, \quad y, \quad z, \quad \ldots, \quad t.$$

Voyons maintenant dans quels cas les valeurs de

$$\varpi, \quad p, \quad q, \quad r, \quad \ldots,$$

ainsi obtenues, et la valeur correspondante de s tirée de l'équation (1) vérifieront la formule (3).

Pour que les valeurs de

$$x, \quad y, \quad z, \quad \ldots, \quad \varpi, \quad p, \quad q, \quad r, \quad \ldots, \quad s,$$

tirées des formules (1) et (10) et représentées par des fonctions déterminées de

$$t, \quad \xi, \quad \eta, \quad \zeta, \quad \ldots, \quad \omega, \quad \varphi, \quad \chi, \quad \psi, \quad \ldots,$$

deviennent propres à vérifier les équations (17), il suffit que, dans ces valeurs, les constantes arbitraires

$$\xi, \quad \eta, \quad \zeta, \quad \ldots, \quad \omega, \quad \varphi, \quad \chi, \quad \psi, \quad \ldots,$$

cessant d'être indépendantes les unes des autres et de la variable t, soient assujetties à vérifier les conditions (14). Mais alors la valeur du polynôme

$$d\varpi - p\,dx - q\,dy - r\,dz - \ldots - s\,dt,$$

qui était nulle, en vertu de l'équation (3), se trouvera augmentée de la quantité

$$\delta\varpi - p\,\delta x - q\,\delta y - r\,\delta z - \ldots,$$

le signe δ indiquant une différentiation relative au système entier des constantes arbitraires. Donc, pour que l'équation (3) continue de subsister, il suffira que les équations de condition établies entre les constantes arbitraires, c'est-à-dire les équations (14), entraînent la formule (16), ou, ce qui revient au même, la formule (15). Donc, si les constantes arbitraires

$$\xi, \quad \eta, \quad \zeta, \quad \ldots, \quad \omega, \quad \varphi, \quad \chi, \quad \psi, \quad \ldots$$

sont assujetties à vérifier n équations qui entraînent la formule (15), l'équation (1), considérée comme une équation aux dérivées partielles du premier ordre, sera intégrée, c'est-à-dire vérifiée, en même temps que l'équation (3), par les valeurs de

$$\varpi, \quad p, \quad q, \quad r, \quad \ldots$$

tirées des formules (17).

En résumé, par la méthode précédente, l'intégration de l'équation différentielle

$$d\varpi = p\,dx + q\,dy + r\,dz + \ldots + s\,dt,$$

dans laquelle les $2n+1$ variables

$$x, \quad y, \quad z, \quad \ldots, \quad t, \quad \varpi, \quad p, \quad q, \quad r, \quad \ldots, \quad s$$

sont liées entre elles par la formule (1), se trouve ramenée à l'intégration de la seule équation différentielle

$$\delta\omega = \varphi\,\delta\xi + \chi\,\delta\eta + \psi\,\delta\zeta + \ldots,$$

qui ne renferme plus que $2n-1$ variables. D'ailleurs, en vertu de cette dernière équation, dont le second membre renferme les différentielles des seules variables

$$\xi, \quad \eta, \quad \zeta, \quad \ldots,$$

ω ne peut être qu'une fonction de ces variables, et rien n'empêche de supposer ces mêmes variables indépendantes. Or, dans cette supposition, la formule (15) donnera

$$(18)\qquad D_\xi \omega = \varphi, \qquad D_\eta \omega = \chi, \qquad D_\zeta \omega = \psi, \qquad \ldots.$$

Si, pour fixer les idées, on représente par

$$f(\xi, \eta, \zeta, \ldots)$$

la valeur de ω, $f(\xi, \eta, \zeta, \ldots)$ pourra être une fonction quelconque de ξ, η, ζ, ..., et les formules (18) donneront

$$(19)\qquad \left\{ \begin{array}{l} \omega = \quad f(\xi, \eta, \zeta, \ldots), \\ \varphi = D_\xi\, f(\xi, \eta, \zeta, \ldots), \\ \chi = D_\eta\, f(\xi, \eta, \zeta, \ldots), \\ \psi = D_\zeta\, f(\xi, \eta, \zeta, \ldots), \\ \ldots\ldots\ldots\ldots\ldots\ldots \end{array} \right.$$

Ces dernières formules représenteront, en effet, les intégrales les plus générales possibles de l'équation différentielle

$$\partial\omega = \varphi\,\partial\xi + \chi\,\partial\eta + \psi\,\partial\zeta + \ldots$$

Si l'on y substitue les valeurs de

$$\xi, \quad \eta, \quad \zeta, \quad \ldots, \quad \omega, \quad \varphi, \quad \chi, \quad \psi, \quad \ldots$$

tirées des formules (10), on obtiendra n autres équations

$$\mathcal{L} = 0, \qquad \mathfrak{M} = 0, \qquad \mathfrak{N} = 0, \qquad \ldots,$$

qui représenteront n intégrales de l'équation (3) jointes à la formule (1). Enfin, si entre ces n autres équations on élimine

$$p, \quad q, \quad r, \quad \ldots,$$

on obtiendra une équation définitive

$$(20)\qquad \mathcal{K} = 0,$$

qui renfermera seulement les variables

$$x, \quad y, \quad z, \quad \ldots, \quad t, \quad \varpi.$$

Donc cette équation définitive sera une intégrale de la formule (1), considérée comme une équation aux dérivées partielles. Elle en sera même l'intégrale générale, puisque la relation établie par cette intégrale entre les n variables indépendantes

$$x,\quad y,\quad z,\quad \ldots,\quad t$$

et l'inconnue ϖ dépendra de la fonction

$$f(x, y, z, \ldots),$$

c'est-à-dire d'une fonction arbitraire de $n-1$ variables indépendantes.

Si l'on veut savoir à quoi se réduiront, pour $t=\tau$, les valeurs de

$$\varpi,\quad p,\quad q,\quad r,\quad \ldots$$

tirées des formules

$$\mathcal{L}=0,\qquad \mathfrak{M}=0,\qquad \mathfrak{N}=0,\qquad \ldots,$$

il suffira d'observer que, pour $t=\tau$, les formules (10) se réduisent aux formules (11), et que l'élimination des constantes arbitraires

$$\xi,\quad \eta,\quad \zeta,\quad \ldots,\quad \omega,\quad \varphi,\quad \chi,\quad \psi,\quad \ldots$$

entre les formules (11) et (19) fournit les équations

$$(21)\qquad \begin{cases} \varpi = f(x, y, z, \ldots), \\ p = D_x f(x, y, z, \ldots), \\ q = D_y f(x, y, z, \ldots), \\ r = D_z f(x, y, z, \ldots), \\ \ldots\ldots\ldots\ldots\ldots\ldots \end{cases}$$

Donc la valeur générale de ϖ, fournie par l'équation (20), sera précisément celle qui a la double propriété de vérifier, quel que soit t, l'équation (1) considérée comme une équation aux dérivées partielles, et, pour $t=\tau$, la condition

$$(22)\qquad \varpi = f(x, y, z, \ldots).$$

Il est bon d'observer que, étant donnée la valeur initiale $f(x, y, z, \ldots)$ de l'inconnue ϖ, l'équation (22), combinée avec les formules (2), entraînera, pour $t = \tau$, toutes les formules (21), desquelles on déduira immédiatement les formules (19), en substituant aux lettres

$$x,\quad y,\quad z,\quad \ldots,\quad \varpi,\quad p,\quad q,\quad r,\quad \ldots$$

les lettres

$$\xi,\quad \eta,\quad \zeta,\quad \ldots,\quad \omega,\quad \varphi,\quad \chi,\quad \psi,\quad \ldots.$$

La même substitution suffira pour déduire la formule (15) de l'équation (3) réduite, pour une valeur constante τ de t, à la formule

$$dz = p\,dx + q\,dy + r\,dz + \ldots.$$

Nous avons jusqu'à présent laissé la fonction $f(x, y, z, \ldots)$, ou la valeur initiale de l'inconnue ϖ, entièrement arbitraire. Si cette valeur initiale était réduite à une fonction entièrement déterminée de ϖ et de n constantes arbitraires α, β, γ, ..., l'équation (20) représenterait, non plus l'intégrale générale, mais ce que Lagrange appelle une *solution complète* de l'équation (1).

Enfin, au lieu de laisser les constantes arbitraires

$$\xi,\quad \eta,\quad \zeta,\quad \ldots$$

indépendantes l'une de l'autre, ce qui permet de passer de la formule (15) aux équations (18), on pourrait réduire séparément à zéro chaque terme de l'équation (15) en posant

$$\delta\xi = 0,\qquad \delta\eta = 0,\qquad \delta\zeta = 0,\qquad \ldots,\qquad \delta\omega = 0,$$

c'est-à-dire, en supposant

$$\xi,\quad \eta,\quad \zeta,\quad \ldots,\quad \omega$$

indépendants des variables

$$x,\quad y,\quad z,\quad \ldots,\quad t,\quad \varpi,\quad p,\quad q,\quad r,\quad \ldots.$$

Donc les seules équations

$$(23)\qquad \mathcal{X} = \xi,\qquad \mathcal{Y} = \eta,\qquad \mathcal{Z} = \zeta,\qquad \ldots,\qquad \Omega = \omega$$

fourniront des valeurs de

$$\varpi,\quad p,\quad q,\quad r,\quad \ldots$$

qui, étant exprimées en fonction de

$$x, \quad y, \quad z, \quad \ldots, \quad t$$

et de

$$\xi, \quad \eta, \quad \zeta, \quad \ldots, \quad \omega,$$

vérifieront simultanément les équations (1) et (3), quand on continuera de considérer ξ, η, ζ, ..., ω comme propres à représenter des constantes arbitraires. Si, entre les formules (23), on élimine

$$p, \quad q, \quad r, \quad \ldots,$$

on obtiendra une certaine équation

$$\mathrm{K} = 0 \tag{24}$$

très distincte de la formule (20), et qui représentera, non plus une solution complète quelconque de l'équation (1), mais la solution complète dont j'ai signalé diverses propriétés remarquables dans la séance du 3 mai. Cette solution complète sera encore celle dont l'existence a été constatée, dans mon Mémoire de 1819, pour les cas particuliers traités dans ce Mémoire, et pour tous les cas, dans les Mémoires de M. Jacobi et de M. Binet.

Les calculs ci-dessus développés deviennent plus symétriques lorsqu'aux divers rapports compris dans la formule (9) on joint le suivant

$$\frac{ds}{-(\mathrm{T} + s\mathrm{II})},$$

qui équivaut lui-même à chacun des autres. Alors aux intégrales (10) se joint une intégrale de la forme

$$\mathcal{S} = \varsigma,$$

$\mathcal{S}$ étant une fonction déterminée de s, et ς une constante arbitraire liée avec les autres par la formule

$$\mathrm{F}(\xi, \eta, \zeta, \ldots, \tau, \omega, \varphi, \chi, \psi, \ldots, \varsigma) = 0.$$

Observons encore que l'on pourrait réduire à une constante donnée et non arbitraire, non plus la valeur particulière τ de t, mais la valeur particulière de l'une quelconque des autres variables indépendantes, ou même de l'inconnue ϖ, ou bien encore d'une autre variable liée à

$$x,\quad y,\quad z,\quad \ldots,\quad t,\quad \varpi$$

par une équation donnée. Dans ces diverses hypothèses, en opérant toujours de la même manière, on obtiendrait, au lieu de la formule (13), d'autres formules qui seraient toutes comprises, comme cas particuliers, dans la suivante :

$$(25)\qquad \left\{\begin{aligned} &\delta\varpi - p\,\delta x - q\,\delta y - r\,\delta z - \ldots - s\,\delta t \\ &\quad = \Theta(\delta\omega - \varphi\,\delta\xi - \chi\,\delta\eta - \psi\,\delta\zeta - \ldots - \varsigma\,\delta\tau). \end{aligned}\right.$$

Dans l'équation (25), tout comme dans l'équation (13), on peut supposer à volonté que le signe δ indique des différentiations relatives, soit à tout le système des constantes arbitraires, soit à une partie de ce système. D'ailleurs, si, ω, φ, χ, ψ, ... étant fonctions de ξ, η, ζ, ..., la formule (13) se trouve une fois démontrée pour le cas où l'on fait varier une seule des quantités

$$\xi,\quad \eta,\quad \zeta,\quad \ldots,$$

elle se trouvera démontrée, par cela même, pour le cas où l'on fera varier toutes ces quantités simultanément. Cette simple observation suffit pour prouver que la formule (13) est une conséquence immédiate des équations établies dans le *Bulletin de la Société philomathique* (année 1819, pages 13 et 18).

La formule (4) avait été donnée par M. Pfaff. En intégrant cette formule, on obtient l'équation (13), qui est digne de remarque, et qui se tire immédiatement, comme on vient de le voir, des formules comprises dans mon Mémoire de 1819. La formule (13) elle-même a été obtenue par M. Binet. Enfin, une formule analogue à l'équation (13), et à laquelle on parvient, en posant, dans l'équation (21),

$$\delta\omega = 0,$$

savoir

$$(26)\qquad \begin{aligned} &\delta\varpi - (p\,\delta x + q\,\delta y + r\,\delta z + \ldots + s\,\delta t) \\ &\quad = -\Theta(\varphi\,\delta\xi + \chi\,\delta\eta + \psi\,\delta\zeta + \ldots + \varsigma\,\delta\tau), \end{aligned}$$

a été donnée par M. Jacobi. Les principales différences qui existent entre l'analyse dont j'ai fait usage dans le Mémoire de 1819, et les calculs employés par MM. Jacobi et Binet, consistent : 1° en ce que je me suis servi de la formule (13), en supposant successivement la caractéristique δ relative à chacune des constantes arbitraires $\xi, \eta, \zeta, \ldots$ pour établir l'équation (20), tandis que MM. Jacobi et Binet se sont servis, l'un de la formule (26), l'autre de la formule (13), pour établir l'équation (24). Ajoutons que dans la Note de M. Binet, comme dans les calculs qui précèdent, les différentiations sont relatives au système entier des constantes arbitraires, tandis que dans mon Mémoire de 1819 elles se rapportaient, pour chaque formule, à une seule des constantes arbitraires

$$\xi, \quad \eta, \quad \zeta, \quad \ldots.$$

Enfin, dans mon Mémoire de 1819, les constantes arbitraires qui représentent les valeurs initiales des diverses variables étaient, comme on vient encore de le faire, immédiatement introduites dans les calculs, et non substituées à d'autres constantes, comme dans les Mémoires des deux géomètres dont il s'agit.

164.

Calcul intégral. — *Mémoire sur l'intégration des équations simultanées aux dérivées partielles.*

C. R., T. XIV, p. 894 (13 juin 1842).

En augmentant le nombre des inconnues dans un système d'équations différentielles, ou aux dérivées partielles, d'un ordre quelconque, on peut toujours ramener l'intégration de ce système à celle d'un autre système d'équations du premier ordre. On conçoit donc que le Calcul intégral aux différences partielles peut être réduit à l'intégration d'équations simultanées aux dérivées partielles du premier ordre. En cherchant les moyens d'effectuer cette dernière intégration, je suis parvenu à des résultats qui me paraissent dignes de quelque intérêt, et que je vais indiquer en peu de mots.

On sait que l'intégration d'une équation aux dérivées partielles du premier ordre, lorsque cette équation est linéaire par rapport à l'inconnue et à ses dérivées, ou même seulement par rapport aux dérivées de l'inconnue, peut se réduire à l'intégration d'un système d'équations différentielles. Je trouve qu'on peut en dire autant d'un système d'équations aux dérivées partielles du premier ordre, lorsque ces équations, étant linéaires par rapport aux dérivées des inconnues, peuvent servir à exprimer des fonctions linéaires semblables des dérivées de la première, de la seconde, de la troisième, etc. inconnue, à l'aide des diverses inconnues et des variables indépendantes. D'ailleurs, dans chaque fonction linéaire, le coefficient de chaque dérivée peut être une fonction quelconque de toutes les variables.

Lorsque des équations simultanées aux dérivées partielles du premier ordre ne sont pas linéaires, on peut toujours ramener leur intégration à celle d'un système d'équations auxiliaires aux dérivées partielles du premier ordre, qui soient linéaires au moins par rapport aux dérivées des inconnues, et qui offrent pour variables indépendantes toutes les variables comprises dans les équations données. Les équations auxiliaires étant intégrées, l'intégration des équations données sera réduite à celle d'un système d'équations différentielles.

Enfin on sait que l'intégrale générale d'une équation aux dérivées partielles du premier ordre peut se déduire immédiatement d'une intégrale particulière qui renferme autant de constantes arbitraires qu'il y a de variables indépendantes. On peut démontrer pareillement que les intégrales générales d'un système d'équations aux dérivées partielles du premier ordre peuvent se déduire immédiatement d'un système d'intégrales particulières dont chacune renferme autant de constantes arbitraires qu'il y a de variables indépendantes, chacune des constantes étant renfermée dans une seule de ces équations. Dans un prochain article, je développerai les diverses propositions que je viens d'énoncer.

165.

Calcul intégral. — *Remarques diverses sur l'intégration des équations aux dérivées partielles du premier ordre.*

C. R., T. XIV, p. 952 (20 juin 1842).

Dans la séance précédente, j'ai rappelé la méthode dont je m'étais servi en 1819 (*Bulletin de la Société philomathique*) pour intégrer complètement les équations aux dérivées partielles du premier ordre, quel que fût d'ailleurs le nombre des variables indépendantes, et j'ai comparé cette méthode à celles qui ont été données depuis cette époque par M. Jacobi et par M. Binet. Il m'a semblé utile d'examiner s'il ne serait pas possible d'appliquer à ces mêmes équations la méthode dont Lagrange et Charpit ont fait usage, de manière à lever les difficultés que cette application semblait présenter au premier abord. Tel est l'objet de la présente Note. En approfondissant le sujet, je suis parvenu, non seulement à faire disparaître les difficultés dont il s'agit, mais encore à déduire de mon analyse quelques propositions nouvelles, et en particulier la suivante.

Supposons que l'équation donnée renferme, avec les variables indépendantes

$$x, \quad y, \quad z, \quad \ldots, \quad t,$$

dont l'une t peut représenter le temps, une inconnue ϖ, et ses dérivées partielles du premier ordre

$$p, \quad q, \quad r, \quad \ldots, \quad s$$

relatives aux diverses variables indépendantes. Si les équations différentielles, que l'on substitue à cette équation aux dérivées partielles, sont intégrées, et si le système de leurs intégrales générales est décomposé en deux autres systèmes qui offrent respectivement : 1° les valeurs initiales de x, y, z, ...; 2° les valeurs initiales des dérivées p, q, r, ..., et de l'inconnue ϖ, exprimées en fonction de

$$x, \quad y, \quad z, \quad \ldots, \quad t, \quad \varpi, \quad p, \quad q, \quad r, \quad \ldots,$$

on obtiendra une solution complète de l'équation aux dérivées partielles, non seulement en supposant les valeurs des dérivées p, q, r, ... déterminées en fonction de x, y, z, ..., t, ϖ par le premier système d'intégrales générales, mais encore en supposant, avant cette détermination, une ou plusieurs intégrales du premier système remplacées par une ou plusieurs intégrales correspondantes du second système, savoir, l'intégrale qui renferme la valeur initiale de x, par l'intégrale qui renferme la valeur initiale de la dérivée relative à x; l'intégrale qui renferme la valeur initiale de y, par l'intégrale qui renferme la valeur initiale de la dérivée relative à y, etc. D'ailleurs, les valeurs p, q, r, ... étant une fois déterminées en fonction de x, y, z, ..., t, ϖ, on pourra, dans tous les cas, en déduire celle de s, à l'aide de l'équation donnée, puis celle de ϖ, en intégrant la formule

$$d\varpi = p\,dx + q\,dy + r\,dz + \ldots + s\,dt.$$

166.

CALCUL INTÉGRAL. — *Mémoire sur les équations linéaires simultanées aux dérivées partielles du premier ordre.*

C. R., T. XIV, p. 953 (20 juin 1842).

Suivant une remarque énoncée dans mon dernier Mémoire, et plus anciennement dans un article de M. Jacobi que renferme le deuxième Volume du *Journal de Crelle*, on peut toujours intégrer des équations linéaires simultanées aux dérivées partielles du premier ordre, lorsque ces équations fournissent les valeurs de fonctions linéaires semblables des dérivées des diverses inconnues. Dans ce nouveau Mémoire, je considère le cas général où des équations linéaires simultanées ne satisfont plus à la condition que je viens de rappeler, et je prouve qu'alors même on peut souvent réduire leur intégration à celle d'un système d'équations différentielles. J'indique les conditions qui doivent être remplies pour que cette réduction soit possible, et des transformations remarquables que peuvent subir les équations données, dans le cas où quelques-unes seulement de ces conditions se vérifient. Enfin je montre comment les principes établis dans ce nouveau Mémoire peuvent être étendus et appliqués à l'intégration d'équations non linéaires.

167.

Calcul intégral. — *Mémoire sur un théorème fondamental, dans le Calcul intégral.*

C. R., T. XIV, p. 1020 (27 juin 1842).

Dans la théorie des équations, les géomètres ont avec raison considéré comme fondamentale la question de savoir si toute équation a une racine. Pareillement, dans le Calcul intégral, une des questions les plus importantes, une question fondamentale, consiste évidemment à savoir si toute équation différentielle ou aux dérivées partielles peut être intégrée, et si un système de semblables équations peut l'être pareillement. Or, ce qui a droit de nous surprendre au premier abord, c'est que, malgré les nombreux travaux des géomètres sur le Calcul intégral, cette question si importante ne se trouve nulle part résolue dans toute sa généralité. A la vérité, l'existence des intégrales générales des équations différentielles, qui renferment une seule variable indépendante, se trouve maintenant établie par deux méthodes diverses que j'ai données, la première dans mes Leçons à l'École Polytechnique, la seconde dans un Mémoire lithographié de 1835. A la vérité encore, l'existence des intégrales générales des équations aux dérivées partielles se trouve établie dans certains cas où l'on parvient à intégrer ces équations, par exemple lorsqu'elles se réduisent, soit à une seule équation du premier ordre, soit à des équations linéaires dans lesquelles les coefficients des inconnues et de leurs dérivées demeurent constants. Mais un système quelconque d'équations différentielles ou aux dérivées partielles admet-il toujours un système correspondant d'intégrales générales? Tel est le problème dont la solution m'a paru digne de l'attention des géomètres. Cette solution repose sur des considérations que je vais indiquer en quelques mots.

Depuis longtemps les géomètres, en supposant, sans le démontrer, que toute équation différentielle ou aux dérivées partielles admet une intégrale générale, ont regardé la formule de Taylor comme un moyen de développer cette intégrale en une série ordonnée suivant les puissances ascendantes et entières d'un accroissement i attribué à une variable indépendante t, qui peut être censée représenter le temps. D'ailleurs, à l'aide d'un théorème général que j'ai donné en 1831, et qui est relatif au développement des fonctions, on peut s'assurer que, dans le cas où la série obtenue est convergente, la somme de cette série vérifie, comme intégrale, l'équation différentielle ou aux dérivées partielles, au moins pour des valeurs numériques ou pour des modules de l'accroissement i qui ne dépassent pas une limite fixe. Il y a plus, la même remarque est applicable aux sommes des séries que l'on obtient, lorsqu'en admettant l'existence des intégrales générales d'un système d'équations différentielles ou aux dérivées partielles, on cherche à développer ces intégrales par la formule de Taylor. Mais, dans tous les cas, il restait à démontrer que les séries obtenues étaient convergentes, du moins pour des modules de i suffisamment petits. Or ce but peut être atteint à l'aide d'un théorème fondamental qui détermine, non seulement une limite en deçà de laquelle le module de i peut varier arbitrairement sans que les séries obtenues cessent d'être convergentes, mais encore une limite de l'erreur que l'on commet en arrêtant chaque développement après un certain nombre de termes. La démonstration de ce théorème fondamental repose, comme on le verra ci-après, sur les principes du nouveau calcul que j'ai nommé *calcul des limites*, et sur un artifice d'analyse qui peut recevoir de nombreuses et utiles applications.

Analyse.

Sur les modules des fonctions et sur les limites de ces modules.

Considérons d'abord une seule fonction

$$u = f(x, y, z, \ldots, t)$$

de diverses variables

$$x, \quad y, \quad z, \quad \ldots, \quad t;$$

attribuons à ces variables des accroissements imaginaires

$$\bar{x}, \quad \bar{y}, \quad \bar{z}, \quad \ldots, \quad \bar{t}$$

dont les modules, représentés par

$$\mathrm{x}, \quad \mathrm{y}, \quad \mathrm{z}, \quad \ldots, \quad \mathrm{t},$$

soient tellement choisis que, pour ces mêmes modules, ou pour des modules plus petits, l'expression

$$f(x+\bar{x}, y+\bar{y}, z+\bar{z}, \ldots, t+\bar{t})$$

reste fonction continue des arguments et des modules des accroissements imaginaires

$$\bar{x}, \quad \bar{y}, \quad \bar{z}, \quad \ldots, \quad \bar{t};$$

enfin soit

$$\iota = \Lambda f(x+\bar{x}, y+\bar{y}, z+\bar{z}, \ldots, t+\bar{t}) \tag{1}$$

le plus grand des modules que puisse acquérir l'expression

$$f(x+\bar{x}, y+\bar{y}, z+\bar{z}, \ldots, t+\bar{t}),$$

quand on y fait varier les arguments des accroissements imaginaires

$$\bar{x}, \quad \bar{y}, \quad \bar{z}, \quad \ldots, \quad \bar{t},$$

en laissant leurs modules invariables. On aura, d'après les principes du calcul des limites, non seulement

$$\operatorname{mod} f(x, y, z, \ldots, t) < \mathfrak{r},$$

mais encore

$$(2) \qquad \operatorname{mod} D_x^l D_y^m \ldots D_t^n f(x, y, z, \ldots, t) < N \frac{\mathfrak{r}}{\mathrm{x}^l \mathrm{y}^m \ldots \mathrm{t}^n},$$

la valeur de N étant

$$N = (1.2\ldots l)(1.2\ldots m)\ldots(1.2\ldots n).$$

D'autre part, si la fonction $u = f(x, y, z, \ldots, t)$ devient réciproquement proportionnelle à chacune des variables

$$x, \quad y, \quad z, \quad \ldots, \quad t,$$

c'est-à-dire si l'on pose

$$u = f(x, y, z, \ldots, t) = a x^{-1} y^{-1} z^{-1} \ldots t^{-1},$$

a désignant une quantité constante, on en conclura

$$(3) \qquad D_x^l D_y^m \ldots D_t^n f(x, y, z, \ldots, t) = N \frac{u}{(-x)^l (-y)^m \ldots (-t)^n};$$

et, si dans le second membre de la formule (3) on remplace

$$x, \quad y, \quad z, \quad \ldots, \quad u$$

par

$$-\mathrm{x}, \quad -\mathrm{y}, \quad -\mathrm{z}, \quad \ldots, \quad \mathfrak{r},$$

on retrouvera évidemment le second membre de la formule (2). En conséquence, on peut énoncer généralement la proposition suivante :

Théorème I. — *Concevons que, dans une fonction donnée de diverses variables*

$$x, \quad y, \quad z, \quad \ldots, \quad t,$$

on attribue à ces variables des accroissements imaginaires dont les modules

$$\mathrm{x}, \quad \mathrm{y}, \quad \mathrm{z}, \quad \ldots, \quad \mathrm{t}$$

soient tels que, pour ces modules et pour des modules plus petits, la fonction reste continue par rapport aux arguments et aux modules des accroissements imaginaires dont il s'agit. Soit d'ailleurs $\mathfrak{r}$ *le plus grand des modules de la fonction qui correspondent aux modules*

$$\mathrm{x},\ \mathrm{y},\ \mathrm{z},\ \ldots,\ \mathrm{t}$$

des accroissements. Si, avant de faire croître les variables

$$x,\ y,\ z,\ \ldots,\ t,$$

on différentie une ou plusieurs fois la fonction donnée par rapport à une ou à plusieurs de ces variables, on obtiendra une dérivée d'un certain ordre; et, pour trouver une limite supérieure au module de cette dérivée, il suffira : 1° *de réduire la fonction donnée à un produit de la forme*

$$ax^{-1}y^{-1}z^{-1}\ldots t^{-1};$$

2° *de calculer, pour ce cas particulier, la valeur de la dérivée, et d'y remplacer le produit* $u = ax^{-1}y^{-1}z^{-1}\ldots t^{-1}$ *par* ι, *ou, ce qui revient au même, la constante a par le produit* $\iota xyz\ldots t$, *puis les variables*

$$x,\ y,\ z,\ \ldots,\ t$$

par les modules

$$\mathrm{x},\ \mathrm{y},\ \mathrm{z},\ \ldots,\ \mathrm{t},$$

pris chacun avec le signe $-$.

La proposition que nous venons d'établir entraîne immédiatement le théorème fondamental dont voici l'énoncé :

Théorème II. — *Soient*

$$\mathrm{I}_0,\ \mathrm{I}_1 i,\ \mathrm{I}_2 i^2,\ \ldots \tag{4}$$

les divers termes d'une série ordonnée suivant les puissances ascendantes d'une certaine variable i; et concevons que, dans cette série, les coefficients

$$\mathrm{I}_0,\ \mathrm{I}_1,\ \mathrm{I}_2,\ \ldots$$

se réduisent à des polynômes composés de termes dont chacun soit le produit d'un nombre constant ou plus généralement d'une constante positive par les dérivées de divers ordres de diverses fonctions

$$u,\ v,\ w,\ \ldots,$$

ou même par des puissances de ces dérivées. Soient d'ailleurs

$$x, \quad y, \quad z, \quad \ldots, \quad t$$

les variables qui entrent dans les fonctions u, v, w, ...; soient encore

$$\mathrm{x}, \quad \mathrm{y}, \quad \mathrm{z}, \quad \ldots, \quad \mathrm{t}$$

les modules d'accroissements imaginaires attribués à ces variables, et tellement choisis que, pour ces modules ou pour des modules plus petits, les fonctions, modifiées en vertu de ces accroissements, restent continues par rapport aux arguments et aux modules des accroissements dont il s'agit. Enfin soient

$$\upsilon, \quad \upsilon', \quad \upsilon'', \quad \ldots$$

les plus grands modules des fonctions u, v, w, ... correspondants aux modules x, y, z, ... *des accroissements imaginaires des variables. Pour obtenir des quantités positives*

$$\mathfrak{J}_0, \quad \mathfrak{J}_1, \quad \mathfrak{J}_2, \quad \ldots$$

respectivement supérieures aux modules des coefficients

$$\mathrm{I}_0, \quad \mathrm{I}_1, \quad \mathrm{I}_2, \quad \ldots,$$

il suffira de calculer ces coefficients dans le cas particulier où chacune des fonctions u, v, w, ... devient le rapport d'un facteur constant

$$a, \quad \text{ou} \quad a', \quad \text{ou} \quad a'', \quad \ldots$$

au produit des variables qu'elle renferme, puis d'attribuer aux variables

$$x, \quad y, \quad z, \quad \ldots, \quad t$$

et aux constantes

$$a, \quad a', \quad a'', \quad \ldots$$

les valeurs déterminées par le système des formules

$$(5) \qquad \begin{cases} x = -\mathrm{x}, & y = -\mathrm{y}, & z = -\mathrm{z}, & \ldots, & t = -\mathrm{t}, \\ u = \upsilon, & v = \upsilon', & w = \upsilon'', & \ldots . \end{cases}$$

Corollaire I. — Nommons ι le module de i. Si la série

$$(6) \qquad \mathfrak{J}_0, \quad \mathfrak{J}_1 \iota, \quad \mathfrak{J}_2 \iota^2, \quad \ldots$$

est convergente, on pourra en dire autant à plus forte raison de la série (4). Soient, dans cette hypothèse,

$$S = I_0 + I_1 i + I_2 i^2 + \ldots \tag{7}$$

et

$$\mathcal{S} = \mathfrak{I}_0 + \mathfrak{I}_1 \iota + \mathfrak{I}_2 \iota^2 + \ldots . \tag{8}$$

Si, pour calculer les sommes S et $\mathcal{S}$, on arrête les deux séries après un même nombre de termes, le reste de la série (4) offrira évidemment un module inférieur au reste correspondant de la série (6). D'ailleurs, si la somme $\mathcal{S}$ peut être présentée sous une forme finie, elle pourra évidemment se déduire d'une valeur particulière de la somme S, par l'artifice de calcul qui sert à transformer I_n en $\mathfrak{I}_n$, et par la substitution du module ι à la variable i.

Corollaire II. — Les valeurs des inconnues qui doivent vérifier des équations différentielles ou aux dérivées partielles se développent, par la formule de Taylor ou de Maclaurin, en séries précisément semblables à la série (4). Donc les principes que nous venons d'établir s'appliquent à l'intégration de ces équations par séries, et, pour démontrer l'existence de leurs intégrales générales dans tous les cas, il suffit d'intégrer ces équations dans le cas particulier où chacune des fonctions qui forment leurs seconds membres devient réciproquement proportionnelle aux quantités variables dont elle dépend. C'est ce que nous expliquerons plus en détail dans les prochaines séances.

168.

Analyse mathématique. — *Note sur certaines solutions complètes d'une équation aux dérivées partielles du premier ordre.*

C. R., T. XIV, p. 1026 (27 juin 1842).

Soit donnée, entre n variables indépendantes

$$x, \quad y, \quad z, \quad \ldots, \quad t$$

et l'inconnue ϖ, l'équation aux dérivées partielles du premier ordre

$$F(x, y, z, \ldots, t, \varpi, p, q, r, \ldots, s) = 0, \tag{1}$$

dans laquelle on a

$$p = D_x\varpi, \quad q = D_y\varpi, \quad r = D_z\varpi, \quad \ldots, \quad s = D_t\varpi.$$

Si les équations différentielles, que l'on substitue à cette équation aux dérivées partielles, sont intégrées de manière que, pour $t = \tau$, on ait

$$x = \xi, \quad y = \eta, \quad z = \zeta, \quad \varpi = \omega, \quad \ldots, \quad p = \varphi, \quad q = \chi, \quad r = \psi, \quad \ldots,$$

les intégrales obtenues pourront être présentées sous la forme

$$\left\{\begin{array}{lllll} \mathfrak{X} = \xi, & \mathfrak{Y} = \eta, & \mathfrak{Z} = \zeta, & \ldots. & \Omega = \omega, \\ \mathfrak{P} = \varphi, & \mathfrak{Q} = \chi, & \mathfrak{R} = \psi, & \ldots, & \end{array}\right. \tag{2}$$

$\mathfrak{X}, \mathfrak{Y}, \mathfrak{Z}, \ldots, \Omega, \mathfrak{P}, \mathfrak{Q}, \mathfrak{R}, \ldots$ désignant des fonctions de

$$x, \quad y, \quad z, \quad \ldots, \quad t, \quad \varpi, \quad p, \quad q, \quad r, \quad \ldots$$

qui ne renfermeront aucune des constantes arbitraires

$$\xi, \quad \eta, \quad \zeta, \quad \ldots, \quad \omega, \quad \varphi, \quad \chi, \quad \psi, \quad \ldots;$$

et si, en supposant que ces constantes arbitraires deviennent variables, on désigne, avec M. Binet, par la caractéristique δ une différentiation relative à leur système, on pourra, comme j'en ai fait la remarque ([1]), ramener l'intégration de l'équation (1), ou, ce qui revient au même, l'intégration de l'équation différentielle

$$d\varpi = p\,dx + q\,dy + r\,dz + \ldots + s\,dt, \tag{3}$$

dans laquelle les $2n + 1$ variables

$$x, \quad y, \quad z, \quad \ldots, \quad t, \quad \varpi, \quad p, \quad q, \quad r, \quad \ldots, \quad s$$

sont liées entre elles par la formule (1), à l'intégration de l'équation différentielle

$$\delta\omega = \varphi\,\delta\xi + \chi\,\delta\eta + \psi\,\delta\zeta + \ldots, \tag{4}$$

([1]) *OEuvres de Cauchy*, S. I, T. VI, p. 451. Extrait n° 163.

qui ne renferme plus que $2n - 1$ variables

$$\xi,\quad \eta,\quad \zeta,\quad \ldots,\quad \omega,\quad \varphi,\quad \chi,\quad \psi,\quad \ldots.$$

Or on vérifie évidemment l'équation (4) en supposant constantes, ou les quantités

$$(5)\qquad \xi,\quad \eta,\quad \zeta,\quad \ldots,\quad \omega,$$

ou les quantités

$$(6)\qquad \varphi,\quad \chi,\quad \psi,\quad \ldots,\quad \omega - \varphi\xi - \chi\eta - \psi\zeta - \ldots;$$

ou bien encore en supposant constantes l'une des deux quantités ξ, φ, avec l'une des deux quantités η, χ, avec l'une des deux quantités ζ, ψ, ..., en même temps que l'expression à laquelle se réduit le polynôme

$$\omega - \varphi\xi - \chi\eta - \psi\zeta - \ldots$$

lorsque, parmi les termes négatifs

$$-\varphi\xi,\quad -\chi\eta,\quad -\psi\zeta,\quad \ldots,$$

on conserve seulement ceux dans lesquels les premiers facteurs sont considérés comme constants. Cette simple observation fournit immédiatement, et sans aucune intégration nouvelle, les diverses solutions complètes dont j'ai parlé dans la Note que renferme le *Compte rendu* de la dernière séance. Ainsi, en particulier, il en résulte que l'on obtiendra une solution complète en supposant les valeurs de l'inconnue ϖ et de ses dérivées p, q, r, ... déterminées, soit par le système des équations (1), soit par le système des suivantes

$$(7)\quad \mathfrak{P} = \varphi,\qquad \mathfrak{Q} = \chi,\qquad \mathfrak{R} = \psi,\qquad \ldots,\qquad \Omega - \mathfrak{P}\mathfrak{X} - \mathfrak{Q}\mathfrak{Y} - \mathfrak{R}\mathfrak{Z} - \ldots = \upsilon,$$

$\varphi, \chi, \psi, \ldots, \upsilon$ désignant des constantes arbitraires. Plus généralement, on obtiendra une solution complète, si l'on suppose les valeurs de ϖ, p, q, r, ... déterminées par l'une des équations

$$\mathfrak{X} = \xi,\qquad \mathfrak{P} = \varphi,$$

jointe à l'une des équations

$$\mathfrak{Y} = \eta, \qquad \mathfrak{Q} = \chi,$$

puis à l'une des équations

$$\mathfrak{Z} = \zeta, \qquad \mathfrak{R} = \psi, \qquad \ldots,$$

et enfin à l'équation

$$\Omega - \mathfrak{P}(\mathfrak{X} - \xi) - \mathfrak{Q}(\mathfrak{Y} - \eta) - \mathfrak{R}(\mathfrak{Z} - \zeta) \ldots = \text{const.},$$

et si dans ces diverses équations on considère chacune des lettres

$$\xi, \quad \eta, \quad \zeta, \quad \ldots, \quad \varphi, \quad \chi, \quad \psi, \quad \ldots$$

comme représentant une constante arbitraire.

FIN DU TOME VI DE LA PREMIÈRE SÉRIE.

TABLE DES MATIÈRES

DU TOME SIXIÈME.

PREMIÈRE SÉRIE.

MÉMOIRES EXTRAITS DES RECUEILS DE L'ACADÉMIE DES SCIENCES DE L'INSTITUT DE FRANCE.

NOTES ET ARTICLES EXTRAITS DES COMPTES RENDUS HEBDOMADAIRES DES SÉANCES DE L'ACADÉMIE DES SCIENCES.

FIN DE LA TABLE DES MATIÈRES DU TOME VI DE LA PREMIÈRE SÉRIE.

13717 Paris. — Imprimerie de Gauthier-Villars, quai des Grands-Augustins, 55.

Printed in the United States
By Bookmasters